L'énergie dans le développement de la Nouvelle-Calédonie

L'énergie dans le développement de la Nouvelle-Calédonie

Coordination scientifique

Yves Le Bars, Elsa Faugère, Philippe Menanteau, Bernard Multon, Arthur Riedacker, Sébastien Velut

Cette expertise collégiale a été réalisée par l'Institut de recherche pour le développement (IRD) à la demande du Gouvernement de la Nouvelle-Calédonie et de l'Agence de l'environnement et de la maîtrise de l'énergie (ADEME).

IRD Éditions

INSTITUT DE RECHERCHE POUR LE DÉVELOPPEMENT

collection Expertise collégiale

Marseille, 2010

Coordination
Département Expertise et Valorisation, IRD

Préparation éditoriale
Marion Enguehard

Traduction en anglais
Cabinet Champollion

Maquette couverture et intérieur
Pierre Lopez

Mise en page
Gris Souris/Aline Lugand

Coordination fabrication
Catherine Plasse

Le présent ouvrage comporte la synthèse et les recommandations.
Le CD-ROM joint regroupe la version anglaise de la synthèse
et les contributions intégrales des auteurs.

ISSN 1633-9924 / ISBN : 978-2-7099-1692-9

Composition du collège des experts

Coordination scientifique

Yves Le Bars, président (YLB Conseils)

Elsa Faugère (Institut national de la recherche agronomique)

Philippe Menanteau (Centre national de la recherche scientifique)

Bernard Multon (École normale supérieure de Cachan)

Arthur Riedacker (Institut national de la recherche agronomique)

Sébastien Velut (Université de Paris 3)

Membres

Mohamed Abdesselam (Société Solener)

Patrice Baby (Institut de recherche pour le développement)

Pierre Couteron (Institut de recherche pour le développement)

Richard Darbéra (Centre national de la recherche scientifique)

Laëtitia Grammatico (Commissariat à l'énergie atomique)

Jean-Michel Most (Centre national de la recherche scientifique)

Ont également participé à la réalisation de cette expertise collégiale

Rapporteure

Isabelle Bourboulon (journaliste indépendante)

Relecture scientifique

Jacques Percebois (Université Montpellier-1)

Jean-Baptiste Saulnier (Centre national de la recherche scientifique)

IRD – Département Expertise et Valorisation

Anne Geslin-Ferron (chargée de ressources documentaires)

Alexandra Graziani (assistante du Pôle expertise et consultance)

Stéphane Raud (directeur)

Sylvain Robert (responsable du Pôle expertise et consultance)

Sommaire

■

Annexes

■

Chapitres analytiques (CD-ROM)

Présentation du DEV et de la collection Expertise collégiale

L'Institut de recherche pour le développement (IRD) s'appuie sur son Département expertise et valorisation (DEV) pour valoriser les résultats de la recherche issus de projets scientifiques centrés sur la relation entre l'homme et son environnement dans la zone intertropicale au bénéfice des pays du Sud et du monde socio-économique.

L'expertise collégiale est, dans cette perspective, conçue à l'IRD comme une forme originale de valorisation de la recherche, appuyée sur une méthodologie éprouvée. Le DEV pilote, organise et garantit la qualité de l'ensemble de ses étapes, depuis le traitement de la saisine jusqu'à l'édition du rapport du collège des experts dans la collection IRD « Expertise collégiale ». Depuis 2001, dix expertises ont été publiées :

D. Fontenille, C. Lagneau, S. Lecollinet, R. Lefait-Robin, M. Setbon, B. Tirel, A. Yebakima (éd.), 2009 – *La lutte antivectorielle en France*. Marseille, IRD Éditions, 536 p.

J. Marie, P. Morand, H. N'Djim, 2007 – *Avenir du fleuve Niger*. Paris, IRD Éditions, 288 p.

M.-L. Beauvais, A. Coléno, H. Jourdan, 2006 – *Les espèces envahissantes dans l'archipel néo-calédonien*. Paris, IRD Éditions, 260 p.

A.-M. Moulin, J. Orfila, J.-F. Schémann, 2006 – *Lutte contre le trachome en Afrique subsaharienne*. Paris, IRD Éditions, 296 p.

J. Guézennec, C. Moretti, J.-C. Simon, 2006 – *Substances naturelles en Polynésie*. Paris, IRD Éditions, 302 p.

M. Francois, R. Moreau, B. Sylvander, 2005 – *Agriculture biologique en Martinique*. Paris, IRD Éditions, 304 p.

R. Coriveau, B. Philippon, A. Yebakima, 2003 – *La dengue dans les départements français d'Amérique*. Paris, IRD Éditions, 208 p.

R. Barre, V. Hernandez, J.-B. Meyer, D. Vinck, 2003 – *Diasporas scientifiques*. Paris, IRD Éditions, 198 p.

A. Samé-Éboko, E. Fondjo, J.-P. Éouzan, 2001 – *Grands travaux et maladies à vecteurs au Cameroun*. Paris, IRD Éditions, 222 p.

J.-P. Carmouze, M. Lucotte, A. Boudou, 2001 – *Le mercure en Amazonie*. Paris, IRD Éditions, 494 p.

L'expertise collégiale à l'IRD : objectifs et méthodes

L'IRD assure au titre de ses missions d'établissement public scientifique et technologique le « développement d'une capacité d'expertise » (art. L 112-1 c bis du Code de la recherche, dans le droit français), notamment sous la forme d'expertises scientifiques collectives dites « expertises collégiales ».

Vu l'amplitude de son objet social (le développement, les Suds, les relations de l'homme à son environnement dans la zone intertropicale) et son implantation dans les différentes aires régionales du Sud via ses représentations, l'IRD est particulièrement appelé à embrasser des problématiques globales complexes qui, par définition, nécessitent à la fois un recours croisé aux connaissances les plus récentes et une transmission de celles-ci vers la société et les acteurs sociaux. L'exercice de l'expertise collégiale s'intègre là pleinement dans les missions de l'Institut et vient offrir sa plus-value, dans cet espace où doivent être rassemblés et ordonnés les éléments propres à éclairer la décision dans la sphère publique.

Ce qu'est l'expertise collégiale à l'IRD

L'expertise collégiale est fondamentalement un exercice original de transfert de la connaissance scientifique vers la sphère des décideurs et dirigeants (en bref, ceux dont la fonction est, dans leur institution, de décider ou d'organiser la décision au profit de la collectivité, sur le fondement d'un mandat ou non), réalisé en relation avec une question initiale posée par ces derniers. Elle a pour objet de fournir, à la demande d'un ou plusieurs commanditaires (des autorités publiques, dans la très grande majorité des cas), une analyse scientifique pluridisciplinaire sur un sujet déterminé à partir d'une revue complète de l'état de l'art.

Ainsi conçue, elle se traduit toujours par :

- une relation contractualisée avec le commanditaire, sur le fondement d'une liste de questions initiales et d'un financement acquis ;

- la délimitation d'une question à objet large et à enjeux multiples, d'une portée nationale ou régionale, qu'une approche monodisciplinaire ne peut prétendre aborder seule ;
- la mise en place d'un collège pluridisciplinaire d'experts issus de communautés scientifiques et d'établissements différents (organismes, universités, agences), recrutés pour leur compétence individuelle et leur connaissance avérée de la question abordée ;
- une mise en perspective et une retraduction de la question initiale, appuyées sur un état des lieux (éventuellement déjà réalisé en partie) et des données disponibles, et sur un traitement pluridisciplinaire ;
- la formulation de conclusions et recommandations, destinées à éclairer voire appuyer la décision ou l'action publique à venir.

L'expertise collégiale est réalisée dans une relation étroite et suivie avec des processus ou mécanismes de prise de décision, le plus souvent dans le domaine des « politiques publiques » de la compétence de l'Etat ou d'autorités régionales ou locales. En cela, elle se différencie de l'activité de production de la connaissance scientifique *stricto sensu*. L'indépendance et la responsabilité solidaire du collège des experts se conjuguent donc avec les exigences et délais attachés à la demande et au commanditaire.

Elle constitue ainsi une forme originale de valorisation de la recherche, qui vient autant exploiter les connaissances les plus récentes qu'ouvrir des pistes nouvelles de recherche à la frontière de plusieurs domaines scientifiques. La démarche « expertise collégiale » n'est donc pas exclusive mais complémentaire de la réalisation de programmes de recherche, soit en cours, soit à venir. Les experts qui y participent, chercheurs ou enseignants-chercheurs de profession dans la très grande majorité des cas, témoignent de la richesse de l'exercice, au plan professionnel comme personnel.

En somme, l'expertise collégiale contribue véritablement à « faire parler » la recherche, en l'ancrant dans un contexte où elle vient en réponse à une demande.

LA RECONNAISSANCE D'UN PROJET SE PRÊTANT À EXPERTISE COLLÉGIALE : CRITÈRES ET MÉTHODE

Le travail essentiel au stade du projet est d'identifier la demande (avérer ses sources, son objet précis, son contexte, ses porteurs) et de la formaliser jusqu'à ce qu'elle se transforme en commande. La demande peut émaner directement d'une entité qui sera elle-même le bailleur de fonds, ou pas. Lorsque la demande est latente, les représentants de l'IRD et les chercheurs de l'IRD affectés sur place apportent un précieux relais et aident le partenaire à la formuler : ils sont le mieux à même de tirer le meilleur parti de leurs réseaux locaux (institutionnels, scientifiques, interpersonnels) et de leur connaissance du terrain.

Lorsque la demande est suffisamment identifiée, le Département expertise et valorisation de l'IRD l'examine, l'approfondit et la cale dans le processus « expertise collégiale » au vu de trois critères principaux habituellement retenus :

- identification claire de l'expression du besoin du demandeur et des processus décisionnels engagés ;
- recours jugé central et indispensable à une synthèse de la connaissance scientifique pour l'éclairage, l'évaluation et l'analyse des politiques publiques concernées et des enjeux posés ;
- existence d'une littérature suffisante (scientifique, publiée ou grise, mais aussi revues professionnelles, dossiers sectoriels...) et de données consolidées sur le sujet et accessibles.

Ces points sont vérifiés autant que possible en amont par recoupement des informations disponibles et exploitation de la bibliométrie. Lorsque l'un de ces trois critères fait défaut, l'IRD s'accorde le droit de ne pas donner suite.

Le déroulement d'une expertise collégiale

Telle que conçue et mise en œuvre à l'IRD, une expertise collégiale relève d'un modèle méthodologique bien éprouvé, certifié ISO 9001:2000. Elle s'appuie sur un ensemble de normes, règles et pratiques, que le Département expertise et valorisation déploie et actualise au gré des travaux produits.

Le Département expertise et valorisation de l'IRD pilote en propre et assemble l'ensemble des opérations du processus « expertise collégiale », depuis la saisine initiale, le recrutement des experts jusqu'au rendu du rapport final et à la publication de l'ouvrage.

Toute expertise collégiale débute officiellement à compter de la signature de la convention par les deux parties (IRD, commanditaire). Les accords, recrutements, installations d'instances, modalités de travail, etc. sont conclus dans la période qui suit.

Les termes exacts des questions liées à la commande sont définis avec la plus grande précision par l'organisation, lors de l'« atelier initial », d'un échange approfondi entre le commanditaire, des représentants des communautés scientifiques concernées et, éventuellement, les diverses parties prenantes. Il faut, en effet, objectiver précisément les attendus des uns et des autres et délimiter clairement ce qui peut être traité d'un point de vue scientifique et ce qui ne saurait l'être. Certaines questions, sans nul doute cruciales pour la décision politique, ne peuvent en leurs termes mêmes relever d'une approche scientifique ; il convient donc de les écarter. De l'autre, néanmoins, il importe que les experts aient une très bonne connaissance du contexte politique et des processus décisionnels engagés.

L'expertise est dès lors menée durant une période d'un an par le collège des experts, sous la responsabilité de son président et de la coordination scientifique (un coordonnateur par axe thématique). Un comité de suivi composé des représentants du commanditaire et de ses éventuels partenaires, est tenu régulièrement informé de l'avancement des travaux. Les observations qu'il formule sont transmises au collège des experts, qui les examine.

Au terme de l'expertise, douze à quinze mois après la tenue de l'atelier initial, le rapport final est remis au commanditaire, qui comprend la synthèse et le texte intégral des contributions des experts. Ce rapport est publié dans la collection « Expertise collégiale » des éditions de l'IRD.

Avant-propos

Par courrier en date du 17 juin 2008, le Gouvernement de la Nouvelle-Calédonie et l'Agence de l'environnement et de la maîtrise de l'énergie (ADEME), par sa Représentation territoriale, confiaient à l'Institut de recherche pour le développement (IRD) la réalisation d'une expertise scientifique portant sur *L'énergie dans le développement de la Nouvelle-Calédonie*. C'est dans le cadre d'un instrument et d'une méthode qu'il propose depuis près de dix ans maintenant à ses partenaires du Sud et de l'outre-mer tropical français, à savoir l'« expertise collégiale », que l'IRD a conduit ce travail sous le pilotage de son Département expertise et valorisation.

Au moment où l'IRD redéfinit ses orientations stratégiques et ses priorités scientifiques et géographiques, ce premier travail du genre consacré à la question de l'énergie et à ses enjeux mérite d'être relevé, particulièrement dans le contexte présent de la Nouvelle-Calédonie et des décisions que le Territoire s'apprête à prendre. L'ambition a été grande en effet, sur ce sujet à multiples facettes et à la croisée de nombreuses disciplines. Le choix a été fait avec les autorités commanditaires de couvrir le sujet le plus largement possible, plutôt que de se limiter à une ou deux dimensions, quitte à ne pas disposer de la même profondeur de connaissance sur toute la longueur du spectre. Le collège des experts a, en particulier, jugé nécessaire d'introduire partout où cela était possible les questions du climat et de la réduction des émissions de gaz à effet de serre, indissociablement liées à celle de l'énergie *stricto sensu*.

Rapidement formé au lendemain de la tenue à Nouméa de l'atelier initial fin octobre 2008, et venu en mission sur le terrain une première fois en mars 2009, ce collège d'experts pluridisciplinaire a rassemblé des chercheurs, enseignants-chercheurs et spécialistes issus de communautés scientifiques *a priori* éloignées les unes des autres, et d'établissements différents (organismes de recherche, universités, ENS Cachan). Leurs compétences et connaissances ont été agrégées et mises « en production » sous la présidence active d'Yves Le Bars, ingénieur général honoraire du génie rural, des eaux et forêts, pour traiter l'un des cinq axes thématiques inscrits au cahier des charges de l'expertise.

Lors du même atelier initial, expression d'une démarche authentique d'association de l'ensemble des parties prenantes voulue par le Gouvernement de la Nouvelle-Calédonie, un comité de suivi rassemblant les commanditaires et les parties prenantes concernées par le sujet a été constitué. Réuni à cinq reprises en près de douze mois, il a été régulièrement informé de l'avancement du travail du collège des experts pour lui formuler ses observations. Lors de son ultime réunion, le 16 décembre dernier, il a donné acte de la remise du rapport.

J'ai aujourd'hui le plaisir de soumettre au lecteur du présent ouvrage le rapport final de cette expertise collégiale. Outre les contributions intégrales des auteurs rassemblées sur CD-ROM, le lecteur soucieux d'accéder rapidement aux conclusions principales de ce travail pourra trouver, au terme de la synthèse, les recommandations formulées par le collège des experts. Parmi les nombreux points soulevés par ces recommandations, je veux relever la nécessité pour la Nouvelle-Calédonie de concevoir un dispositif pérenne et autonome de formation, de recherche, de veille technologique et d'expertise qui capitalise les expérimentations et innovations régionales en matière de stockage géologique du CO_2 et d'adaptation aux changements climatiques, que le Grand observatoire de l'environnement et de la biodiversité terrestre et marine du Pacifique Sud (GOPS) pourrait naturellement appuyer.

Au nom de l'IRD, je souhaite enfin exprimer mes remerciements à l'ensemble des acteurs et collaborateurs qui ont permis à cette expertise collégiale d'aboutir dans le temps contraint imparti à cet exercice.

Michel LAURENT
Directeur général de l'IRD

Introduction

Le contexte de la saisine : évolution de la question posée

Dans une première saisine datée du 21 mai 2007, le gouvernement de la Nouvelle-Calédonie limitait la question posée à l'expertise collégiale au domaine des énergies renouvelables. Il s'agissait d'apporter aux « acteurs et décideurs du secteur de l'énergie un outil de travail précieux pour l'élaboration du projet de schéma de développement équilibré de l'énergie électrique, de la Programmation pluriannuelle d'investissements pour la production électrique (PPIPE) et, bien évidemment, pour l'élaboration par Enercal d'un schéma du transport de l'énergie électrique ».

Le cadre de l'expertise a été par la suite considérablement élargi et enrichi. À l'issue de l'atelier initial organisé à Nouméa les 15 et 16 octobre 2008 en présence de l'ensemble des parties prenantes, l'angle choisi a été celui de « l'énergie dans le développement de la Nouvelle-Calédonie », cela dans la perspective affirmée de renseigner le plus complètement possible le volet énergie du Schéma d'aménagement et de développement pour 2025 qui, conformément à l'article 211 de la loi organique qui régit le Territoire, doit être adopté fin 2009. Cet ouvrage livre donc un tableau complet des connaissances scientifiques disponibles permettant de définir la politique de l'énergie, entendue comme incluant la question des émissions de gaz à effet de serre, et de hiérarchiser les priorités de l'action des diverses autorités, collectivités et acteurs dans ces domaines.

Outre les considérations objectives portant sur la nécessité de répondre aux enjeux croissants de dépendance énergétique et de maîtrise de l'énergie, on retiendra que cette évolution de la commande résulte de l'excellent dialogue entretenu entre les autorités publiques de la Nouvelle-Calédonie et l'organisme de recherche qu'est l'Institut de recherche pour le développement.

Les données partagées par les experts sur la situation de la Nouvelle-Calédonie

Puisqu'il s'agissait de préparer, en mobilisant le potentiel de la recherche, les décisions futures en matière de développement, il importait pour les experts à l'œuvre de bien connaître la situation actuelle du pays sur les plans économique, énergétique, politique et social. Le bilan énergétique de la Nouvelle-Calédonie, point de départ de notre expertise, fait l'objet d'un chapitre à part que le lecteur trouvera dans les pages suivantes.

Au plan économique, rappelons rapidement quelques données, issues pour une grande part du projet « Nouvelle-Calédonie 2025 » dont les experts ont tiré largement profit. Un territoire peu dense (10 habitants/km^2), très largement marqué par le développement de la Province Sud et de l'agglomération nouméenne (60 % du total de la population) qui, à elle seule, concentre l'essentiel des activités. Un indéniable dynamisme démographique puisque près de la moitié de la population a moins de 25 ans.

Sur le plan industriel, le secteur du nickel domine l'économie du Territoire depuis des décennies, avec plus de 95 % des exportations en valeur, et détermine la plus grande part des besoins énergétiques de la Nouvelle-Calédonie. Aujourd'hui, on estime que la variabilité économique du nickel, les évolutions technologiques qui en réduisent l'utilisation (d'ores et déjà près de la moitié du nickel utilisé par la métallurgie serait du nickel de recyclage) et la forte dépendance du pays à son égard sont autant de facteurs de risques qui pourraient être limités par la recherche de voies de diversification.

La Nouvelle-Calédonie connaît, depuis 1998, une forte croissance économique avec une augmentation annuelle moyenne du PIB de plus 3,5 % qui a permis la création d'un nombre important d'emplois (plus 4,3 % par an en moyenne), notamment dans le secteur tertiaire dominant, même si le pays n'est pas en situation de plein emploi (le chômage touche 7 % de la population active). Néanmoins, à l'exception des rémunérations les plus basses, dont le salaire minimum (SMG), qui ont connu une réelle progression (entre 15 et 20 %), l'ensemble des salaires, du privé comme du public, ont régressé en francs constants au cours des neuf dernières années (source : Institut national de la statistique et Direction du travail, mars 2009).

On note aussi la très grande dépendance du pays à l'égard des importations, y compris dans des domaines aussi essentiels que les produits agricoles et les énergies fossiles. En Nouvelle-Calédonie, la vie est d'ailleurs particulièrement chère. Selon l'étude publiée par le cabinet Syndex, en 2009, le taux de marge d'exploitation du commerce serait passé de 48,6 % en 1998 à 61,1 % en 2007, largement au-dessus des chiffres métropolitains.

Le secteur public qui représente 34,9 % de l'emploi salarié est largement impliqué dans le développement, initié ou accompagné dans les provinces par les sociétés d'économie mixtes provinciales depuis la signature des Accords de Matignon-Oudinot. Le tissu des entreprises est partagé entre quelques très grandes entreprises et une multitude de petites entreprises, sans qu'il n'existe de véritable palier intermédiaire. En dehors du nickel, du tourisme et de l'aquaculture, l'activité des entreprises calédoniennes est presque entièrement tournée vers le marché intérieur et subit un ensemble de contraintes spécifiques, comme l'éloignement et l'insularité, des ressources insuffisantes en main-d'œuvre qualifiée et une monnaie, le franc pacifique, très peu reconnue au niveau international.

Une série d'atouts peuvent cependant constituer l'assise du développement de nouveaux secteurs de la Nouvelle-Calédonie : les ressources naturelles, l'inscription de son lagon au patrimoine mondial de l'humanité, un tissu industriel développé, la relative proximité de l'Asie dont le poids économique est considérable, et la situation dans le Pacifique (les échanges régionaux avec l'Australie et la Nouvelle-Zélande tendent à augmenter).

À noter enfin, au plan environnemental, que les moyens alloués en matière de traitement des déchets, de gestion de l'eau et de l'assainissement, de la protection de la biodiversité, de la maîtrise de la demande d'énergie et des énergies renouvelables demeurent encore assez faibles.

Aux plans politique et social, les Accords de Matignon de 1988 ont su répondre à la question essentielle posée par le problème calédonien : comment permettre aux Kanaks indépendantistes d'acquérir des lieux de pouvoir chez eux, où ils sont devenus minoritaires. L'Accord de Nouméa, de 1998, a systématisé le nouveau modèle en vigueur, d'une originalité sans précédent dans l'histoire de la République : une démocratie consensuelle au lieu d'une démocratie majoritaire, un gouvernement composé à la proportionnelle des groupes du congrès assemblant tous les groupes politiques et un transfert progressif des compétences de l'État vers la Nouvelle-Calédonie. C'est ainsi que depuis dix ans, le gouvernement pluraliste fonctionne suivant ce que le professeur Jean-Yves Faberon, professeur à l'université de Montpellier, appelle un « consensus obligé » voulu entre les uns et les autres.

Avec le projet Nouvelle-Calédonie 2025, qui dépasse la mise en œuvre de l'Accord de Nouméa, le futur schéma d'aménagement et de développement de la Nouvelle-Calédonie devrait offrir un cadre structurant pour la conception des politiques publiques. Répétons que c'est bien dans ce cadre que se situe notre expertise. Mais, actuellement, la définition des compétences faites par la loi organique pose d'importantes difficultés (insécurité juridique pesant sur certains textes, discussions complexes sur qui dispose de quelle compétence normative, absence de procédure pour sécuriser ce qui fait pourtant consensus, etc.). Dans le domaine qui nous intéresse, il existe une relative ambiguïté sur les responsabilités des différents acteurs puisque l'énergie et l'environnement concernent à la fois les provinces, certaines municipalités, le gouvernement de Nouvelle-Calédonie et l'État.

La question foncière est, elle aussi, d'ordre politique et social. Le statut de la propriété foncière est complexe, en particulier en raison de la revendication coutumière sur la terre néo-calédonienne qui fonde l'identité kanak. Sur le terrain, les experts en ont mesuré la complexité dont il faut nécessairement tenir compte pour l'accès éventuel aux biomasses forestières pour substituer les combustibles fossiles ou le stockage de CO_2 dans des puits de carbone.

Notons aussi, malgré l'absence d'enquête d'opinion sur le sujet, qu'il n'y a pas encore de véritable prise de conscience de la contrainte environnementale et énergétique. Pourtant, la Nouvelle-Calédonie affiche de hautes ambitions, dans ce domaine, marquées notamment par le récent classement de la barrière de corail au patrimoine mondial de l'humanité. Des actions ont déjà été entreprises, comme le travail de sensibilisation mené par l'ADEME et la Dimenc dans le cadre du CTME sur la haute qualité environnementale (HQE) dans l'habitat. La jeune université de la Nouvelle-Calédonie, de son côté, a mis en place un dispositif d'enseignement très orienté vers la formation de géologues, à destination des employeurs principaux de l'administration et des entreprises du nickel. Autant dire que le Territoire a un rôle évident à jouer sur ce plan et a besoin de trouver des alliés. La Nouvelle-Calédonie pourrait même, en développant ses relations dans ce domaine avec l'Australie, devenir un laboratoire innovant sur les questions de sécurité énergétique, d'économies d'énergie et d'énergies renouvelables pour l'ensemble de la région Pacifique Sud, et en retirer des avantages industriels conséquents. C'est la vocation de la présente expertise collégiale que de contribuer, à son niveau, à cet ambitieux dessein.

Les cinq parties de l'expertise

Pour apporter des réponses aux principaux enjeux que sont la sécurité énergétique, la protection de l'environnement (réduction des gaz à effet de serre notamment) et l'insertion régionale de la Nouvelle-Calédonie à travers la question énergétique, le collège des experts a élaboré un plan logique en cinq grandes parties conforme à la liste des questions initiale qui lui a été soumise. Chacun, sous la responsabilité d'un coordinateur, se structure lui-même en deux parties : un état des lieux documenté adapté à la question traitée et des recommandations classées par priorité et par échéance.

Les références de la littérature scientifique et de la littérature grise sur le sujet peuvent être consultées dans le CD-ROM.

La maîtrise de l'énergie : un enjeu majeur pour le développement durable de la Nouvelle-Calédonie et sa sécurité énergétique

En tous lieux, la maîtrise de l'énergie offre une marge de manœuvre considérable et peut avoir des conséquences importantes sur les autres composantes d'une politique énergétique. Il était donc légitime d'aborder l'expertise par ce premier axe en apportant l'ensemble des connaissances du secteur, en particulier concernant l'efficacité énergétique des équipements dans le bâtiment (climatisation, notamment). Réduire la consommation d'énergie suppose aussi une modification des comportements : il y donc lieu de préciser à la fois le diagnostic, les outils pour agir (éducation à l'environnement et sensibilisation aux écogestes) et les signaux possibles (tarifaire, réglementaire, fiscal) pour promouvoir la maîtrise de l'énergie.

Les nouvelles technologies en matière de production et de stockage d'énergie

Il s'agit ici de présenter l'ensemble des nouvelles technologies de production (marines et terrestres) et de stockage de l'énergie, d'analyser leur impact, sur l'emploi notamment, et d'étudier leur faisabilité pour la Nouvelle-Calédonie, compte tenu des données de milieux et des contraintes liées à l'occupation du territoire. Dans la partie précédente, on s'intéresse également au contexte réglementaire dans la mesure où il peut influencer fortement le développement des énergies renouvelables (solutions et différenciations tarifaires et fiscales, systèmes d'aide).

La réduction des gaz à effet de serre et les moyens de compensation

Là aussi, on se propose de recenser toutes les technologies existantes (ou en recherche) de captage et de stockage de CO_2, avec un éclairage particulier sur les outils d'évaluation du stock. Parmi les moyens de compensation, on s'intéressera à l'utilisation éventuelle des biomasses forestières pour substituer des combustibles fossiles (charbon), couplée à la séquestration géologique dans le cas des sites fortement émetteurs de CO_2 (industries, centrales électriques). On traitera également des aspects économiques de la réduction des émissions de CO_2 en évaluant les coûts à moyen et long termes des différentes options de captage et de stockage.

La géopolitique de l'énergie et la coopération régionale

Il s'agit ici d'étudier les scénarios d'approvisionnement en combustibles fossiles et la façon dont ils peuvent affecter la sécurité énergétique de la Nouvelle-Calédonie. À partir de là, on explorera toutes les dimensions de la coopération régionale énergétique (échange d'expériences et de compétences, accès aux ressources). Un éclairage particulier sera apporté aux scénarios possibles d'insertion de la Nouvelle-Calédonie dans la dynamique internationale de la convention des Nations unies pour le climat, ainsi qu'à l'analyse juridique des obligations internationales qui y sont liées et à leur impact sur la gouvernance.

La gouvernance de l'énergie en Nouvelle-Calédonie

En fonction de tout ce qui précède, quelles peuvent être les responsabilités des différents acteurs, institutionnels et privés – communes, provinces, congrès, gouvernement, État, producteurs, concessionnaires ? Cet axe s'intéressera à l'ensemble des aspects juridiques (dispositifs réglementaires), économiques, fonciers et d'aménagement du territoire des différents scénarios envisagés pour la politique énergétique de la Nouvelle-Calédonie. On y inclura des propositions sur la formation et le développement des compétences techniques et l'amorçage de marchés (par le biais d'incitations à la création d'entreprises) dans les domaines concernés.

La situation énergétique

Le collège des experts a souhaité rassembler et mettre en perspective les quelques grandes données générales qui suivent et les exposer ici en préalable. Celles-ci concernent d'une part les évolutions potentielles des consommations d'énergie dans le monde d'ici 2050, avec ou sans contrainte climatique, et d'autre part la situation énergétique en Nouvelle-Calédonie. C'est ce fonds commun de données que les experts ont partagé au moment d'initier leurs analyses respectives, avant de les prolonger par des investigations spécifiques complémentaires. Dans ce premier chapitre, nous présentons également un bref panorama des acteurs, qu'ils soient institutionnels et privés, et des opérateurs de l'énergie.

Les perspectives d'évolution des consommations énergétiques dans le monde d'ici à 2050

Il est toujours difficile de faire des prévisions. Très souvent, dans le passé, celles des prévisionnistes ont dépassé les consommations réellement observées par la suite. Pour situer les enjeux, on peut néanmoins s'appuyer sur deux scénarios extrêmes de modélisation des évolutions probables de ces consommations obtenus par un laboratoire du Centre national de la recherche scientifique (CNRS) et de l'université Pierre Mendès France de Grenoble. Dans le premier, appelé au fil de l'eau, car sans contrainte de réduction des émissions de gaz à effet de serre (GES), les consommations mondiales de charbon et de pétrole continueraient d'augmenter fortement pour sans doute doubler d'ici à 2050. Cela aurait évidemment des effets sur les prix des combustibles.

Dans le second scénario, destiné à stabiliser le climat en divisant les émissions mondiales de GES par 2, ces consommations devraient en 2050 être inférieures de 40 % à ce premier scénario et n'atteindre que 13 Gtep au lieu de 23 Gtep[1] ! Mais, comme cela ne suffirait pas pour stabiliser les émissions, sur

[1] Gtep : giga tonne équivalent pétrole (milliard de tep), ce qui équivaut (sur la base du Pouvoir calorifique inférieur – PCI) à 11 600 milliards de kWh ou encore 41,8 EJ (exajoules, milliards de milliards de joules).

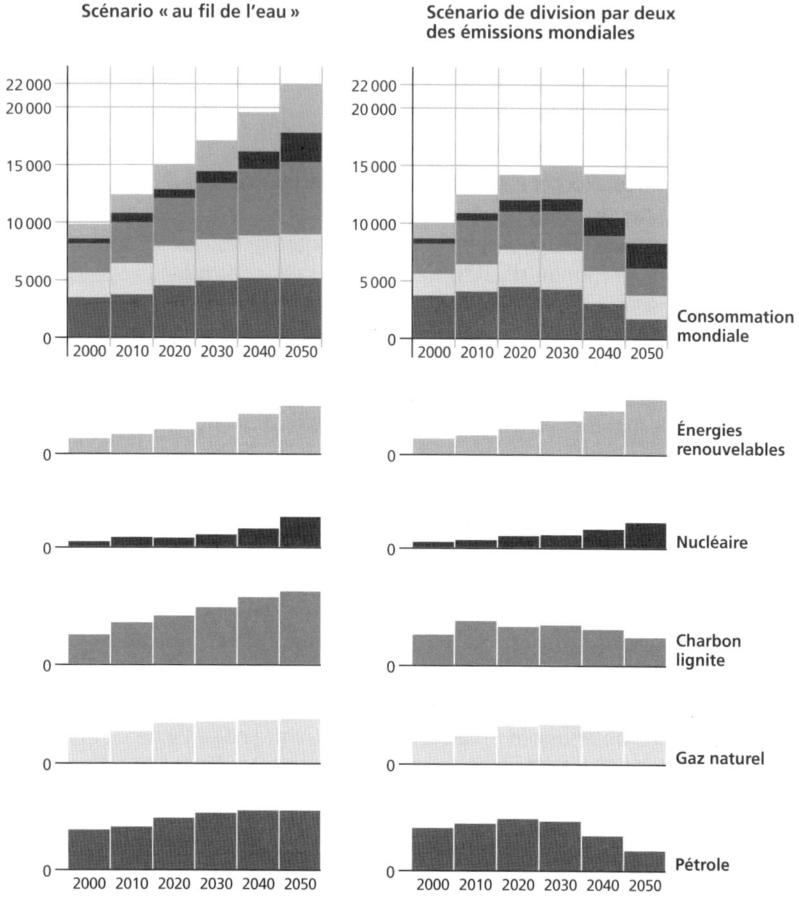

Figure 1

Projections de la consommation mondiale d'énergie d'ici à 2050 (en milliards de tonnes équivalent pétrole)

D'après le modèle Poles (modèle de simulation du système énergétique mondial à l'horizon 2050), pour un scénario sans contrainte de réductions de GES (à gauche) et pour un scénario ayant pour objectif la stabilisation du climat (à droite).
Source : Modèle POLES du LEPII (Laboratoire d'économie de la production et de l'intégration internationale pour le Conseil d'analyse stratégique, 2008)

les 16 milliards de tonnes CO_2 générés par ces combustibles, environ un tiers devrait être capté à la sortie des grandes chaufferies et stocké dans la croûte terrestre. Sous ce scénario, les énergies n'émettant pas d'émissions nettes de CO_2 représenteraient 55 % de la fourniture totale d'énergie en 2050[2].

Notons que depuis la parution de la précédente étude, et la dernière crise économique, les derniers scénarios (par exemple de l'Agence internationale de l'énergie) n'envisagent plus des croissances de consommation aussi fortes, prévoyant même la possibilité d'une baisse de la consommation d'énergie grâce à l'énorme gisement représenté par l'efficacité énergétique.

Dans les pays industrialisés, cette contrainte est encore plus forte. En France métropolitaine, selon la loi du 13 juillet 2005 de programme fixant les orientations de la politique énergétique, ces émissions devront en effet, à cet horizon, avoir été divisées par quatre. Par ailleurs il faudra arrêter les déboisements et, si possible, favoriser les boisements de terres non cultivées tout en produisant des bioénergies[3]. En somme, le déploiement intensif de politiques favorisant l'efficacité énergétique et accélérant la pénétration des énergies renouvelables, associé à l'accroissement du stockage de carbone (utilisation des espaces ruraux, captage à des coûts acceptables en sortie des grandes unités de production), pourraient constituer de puissants accélérateurs de réduction des émissions de GES.

La situation énergétique de la Nouvelle-Calédonie

La consommation d'énergie : à cinq ans, un doublement des besoins

En Nouvelle-Calédonie, les besoins sont globalement satisfaits par des moyens relativement traditionnels. L'électricité est produite par des moyens thermiques à flamme, à turbine ou à combustion interne (fioul, gazole, charbon), par des moyens hydrauliques et, dans une moindre mesure, par des éoliennes et des générateurs photovoltaïques. Les besoins en transports sont satisfaits par des carburants liquides (gazole, essence). Mais, si l'on se

[2] Criqui P., 2009 – Vers une rupture profonde du modèle énergétique mondial, La Documentation française, Questions internationales *Le climat risques et débats*, n° 38 juillet-août 2009 : 67-75.

[3] Dameron V., Barbier C. et Riedacker A., 2005 – Les réductions potentielles d'émissions de CO_2 par des plantations forestières sur des terres agricoles dans le monde à l'horizon 2050, *Cahier du Clip*, n° 17 septembre 2005 : 41-91.

projette dans l'avenir, la problématique devient plus complexe car les besoins en énergie vont évoluer et nécessiter la mise en œuvre de nouveaux moyens de production.

Concernant les consommations énergétiques, celle de l'industrie minière (extraction et métallurgie) représente aujourd'hui environ les deux tiers de la consommation d'énergie primaire de Nouvelle-Calédonie et cette proportion va croître considérablement avec la montée en puissance des usines de Vale Inco (Goro Nickel), puis de Koniambo. L'évolution de la consommation industrielle risque donc de masquer complètement celle qui est due aux autres usages et, notamment en matière de maîtrise de l'énergie, cela risque de décourager les initiatives pourtant indispensables. Pour mieux identifier les objectifs et les actions spécifiques à ces différents secteurs, nous considérons qu'il est nécessaire de distinguer les besoins – et, sans doute, les modes de production associés – de l'industrie minière du reste de l'activité énergétique du pays.

En 2008, la consommation d'énergie primaire en Nouvelle-Calédonie était d'un peu moins d'un million de tonnes équivalent pétrole (soit 1 Mtep, mégatep soit 1 million de tep) et l'électricité produite représentait un peu moins de 2 TWh (1 téraWattheure = 1 milliard de kWh), dont le tiers pour la distribution publique. En 2007, année pour laquelle on dispose de données détaillées, la consommation d'énergie primaire incluant la consommation de charbon énergétique (métallurgie) s'est répartie entre les différentes sources comme indiqué dans le tableau 1.

Notons qu'avant la construction et la mise en service, en 2008, de la première tranche de la centrale de Prony Energies, le charbon était utilisé par la métallurgie pour des usages énergétiques, respectivement 91 et 67 ktep en 2007 et 2008, et non énergétiques, respectivement 79 et 70 ktep en 2007 et 2008. D'où, en 2008, une émission d'au moins 548 kt de CO_2. Les chiffres 2008 de la consommation de la première tranche de Prony ne sont pas significatifs car des difficultés de mise en service ont apparemment conduit à brûler également du fioul et la relation production d'électricité/consommation de charbon est incertaine.

Lorsque les deux tranches (50 MW chacune, au charbon pulvérisé) de Prony Energies seront opérationnelles (en 2010, selon les informations obtenues), la consommation de charbon pour la seule production d'électricité passera à 360 000 tonnes par an, soit environ 220 ktep primaires et 920 GWh

Tableau 1 – Énergie primaire 2007-2008, en tonne équivalent pétrole (tep)

Source	Gazole	Essence	Kérosène et pétrole lampant	GPL	Fioul lourd	Charbon énergie[4]	Électricité primaire	Total
ktep 2007	191	69	38	9	458	0	37	802
% du total	*23,8*	*8,6*	*4,7*	*1,1*	*57,1*	*0*	*4,6*	*100,0*
ktep 2008	210	68	37	9	420	10	41,6	998,3
% du total	*26,4*	*8,5*	*4,6*	*1,1*	*52,8*	*1,3*	*4,2*	*99,9*
% évolution 2008/2007	*9,9*	*-1,5*	*-2,6*	*2,8*	*-8,2*	–	*13,7*	

Données 2007-2008, source Dimenc
(le charbon consommé par le processus de production des usines métallurgiques a été retiré).

[4] On appelle charbon « énergie » le charbon qui sert soit à produire de l'électricité, soit à contribuer au réchauffement du minerai dans le processus de la métallurgie du nickel. Le charbon « non énergie » est utilisé en chimie, comme apporteur de carbone au processus.

électriques, qui satisferont les besoins de l'usine de Vale Inco et une partie de la distribution publique, engendrant ainsi une réduction de la consommation de fioul lourd.

À plus long terme, vers 2014, le remplacement de la centrale au fioul lourd de la SLN à Doniambo (4 tranches de 39 MW) par une nouvelle centrale au charbon à lit fluidisé circulant (LFC) (3 tranches de 70 MW), puis la construction d'une nouvelle centrale également LFC (2 tranches de 135 MW) avec le démarrage de l'usine métallurgique de Koniambo dans la Province Nord augmenteront considérablement la consommation de charbon énergétique de la Nouvelle-Calédonie. À cette échéance, encore incertaine, la consommation d'énergie primaire de ces deux centrales pourrait s'élever à environ 900 ktep (soit plus de 1 400 000 tonnes de charbon[5] supplémentaires par an, et des émissions augmentant d'au moins 3 600 kt de CO_2). Par rapport à la situation en 2008, cela devrait passer, en dehors des augmentations possibles des autres postes de consommation (transports, résidentiel), à un quasi doublement de la consommation d'énergie primaire et à plus que doubler les émissions de CO_2 de la Nouvelle-Calédonie.

En ce qui concerne l'électricité, les seules données obtenues, fournies par la Direction de l'industrie des mines et de l'énergie de la Nouvelle-Calédonie (Dimenc), ne permettent pas de connaître le détail de la consommation de l'agriculture, de la pêche, du tertiaire et des autres industries (l'ensemble de ces postes de consommation est regroupé dans le secteur « moyenne tension privé »). La part respective, dans la consommation finale d'énergie, de chacun des différents secteurs détaillés dans ce tableau ne peut donc être clairement identifiée. En convertissant en GWh la consommation finale de combustibles fossiles (1 ktep = 11,6 GWh), on arrive à une consommation finale globale de 6 900 GWh dans laquelle l'industrie du nickel (mines et métallurgie) représente 53 % (avant-dernière colonne de droite). La dernière colonne indique les proportions de la consommation finale, hors industrie du nickel. Il apparaît alors que les transports pèsent pour 68 % de l'énergie finale. Au sein de la consommation des transports, la route, l'air et la mer représentant respectivement 79,16 et 3 % du total.

Si l'on s'intéresse cette fois à la seule consommation finale d'électricité, l'industrie du nickel en consomme à elle seule 64 % et la distribution publique

[5] Pour du coke, on compte environ 0,66 tep/tonne.

Tableau 2 – La consommation finale d'énergie

<table>
<tr><th></th><th></th><th>Électricité GWh</th><th>Combustibles fossiles ktep</th><th>Total GWh</th><th>% du total</th><th>% hors nickel</th></tr>
<tr><td rowspan="4">élec : MT privé</td><td>Agriculture</td><td rowspan="4">242</td><td>2</td><td rowspan="4">509,75</td><td rowspan="4">8</td><td rowspan="4">15</td></tr>
<tr><td>Pêche</td><td>2</td></tr>
<tr><td>Autres industries</td><td>17</td></tr>
<tr><td>Tertiaire</td><td>2</td></tr>
<tr><td></td><td>Métallurgie</td><td>1153</td><td>102</td><td>2339</td><td>36,8</td><td>---</td></tr>
<tr><td></td><td>Mines</td><td>27</td><td>50</td><td>608</td><td>9,6</td><td></td></tr>
<tr><td></td><td>Transports</td><td>0,0</td><td>201</td><td>2337</td><td>36,8</td><td>68,6</td></tr>
<tr><td></td><td>Résidentiel</td><td>236</td><td>7</td><td>317</td><td>5</td><td>9,3</td></tr>
<tr><td></td><td>Administrations</td><td>139</td><td>4</td><td>185,5</td><td>2,9</td><td>5,4</td></tr>
<tr><td></td><td>Éclairage public</td><td>10</td><td>0,0</td><td>10</td><td>0,2</td><td>0,3</td></tr>
<tr><td></td><td>Autres</td><td></td><td>4</td><td>46,5</td><td>0,7</td><td>1,4</td></tr>
<tr><td></td><td>Total</td><td>1807</td><td>391</td><td>6352,75</td><td></td><td></td></tr>
</table>

Données 2008, source Dimenc.

les 36 % restant. La consommation de la distribution publique se répartit entre le secteur résidentiel (55 %), la distribution privée moyenne tension (tertiaires, autres industries, 24,2 %), les administrations (19,2 %) et l'éclairage public (1,5 %).

Précisons que la courbe de charge (profil temporel de puissance appelée) sur le réseau présente deux formes caractéristiques selon la saison : en été, la courbe croît toute la journée et en hiver elle comprend deux pointes le matin et le soir. La figure 2, issue du rapport Enerdata, montre deux exemples des courbes de charge de la distribution publique envisagées pour 2015 (nous ne disposons pas de la courbe de la consommation industrielle, mais, mis à part des interruptions de process imprévues, elle doit être sensiblement continue).

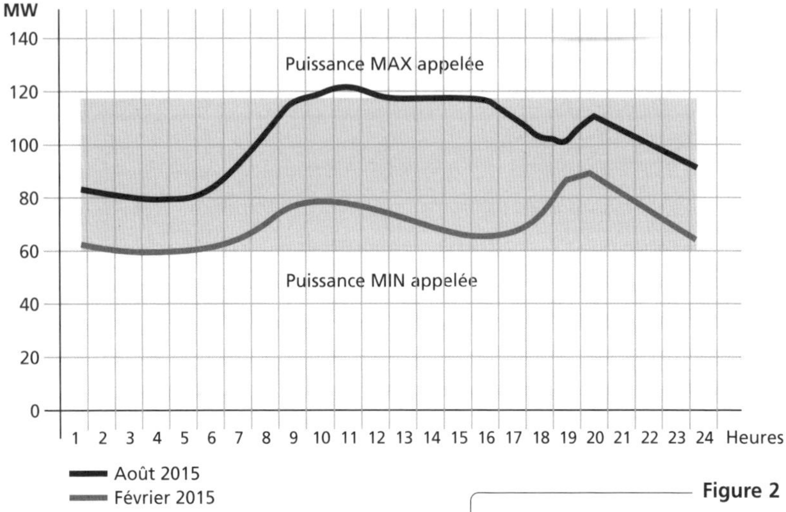

Figure 2

Puissance min. et max. appelées – 2015 (distribution publique)

Données Enercal – Rapport Enerdata, mars 2007.

De toutes ces données, il ressort qu'en Nouvelle-Calédonie les efforts de maîtrise de la demande en énergie et des émissions de GES devraient être intensifiés dans les domaines de la métallurgie et des transports.

Des décisions déjà prises qui engagent l'avenir

Précisons également à ce stade que les experts ont tenu compte dans leurs travaux de l'adoption, préalable au lancement de cette expertise collégiale, d'un certain nombre de décisions qui engagent l'avenir de la Nouvelle-Calédonie dans le domaine énergétique : celle de la programmation des trois centrales thermiques et le choix du charbon pour leur alimentation, ou encore celle d'un réseau d'électricité interconnecté sur l'ensemble de la Grande Terre. À ces choix s'ajoutent un certain nombre de souhaits émis par le gouvernement concernant le développement des énergies renouvelables ou la décision politique de péréquation des tarifs d'électricité (tout le monde paie le même prix, indépendamment de l'endroit où il est abonné).

Par ailleurs, nous n'oublions pas que la Nouvelle-Calédonie se situe actuellement en dehors du protocole de Kyoto et n'a donc pas à gérer de quota de ses émissions de gaz à effet de serre. Pourtant, les émissions de la Nouvelle-Calédonie et des Collectivités d'outre-mer ont augmenté de 63,5 % (+ 1,8 million de tonnes d'équivalent CO_2) entre 1990 et 2007 (cf. « Les émissions et les réductions d'émissions de gaz à effet de serre en Nouvelle-Calédonie », p. 00). Dans cet ensemble, 70 à 90 % des émissions de CO_2 proviennent vraisemblablement (« à dire d'expert ») de la Nouvelle-Calédonie. Si l'on tient compte des émissions liées à la production en Nouvelle-Calédonie des produits exportés, ces données la placeraient parmi les plus gros émetteurs du monde par habitant. Cela dans un environnement régional en évolution – l'Australie a ratifié le protocole – et en connaissance des perspectives d'avancement des négociations internationales sur le climat qui pourraient impacter l'économie du pays, compte-tenu de sa très forte dépendance vis-à-vis des importations énergétiques.

Le paysage institutionnel néo-calédonien en matière d'énergie

La Nouvelle-Calédonie n'est plus un Territoire d'outre-mer au sens de l'article 74 de la Constitution française depuis l'accord de Nouméa de 1998. Il s'agit d'une collectivité *sui generis* qui n'appartient à aucune catégorie préexistante et bénéficie d'institutions conçues pour elle seule[6]. Elle est constituée de trois assemblées, dont le Congrès qui en est l'assemblée délibérante et l'organe législatif. Celui-ci vote les « lois de pays » qui lui sont présentées par le gouvernement ou qui sont proposées par des élus du Congrès.

Le Congrès est composé de 54 élus issus des Assemblées des trois Provinces. Il s'appuie sur des commissions internes, dont l'une a trait à l'énergie, celle intitulée « Infrastructures publiques et énergie ». Il élit le gouvernement de la Nouvelle-Calédonie qui est l'organe exécutif. Le gouvernement comprend des directions administratives dont la Direction de l'industrie, des mines et de l'énergie de la Nouvelle-Calédonie (Dimenc), qui a en charge les questions énergétiques (également pour le compte des

[6] Exposé des motifs du projet de loi organique, document de l'Assemblée nationale, n° 1229, 25 novembre 1998 et Jean-Yves Faberon, *La nouvelle donne institutionnelle en Nouvelle-Calédonie*, RFDC, 1999.

Provinces, mais seulement par délégation – cf. « Quel cadre pour une politique de l'énergie et du climat au service du développement de la Nouvelle-Calédonie ? », p. 337).

En matière d'énergie, la Dimenc collabore à l'orientation et à la mise en œuvre de la politique énergétique de la Nouvelle-Calédonie, participe à la réalisation des études techniques et économiques dans les domaines de l'énergie ainsi qu'à la promotion des projets permettant d'effectuer des économies d'énergie ou de développer de nouvelles sources d'énergie, notamment les énergies renouvelables. Elle est également chargée d'instruire et de préparer les textes fixant le prix des hydrocarbures liquides, du gaz et de l'électricité, de contrôler les installations de transport d'énergie électrique et de prendre en charge le secrétariat du comité de gestion du Fonds d'électrification rurale (FER, environ 800 000 000 francs Pacifique F CFP) et du Comité territorial pour la maîtrise de l'énergie (CTME). Elle propose les mises à jour des prix, négocie annuellement avec les trois pétroliers la structure des prix, réexamine avec Enercal et EEC le prix du kWh, calcule les soldes de péréquation, étudie en collaboration avec les services les demandes d'autorisations d'installations classées (ICPE), contrôle les installations classées, contrôle les volucompteurs (pompes des stations services)...

L'Observatoire de l'énergie de la Nouvelle-Calédonie, créé par la délibération n° 378 du 23 avril 2008, adoptée par le Congrès, est l'outil de mise en œuvre de la politique énergétique de la Nouvelle-Calédonie. Il est intégré au sein du service énergie de la Dimenc afin de collecter les diverses informations sur la situation énergétique de la Nouvelle-Calédonie fournies par les acteurs de l'énergie que sont les importateurs, les producteurs, les transporteurs, les distributeurs et les consommateurs des différentes énergies. Cette base de données est un outil d'évaluation et de contrôle des actions visant à la maîtrise de l'énergie et au développement des énergies renouvelables. Un comité permanent de l'énergie a par ailleurs été créé par la délibération précitée et est animé par la Dimenc, qui coordonnera les réflexions sur le sujet de l'énergie en Nouvelle-Calédonie. Il proposera la mise en place de groupes de travail et contribuera à définir la politique énergétique du pays. Il a aussi pour mission d'élaborer le schéma de développement équilibré de l'énergie, visé à l'article 4 de sa délibération institutive.

À ce jour, il apparaît que la Dimenc travaille essentiellement avec des données fournies par les industriels et que peu d'études, statistiques et globales, ont été menées sur l'importation des ressources énergétiques, la production et la distribution sur le territoire des énergies. L'Observatoire de l'énergie devrait donc, s'il remplit les missions qui lui sont confiées, constituer une précieuse banque de données à la disposition des décideurs politiques, des industriels, des associations et des particuliers.

Il existe aussi un outil institutionnel de mise en œuvre des actions de promotion des énergies renouvelables et de maîtrise de l'énergie de la Nouvelle-Calédonie, le Fonds de concours pour la maîtrise de l'énergie (FCME). Celui-ci est alimenté par des participations financières de la Nouvelle-Calédonie et de l'Agence de l'environnement et de la maîtrise de l'énergie (ADEME). La part de la Nouvelle-Calédonie émane d'une taxe sur l'essence, la taxe parafiscale pour les énergies renouvelables (TER). Les actions susceptibles d'être subventionnées totalement ou partiellement par le FCME s'inscrivent dans les objectifs généraux d'utilisation rationnelle de l'énergie, de promotion des énergies renouvelables et d'économie de matières premières énergétiques.

Ces opérations sont financées soit conjointement par l'ADEME et la Nouvelle-Calédonie, soit en financement propre de la Nouvelle-Calédonie. Outre ce programme d'opérations adopté annuellement pour un montant en 2009 de 1 759 800 euros soit 210 000 000 francs Pacifique (F CFP) le FCME contribue au programme annuel d'électrification rurale en subventionnant les installations électriques intérieures et les appareils de froid des habitations alimentées, en site isolé, par un générateur photovoltaïque mis en place dans le cadre du programme du Fonds d'électrification rurale. La gestion du FCME relève du Comité territorial pour la maîtrise d'énergie (CTME).

Le CTME apporte, par exemple, son soutien aux marchés de la lampe basse consommation (LBC) et du chauffe-eau solaire individuel (Cesi), à la mise en place d'une qualification de performance thermique dans les logements neufs (Ecocal) et plus anciennement à la filière biocarburant (coprah d'Ouvéa, tournesol en Province Nord). Parmi les projets aidés, notons encore l'électrification de particuliers au moyen d'installations photovoltaïques et éoliennes et l'opération exemplaire concernant la gare de péage de Tina, équipée depuis juillet 2007 d'une ferme photovoltaïque raccordée au réseau de distribution, et plus récemment la réalisation de Bilan Carbone +.

Les acteurs industriels de la production de nickel

L'économie du nickel est, on le sait, une composante très importante de l'économie générale de la Nouvelle-Calédonie.

La Société Le Nickel (SLN) et l'usine de Doniambo

Leader mondial de la production de ferronickel, la Société Le Nickel (SLN), fondée en 1880 et dont le siège est à Nouméa, est une filiale du groupe français Eramet. La production de nickel est exportée en totalité, notamment vers le Japon, la Corée, la Chine et l'Europe.

La SLN dispose de cinq centres miniers, un dans le Sud à Thio et quatre dans le Nord à Kouaoua, Népoui, Tiébaghi et Poum qui a ouvert fin 2007, et d'une usine à Doniambo qui pourra produire jusqu'à 72 000 tonnes de nickel contenu par an. D'autre part, elle sous-traite l'exploitation de deux mines, l'Étoile du Nord, à Kaala Gomen (Nord), et Opoué (Païta), au Sud.

Son actionnariat est constitué à hauteur de 56 % par Eramet, 34 % par la STCPI et 10 % par Nisshin Steel, son principal client japonais. La STCPI (Société territoriale calédonienne de participation industrielle) est composée de Promosud, le bras financier de la Province Sud qui dispose de 50 % des parts, de Nordiles, association de la Province des îles Loyauté (à travers la Sodil, titulaire de 25 % des parts), et de la Province Nord (dont la holding financière, Sofinor, détient également 25 %). À titre d'information, les dividendes reçus en 2007 par la STPCI, au titre de 2006, représentaient 2,3 milliards F CFP (19,3 millions d'euros).

Le projet Koniambo, dont la mise en service est prévue pour 2012

Ce projet d'usine pyrométallurgique est géré par la co-entreprise Koniambo Nickel SAS (KNS) basée en Nouvelle-Calédonie, dont l'actionnariat est constitué à 51 % par la Société minière du Pacifique sud (SMSP) et 49 % par Xstrata Nickel. Ce dernier, dont le siège est en Suisse, est un important groupe minier coté aux bourses de Londres et Zurich.

Quant à la SMSP, elle appartient majoritairement à la Province Nord de la Nouvelle-Calédonie, via la Sofinor. La SMSP a également d'autres projets en partenariat avec la Corée du Sud (société Posco). La Sofinor, Société de financement et d'investissement de la Province Nord, est une société d'économie mixte appartenant à la Province Nord, créée en octobre 1990 pour procéder à l'acquisition de la SMSP.

Vale Inco Nouvelle-Calédonie et la centrale thermique Prony Energies

Vale Inco Nouvelle-Calédonie (anciennement Goro Nickel), du nom de son partenaire technologique et principal actionnaire, a été créée afin d'exploiter le gisement du plateau de Goro. Outre Vale Inco (69 %), son actionnariat est constitué de l'entreprise japonaise Sumic Netherlands Nickel (21 %), de la Province Sud (5 %) et des Provinces Nord et Îles Loyauté (5 %).

Le démarrage progressif du complexe minier et industriel, actuellement en construction, a débuté en 2009, avec une production à pleine capacité prévue en 2013.

Vale Inco Nouvelle-Calédonie a mis à la disposition de la société Prony Energies (détenue à hauteur de 75 % par Enercal et à 25 % par Elyo, filiale du Groupe Suez) des terrains nécessaires à la construction d'une centrale électrique, comprenant 2 tranches de 50 MW, utilisant le charbon comme combustible. Les besoins énergétiques du projet ne requerront que 50 % de

Tableau 3 – Comparatif des deux projets d'usine

Projet	**Koniombo**	**Goro Nickel**
Maître d'ouvrage	Xstrata (rachat de Falconbridge)	CVRD (rachat de Inco)
Ressources du massif (minerai)	150 millions de tonnes	120 millions de tonnes
Teneur en nickel	2,2 %	1,5 %
Procédé de traitement	Pyrométallurgie	Hydrométallurgie
Capacité de production	60 000 t de nickel par an	60 000 t de nickel et 5 000 t de cobalt par an
Coût estimé	300 milliards de F CFP	310 milliards de F CFP
Centrale électrique (390 MW)	Au charbon et au fioul (100 MW)	Au charbon
Emplois créés (à terme)	1 000 directs et 2 500 indirects	800 directs et 1 700 indirects

Source : *La Nouvelle-Calédonie en 2006*, IEOM, 2007 ; A. Comoul et J.M. Eberlé, BRGM, avril 2007.

la production totale d'énergie, l'autre moitié permettrait de répondre aux besoins de la distribution publique d'électricité en Nouvelle-Calédonie, qui, sans politique de maitrise, risquent d'être croissants.

La construction de la centrale elle-même est assumée par Prony Energies. Vale Inco Nouvelle-Calédonie est cependant responsable de la construction des infrastructures nécessaires à son fonctionnement.

Les opérateurs d'électricité

Enercal

La société néo-calédonienne d'énergie Enercal a été créée en 1955 avec pour mission la réalisation de l'aménagement hydroélectrique de Yaté (rivière de l'est de la Nouvelle-Calédonie) afin d'aider l'industrie française du nickel à renforcer sa compétitivité sur le plan mondial.

Tout en développant un parc de moyens de production, Enercal est depuis le 25 août 1972 titulaire de la concession de transport d'énergie de la Nouvelle-Calédonie. À ce titre, elle est chargée d'assurer l'acheminement et la répartition de l'énergie électrique sur l'intégralité du territoire. À partir de 1973, Enercal a ajouté à ses activités de producteur et de transporteur d'énergie électrique, celle de distributeur.

En 2008, le principe de la cession des parts détenues dans Enercal par l'État et l'Agence française de développement (AFD), posé dès la signature de l'accord de Nouméa, a été appliqué et, désormais, la Nouvelle-Calédonie est propriétaire de 54,4 % des parts d'Enercal. Les autres participations sont détenues par Eramet (16,3 %), EDF (16 %), Elyo (filiale de Suez, 10,8 %) ; enfin, les communes calédoniennes détiennent collectivement 2,5 % des parts et, symboliquement, les trois Provinces 0,003 %.

Aujourd'hui, Enercal assure la quasi-totalité de la production d'électricité, l'intégralité de son transport et sa distribution dans 27 des 33 communes que compte la Nouvelle-Calédonie (surtout des communes rurales) et qui lui ont accordé une concession de distribution publique d'électricité.

EEC

EEC, société de production et de distribution d'énergie électrique, est une filiale d'Elyo (elle-même devenue Cofely après sa fusion avec Cofathec) du Groupe Suez. EEC Suez-Gdf intervient en Nouvelle-Calédonie depuis 1929, date à laquelle elle s'est vue confier, sous la dénomination d'Unelco, la concession de la production et la distribution de l'énergie électrique de la ville de Nouméa.

L'actionnaire majeur d'EEC est Suez Energie Services (SES), une des quatre branches d'activités de Suez.

Aujourd'hui, EEC gère les distributions d'électricité des communes de Nouméa, Mont-Dore, Dumbéa, Bourail, Kaala-Gomen, Koumac et Lifou dont elle assure également la maintenance et l'exploitation des installations de l'éclairage public. L'entreprise est également producteur d'électricité éolienne avec quelques fermes sur la Grande Terre et à Lifou.

La maîtrise de l'énergie : un enjeu majeur pour le développement durable de la Nouvelle-Calédonie et sa sécurité énergétique

La préoccupation d'économie d'énergie, rebaptisée rapidement « Maîtrise de la demande en énergie » (MDE), est apparue à la suite des chocs pétroliers au début des années 1970. En France, elle a conduit à la création, en 1974, de l'Agence pour les économies d'énergie (AEE), puis, en 1982, à celle de l'Agence française pour la maîtrise de l'énergie (AFME) et, en 1990, à celle de l'ADEME, née de la fusion de plusieurs organismes dont l'AFME.

Quelle définition de la MDE retenir ? La plus usitée est celle de Gellings traduite par Kaehler (1993) dans sa thèse de doctorat en énergétique : « La maîtrise de la demande d'énergie désigne les actions conduites par les pouvoirs publics et par les producteurs et/ou distributeurs d'énergie, destinées à inciter et parfois obliger les usagers d'un secteur d'activités à changer leur manière d'utiliser ou de consommer de l'énergie ». Il s'agit donc bien, dans cette définition, de politiques publiques qui impulsent une dynamique d'économies d'énergie dans la société. Dans le contexte politique contemporain où les appels à la seule responsabilité individuelle sont légion, il est bon de rappeler l'existence d'une responsabilité des politiques, élus et représentants du peuple.

Désormais, les questions énergétiques ont pris une place croissante dans les débats publics, en raison du réchauffement climatique, de la perspective de la fin prochaine de la ressource pétrolière, de l'augmentation des prix du pétrole, de la prise de conscience environnementale ou encore de l'industrialisation accélérée de pays comme l'Inde et la Chine. Mais, en dépit des menaces sur l'environnement global qui se confirment année après année, la poursuite des tendances actuelles selon le paradigme de priorité à l'offre d'énergie conduit à l'impasse du développement, accentue les inégalités entre pays riches et pays pauvres et contribue à la fracture sociale.

Pourtant les enjeux de MDE sont majeurs. Les changements de pratiques en matière d'habitat, de consommation, de transports et de systèmes industriels constituent non seulement une marge de manœuvre considérable pour la sécurité énergétique, mais également un potentiel très important en matière d'économies d'énergie. Certains pays se sont d'ailleurs engagés plus que d'autres dans cette voie (les pays nordiques, l'Allemagne, l'île de la Réunion, notamment).

Jusqu'à présent, la Nouvelle-Calédonie s'est développée dans le cadre d'une économie de marché énergétivore, basée sur l'exploitation des ressources minières et sur l'industrie métallurgique. Mais la création, en 1981, du Comité territorial pour la maîtrise de l'énergie (CTME) traduit la volonté de s'engager dans la voie des économies d'énergie et du développement des énergies renouvelables (ENR). La Nouvelle-Calédonie dispose en effet de nombreux atouts pour devenir leader dans ces domaines.

L'énergie dans les discours et les pratiques

État des lieux des discours actuels vis-à-vis de l'énergie et de la MDE en Nouvelle-Calédonie

Les discours actuels vis-à-vis de l'énergie, auxquels on peut avoir accès, émanent principalement d'acteurs qui ont un intérêt direct pour les questions énergétiques. En revanche, on ne sait pas grand-chose de ce que dit et pense la majorité des habitants de Nouvelle-Calédonie puisqu'il n'existe pas d'enquête sociologique ou anthropologique sur le sujet. Il est néanmoins possible d'émettre quelques hypothèses élaborées à partir des travaux anthropologiques sur les questions d'environnement, de mines et de forêts sèches en Nouvelle-Calédonie, d'une revue de presse que nous avons réalisée au sein du quotidien *Les Nouvelles Calédoniennes*, et des discussions que nous avons eues lors de notre mission du mois de mars 2009 à Nouméa.

La question des pratiques pose des problèmes similaires. En effet, il n'existe pas davantage d'études décrivant et analysant les pratiques en matière d'énergie et de MDE des différentes catégories de la population. Si une enquête de l'Isee sur les modes de consommation des ménages est en cours au moment de rédiger ce rapport, le travail de cette expertise a souffert d'un manque de données sur le sujet.

Le discours critique des associations

Les associations écologistes critiquent fortement les choix énergétiques du gouvernement, accusés de favoriser uniquement les industriels de la mine au détriment des habitants et de l'environnement, d'être responsables de la très forte dépendance énergétique de la Nouvelle-Calédonie et d'entraver le développement des énergies renouvelables et de la MDE pour lequel elles militent.

L'association **Action Biosphère** dénonce ainsi une collusion entre l'État français, le gouvernement de Nouvelle-Calédonie, les opérateurs d'électricité et les industriels de la mine. Ces derniers bénéficient en effet de tarifs préférentiels pour l'achat de kWh, alors que les ménages, même les plus modestes, paient l'électricité au prix fort, ce qui, pour l'association, s'apparente à une subvention déguisée à laquelle s'ajoute encore le cadeau fiscal de la détaxe du fioul et du charbon à l'importation. Selon Action Biosphère, le prélèvement d'une somme infime sur la tonne importée de charbon et de fioul permettrait pourtant d'alimenter un fonds très conséquent ; affecté à l'aide à l'investissement pour le développement des énergies renouvelables (solaire, éolien), celui-ci permettrait de satisfaire les besoins en électricité des ménages.

Le réseau d'associations et de citoyens écologistes **Ensemble pour la planète** (EPLP) pointe, quant à lui, l'extrême dépendance énergétique de la Nouvelle-Calédonie vis-à-vis des énergies fossiles, liée au choix d'un développement économique uniquement centré sur l'industrie minière et la métallurgie du nickel. EPLP souligne l'absence de relais politique sur ces questions énergétiques et brandit la menace d'une crise énergétique majeure à venir, liée à la raréfaction et à la hausse des prix des énergies fossiles.

Ensemble pour la planète propose de sortir progressivement (dans les 30-40 ans à venir) de cette économie fondée sur le nickel ; de développer une économie (industrie de transformation locale, tourisme local, agriculture, sylviculture, recyclage des déchets...) et une production énergétique alternatives ; de doter la Nouvelle-Calédonie d'un véritable plan de maîtrise de la consommation d'énergie et de développement des énergies renouvelables, à l'instar de celui de la Réunion ; d'adopter des mesures incitatives (tarif de rachat du kWh, subventions, prêts à taux réduit) pour permettre à tout un chacun de produire sa propre électricité ; et, pour les industriels, de compenser le CO_2 qu'ils émettent. Considérant que le développement des énergies renouvelables doit être un objectif prioritaire, l'association propose également d'adopter des mesures permettant la mise en place et le développement du photovoltaïque raccordé au réseau, comme la fixation d'un prix de rachat incitatif du kWh solaire et des mesures d'aide à l'investissement (70 % du coût d'une installation photovoltaïque), et de sensibiliser les consommateurs à la maîtrise de l'énergie.

Le discours de l'association de consommateurs **UFC Que Choisir** présente des similitudes avec celui des associations écologistes, mais il est moins radical et moins axé sur la critique du développement minier et de l'industrie métallurgique. En matière énergétique, il se distingue par la place accordée à la MDE, tant dans le secteur de l'équipement des ménages et des modes de consommation que de l'habitat.

UFC Que Choisir regrette que la MDE ne soit pas davantage évoquée par les pouvoirs publics, alors qu'il existe pourtant d'importants gisements potentiels d'économies d'énergie. Par exemple, avec la mise en place de tarifs avantageux pour l'électricité la nuit (tranches creuses) et la création de normes pour l'étiquetage des produits d'équipement des ménages en fonction de leur rendement électrique.

Quant au développement des énergies renouvelables, il se heurte, selon l'association, à de fortes résistances locales, tant de la part d'Enercal que du gouvernement de Nouvelle-Calédonie qui soutient financièrement l'opérateur. En matière d'habitat, il n'existe pas non plus d'incitations en faveur des économies d'énergie ou de respect des normes HQE, alors que l'habitat « traditionnel », tant kanak que caldoche, était auparavant bien mieux adapté au climat.

UFC Que Choisir stigmatise également l'attitude ambivalente des Néo-Calédoniens qui dénoncent les choix énergétiques de leur pays, acceptent mal d'être l'un des plus gros producteur de CO_2 de la planète, mais continuent d'acheter des véhicules polluants comme les 4X4 et surconsomment de l'électricité (piscine, climatiseurs, etc.). Toutefois, l'association décèle quelques changements dans la prise de conscience environnementale grâce à la diffusion du film d'Al Gore sur l'effet de serre, qui aurait eu un très fort impact en Nouvelle-Calédonie, et à internet qui offre aux Néo-Calédoniens une fenêtre sur le monde. Dans cette évolution, les médias locaux jouent, depuis une dizaine d'années, un rôle non négligeable.

Participation des médias à la prise de conscience environnementale

Afin de connaître le discours des médias néo-calédoniens sur les questions énergétiques et la maîtrise de l'énergie, nous avons réalisé une revue de presse sur le site internet des *Nouvelles Calédoniennes* sur la période 2002-2009, à partir des mots-clés « consommation énergie » et « maîtrise énergie ».

Quatre-vingt-dix articles évoquent, d'une manière ou d'une autre, les questions énergétiques, qu'elles concernent la Nouvelle-Calédonie, des pays voisins comme le Vanuatu, Samoa, l'Australie et la Nouvelle-Zélande, ou l'Europe et les États-Unis. La question des énergies renouvelables vient en tête des sujets traités, en particulier concernant l'installation de fermes éoliennes et la relance de la filière coprah à Ouvéa (biomasse), avec une légère baisse d'intérêt pour les années 2004 à 2006. Vient ensuite le thème classique de la production d'électricité et de son transport dans le pays, traité de façon uniquement factuelle. En revanche, à partir d'une recherche avec les mots-clés « énergie et mines », les articles rencontrés adoptent un ton plus critique sur les pollutions de l'air émises par la centrale à charbon de Prony et par l'usine de Doniambo. Viennent ensuite, en troisième position, des textes sur les questions énergétiques et environnementales en dehors de la Nouvelle-Calédonie ; si l'année 2002 est, sur ce point, marquée par l'événement du Sommet de la Terre, l'année 2008 voit un intérêt nouveau pour ce que font les pays du Pacifique Sud en matière d'énergies renouvelables.

En 2007, la diffusion du film d'Al Gore va impulser un intérêt affirmé pour le réchauffement climatique et l'effet de serre, et va donner lieu à de nombreuses manifestations et débats. Par contre, la question de la maîtrise de la demande en énergie n'occupe qu'une place marginale dans *Les Nouvelles Calédoniennes*, avec cependant un intérêt soudain, en 2007, lié à l'installation par EEC de nouveaux compteurs électriques (dits « confort ») chez les particuliers, permettant de faire des économies d'énergie (on mentionne à cet égard la construction d'une école respectant les normes HQE à Ducos).

Ambivalence des discours et pratiques des Néo-Calédoniens

Là aussi, en l'absence d'enquêtes sur le sujet, nous nous bornerons à émettre plusieurs hypothèses qui devront nécessairement être validées ultérieurement.

On observe tout d'abord l'existence de discours critiques à l'encontre des pollutions atmosphériques émises par l'usine de Doniambo et le fait d'être un des plus gros émetteurs de CO_2 de la planète semble poser problème aux Néo-Calédoniens. Ce qui démontre une prise de conscience vis-à-vis des questions de pollution, de réchauffement climatique et d'effet de serre ; intérêt corroboré par le succès du film *Une vérité qui dérange*, largement diffusé en Nouvelle-Calédonie en décembre 2006. D'ailleurs, les actions de sensibilisation menées notamment par l'ADEME paraissent plus efficaces lorsqu'elles utilisent le support du cinéma. Autre constatation : il n'y a apparemment pas de problème d'acceptation des éoliennes de la part de la population et les discours sont généralement très favorables aux énergies renouvelables.

On observe aussi l'existence de discours critiques devant l'insuffisance, voire l'absence, de pratiques et de politiques environnementales de la part des opérateurs miniers et du gouvernement. Les vifs conflits qui ont opposé les Kanaks au projet de l'usine de Goro Nickel en témoignent amplement. Mais, dans le même temps, les Néo-Calédoniens s'abstiennent de critiquer leurs propres modes de consommation énergétivores (achat de 4X4 polluants, suréquipement, habitat, etc.). On entend même souvent dire que les économies d'énergie dans la distribution publique d'électricité, les modes de consommation des ménages ou les moyens de transport sont tout à fait négligeables, et donc inutiles, au regard des dépenses considérables d'énergie effectuées par l'exploitation des mines.

Précisons tout de même que si l'industrie minière est la cible de nombreuses critiques, le projet d'usine du Nord est cependant bien accepté par la population, kanak notamment, en raison du développement économique et de la création des milliers d'emplois qu'elle est censée engendrer, contribuant ainsi au rééquilibrage entre le Nord et le Sud.

Des préoccupations nouvelles dans les discours des acteurs publics

Un article des *Nouvelles Calédoniennes*, daté du 11 septembre 2008, rend compte d'une évolution sensible **des politiques gouvernementales** en matière énergétique. En effet, le projet de développement du réseau électrique pour les sept prochaines années met en avant les énergies renouvelables, l'autonomie en approvisionnement et les tarifs.

« (...) Les objectifs sont au nombre de quatre : garantir la sécurité de l'approvisionnement, réduire la dépendance envers l'extérieur, assurer *un prix compétitif* et limiter les *impacts sur l'environnement*. Pour toutes ces raisons, les énergies renouvelables seront *au cœur de la réforme*, par le biais d'une *politique volontariste*, c'est-à-dire des investissements et une réglementation qui favoriseront l'éolien, le photovoltaïque et l'énergie hydraulique. »

Néanmoins, la question de la MDE occupe encore une place marginale dans les préoccupations gouvernementales, en dépit du lancement en 2005 de l'opération EcoCal, un projet de maîtrise de l'énergie dans les logements Néo-Calédoniens.

Les Provinces, quant à elles, sont compétentes en matière d'environnement. La Province Sud a mis en place en mars 2009 un nouveau code de l'Environnement qui stipule que « les exigences de la protection de l'environnement et de la lutte contre l'intensification de l'effet de serre doivent être intégrées dans la définition et la mise en œuvre des politiques et actions provinciales, en particulier afin de promouvoir le développement durable ». Il précise également que, « dans le cadre des ICPE soumises à régime d'autorisation ou de déclaration, des prescriptions peuvent être émises, de manière générale ou au cas par cas, concernant la maîtrise de l'énergie ou les émissions de GES (via les notions de meilleure technologie disponibles et de prescriptions concernant des émissions de polluants) ». Dans cette même optique, la Stratégie de la Province Sud pour le développement durable, datée également de mars 2009, comprend un premier axe intitulé « Lutte contre le changement climatique et réduction de la dépendance énergétique ». Des actions y sont énoncées dans les domaines du développement des énergies renouvelables, la diminution des émissions de GES et la mesure et la prévision des répercussions locales du changement climatique (par exemple, mettre en place un référentiel local d'urbanisme durable, introduire les ENR dans le logement social (100 % des nouveaux logements équipés en solaire thermique, promouvoir des opérations avec du solaire photovoltaïque), étudier l'opportunité d'une taxe carbone provinciale, etc). Et enfin, les codes des aides à l'investissement en Province Sud intègrent eux aussi des mesures allant dans le sens de la MDE.

Le discours porté par la Province Nord, moins urbaine et industrialisée que la Province Sud, s'inscrit clairement dans une logique de développement durable avec la mise en avant des richesses naturelles, de la biodiversité et de l'écotourisme. Quant à celui des Iles, il est orienté vers le développement des énergies renouvelables (éolien notamment) et du coprah avec l'huilerie d'Ouvéa – qui connaît néanmoins des problèmes de fonctionnement récurrents en raison des difficultés d'approvisionnement liées aux questions foncières (cf. « Quel cadre pour une politique de l'énergie et du climat au service du développement de la Nouvelle-Calédonie ? », p. 337).

Notons qu'un schéma de l'énergie est en cours de constitution dans les îles Loyauté.

La Province Sud abrite les deux tiers de la population de Nouvelle-Calédonie dans un tissu urbain qui ne cesse de se densifier et qui relie les villes de Nouméa, Dumbéa, Mont-Dore et Païta. En dépit de l'émergence d'une intercommunalité en Nouvelle-Calédonie (le syndicat intercommunal du Grand Nouméa a été créé en 2006), il n'existe pas encore de politique intercommunale en matière énergétique. Au regard du rythme de développement très rapide du Grand Nouméa, les pouvoirs publics tentent avant tout de gérer l'urgence en répondant aux besoins primaires d'habitat (contre la surpopulation et le développement des squats) et de transport, notamment.

Enfin, l'ADEME, présente depuis 1981 en Nouvelle-Calédonie et qui dépend directement du gouvernement français, a essentiellement un rôle de conseil et d'accompagnement dans la mise en œuvre des politiques publiques dans les domaines de l'environnement, de l'énergie et du développement durable. Elle participe notamment au Comité territorial pour la maîtrise de l'énergie qui gère le fonds de Concours pour la maîtrise de l'énergie alimenté à parité par l'ADEME et le gouvernement de Nouvelle-Calédonie.

Le discours en retrait des opérateurs d'électricité

Les deux opérateurs d'électricité, EEC et Enercal, sont peu motivés par la maîtrise de la demande en énergie et manifestent un intérêt essentiellement pour la réduction ou la maîtrise de la pointe. EEC reconnaît des comportements « gaspilleurs », mais estime que l'évolution des comportements ne relève pas de ses attributions.

En 2007, EEC a fait réaliser une étude sur la biomasse qui confirme l'existence d'un potentiel pour des plantations énergétiques, mais souligne l'absence de volonté politique pour la mise en place d'une telle filière. Dans un article paru le 1er juillet 2007 dans le magazine en ligne *Made'In*, son directeur, Yves Morault, insiste sur la nécessité de développer et d'utiliser les énergies renouvelables et de s'engager sur la voie de la MDE, domaine dans lequel, dit-il, « il existe de grandes quantités d'énergie à économiser ».

ÉTAT DES LIEUX DES PRATIQUES : LA CONSOMMATION DES MÉNAGES EN MATIÈRE ÉNERGÉTIQUE

La question des pratiques actuelles vis-à-vis de l'énergie renvoie d'abord aux modes de consommation des ménages, sujet sur lequel nous manquons cruellement de données, l'enquête de l'Isee ne devant paraître qu'après notre expertise. Cette enquête quantitative gagnerait d'ailleurs à être suivie d'une enquête qualitative sur la diversité et la disparité des modes de consommation des habitants en matière d'énergie.

Elle renvoie aussi aux modes de consommation des acteurs publics et privés, domaines où les informations font également défaut. Ce qui est, en revanche, mieux connu, ce sont le contenu des politiques publiques et les données quantitatives en matière de production et de consommation d'électricité qui font l'objet du chapitre « La situation énergétique » (p. 29).

Selon les quelques données disponibles (qui, on l'a dit, demandent à être actualisées), le niveau de consommation, à prix courant, des ménages calédoniens a crû de 34 % entre 1990 et 1997, soit un taux annuel moyen de 4 %, alors que sur la période, le taux d'inflation annuel moyen avoisinait 2 %. Au cours de cette période, la structure de la consommation s'est modifiée, la part des services ayant gagné 4 points, alors que celle des produits industriels divers s'est réduite. Dans le même temps, le budget consacré à l'énergie s'est accru passant de 2,5 à près de 4 % des dépenses des ménages.

Selon les Tableaux de l'économie calédonienne (TEC) publiés par l'Isee, la croissance économique s'est traduite par une amélioration du niveau de vie moyen de la population, confirmée par plusieurs indicateurs dont l'évolution du taux d'équipement des ménages en biens durables. Les services sont le principal poste de dépenses et pèsent pour près de la moitié dans la consommation des ménages. Ils se répartissent à raison de 20 % pour les produits agro-alimentaires, 20 % pour les produits industriels divers et 7 % pour les produits énergétiques. La part de l'énergie dans le budget des ménages est donc passée de 2,5 % en 1990 à 7 % en 2006.

Depuis quelques décennies, les ménages calédoniens se sont rapidement équipés en électroménager et en biens liés à la consommation. Ainsi, en 2004, ils disposent presque tous d'un réfrigérateur, d'un lave-linge, d'un congélateur, et plus d'un tiers des ménages possède un ordinateur – avec toutefois de fortes disparités selon les Provinces. La climatisation domestique a également pris de l'ampleur puisque plus du quart des ménages en est équipé.

En 2004, 74 % des ménages calédoniens disposent d'au moins une voiture contre 62 % en 1989 et 6 % possèdent un deux-roues à moteur (à noter cependant qu'un quart des ménages ne dispose d'aucun moyen de transport individuel). Enfin, 13 % des ménages ont un bateau à moteur (22 % en Province Nord où l'activité de pêche est importante).

La consommation en électricité par habitant a été, en 2000, de 2,523 MWh/an dans la Province du Sud, contre 0,745 et 0,603 MWh/an respectivement dans les Provinces du Nord et des îles. On observe donc des différences significatives dans la consommation d'électricité entre les habitants de la Province Sud, urbanisée et où les Kanaks sont minoritaires, et ceux des Provinces Nord et des îles, rurales et peuplées majoritairement de Kanaks. En 2004, le PIB par habitant dans la Province des îles Loyauté était inférieur de moitié à celui de la Province Nord, et ce dernier lui-même était inférieur d'un tiers à celui de la Province Sud.

Les questions de MDE se posent donc avec plus d'acuité en Province Sud qu'en Province Nord et dans les îles Loyauté, en raison d'un taux d'équipement en biens électroménagers supérieur, de la densité du tissu urbain et des problèmes de transport, d'habitat et d'urbanisme. Il paraît cependant important que les Provinces Nord et Iles Loyauté anticipent les évolutions à venir.

ÉTAT DE L'ART SUR LES DISCOURS ET LES PRATIQUES EN MATIÈRE DE MAÎTRISE DE LA DEMANDE EN ÉNERGIE EN DEHORS DE LA NOUVELLE-CALÉDONIE

La maîtrise de l'énergie en France

L'État : réglementations et aides fiscales

Les politiques françaises de MDE ont réellement débuté en réaction aux chocs pétroliers de 1974, puis de 1979. Au départ, l'implication de l'État a donc été justifiée au nom de la dépendance française au regard de ses approvisionnements énergétiques. Par la suite, les crédits affectés à la maîtrise des consommations ont pu viser, de façon conjoncturelle, la relance des activités du bâtiment. De même, les actions de MDE ont parfois été liées à des politiques sociales, par exemple pour l'utilisation du Fonds spécial grands travaux pour la rénovation des logements sociaux.

À partir des années 1990, la motivation environnementale prend de l'importance – en témoigne la loi n° 96-1236 du 30 décembre 1996 sur l'air et l'utilisation rationnelle de l'énergie – et se trouve renforcée ensuite du fait des engagements internationaux de la France (par exemple, le protocole de Kyoto).

Les interventions directes de l'État en faveur de la maîtrise de la demande en énergie sont pour la plupart aujourd'hui regroupées dans le Plan Climat qu'il doit soumettre régulièrement à la Commission européenne. Elles sont construites autour de deux axes principaux : les réglementations et les aides fiscales.

Les principales réglementations dans le domaine des économies d'énergie sont :

- la réglementation thermique (dès 1974) pour tous les nouveaux bâtiments ;
- les réglementations sur les chaudières et les installations de combustion, complétées par le Plan national d'allocation des quotas (PNAQ) et par l'inspection régulière des chaudières et des systèmes de climatisation ;
- l'étiquetage des appareils électrodomestiques ;
- le changement d'heure saisonnier (heure d'été/heure d'hiver) instauré en 1975.

Les principales aides fiscales sont :

- les crédits d'impôts pour les particuliers pour des investissements améliorant les performances énergétiques des bâtiments ;
- la TVA réduite à 5,5 % pour les travaux d'amélioration du parc ancien ;
- le régime d'amortissement exceptionnel en faveur des entreprises pour les matériels destinés à économiser de l'énergie ou à la production d'énergie renouvelable ;
- le financement des investissements d'économies d'énergie par crédit-bail.

Par ailleurs, l'État a aussi un rôle d'exemplarité et se doit donc de mener des actions dans ses propres bâtiments et d'adapter ses procédures de commandes d'équipements. Enfin, il soutient également la recherche dans le domaine de la maîtrise de l'énergie.

L'ADEME : conseil et sensibilisation

La promotion de la maîtrise de l'énergie est aujourd'hui l'une des cinq missions confiées à l'ADEME. Dans ses deux dernières grandes campagnes de sensibilisation, l'agence confirme la place importante des préoccupations environnementales dans les motivations à promouvoir les économies d'énergie, suivant et influençant à la fois l'opinion sur ce point. Ainsi lors de la « chasse au gaspi » de la fin des années 1970, le slogan était : « En France, on n'a pas de pétrole, mais on a des idées. » En 2001, il devient : « Préservez votre argent. Préservez votre planète », et, en 2004 : « Économies d'énergie, faisons vite ça chauffe. »

L'ADEME a participé au Grenelle de l'environnement en étant, entre autres, membre du groupe de travail intitulé « Lutter contre les changements climatiques et maîtriser l'énergie ». À la demande du ministère du Développement durable (Meddaat), elle est devenue un opérateur clé en charge, notamment, du fonds Chaleur pour développer la production de chaleur à partir d'énergies renouvelables, et du fonds Démonstrateur de recherche sur les nouvelles technologies de l'énergie.

L'ADEME a mis en place un dispositif d'aides à la décision (pré-diagnostic, étude de faisabilité, accompagnement au montage de projet) et propose des solutions pour faciliter le financement de projets d'amélioration de l'efficacité énergétique des entreprises. Elle développe également une politique partenariale pour faire relayer ses efforts et encourager les démarches d'autres acteurs, tant publics que privés. Enfin, elle lance des appels à projets pour favoriser l'émergence de nouvelles solutions performantes, puis leur diffusion et mise sur le marché.

Le dispositif d'aides à la décision existe aussi pour les collectivités, mais il est orienté sur les questions liées aux bâtiments et vers l'assistance aux maîtres d'ouvrage. Quant à son rôle auprès des particuliers, il consiste à sensibiliser, à relayer et/ou diffuser l'information, et à proposer un conseil de proximité par le biais des Espaces info énergie. Par ailleurs, l'ADEME mène des actions dans les écoles en faveur de l'éducation à l'environnement.

EDF : tarification, mission de service public, offre de services et R&D

La première motivation d'EDF en matière de MDE a été d'optimiser le recours aux centrales de production en ajustant la demande grâce à une structure tarifaire basée sur les coûts marginaux, et ce, dès 1954, avec la mise en place du tarif vert. L'application du principe de la péréquation tarifaire fait que l'entreprise a intérêt à œuvrer pour la maîtrise des consommations dans les zones où il lui coûte cher d'acheminer ou de produire de l'électricité.

Par ailleurs, la situation de surcapacité du fait de l'important programme électronucléaire a paradoxalement encouragé l'amélioration de l'isolation des logements et des performances du chauffage électrique. Les activités de MDE ont alors eu des motivations commerciales : gagner des parts de marché pour un usage concurrentiel de l'énergie. À noter aussi que les activités de MDE ont été un moyen pour EDF de valoriser son image, notamment pour contrebalancer les contestations des anti-nucléaires.

À partir de 1993, EDF signe avec l'ADEME des accords-cadres triennaux qui portent notamment sur la maîtrise de la demande d'électricité. Les actions réalisées dans ce cadre intègrent à la fois des motivations économiques et environnementales.

L'ouverture à la concurrence de la vente d'électricité vient ensuite modifier la donne puisque EDF n'est plus en situation de monopole et que son nouveau statut lève le principe de spécialité, ce qui l'autorise à diversifier ses activités. Ses activités de MDE répondent dès lors à deux motivations : la redéfinition de ses missions de service public et le besoin de se différencier de ses concurrents en développant des activités de service.

L'action d'EDF est principalement fondée sur le rôle décisif du signal tarifaire donné au client. La tarification marginaliste vient du fait que l'électricité est un produit non stockable et que les moyens de production sont utilisés de manière à répondre à la demande instantanée. Or cette demande est irrégulière, notamment en fonction des heures de la journée et des saisons. Ces fluctuations sont caractérisées par la courbe de charge du système électrique qui trace la puissance totale appelée en fonction du temps. La demande est ainsi traditionnellement découpée en trois domaines : la base (puissance moyenne appelée plus de 6 000 h/an), la semi-base (durée d'appel intermédiaire) et la pointe (puissances appelées aux moments critiques). Les capacités de production sont donc choisies en fonction de la structure de cette charge avec, pour chaque catégorie, des coûts différents, moins élevés en base et plus élevés en pointe.

La péréquation tarifaire et l'objectif d'accès à l'énergie pour tous conduisent EDF à réaliser des programmes locaux de maîtrise de la demande en électricité sous la forme de campagnes d'information et de promotion pour des équipements performants (par exemple, les lampes à basse consommation). L'entreprise développe également une culture commerciale de la MDE en proposant à ses clients une offre de services. Pour les entreprises, ce sont les bilans annuels personnalisés et les conseils éclairage et climatisation ; pour les collectivités, les offres Citélia avec les diagnostics Optimia ; et pour les particuliers, des conseils et simulations sur Internet ou par téléphone, les campagnes Gesteco dans certaines régions pilotes avec un pack MDE, et l'offre Vivrélec pour les usages thermiques de l'électricité.

EDF dispose enfin d'un important centre de R&D dont un des axes est de développer de nouvelles technologies performantes pour des procédés industriels ou pour des équipements pour les ménages.

Les acteurs privés : entreprises et cabinets de consultants spécialisés

Pour ces acteurs privés, la motivation principale est, bien sûr, économique. Dans une moindre mesure peuvent intervenir des motivations environnementales et/ou d'image. Leur objectif est de développer leur activité en proposant à leurs clients des produits et services.

Certaines associations peuvent aussi jouer un rôle dans les activités de MDE qui sont souvent associées aux Espaces info énergie ou aux agences locales de l'énergie. Leurs motivations dépendent de leurs objectifs propres, mais sont en général de nature environnementale, sociale et/ou citoyenne.

Et enfin, en métropole, les collectivités territoriales sont des acteurs majeurs en matière de MDE.

Perspectives et enjeux actuels

Au niveau des politiques publiques, il a fallu attendre la ratification par la France du protocole de Kyoto, en 2000, pour voir s'initier deux nouveaux programmes annonçant la relance des politiques de maîtrise de l'énergie : le Plan national de lutte contre le changement climatique (le PNLCC, aujourd'hui remplacé par le Plan Climat) complété par le Plan national d'amélioration de l'efficacité énergétique (le PNAEE).

Cette relance connaît aujourd'hui un second souffle car les questions de prix des énergies et de sécurité d'approvisionnement reviennent au premier plan avec la volatilité du prix du pétrole et la perspective de sa raréfaction. Dans ce contexte, la France suit d'abord les orientations fixées par les différentes directives européennes. Les principales mesures engagées ont été de renforcer les crédits d'impôts pour les investissements de maîtrise de l'énergie et le lancement par l'ADEME d'une nouvelle campagne de sensibilisation (« Faisons vite ça chauffe »), plus ambitieuse et surtout plus concrète. Le Grenelle de l'environnement marque, en matière de MDE, une étape importante.

Tout semble ainsi montrer qu'en France les activités de MDE vont connaître une période faste dans les années à venir, mais les défis à relever sont différents de ceux de la période d'après les chocs pétroliers de 1973 et 1979 :

- inscrire les actions dans la durée et, pour ce faire, intégrer les questions de maîtrise des consommations dans l'ensemble des processus de décisions ;
- soutenir les activités de MDE dans un nouveau contexte de marché ouvert à la concurrence qui remet en cause la répartition des rôles et les modes d'intervention possibles ;
- structurer les politiques d'actions en s'appuyant sur les différents niveaux territoriaux ;
- développer de nouvelles stratégies (les certificats d'économie d'énergie en font partie) pour atteindre les gisements diffus qui sont devenus l'enjeu majeur de la maîtrise des consommations d'énergie et s'attaquer aux secteurs pour lesquels il est plus difficile d'intervenir (logements anciens, PME-PMI, etc.).

La maîtrise de l'énergie dans les DOM : des actions ponctuelles mais d'envergure

Comme les zones rurales, les zones insulaires ont été des terrains propices aux actions de MDE du fait de la péréquation tarifaire. Ces actions s'y sont d'autant plus développées que le déficit pour EDF y devenait important, en particulier dans les départements d'outre-mer. Les actions MDE y ont donc été un des axes prioritaires des conventions EDF-ADEME car elles constituaient un terrain où les intérêts des deux acteurs convergeaient.

Quelques actions locales de grande envergure ont été réussies, comme la diffusion de près d'un million de lampes à basse consommation : 150 000 à la Réunion en 1989, 350 000 en Guadeloupe et 346 000 en Martinique en 1992, 73 000 en Guyane ; des résultats environ 10 fois supérieurs aux opérations locales de ce type menées en métropole. Autres exemples : la promotion des chauffe-eau solaires et du label Ecodom pour améliorer les performances énergétiques des bâtiments neufs.

Sur les vingt dernières années, le développement économique de l'île de la Réunion s'est accompagné d'une croissance soutenue des consommations d'énergie dont la demande a été multipliée par 2,5, celle de l'électricité ayant même quadruplé. Il était donc urgent de mettre en œuvre une politique régionale très ambitieuse de maîtrise de l'énergie et de recours aux énergies renouvelables pour la production d'électricité : c'est ce que propose le Plan régional des énergies renouvelables et d'utilisation rationnelle de l'énergie (Prerure) qui prévoit la constitution à moyen terme de trois centrales ENR ou mégawatts, MDE ou mégawatts et stockage. Un deuxième programme « d'actions opérationnelles pour des résultats visibles sur les dix prochaines années » vise à réduire le plus possible les besoins en électricité à travers douze actions fortes qui sont principalement du domaine de la maîtrise de l'énergie.

La Réglementation thermique DOM (RT DOM), limitée au secteur logement, peut être un point de départ pour réaliser une RT calédonienne. Elle correspond en fait à un EcoCal édulcoré, avec des compléments sur les aspects ventilation. Par ailleurs, pour ce qui concerne le secteur tertiaire, il sera utile de s'inspirer de la démarche Perene qui, basée sur une étude détaillée du climat réunionnais, apporte des éclairages intéressants en matière de ratios de consommations et de référentiels pour les différents secteurs tertiaires. Compte-tenu des grandes similitudes entre le climat calédonien et le climat réunionnais, certains résultats sont transposables, mais cela ne dispense pas de la nécessité de produire des études statistiques ou instrumentées sur les consommations réelles par secteur et de définir une carte climatique avec des données de référence par région. Pour simplifier, l'application d'une RT DOM, ainsi que les démarches logement et tertiaire, devront être homogénéisées en termes d'indicateurs objectifs à atteindre et développées concomitamment.

Propositions pour faire évoluer les discours et les pratiques des Néo-Calédoniens vers davantage de maîtrise de l'énergie

Il faut agir au niveau politique d'abord, car c'est là que se situe le principal levier en matière de MDE. Comment sensibiliser les élus à cet enjeu ? Par des actions de sensibilisation, de formation, en leur présentant les expériences existant ailleurs, en leur exposant les finalités et les potentialités, etc. L'ADEME est peut-être l'acteur le mieux placé pour effectuer ce travail, mais en Nouvelle-Calédonie elle ne dispose que de moyens limités.

Parallèlement, il faut aussi agir au niveau de l'ensemble des acteurs du pays. Il conviendrait d'abord de préconiser une enquête anthropologique, donc qualitative, portant sur les discours et les pratiques des Néo-Calédoniens en matière d'énergie. Complément indispensable des enquêtes statistiques de l'Institut de la statistique et des études économiques (Isee), cette approche qualitative permettrait de comprendre les points de vue des habitants du pays, leurs choix de consommation, les logiques qui les sous-tendent, leurs attentes, leurs jugements, etc. On pourrait également préconiser une enquête sur les discours des différents médias néo-calédoniens sur les questions énergétiques (revue de presse, journaux télé, émissions de radios, etc.).

La maîtrise de l'énergie dans le domaine du bâtiment et des équipements

La question de la maîtrise de la demande d'énergie et de l'efficacité énergétique dans le bâtiment est fondamentale, compte tenu de l'importance des gisements évalués et, surtout, du champ d'action possible. En effet, grâce à la disponibilité immédiate de technologies et de techniques matures, le secteur du bâtiment peut contribuer efficacement à résoudre les défis environnementaux auxquels nous devons faire face. Toutefois, c'est un secteur réputé lent à évoluer à cause de la durée de vie des bâtiments et de l'inertie du monde du bâtiment.

État des lieux de la MDE dans le domaine du bâtiment et des équipements en Nouvelle-Calédonie

Les éléments climatiques

Située en plein océan Pacifique, la Nouvelle-Calédonie se positionne sur une latitude moyenne de -21,5° et une longitude de -165°. La course solaire (hauteur et azimut) est quasiment identique à celle de la Réunion (-21° de latitude sud et 55°30' de longitude est).

Un observateur en Nouvelle-Calédonie voit le soleil à 12 h une grande partie de l'année en façade nord, et une autre partie en façade sud (mois de décembre). Tout au long de l'année, le parcours du soleil s'effectue à une hauteur relativement élevée.

Le rayonnement moyen journalier annuel est de l'ordre de 5,4 kWh/m^2/jour. En saison chaude, il peut dépasser 7 kWh/m^2/jour et, en saison « fraîche », il descend un peu plus bas autour de 3,5 kWh/m^2/jour. Le rayonnement diffus contribue de l'ordre de 40 % au rayonnement global reçu. À titre de comparaison, l'ensoleillement annuel reçu est légèrement plus élevé qu'à la Réunion et quasiment identique qu'aux Antilles.

Les températures sont particulièrement clémentes en Nouvelle-Calédonie : une moyenne annuelle de 23 et 24 °C, avec un écart très faible entre la zone nord et la zone sud de l'île, soit pratiquement la température idéale d'ambiance pour un être humain.

L'étude du positionnement annuel de l'ensemble des conditions d'ambiance extérieure dans le diagramme de l'air humide permet de caractériser le confort thermique en espace extérieur. Le nuage de points est encadré sur sa valeur par une température minimale absolue de l'ordre de 16 °C, une température maxima absolue de 33 °C et une humidité relative minimale de l'ordre de 45 %. Statistiquement, les sources d'inconfort proviennent de périodes liées à une sensation de fraîcheur (6 % au-dessous de 19 °C), de chaleur (10 % au-dessous de 28 °C) ou d'excès d'humidité (5 % au-dessus d'une humidité relative de 95 %). Si l'on exclut ces zones d'inconfort, on constate qu'un être humain est 83 % du temps dans des conditions de confort acceptables (à l'ombre).

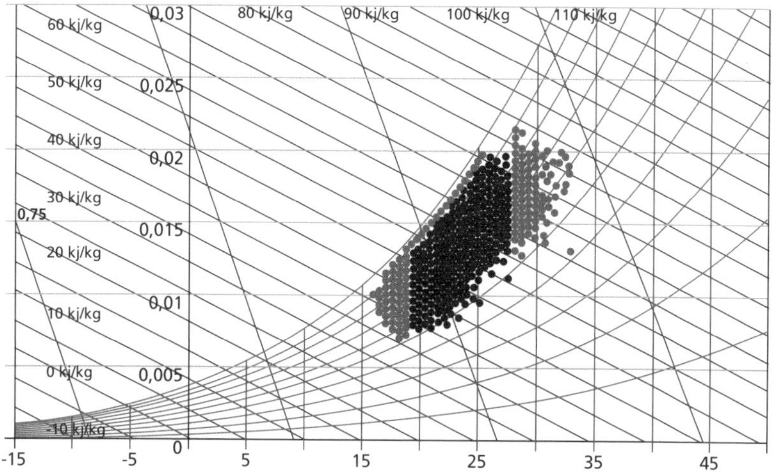

Figure 3

Le confort thermique en espace extérieur

La ligne d'enthalpie maximale du nuage de points est de l'ordre de 85 kJ/kg as. Cette valeur est significative pour le dimensionnement des installations de climatisation. Elle correspond à un couple température/humidité de 31 °C pour 70 % d'humidité.

Potentiel et gisement naturel pour couvrir les besoins d'un bâtiment

Produire du confort thermique naturellement

Le confort hygrothermique est lié à l'influence combinée de la température de l'air, de la température radiante (en particulier, la surchauffe des parois générée par les rayonnements solaires), de la vitesse d'air et du niveau hygrométrique. L'humidité est une contrainte subie qui contrarie la sudation, c'est-à-dire le processus de réfrigération de l'être humain. En revanche, la vitesse d'air facilite ce processus et crée une sensation équivalente à une réduction de 4 à 5 °C de température pour un niveau de vitesse de 1 m/s. Il est donc important d'aborder l'ensemble de ces données dans l'analyse climatique.

Les températures élevées sont, bien sûr, fortement corrélées au rayonnement solaire. Cependant, ici, la nature a bien fait les choses, puisque les heures les plus chaudes correspondent également aux heures les mieux ventées. La vitesse extérieure du vent est de 5 m/s aux heures les plus chaudes : on dispose donc, au moment où on en a le besoin, d'un fabuleux potentiel pour évaluer les apports de chaleur par ventilation naturelle et générer des vitesses d'air de 1 m/s dans les locaux. Pour évacuer correctement les apports solaires, un débit de renouvellement d'air de 10 à 15 Volume/heure (Vol/h) est souhaitable. Compte tenu du niveau de vent, ce type de renouvellement d'air est relativement facile à obtenir. En général, un ratio d'ouvrant de 3 à 4 % de surface Shon est suffisant pour évacuer la charge interne des locaux.

En revanche, pour obtenir des vitesses de l'ordre de 1 m/s dans les habitations (pour faciliter le processus de sudation), le challenge est plus difficile. Le niveau de porosité nécessaire est plus important, de l'ordre de 20 % sur les façades. Mais le fait de ne pas atteindre ce critère n'est pas déterminant pour rafraîchir naturellement les locaux puisque la mise en œuvre de brasseurs d'air permet de pallier une vitesse d'air insuffisante dans les locaux. Notons d'ailleurs que la consommation électrique de ce type d'appareil (étiquette A) est très faible comparée à une solution de climatisation.

Climatiser : un besoin réel ?

Comme pour le chauffage, le degré heure climatisation est un indicateur des besoins théoriques de climatisation. Le débat sur la nécessité ou non de climatiser doit être abordé par secteurs.

▪ *Pour le résidentiel*, le faible niveau de charges internes (moins de 5 W/m^2 en moyenne journalière), combiné à une bonne maîtrise des apports solaires (par une bonne conception de l'enveloppe selon la démarche Ecocal) permet de réduire les apports totaux à moins de 40 W/m^2.

▪ *Pour le tertiaire*, les apports internes de la bureautique et de l'éclairage sont souvent supérieurs à 20 W/m^2, compte tenu de la densification de l'occupation des locaux (1 occupant/10 m^2, voire moins). Si l'on ajoute les apports climatiques, on atteint dans le meilleur des cas des apports totaux de 50 à 60 W/m^2. Avec une ventilation de l'ordre de 15 Vol/h, la surchauffe moyenne pendant la journée est de l'ordre de 4 à 5 °C. Pour des conditions de travail acceptables, c'est-à-dire en limitant à 2 °C la surchauffe, outre une bonne conception bioclimatique, il est nécessaire de réduire la densité de l'occupation (on se heurte alors au problème du coût du foncier), de travailler sur la lumière naturelle pour limiter les apports éclairage, d'augmenter l'efficacité des appareils de bureautique et de prévoir une ventilation naturelle plus importante. Le niveau de renouvellement de l'air à atteindre est plutôt de 20 à 30 Vol/h.

Envisager une alternative à la climatisation dans le tertiaire se heurte malgré tout à trois obstacles : celui de la rentabilité pour l'investisseur, celui de la productivité des personnes qui y travaillent (la climatisation apporte une réponse de confort constant, alors que la climatisation naturelle produit un confort moyen avec des possibilités de dérive quelques heures dans l'année) et celui des stéréotypes comportementaux (port de la cravate, image positive de la climatisation).

▪ *Dans le secteur de l'enseignement*, le profil thermique est impacté essentiellement par l'apport interne dû aux élèves : un élève pour 1,5 m^2 en primaire et un élève pour 2,7 m^2 en secondaire, mais sur une plage d'occupation moins importante que pour le bâtiment tertiaire. Les heures de cours ayant lieu aux meilleures heures du jour, l'éclairage artificiel – si le bâtiment est bien conçu – est peu sollicité. L'apport moyen dû à l'occupation pendant la journée est de l'ordre de 15 W/m^2. Avec une bonne ventilation traversante (de 20 Vol/h à 30 Vol/h) et une bonne conception bioclimatique, la surchauffe moyenne peut être limitée à 2 à 3 °C et procurer des conditions de confort acceptables.

Le besoin énergétique étant conditionné par le profil d'occupation selon la période de l'année, il est intéressant de questionner l'intérêt d'un décalage saisonnier des rythmes de vie. En zone tropicale, il est réduit compte tenu de la faible évolution de la durée du jour au cours de l'année. Cependant, la Nouvelle-Calédonie se situe à la limite de la zone tropicale humide et la variation de la durée du jour est appréciable puisqu'il y a 2,6 h entre le jour le plus court et le jour le plus long.

L'enjeu principal du décalage horaire se situe au moment de la saison chaude pour récupérer une heure d'ensoleillement naturel le matin et faire fonctionner une heure de moins la climatisation en fin de journée. Étant donné que la rentrée scolaire a lieu au moment le plus chaud de l'année, des établissements commencent à équiper les classes de climatisation. Or, donner aux élèves une image positive de la climatisation peut avoir des conséquences catastrophiques, immédiates, en suscitant le désir de retrouver chez soi le même équipement et, à terme, en créant un nouveau besoin pour de futurs adultes. La pénétration systématique de la climatisation dans les établissements d'enseignement est une ligne rouge à ne pas franchir car elle enlèverait toute crédibilité à des campagnes de sensibilisation aux aspects environnementaux et d'économie d'énergie.

Certains pays chauds déterminent le niveau d'activité en fonction des contraintes climatiques. En Nouvelle-Calédonie, les mois les plus chauds sont également les plus longs en durée de jour. Des activités pourraient donc adapter leurs horaires pour profiter des heures les plus fraîches et bénéficier davantage de l'éclairement naturel. Certains prônent ainsi la réhabilitation de la sieste de l'après-midi (30 minutes en début d'après-midi), à l'instar de pays, comme le Vietnam, où cette pratique est courante.

Le code vestimentaire a également une influence néfaste en matière de MDE, notamment lorsqu'il se réfère à la tenue européenne (cravate et veston). L'action principale du vêtement est de contribuer à « conserver » la chaleur dégagée par le corps en augmentant la température ambiante autour du corps d'environ 8 °C, pour une tenue européenne de demi-saison, et de 3 à 4 °C, pour une tenue tropicale légère.

L'intérêt du stockage de froid

Il est d'abord économique : effacer les pointes de charge quotidiennes caractérisées par une utilisation courte de puissances maximales. Le stockage de froid peut permettre de réduire la puissance d'un groupe frigorifique (jusqu'à - 40 %), de réduire également la puissance tarifaire souscrite et de profiter du tarif des heures creuses du réseau. Sa rentabilité dépend du système de tarification des puissances de pointe. Quant au bilan environnemental, notamment en émissions de CO_2, il dépend de la nature des moyens mis en œuvre aux heures de pointe pour produire de l'énergie électrique.

La climatisation solaire : état des lieux

Climatiser en utilisant le soleil, sans consommer de l'énergie fossile, est désormais possible, mais la filière est loin d'être mature. Les avantages principaux de la climatisation à absorption solaire sont qu'elle consomme vingt fois moins que les climatisations traditionnelles et que les fluides utilisés sont inoffensifs pour l'environnement. Dans ce domaine, la Nouvelle-Calédonie possède un fort potentiel de développement car le rayonnement solaire y est très élevé aux heures les plus chaudes.

Il serait particulièrement intéressant de réaliser plusieurs opérations expérimentales afin de mieux cerner les performances réelles d'un tel système dans les conditions de climat du territoire étudié. Son surcoût, de l'ordre de 50 % par rapport à un système classique, varie selon le niveau de puissance et sa limite physique est la surface de captation du bâtiment par rapport au volume à climatiser.

S'éclairer naturellement

L'éclairage est un poste énergétique important, notamment dans le tertiaire où les exigences sont élevées. En Nouvelle-Calédonie, le besoin d'éclairage peut être pourvu en grande partie par la lumière naturelle dont le gisement est particulièrement important, sous réserve d'une bonne conception du niveau de couverture.

Produire de l'eau chaude

Le réchauffement à 55 °C d'un m^3 d'eau froide nécessite une quantité d'énergie de l'ordre de 37 kWh par m^3 et par jour en Nouvelle-Calédonie, soit sensiblement 30 % de moins qu'une installation en métropole. Le climat calédonien permet d'assurer en grande partie les besoins en eau chaude par une installation solaire. C'est pourquoi, lorsque l'on dispose de surface suffisamment bien exposée pour produire de l'eau chaude, les pompes à chaleur sont d'une efficacité moindre qu'un système solaire bien dimensionné, notamment pour les particuliers. Les seules indications pour l'usage éventuel de pompes à chaleur sont l'impossibilité d'installation de panneaux solaires thermiques bien exposés.

Autres besoins domestiques

Mis à part la cuisson, la plupart des usages domestiques nécessite de l'énergie sous forme électrique : éclairage, cuisine, ventilation, froid, télévision, ordinateur, lavage du linge et de la vaisselle, etc. Pour ces deux derniers postes, le réchauffage de l'eau peut s'effectuer en bonne partie sous forme thermique solaire. Hors cuisson et chauffage de l'eau chaude sanitaire, l'ensemble de ces consommations est en métropole de l'ordre de 3 000 kWh par an pour un ménage. Avec des appareils économes et adaptés au développement durable, cette consommation peut être réduite à moins de 2 000 kWh par an.

Pour compenser la consommation en énergie fossile de ces appareils électriques, on peut envisager une production équivalente d'énergie solaire sous forme photovoltaïque. L'orientation optimale en Nouvelle-Calédonie est l'orientation nord inclinée à 20°.

Autre mode de compensation de l'énergie d'origine fossile : la production éolienne en milieu urbain. Avec une vitesse moyenne du vent de l'ordre de 5,5 m/s à Nouméa, on peut envisager une productivité intéressante de l'ordre de 1 500 à 2 000 kWh/kW (variable selon les marques et les technologies).

Les technologies les plus adaptées à la forte rugosité urbaine sont les éoliennes à axe vertical qui captent l'énergie turbulente. Néanmoins, pour développer cette filière, plusieurs obstacles sont à surmonter :

- les produits ne sont pas matures en matière de sécurité, de procédures de certification et de standardisation ;
- la rentabilité économique est faible (coût du kWh produit supérieur à 15 c€/kWh) ;
- au plan local, cela suppose de caler le prix de rachat du kWh par le réseau et de développer un réseau de professionnels.

La cuisson

Les plaques de cuisson et le four classique utilisent traditionnellement le gaz ou l'électricité. La source d'énergie actuelle, électrique, étant particulièrement polluante, on peut facilement envisager d'utiliser l'énergie solaire pour une partie de ces usages. Dans tous les cas, le gaz doit être privilégié à la cuisson électrique compte tenu du contenu en énergie primaire du kWh électrique (1 kWh électrique équivalant à 3 kWhep). La question de l'organisation d'une vraie concurrence – ou d'une régulation du marché par les pouvoirs publics – pour la distribution, s'avère ici être un enjeu fondamental.

D'abord considérée comme un gadget, la cuisine solaire ne se limite plus à quelques convaincus de l'autoconstruction. L'offre commerciale pour le particulier commence à s'étoffer dans le monde et il existe également quelques grands projets de cuisine collective, notamment en Inde, qui ont prouvé l'efficacité du procédé. Le principe de base – concentrer l'énergie solaire – se décline selon différents matériels : four, barbecue, autocuiseur, cuisine vapeur, etc. L'emprise nécessaire pour ce type de système est d'environ 1 m^2 orienté horizontalement et légèrement incliné vers le nord selon les saisons.

Utiliser l'énergie solaire pour le transport ?

Pour les petits déplacements urbains, la bicyclette électrique est le mode de déplacement idéal. Avec une consommation électrique de 10 Wh/km, la recharge solaire d'une bicyclette pour un déplacement moyen de 30 km nécessite une quantité d'énergie de 300 Wh, soit la production d'un panneau photovoltaïque de 1 m^2.

Avec une automobile électrique rechargée par une installation photovoltaïque, sur la base d'un parcours quotidien de 40 km et à raison d'une consommation de 0,15 kWh/km, on obtient une consommation moyenne journalière de 6 kWh. Une installation de 13 m^2 bien orientée, autour de 15° nord, permettra de recharger une voiture électrique en énergie solaire. L'énergie fossile ainsi économisée est de l'ordre de 3 litres d'essence par jour, avec une hypothèse de 7 litres/100 km.

Quelle est la surface captante nécessaire pour obtenir des bâtiments à énergie positive ?

Dans le résidentiel

La faisabilité de couverture solaire des différents besoins énergétiques d'un ménage calédonien (4 personnes, 100 m^2), avec un logement bien conçu sur un plan bioclimatique, aboutit à une surface de captage solaire d'environ 60 m^2 pour un ménage fortement équipé (climatisation, 2 voitures). Le même ménage « sensible au développement durable », équipé d'une seule voiture et se climatisant naturellement, a besoin d'une surface captante solaire moitié moindre.

En théorie, une grande partie des besoins peut donc être couverte par l'énergie solaire ; avec le risque que le modèle actuel d'hyperconsommation ne nécessite de couvrir la toiture de capteurs solaires et contraigne à une architecture de plain-pied pour maximiser la captation en toiture...

Même pour un habitat non climatisé, avec un ménage économe, les surfaces nécessaires sont très importantes au regard des possibilités physiques du parc. Il est probable que les logements ayant vocation à devenir positifs atteignent difficilement 50 % du parc. Par conséquent, l'objectif d'une ville à énergie positive nécessite une révision globale des règles d'urbanisme.

Dans le tertiaire

Les possibilités de réduire les apports solaires dans le cadre d'une bonne conception climatique se situent autour de 40 W/m^2. La principale difficulté réside dans le compromis entre l'apport de lumière pour optimiser les apports de lumière et la limitation des apports solaires. Les progrès importants dans les protections solaires et en matière de verre pour filtrer le rayonnement infrarouge proche permettent d'envisager des transmissions lumineuses importantes avec un facteur solaire faible.

Pour des locaux conçus sans climatisation, la plus grande difficulté est de bien les ventiler, notamment pour obtenir des vitesses d'air suffisantes par ventilation traversante. Il est plus facile d'envisager une bonne évacuation des apports solaires par ventilation traversante et de compter sur des brasseurs d'air pour réaliser le niveau de vitesse d'air requis.

État de l'art de la MDE dans le domaine du bâtiment et des équipements, en dehors de la Nouvelle-Calédonie

Les réglementations thermiques en zone intertropicale

Le cas de l'Australie

En 1999, une stratégie nationale de lutte contre l'effet de serre fixe l'objectif de produire des bâtiments de meilleure performance énergétique, au moyen de l'encouragement aux « bonnes pratiques » volontaires dans la conception, la construction et l'exploitation des bâtiments, et en intégrant un standard simple d'exigences minimum de performance dans le Building code of Australia (BCA).

Selon ce standard, la performance thermique des logements s'obtient essentiellement par les transferts de chaleur dus à l'enveloppe, tandis que la priorité est donnée, pour les autres catégories de bâtiments, aux charges internes, ce qui peut modifier les niveaux d'isolation recommandés.

Les niveaux de performance sont définis par la consommation d'énergie, son coût et les émissions de CO_2, et ramenés aux valeurs unitaires de la surface de plancher, du nombre d'occupants et du nombre de chambres. Enfin, une démarche en trois étapes est proposée pour établir les niveaux de performance requis :

- développer une liste de mesures appropriées localement, par consensus d'experts ;
- sélectionner les mesures qui sont économiquement performantes ;
- déterminer les niveaux de performance sur la base d'exemples qui incluent ces mesures.

Le cas des pays de l'ASEAN

La méthode ASHRAE Standard est également utilisée et adaptée aux différents pays de l'ASEAN qui doivent répondre aux exigences d'une réglementation thermique basée sur des coefficients globaux de transfert thermique d'enveloppe dénommés Overall Thermal Transfer Value (OTTV). La charge de climatisation est ensuite estimée au moyen de degrés-jour.

Le cas des départements d'outre-mer

Au terme d'une dizaine d'années de gestation, la réglementation thermique DOM vient enfin, en avril 2009, de faire l'objet d'un décret ministériel. Elle prévoit notamment la modification du code de la construction et de l'habitation (CCH) pour les logements neufs, avec la création d'un chapitre « Dispositions particulières relatives aux départements de Guadeloupe, Guyane, Martinique et Réunion » qui définit les principes et orientations et renvoie aux arrêtés adaptant les réglementations aux spécificités des DOM, en matière de thermique, d'aération et d'acoustique. L'objectif principal est d'améliorer la qualité thermique et les performances énergétiques des logements neufs dans des limites de coûts acceptables.

Le projet d'adaptation définit, dans une première étape réglementaire, des niveaux d'exigences homogènes aux quatre départements, modulés en fonction des spécificités climatiques locales (zonage climatique particulier pour la Réunion). Les exigences sont exprimées en performances par éléments d'ouvrage (toitures, murs extérieurs, baies, pare-soleil) afin de faciliter l'appropriation par les professionnels et de vérifier la conformité aux niveaux fixés (avec peu ou pas de calcul).

Caractéristiques thermiques minimales des parois

Le niveau de protection solaire de l'enveloppe est évalué au moyen du facteur solaire (S) qui traduit la capacité d'une paroi à limiter l'énergie solaire sous forme de chaleur. Le calcul du facteur S est défini par la formule : $S = (0{,}074 \times Cm \times \alpha) / (Rth + 0{,}20)$, où Cm est le coefficient de réduction correspondant aux pare-soleil, α le coefficient d'absorption de la paroi dont les valeurs sont fonction de la couleur et Rth la résistance thermique de la paroi.

Caractéristiques thermiques minimales des baies

À l'exception des bâtiments d'habitation construits à la Réunion à une altitude supérieure à 800 m, les baies transparentes ou translucides des logements en contact avec l'extérieur sont interdites dans le plan des parois horizontales.

Le niveau de protection solaire des baies est évalué au moyen du facteur solaire (S) qui traduit sa capacité à limiter l'énergie solaire. Le calcul du facteur prend en compte le type de baie (jalousie, vitrage), la couleur des lames lorsqu'il y en a, et la présence de pare-soleil. Le facteur solaire S de toutes les baies en contact avec l'extérieur doit vérifier : $S \leq Smax$. Les baies des pièces de services dont les surfaces sont inférieures à 0,5 m^2 sont exclues.

Ventilation de confort et ventilation d'hygiène

Afin d'assurer une vitesse minimale d'air, les logements sont conçus de telle sorte que les pièces principales puissent être balayées par un ou des flux d'air provenant de l'extérieur du logement. Ces écoulements d'air doivent pouvoir transiter dans les parois externes et internes par des baies pouvant rester en position ouverte et qui participent ainsi à la ventilation naturelle de confort.

À l'échelle du logement, les ouvertures doivent être prévues sur au moins deux parois en contact avec l'extérieur ayant des expositions différentes. À l'échelle d'un local, les ouvertures sont percées sur des parois opposées ou latérales.

Le dispositif définit également les surfaces minimales admissibles des ouvertures des parois en contact avec l'extérieur. Ces « surfaces d'ouverture libre », exprimées en pourcentage de la surface de la paroi de la pièce, ne peuvent être inférieures à 1 m^2. La surface des ouvertures des parois internes doit être supérieure à la plus petite des deux surfaces des ouvertures en contact avec l'extérieur.

Pour permettre de compléter la « ventilation naturelle » lorsqu'elle est inopérante ou insuffisante, le dispositif prévoit des dispositions relatives aux brasseurs d'air. En matière de ventilation d'hygiène, la ventilation peut être assurée pièce par pièce. La cuisine est dans tous les cas pourvue d'une ouverture sur l'extérieur. Pour les autres pièces de service, si elles ne disposent pas d'ouvertures suffisantes sur l'extérieur, des débits d'extraction minimum sont assurés au moyen d'une ventilation mécanique. Dans le cas des logements climatisés, une disposition d'extraction est imposée pour toutes les pièces de service.

Équipements

L'eau chaude sanitaire étant obligatoire pour tous les logements neufs, le dispositif vise le recours aux énergies renouvelables (en particulier les installations solaires) et, à défaut, il prescrit des principes de production économes en énergie, excluant notamment les appareils de production spontanée. Il propose également l'installation de thermostats sur les équipements dans chaque pièce climatisée afin de limiter les consommations énergétiques.

Les démarches MDE et/ou environnementales dans le bâtiment

La méthode BREEAM (Building Research Establishment's Environmental Assessment Method) du Royaume-Uni

La méthode d'évaluation d'un projet consiste à comptabiliser des crédits basés sur un certain nombre de critères, comme les émissions de CO_2 liées à la consommation d'énergie, la déplétion d'ozone, la valeur écologique du site, la préservation des ressources naturelles, etc.

La démarche Green Globes Design, dérivée de la méthode BREEAM Green Leaf, a pour objectif d'intégrer un certain nombre de principes écologiques dans l'architecture et, cela à travers un protocole d'évaluation qui se présente sous la forme d'un questionnaire. Elle permet de concevoir un bâtiment efficace en gestion énergétique et plus sain.

La méthode LEED (Leadership in Energy and Environmental Design) des États-Unis

Celle-ci est fondée sur cinq rubriques principales : le développement durable du site, la gestion de l'eau, l'efficacité énergétique, la sélection des matériaux et la qualité de l'environnement intérieur. Elle a donné lieu à plusieurs déclinaisons, dont celle de la méthode indienne Teri's Green Building Rating Systems (TGBRS) qui s'intéresse notamment aux moyens de transport autour du site, à l'éclairage extérieur, à la gestion de l'eau et des déchets et à la qualité de l'environnement intérieur.

La démarche de haute qualité environnementale (HQE®) en France

Le référentiel d'exigences de la HQE définit 14 cibles, 7 relevant de la maîtrise des impacts extérieurs et 7 de la maîtrise des impacts intérieurs. En outre, trois autres référentiels détaillent en profondeur la démarche au niveau opérationnel :

- la définition explicite de la qualité environnementale (objectifs et indicateurs correspondants pour définir et prioriser les exigences d'un maître d'ouvrage) ;
- le système de management environnemental (ensemble de l'organisation, des procédures et des pratiques spécifiques à une opération de construction) ;
- la certification : les deux procédures de certification mises en place concernent les bâtiments tertiaires et le secteur du logement. La certification tertiaire (organisme certificateur Certivea) peut s'appliquer aux zones tropicales sous réserve d'adaptation, notamment sur la cible énergies.

Les démarches environnementales et de MDE dans les DOM

Jusqu'en 2009, l'absence de réglementation thermique, la restriction de la réglementation acoustique métropolitaine et le concept de HQE sont à l'origine de plusieurs outils opérationnels, programmes ou labels, développés sur les territoires des DOM dans le cadre du Programme régional de maîtrise de l'énergie (PRME) de la Région d'outre-mer. Un objectif commun guide ces démarches : améliorer la qualité de la conception, en particulier de l'enveloppe, pour augmenter le confort, diminuer les charges de climatisation et préparer les acteurs à la future réglementation thermique.

Sur le volet MDE, le thème prédominant est la maîtrise du développement de la climatisation dont le taux de croissance est préoccupant. Une série de démarches et d'outils a été mise en route pour animer les filières professionnelles et mieux dimensionner les installations (NDLR : on pourra consulter dans le CD-ROM annexé au rapport un tableau présentant l'ensemble de ces outils).

Les meilleures techniques disponibles et labels sur les équipements

L'éclairage

Améliorer le service de l'éclairage public

L'éclairage public représente de l'ordre de 50 % de la consommation électrique des communes. Cette consommation, produite à partir d'énergie fossile en Nouvelle-Calédonie, génère de fortes émissions de gaz à effet de serre.

Les impacts environnementaux de l'éclairage public

L'éclairage public participe à la sécurisation de l'espace public et au développement social et économique de nos sociétés. Il n'est, bien entendu, pas question de remettre en cause ces avantages indéniables, mais d'examiner ses impacts pour mieux en maîtriser les nuisances environnementales.

Quels sont les impacts environnementaux de l'éclairage public que l'on retrouve en Nouvelle-Calédonie ?

- *Impact sur la faune et la flore* : fragmentation des écosystèmes par la création de barrières lumineuses permanentes, reproduction déréglée de certaines espèces, modification de l'équilibre prédateurs/proies, migrations altérées pour les oiseaux qui voyagent la plupart du temps la nuit, migrations stoppées de poissons dues à l'illumination des ponts, etc.
- *Impact sur la santé des êtres humains* : le non-respect du cycle jour/nuit déséquilibre le cycle circadien et peut être à l'origine de perturbations de la qualité du sommeil, du fonctionnement hormonal voire de pathologies plus lourdes.
- *Développement du halo lumineux* qui empêche l'observation du ciel étoilé.
- *Émissions de gaz à effet de serre* à raison de 800 g CO_2 par kWh consommé, car l'éclairage nécessite de l'électricité. [...]

suite

[...]

La MDE, une réponse pour tendre vers un développement durable

Seule une démarche de maîtrise de la demande d'électricité (MDE) et de sobriété énergétique permet de réduire concomitamment la consommation d'énergie et les nuisances environnementales. Les technologies actuelles permettent d'évoluer aisément d'un facteur 2 par rapport aux pratiques habituelles.

La mise en œuvre d'éclairage public à base d'énergies renouvelables est également très prometteuse surtout en Nouvelle-Calédonie, où le soleil et le vent sont disponibles toute l'année. Ces technologies, très concurrentielles dans les zones non électrifiées, demandent encore une maturation économique en zone urbaine électrifiée.

Les gisements en efficacité énergétique sont considérables sur les réseaux existants. Ils peuvent atteindre 48 %, si l'on remplace les lampes à mercure par des lampes à sodium (14 %), si l'on régule la tension et si l'on améliore le cos phi (9 %), si l'on remplace les « vieux » sodium (5 %) et si l'on installe un variateur de puissance (20 %).

À titre d'exemple, ce type d'actions a permis d'économiser, après la rénovation complète de l'éclairage public, 42 % d'énergie de la ville de Lille. Il est possible d'aller plus loin encore en engageant des technologies nouvelles, comme à Biarritz, avec l'opération démonstrative de télégestion et de sources lumineuses innovantes.

Comment agir en pratique ?

Une mairie ou une collectivité désirant agir sur ses installations d'éclairage public doit définir d'abord un plan d'aménagement lumière, intégrant la maîtrise des consommations énergétiques et la protection de l'environnement. La réflexion sur l'aménagement en lumière est l'occasion de bien clarifier les compétences de la collectivité en matière d'éclairage public, par la constitution d'un comité de pilotage et de groupes de travail thématiques incluant le thème du développement durable et de la MDE. La participation des usagers et la concertation est une des conditions de réussite du projet d'aménagement pour bien définir les besoins en éclairage. L'analyse des besoins doit être complétée par le diagnostic technique et urbain de l'éclairage public. [...]

suite

[...]

Pour réaliser ce diagnostic technique, la collectivité peut s'appuyer sur des prestataires spécialisés et outillés qui établiront un inventaire complet de l'état du patrimoine – points lumineux, matériel, lampes, réflecteurs, ballast, armoires de commandes, horloges, systèmes de télégestion, etc. L'inventaire doit être complété par des mesures de l'éclairement des voies et de l'efficacité énergétique.

Une fois les besoins définis, l'établissement d'un cahier des charges pour définir la réalisation des travaux est une étape essentielle, au cours de laquelle les aspects de MDE et environnementaux doivent être décrits de façon explicite et concrète. En particulier, le suivi des objectifs de performances énergétiques et environnementales doit être basé sur des indicateurs vérifiables et quantifiables. À cette étape délicate, l'assistance d'un expert en éclairage public et d'un expert MDE et environnemental apporte la garantie d'une réussite dans la conduite des opérations.

Dans le secteur résidentiel, les lampes à basse consommation se substituent lentement et progressivement aux lampes à incandescence. Le climat chaud est idéal pour leur fonctionnement, comme en atteste le succès des campagnes de diffusion LBC dans les départements d'outre-mer.

Dans les bureaux, les tubes T8 sont progressivement remplacés par les tubes T5 plus efficaces. Une bonne conception doit permettre une puissance installée inférieure à 10 W/m^2. Mais ce sont les progrès en matière de gradation et de détection de présence qui apporteront une économie d'énergie substantielle. Il est en effet important de corriger le comportement des usagers qui n'éteignent pas la lumière artificielle, lorsque la lumière naturelle est suffisante ou lorsqu'ils quittent une pièce.

L'offre commerciale pour le résidentiel commence à s'étoffer et, dans le secteur tertiaire, de grands projets de bureaux commencent à être équipés entièrement en LED, cette technologie d'avenir qui équivaut à présent aux meilleures lampes fluo-compactes, avec l'avantage d'être cinq fois plus durables. Cette évolution est d'ailleurs loin d'être terminée, d'autant plus que se profile déjà une autre révolution avec les Oled (Organic light-emitting diode).

La bureautique

En matière de bureautique, l'écran plat a apporté un énorme progrès avec une consommation 4 fois moindre que les vieux tubes cathodiques. L'industrie progresse également en matière de consommation des microprocesseurs et d'alimentation. Mais c'est surtout la gestion des veilles qui est essentielle, notamment par l'activation de la gestion d'énergie (label *energy star*). Par ailleurs, comme pour les autres appareils – photocopieuses, imprimantes, télécopieurs –, le plus gros gisement d'énergie concerne le fonctionnement en mode « veille ».

Appareils électriques domestiques

L'étiquette énergie UE, obligatoire pour certains appareils, permet de classer l'efficacité énergétique, mais donne également d'autres informations utiles au client, en l'aidant dans son choix entre différents modèles. Ce label peut servir de support précieux en matière de réglementation ou d'actions MDE.

En matière d'amélioration des performances, la proposition européenne sur les veilles domestiques pour les téléviseurs, magnétoscopes ou chaînes hi-fi, dont l'essentiel de la consommation se situe hors usage permettra de faire un saut quantitatif en matière d'efficacité énergétique. Les nouvelles contraintes imposeront, par exemple, que la consommation des appareils en veille ne dépasse plus 1 Watt d'ici à 2010 (2 Watts, si l'appareil en question possède un système d'affichage d'informations, tel un écran LCD). Ce niveau de consommation électrique admissible sera ensuite abaissé à 0,5 W en 2013 – des mesures qui permettront d'économiser 73 % de l'énergie utilisée en mode veille.

Climatisation

Après une longue stagnation, les groupes froids centralisés progressent en matière de performance (EER). Les appareils terminaux, notamment les ventilo-convecteurs, bénéficient en effet de nouvelles technologies de moteurs à commutation électronique qui permettent de diviser par 3 la consommation électrique. Pour connaître les réelles performances d'un équipement, l'organisme Eurovent certifie les performances des climatiseurs, groupes froid et centrales de traitement d'air.

En matière de fluides frigorifiques, les plus utilisés sont les HFC, inoffensifs vis-à-vis de la couche d'ozone, mais qui contribuent à l'effet de serre (GWP,

Global Warming Potential). Les systèmes traditionnels à eau glacée limitent la quantité de fluides en mouvement, cependant il n'en est pas de même pour les VRV techniques en fort développement qui ont un potentiel important de fuites. En outre, la climatisation individuelle pose la question de la diffusion et de la récupération de ces fluides en fin de vie. Face à cette problématique, de « nouveaux » fluides zéro ODP et zéro ou faible GWP apparaissent, comme l'eau (le R-718 en langage de frigoriste) et le CO_2.

Concernant la climatisation solaire, malgré un potentiel de développement important, force est de constater que toutes les réalisations actuelles demeurent expérimentales et sont fortement subventionnées. Trois technologies émergent : les machines à absorption (ratio efficacité/énergie primaire : 0,6 à 0,65 ; coût 1 400 et 600 €/kW selon la taille), les machines à absorption simple effet (ratio : 0,6 à 0,7) et les machines à absorption double effet (ratio : 1 à 1,1 ; coût 600 et 300 €/kW selon la taille).

Le coût d'investissement initial et l'absence d'un réseau de professionnels sont les freins à lever pour que cette filière se développe. Notons cependant que le climat de Nouvelle-Calédonie se prête bien à l'application de ce type de technologie qu'il serait intéressant d'expérimenter.

Ventilation

La RT2005 limite à 0,25 W/(m^3/h) d'air véhiculé la consommation des ventilateurs. Les meilleures technologies permettent actuellement de descendre en dessous de 0,13 W/(m^3/h) avec des moteurs à commutation équipés de roues et de transmission optimisées. La conception du réseau aéraulique (limitation des pertes de charges) et la maîtrise des fuites (13 % en moyenne) sont également déterminantes. Enfin, la modulation des débits grâce à la variation de vitesse permet d'ajuster précisément les débits aux besoins détectés par des indicateurs appropriés (sonde humidité, CO_2, présence, niveau d'activité). L'installation d'une commande d'horloge permet aussi des économies substantielles dans les installations existantes.

Circulateurs

Les pompes de circulation d'eau, notamment pour la circulation d'eau glacée, sont également un gros poste de dépenses électriques. Elles sont souvent surdimensionnées et fonctionnent en permanence. Le remplacement des moteurs asynchrones par des moteurs à commutation, couplés à des aubes optimisées, permet une baisse de la consommation d'électricité annuelle des circulateurs de l'ordre de 60 % ou plus.

Les démarches environnementales à l'échelle urbaine

Il n'existe pas à proprement parler de méthodologie développée spécifiquement pour les zones tropicales insulaires, mais deux outils sont néanmoins transposables pour ce qui concerne l'audit environnement et la conception durable à l'échelle urbaine.

L'analyse environnementale urbaine (AEU)

C'est une méthode développée par l'ADEME depuis 1996 qui permet d'intégrer les préoccupations environnementales et énergétiques dans les projets de planification territoriale et d'urbanisme opérationnel. Elle repose sur une analyse globale du territoire, organisée autour des différentes thématiques que sont l'énergie, le climat, les déplacements, le bruit, les sites et sols pollués, la biodiversité et le paysage, les déchets, et l'eau et l'assainissement.

Elle se compose d'un diagnostic pluridisciplinaire puis de préconisations permettant de répondre aux objectifs du projet, tout en tenant compte des potentialités et contraintes du site. La méthode constitue un bon outil d'aide à la décision et permet de bien identifier les différents enjeux avant de se prononcer sur un futur projet d'aménagement.

La Maximisation Method for Sustainable Urban Design

Cette méthode de conception élaborée aux Pays-Bas peut être transposée aux climats tropicaux. Il s'agit d'une démarche qui passe de l'analyse au concept, à partir de plusieurs thèmes structurants comme le paysage, le sol et la nature, l'eau, les déplacements, l'énergie et l'archéologie.

Le Bilan Carbone™ ou la mesure de la décarbonisation

Le module de la méthode Bilan Carbone™ de l'ADEME adaptée aux collectivités territoriales évalue les émissions directes et indirectes de gaz à effet de serre générées par les activités présentes sur le territoire, concernant les habitants, les entreprises et les administrations.

Les secteurs d'activités considérés sont l'industrie, le tertiaire, le résidentiel, l'agriculture et la pêche, et le transport. Les résultats obtenus permettent d'identifier des actions relatives à l'organisation des activités sur le territoire étudié : relocalisation de filières de production, organisation des modes d'échanges, aménagement du territoire, etc.

Le Sustainable Built Environment, SB Tool

SB Tool résulte d'une initiative canadienne de 1996 qui consiste en une méthode fondée sur un tableur composé de trois modules : la définition du contexte et des pondérations propres au projet, les informations sur le site et les caractéristiques du projet, et les auto-évaluations basées sur les données des deux premiers. Un certain nombre d'exigences sont prises en compte, notamment pour la sélection du site, comme la proximité de lignes de transports en commun, le respect des densités de développement et de diversité fonctionnelle, ou la possibilité de solutions alternatives de gestion de l'eau et de ressources d'énergies renouvelables.

Le système offre un cadre de notations à partir d'une boîte à outils et se transforme en crédits seulement lorsque l'utilisateur le calibre pour la région d'application, en pondérant les différents critères. La méthode, modulaire, est considérée comme flexible, puisqu'elle permet d'intégrer des données de référence en fonction des valeurs régionales et peut ainsi s'appliquer à une échelle locale.

Propositions d'amélioration en matière de MDE dans le domaine du bâtiment et des équipements en Nouvelle-Calédonie

Les outils de l'efficacité énergétique[7]

Faire connaître, sensibiliser

Différents modes de communication peuvent être mis en œuvre : des campagnes grand public (par exemple, des spots publicitaires), la sensibilisation en milieu scolaire, les incitations fiscales, l'organisation de séminaires et salons sur les économies d'énergies, une campagne de sensibilisation à destination de certains secteurs ou maîtres d'ouvrage, des visites d'opérations exemplaires, des voyages d'études, etc.

Convaincre

Un deuxième niveau d'information consiste à aller sur le terrain de la raison. Il s'agit de montrer, preuves à l'appui, que les intérêts de la collectivité et du décideur final coïncident, lorsque ce dernier propose des solutions

[7] Pour les pistes d'action pour améliorer l'efficacité énergétique, se reporter aux tableaux synthétiques du CD-ROM : « La maîtrise de l'énergie en Nouvelle-Calédonie ».

permettant des économies d'investissement et de fonctionnement ou des solutions à moindre coût de fonctionnement, mais nécessitant un surinvestissement initial.

Pour sa diffusion, ce type d'information peut utiliser des fiches ou brochures, des argumentaires économiques et techniques, des guides de conception, des opérations de démonstration, des émissions ou reportages thématiques audiovisuels, etc.

Inciter

Pour engager un réel mouvement dans un marché et créer des conditions de compétitivité sur des nouvelles filières, il est nécessaire dans un premier temps de combler tout ou partie du surcoût d'une action de maîtrise de l'énergie. Les incitations peuvent être d'ordre financier pour l'aide à la décision ou pour supporter une partie du surinvestissement, tarifaire ou indirecte par la mise en place de labels permettant éventuellement d'obtenir des compensations. Ces incitations n'ont en général pas vocation à perdurer au-delà de l'atteinte d'une certaine maturité de marché devenu concurrentiel.

Contraindre

La puissance publique peut imposer aux concepteurs de bâtiments l'obligation de respecter des règles de conception précises, interdire certaines catégories d'appareils et prescrire des comportements (consignes de climatisation). C'est le monde d'action le plus efficace car il s'impose à tous. Ce type de démarche nécessite de faire la preuve de la pertinence économique des règles imposées et requiert un consensus des acteurs impliqués : il s'agit souvent d'entériner des bonnes pratiques et de les imposer au plus grand nombre. On peut aussi inciter les maîtres d'ouvrages à investir dans des actions de MDE par l'obligation d'un affichage énergétique, attesté par un diagnostic de performance énergétique.

La réglementation thermique[8] : une étape fondamentale

La colonne vertébrale d'une politique de maîtrise de l'énergie repose sur la mise en place d'une réglementation thermique. Le chantier d'une régle-

[8] Un tableau présentant les différentes étapes du chantier d'une réglementation figure dans le CD-ROM : « La maîtrise de l'énergie en Nouvelle-Calédonie ».

mentation nécessite une connaissance précise des tenants et aboutissants, c'est-à-dire du climat, des consommations, des consommateurs et des acteurs. Cette connaissance fine, traduite en indicateurs et en niveaux de référence à atteindre, constitue un référentiel pour toutes les actions à entreprendre, y compris pour les labels ou certifications. Par exemple, le label Bâtiment basse consommation (BBC) se définit comme un niveau de consommation 50 % moindre que le niveau de référence imposé par la réglementation. C'est donc un instrument incontournable qui oblige à déterminer des objectifs clairs et précis sur le long terme.

Les actions transversales

Agir à l'échelle urbaine

C'est à l'échelle urbaine que se joue une bonne partie des enjeux énergétiques globaux. Une conception urbaine, non attentive aux problématiques MDE et environnementale, peut obérer considérablement le développement de solutions environnementales. La définition du plan d'urbanisme directeur (PUD), la détermination des master-plans et la définition des morphologies et volumes doivent être accompagnées par des spécialistes.

Pour n'occulter aucun enjeu et traiter les problématiques dans leur intégralité, nous recommandons deux actions :

- l'élaboration d'un guide pointant les problématiques environnementales particulières de la Nouvelle-Calédonie à l'échelle urbaine ;
- la mise au point de cahiers des charges types pour mieux prendre en compte le volet environnemental à l'échelle urbaine et les études préalables à réaliser : bilan carbone, simulation du vent dans le contexte urbain pour optimiser la ventilation traversante, simulation de l'ensoleillement, optimisation des surfaces captantes pour le photovoltaïque, simulation pour le développement de l'éolien urbain.

Former

La taille de la Nouvelle-Calédonie ne lui permet pas d'avoir des compétences techniques pointues dans tous les domaines couverts par la MDE ou l'approche environnementale du bâtiment. Pour réduire ce frein au développement de l'efficacité énergétique, une évaluation des besoins de formation en matière de maîtrise de l'énergie et d'énergies renouvelables doit être réalisée.

L'absence de compétences dans certains domaines pourra être vite comblée, à partir du moment où une demande émergera (par exemple, sur des audits énergétiques). Une fois ce besoin connu, des formations *ad hoc,* en partie subventionnées, ont été organisées en partenariat avec le CTME et les acteurs importants du secteur (par exemple, une formation HQE).

Le potentiel d'efficacité énergétique des systèmes industriels et la valorisation des déchets

L'accroissement de l'efficacité énergétique des systèmes industriels est un enjeu important pour les prochaines années. L'objectif est de réduire les émissions de gaz à effet de serre dans l'atmosphère et de préserver les réserves en combustibles fossiles, grâce à la diminution de la demande énergétique. Pour cela, les gisements d'énergie doivent être identifiés, évalués puis valorisés grâce à une méthodologie adaptée et une approche des procédés dans leur globalité.

Pour un accroissement de la maîtrise de l'énergie dans le domaine industriel

Les objectifs du paquet énergie-climat

Les scénarios de l'Agence internationale de l'énergie (AIE) montrent que l'essentiel du potentiel de réduction des émissions de gaz à effet de serre, à l'horizon 2030, repose pour 29 % en moyenne sur les actions à mener en matière d'efficacité énergétique pour la demande en électricité, et pour 36 % sur les gains obtenus sur la combustion de carbone fossile. Le paquet énergie-climat a repris ces constatations et s'est fixé comme premier objectif un gain de 20 % de l'efficacité énergétique des systèmes industriels afin de réduire proportionnellement les émissions de CO_2, à l'horizon 2020, grâce à une diminution de la consommation d'énergie.

Notons que l'amélioration de l'efficacité énergétique du secteur industriel était de l'ordre de 2 à 3 % par an jusqu'en 1990, mais qu'il n'est plus que de 1 % par an depuis cette date. Autrement dit, les industriels ont développé un effort continu et important sur le gain d'efficacité, mais aujourd'hui, sans rupture technologique dans l'exploitation de leurs procédés, les objectifs fixés par le plan énergie-climat ne pourront pas être atteints.

De nombreuses actions de recherche sont en cours ou à venir

Pour atteindre les objectifs de Kyoto, de nombreuses actions de recherche se développent dans le monde, en particulier en France, où l'Agence nationale de la recherche (ANR) a lancé, au printemps 2009, un programme thématique de recherche sur « L'efficacité énergétique et la réduction des émissions de CO_2 dans les systèmes industriels (EESI) ». Cette réduction doit s'accompagner d'une diminution des coûts de fonctionnement et de la préservation de la ressource, d'où au final une économie pour le client. La mise en place de ces objectifs va générer un challenge technologique important susceptible de modifier profondément les modes de consommation énergétique.

La réponse des industriels

Près de 70 % de l'énergie finale consommée par le secteur industriel sont destinés à couvrir des besoins en chaleur (chaudières, fours, séchage, chauffage), le reste relève pour l'essentiel de l'usage non thermique de l'électricité.

Le gisement d'économies d'énergie est important, notamment sur les fours, les chaudières, les sécheurs, les moteurs électriques et thermiques et les procédés. Le taux de renouvellement d'équipements industriels qui est d'environ de 5 à 6 % par an, confère à ce secteur des perspectives importantes d'innovation et de gain en matière d'efficacité énergétique. Ce qui devrait permettre de remettre en cause des concepts de base, en intégrant des ruptures technologiques, et de revisiter des procédés en effectuant des analyses exhaustives des principales filières. Les technologies innovantes et leur transfert à l'industrie sont potentiellement source de valeur ajoutée et d'activités industrielles nouvelles.

Trois leviers d'action permettent de réduire les émissions de CO_2 dans l'industrie :

- l'amélioration de l'efficacité énergétique des procédés, la valorisation des déchets et l'identification de nouvelles sources d'énergie renouvelables permettant à terme une réduction des coûts de l'énergie ;
- la mise au point et le déploiement de nouvelles technologies pour capter et stocker le gaz carbonique ;

- la mise en place d'incitations financières et/ou de pénalités par les gouvernements ainsi que celle de banques d'échange de permis d'émettre du CO_2.

Cette révolution technologique dans l'approche des procédés peut amener à reconcevoir l'efficacité énergétique, notamment à l'échelle de systèmes complets de production industrielle (définir l'énergie minimum nécessaire à l'élaboration du produit). L'énergie sera ainsi mieux utilisée, ce qui permettra d'améliorer la compétitivité de l'entreprise, la qualité des produits, l'économie pour le client et, enfin, l'emploi.

Contribution à l'amélioration de l'efficacité énergétique des systèmes industriels en Nouvelle-Calédonie

L'objectif de cette partie du rapport n'est pas de s'ingérer dans la politique et les choix stratégiques des industriels, mais de leur proposer de nouvelles approches et de nouveaux procédés susceptibles d'être déployés en Nouvelle-Calédonie. On s'appuiera pour cela sur des résultats de la recherche ou sur de nouveaux procédés utilisés dans le monde ou en cours d'évaluation.

(Lors de notre mission en Nouvelle-Calédonie, nous n'avons pas pu rencontrer les responsables de l'usine Goro Nickel ni visiter la centrale de Prony. Pour ces deux sites, l'expertise ne s'est effectuée que sur des données publiques et non techniques.)

Près de 60 % de l'énergie primaire totale utilisée en Nouvelle-Calédonie sont consacrés à une utilisation dans les domaines de la métallurgie, de la production d'électricité et de chaleur. C'est donc une industrie à forts besoins énergétiques en électricité et en chaleur avec des sources d'émission qui se trouvent concentrées sur quelques sites rendant ainsi envisageable un futur captage et stockage du CO_2 émis. Actuellement, il est envisagé d'utiliser une technologie CCS (Carbon Capture and Storage) uniquement sur les unités émettant au moins 100 000 tCO_2/an.

Si l'on peut faire une analogie avec des décisions récentes des gouvernements européens, un objectif de réduction de 20 % des émissions de CO_2 peut servir de guide pour l'amélioration de l'efficacité énergétique dans l'industrie, avant même la capture du carbone.

Pour obtenir un gain énergétique significatif, l'industriel doit explorer de nouvelles approches en effectuant :

- le meilleur choix de l'énergie primaire[9] ;
- une identification et une quantification de ses gisements d'énergie à valoriser (une amélioration de la conversion de l'énergie primaire se traduira par une augmentation du rendement énergétique) ;
- la mise en place de technologies intégrées de récupération d'énergie thermique, même en présence de faibles températures (transport, stockage et valorisation de la chaleur) ;
- la rénovation ou le remplacement d'éléments des procédés par du matériel plus performant ;
- l'intégration énergétique avec optimisation informatique intelligente des procédés de contrôle-commande ;
- la recherche de nouveaux débouchés pour ses déchets (chaleur principalement).

Quel combustible primaire choisir ?

Aussi bien la SLN qu'Enercal ont choisi le charbon pour leurs nouvelles centrales thermiques, respectivement de Doniambo et Prony. Ce choix est à priori critiquable car le charbon est le combustible qui possède le plus défavorable facteur d'émission de CO_2 (rapport CO_2émis/kWh) ; il a donc la plus mauvaise empreinte écologique. Par contre, son prix est actuellement très attrayant et ses réserves sont importantes et bien réparties dans le monde (on en trouve notamment en Australie).

L'hydrogène, dont la fabrication demande beaucoup d'énergie, brûle sans produire de CO_2, mais aucun procédé de combustion n'est actuellement satisfaisant. Les hydrocarbures liquides comme le fioul lourd ou d'autres produits pétroliers sont chers et leur prix est lié au cours fluctuant du pétrole.

[9] Dans « Les nouvelles technologies en matière de production et de stockage d'énergie » (p. 115), on effectuera une comparaison des différentes ressources disponibles d'énergie primaire, qu'elles soient classiques comme le gaz naturel, les hydrocarbures gazeux ou liquides, le charbon, ou alternatives comme l'hydrogène, la biomasse, le biogaz ou les algues.

L'hydrocarbure le plus respectueux de l'environnement serait le gaz naturel avec un rapport CO_2émis/kWh optimal. Malheureusement, l'approvisionnement de la Nouvelle-Calédonie en gaz naturel semble peu concevable car la construction d'un terminal méthanier est difficile à envisager, faute de profondeur suffisante de la lagune pour un méthanier de taille standard (de l'ordre 70 000 à 150 000 m^3) et de 10 m de tirant d'eau. De plus, de tels méthaniers ont des volumes qui seraient surdimensionnés pour l'utilisation locale ; il faudrait enfin que l'ensemble des utilisateurs industriels choisisse ce même combustible et décide de la construction d'un gazoduc entre les différents sites...

Les points forts de l'efficacité énergétique sur le site de la SLN

L'efficacité énergétique du site de Doniambo va être améliorée (environ 7 % de gain sur le rendement énergétique) grâce au remplacement à court terme de la centrale thermique à fioul lourd par trois unités de chaudières à lit fluidisé circulant (LFC) fonctionnant au charbon. Le choix de ce procédé paraît judicieux dans un contexte îlien comme celui de la Nouvelle-Calédonie car, malgré un rendement thermique légèrement inférieur et un coût d'acquisition légèrement plus élevé qu'une centrale à charbon pulvérisé (CP), ce type de technologie est réputé optimal et plus performant pour les petites puissances demandées (trois tranches de 70 MW à Doniambo). Malheureusement, cette chaudière ne pourra pas fonctionner avec de l'eau dans des conditions super critiques (Tc = 376 °C et Pc = 221 bar) ou hyper critiques (Tc = 700-720 °C et Pc = 350 bar). C'est la trop petite puissance de l'unité qui est préjudiciable à l'implantation de ce procédé, car on ne dispose pas techniquement de turbines à vapeur de puissance inférieure à 400 $MW_{électrique}$ capables de fonctionner dans ces conditions de hautes températures et de pression, malgré l'emploi d'alliages réfractaires à base de nickel.

Les LFC sont flexibles au combustible (polycombustibles), ce qui est un atout considérable, avec l'admission de différents types de charbon, de biomasse ou de boues de station d'épuration. La valorisation énergétique des boues d'incinération du grand Nouméa devrait fournir une énergie d'environ 7 700 MWh/an, soit 2 600 $MWh_{électrique}$/an. Un calcul identique peut être effectué sur la valorisation des 15 000 t de déchets verts de l'agglomération de Nouméa (environ 52 000 $MWh_{thermique}$/an, soit 17 000 $MWh_{electrique}$/an). Ce qui reste tout de même négligeable par rapport à la production électrique nette en Nouvelle-Calédonie.

Par ailleurs, les émissions de polluants (oxydes d'azote et soufre) de la future centrale LFC seront réduites par rapport à une centrale CP non équipée d'unités de dénitrification ou de désulfuration (le coût d'achat est prohibitif pour des petites puissances). En effet, dans un lit fluidisé circulant, où la température de combustion est comprise entre 850 et 920 °C, la production des oxydes d'azote est faible puisque les mécanismes chimiques de formation de ces oxydes ne deviennent actifs qu'à des températures supérieures à 1 500 °C. Quant aux rejets d'oxydes de soufre, ils sont neutralisés par ajout de calcaire broyé pour former du sulfate de calcium. Les effluents répondent donc aux conditions environnementales européennes actuelles.

Le temps nécessaire à l'établissement d'une nouvelle consigne de fonctionnement ou d'accessibilité lors d'une maintenance est plus long que pour une chaudière à flamme (CP). Alors qu'une chaudière à gaz ou à fioul demande quelques minutes et une chaudière CP quelques dizaines de minutes, un LFC peut nécessiter plusieurs heures ou journées du fait de l'inertie thermique des réfractaires qui constituent ses parois. La souplesse d'utilisation et la disponibilité des installations ne seront donc pas optimales.

Des technologies sont en cours de développement pour coupler deux unités de LFC afin de capter les émissions de CO_2 à un coût très inférieur à celui des techniques plus classiques. En effet, en effectuant un cycle chimique qui utilisera un métal pour transporter l'oxygène, le CO_2 sera naturellement concentré dans les effluents qui peuvent être directement dirigés vers le site de stockage.

La proximité entre la centrale de production d'électricité et l'utilisateur principal qu'est l'usine garantira une sûreté d'approvisionnement en énergie et surtout une minimisation des pertes en ligne.

N.B. Des informations plus détaillées concernant le fonctionnement et l'optimisation des procédés sont disponibles *in* « Les nouvelles technologies en matière de production et de stockage d'énergie » (p. 115) et « Les émissions et les réductions d'émissions de gaz à effet de serre en Nouvelle-Calédonie » (p. 193) à propos de la capture du CO_2.

LES POINTS FAIBLES DE L'INDUSTRIE NÉO-CALÉDONIENNE DANS LE DOMAINE DE L'EFFICACITÉ ÉNERGÉTIQUE

L'usine de Doniambo

L'usine SLN consomme actuellement 40 % de son énergie sous forme électrique, les 60 % restants venant de la combustion de fioul lourd ou de charbon pour le traitement du minerai. L'augmentation de l'efficacité énergétique doit donc porter à la fois sur la centrale électrique et sur l'usine.

La forte demande en nickel de ces dix dernières années cumulée à un coût raisonnable de l'énergie n'a pas incité la SLN à se rénover et à chercher de nouvelles niches d'économie énergétique de ses procédés. Une visite de l'usine de Doniambo montre que le personnel est extrêmement compétent et conscient des problèmes énergétiques et environnementaux. Cependant, quelques points noirs ont été constatés : Doniambo souffrirait d'une augmentation des coûts de production imputables à la baisse des teneurs du nickel, aux coûts de maintenance et de personnel, aux obligations gouvernementales, à la hausse du prix du fioul et du fret maritime, etc. Autant dire qu'un accroissement de l'efficacité énergétique de l'usine demeure possible.

Le procédé pyrométallurgique comporte plusieurs étapes bien définies qui correspondent à des changements d'état physique et chimique du minerai avec des opérations de chauffage et de refroidissement. On doit certainement pouvoir identifier des récupérations d'énergie sur les transferts de chaleur entre les fours électriques et les fours rotatifs de calcination, et le séchage, même si des échanges de vapeur entre la centrale et les fours se font déjà.

De plus, il semble que lors de la conception, on n'a pas suffisamment réfléchi à une approche de type « système couplé » nouvelle centrale/usine. Cette étape exige de revisiter le procédé dans sa globalité, en partant si possible du produit final, le nickel. À chaque étape, on doit évaluer l'aptitude de nouvelles technologies, de nouveaux matériaux ou de nouveaux composants à haute performance, à optimiser le procédé et sa gestion pour gagner en efficacité énergétique. En l'améliorant, on réduira le coût en énergie fossile et les rejets nocifs pour l'environnement et la santé du personnel et des populations avoisinantes.

La centrale thermique de Prony

Un des atouts de cette centrale dont la chaudière fonctionne à charbon pulvérisé a été son coût minimal par rapport à des CP ou LFC. Malheureusement, ce type d'unité possède une empreinte écologique très défavorable à cause des émissions dues à l'emploi de lignite. La petite puissance des tranches fait que l'adjonction d'unités de dépollution des fumées n'est pas rentable. Par conséquent, il sera impossible, sans modifications majeures, de l'équiper d'une unité de captage de CO_2.

Pour limiter les rejets de polluants dans l'atmosphère, Enercal alimentera le foyer avec du *brown coal* d'Australie. La relative faiblesse de la teneur en soufre de ce charbon pauvre limitera les rejets de soufre, mais le facteur d'émission du CO_2 de la centrale est encore plus mauvais (faible Pouvoir calorifique inférieur du lignite).

L'usine de Goro Nickel

En utilisant un procédé hydro-métallurgique pour le traitement du minerai, cette usine exige un besoin moins important en énergie, puisqu'une partie vient de la fabrication *in situ* de l'acide sulfurique au moyen de la réaction très exothermique du soufre. La modernité de cette usine laisse penser que son efficacité énergétique a été considérée lors de sa conception. Mais attention à une pollution chimique de l'environnement !

La future centrale de Koniambo

La conception de cette future centrale à charbon et de l'usine pyrométallurgique devra intégrer l'expérience de Doniambo concernant la chaudière à LFC.

Quels résultats attendre de l'amélioration de l'efficacité énergétique ?

Et d'abord, quelques conseils pour savoir où faire porter les efforts.

Effectuer une veille scientifique

La veille scientifique sur les procédés permet de réduire le coût de l'énergie et les émissions de polluants.

Optimiser les procédés

En partant du produit, nickel ou production d'électricité, on revisitera le procédé à partir d'un bilan énergétique réalisé à chaque étape pour trouver le schéma énergétique optimal et mettre en œuvre du matériel performant. On peut aussi intégrer et coupler les systèmes énergétiques. On cherchera encore à utiliser des approches informatiques systémiques et des outils performants pour la conduite, le contrôle, la régulation et la gestion optimisée des procédés. Enfin, on produira un bilan financier et environnemental favorable en minimisant les émissions de polluants ; sans oublier de prendre en compte l'impact des nuisances sur la santé des ouvriers et des populations.

Se préparer au captage et au stockage du CO_2 émis

Cela commence par le choix d'un procédé de combustion adaptable à une capture du CO_2 et de son stockage (réserver l'espace à proximité de la centrale) et prévoir, si possible, le captage simultané du CO_2 venant de l'usine pyrométallurgique et de la centrale à lit fluidisé circulant. Cela suppose aussi d'étudier et de prévoir un réseau de CO_2 dans l'île pour un transport éventuel vers des lieux de stockage dans les massifs de péridotites ou vers un terminal portuaire ; et de là, par la voie maritime, vers un lieu de séquestration *off shore* ou dans un autre pays (l'Australie, par exemple).

Valoriser les déchets de chaleur, urbains et agricoles

On peut récupérer et valoriser l'énergie des fumées à l'aide de pompes à chaleur pour la climatisation d'ensemble de bâtiments industriels et tertiaires ; on peut aussi envisager la création d'un réseau de transport et de distribution du froid à petite et moyenne distances (inférieure à 10 km) dans l'agglomération de Nouméa (une proposition valable pour des lotissements neufs).

Des PME/PMI pourraient s'installer à proximité d'une usine et profiter de la chaleur fatale disponible (des entreprises de congélation de produits alimentaires, par exemple, avec la création de filières agricoles et piscicoles). On peut aussi penser à des unités de fabrication de biocarburants de première génération qui nécessitent de la chaleur basse température (inférieure à 100 °C) pour leurs procédés de distillation de l'éthanol ou de trans-estérification des huiles végétales brutes. Dans tous les cas, un effort maximum devra porter sur la recherche de marchés pour le déploiement de ces filières.

Quelles incitations possibles pour favoriser les innovations ?

Des incitations fiscales du gouvernement et/ou de l'État peuvent être envisagées pour favoriser la recherche de nouvelles pistes d'économie en intégrant des innovations dans les procédés. *A contrario*, l'adoption de pénalités pourrait contraindre les industriels à réaliser des économies d'énergie, à condition que ces mesures soient additionnelles par rapport à leur activité habituelle. Une politique de ce type devrait s'accompagner du développement de filières d'enseignement supérieur à caractère technologique, en partenariat avec les centres de recherches internationaux, et de la création d'un tissu de bureaux d'études capables d'intégrer les résultats de la recherche dans l'économie locale.

Conclusion

La Nouvelle-Calédonie possède une mono-industrie métallurgique grosse consommatrice en énergie et grande émettrice de pollutions. Son insularité pénalise la recherche de l'efficacité énergétique des systèmes industriels (impossibilité d'importer du gaz naturel, par exemple). En revanche, l'introduction de technologies modernes et performantes, l'optimisation de l'approche système et du contrôle commande devraient permettre un gain énergétique substantiel sur la consommation des industries locales en énergie primaire fossile. Pour y parvenir, il faudra valoriser les fuites de chaleur et, dans une moindre mesure, utiliser de façon progressive les énergies renouvelables ainsi que les déchets. Des pénalités libératoires pourraient être décidées en cas de non-respect de la prescription.

Des techniques se développent pour permettre le captage et le stockage du CO_2 de la centrale de Doniambo (cf. « Les émissions et les réductions d'émissions de gaz à effet de serre en Nouvelle-Calédonie », p. 193) qui, même si elles sont encore à l'état de recherche, doivent dès maintenant faire l'objet d'un suivi.

L'industrie minière et métallurgique possède des atouts et présente les conditions nécessaires pour parvenir à une meilleure maîtrise énergétique et une réduction des émissions de CO_2 par captage. Il faudra veiller à ce que ces évolutions ne s'opèrent pas au détriment de la qualité et du prix du produit final, de l'emploi, et de la santé des personnels et des populations.

Les industriels devront poursuivre leurs efforts pour maîtriser leur demande énergétique en augmentant l'efficacité énergétique de leurs procédés, ce qui leur permettra de réduire leurs coûts de production et, à terme, d'induire des économies pour leurs clients. Il leur faudra prévoir dans la prochaine décennie une réduction significative des quantités de carbone rejetées grâce à la capture du CO_2 et des polluants dans leurs effluents.

La maîtrise de l'énergie dans le domaine des transports

Dans les pays importateurs de pétrole, comme la Nouvelle-Calédonie, les hausses erratiques des prix des carburants affectent fortement la rentabilité des entreprises du secteur, en particulier l'aérien et le camionnage, et les comportements de déplacements des ménages. Ainsi, en métropole, le « choc pétrolier » de 2008 s'est traduit dans les mois qui ont suivi par une baisse des consommations des carburants automobiles de 12 %.

Les transports sont aussi un contributeur majeur aux émissions de gaz à effet de serre et, dans beaucoup de pays, cette contribution augmente plus vite que celle des principaux autres secteurs de l'économie. En métropole, ils sont responsables d'un peu plus du quart des émissions (principalement du fait du transport routier de marchandises), si l'on exclut les transports aériens internationaux et les transports maritimes. Les accords internationaux pour la maîtrise des émissions de gaz à effet de serre conduisent donc chaque pays signataire à prendre des mesures pour réduire cette contribution.

État des lieux de la MDE dans le domaine des transports en Nouvelle-Calédonie

En Nouvelle-Calédonie, tous les moyens de transport ne fonctionnent que grâce au pétrole importé. D'après la Dimenc, ils consomment environ le quart des importations de produits pétroliers en poids et un peu plus en valeur. C'est le deuxième secteur de consommation après la production électrique (qui, à elle seule, représente la moitié du total) et avant l'industrie.

Quelle est la part des différents modes de transport dans cette consommation ? Pour l'essence, qui est quasi exclusivement utilisée par les voitures, et pour le fioul lourd qui ne sert qu'à la navigation, l'affectation des tonnages de pétrole aux modes de transport ne pose pas de problème. Il en va différemment pour le gazole et pour le kérosène qui sont aussi utilisés par différents modes de transport et également à l'extérieur de ce secteur. Le gazole est en effet utilisé par les ménages propriétaires de voitures diesel, mais aussi par le secteur du camionnage, des transports publics, de l'industrie et de la pêche pour ses bateaux. Comme partout, c'est le transport routier qui est le plus gros consommateur de pétrole, mais l'aérien et le maritime ont aussi un poids très important à cause de l'insularité.

La consommation énergétique du transport routier augmente rapidement

On constate tout d'abord que les ventes de voitures neuves ont augmenté, avec une accélération depuis 2003 des ventes de *pick-up* et de camionnettes. Cette accélération est généralement expliquée par la croissance du revenu par habitant, passée d'un rythme de 2 % par an en 2000-2002 à 4 % en 2003-2008, et par les mesures mises en place par le gouvernement pour lutter contre l'insécurité routière qui ont sans doute motivé l'achat de gros véhicules. Au-delà de l'engouement des Néo-Calédoniens pour ce type de véhicules et de l'effet d'aubaine, cette évolution trouve aussi son origine dans les investissements en matériel automobile liés aux grands projets miniers. Cette croissance des ventes se traduit évidemment par une augmentation du parc en circulation qui, entre 2000 et 2005, a connu une croissance forte de 5,1 % en moyenne annuelle[10].

Contrairement à ce que l'on constate en métropole, où la consommation totale de carburants par les voitures diminue depuis quelques années du fait de l'amélioration de l'efficacité énergétique des véhicules et de la stagnation du parc, en Nouvelle-Calédonie elle connaît une croissance rapide due à la croissance du parc automobile, à l'augmentation de la puissance des véhicules et de leur usage et à la généralisation de la climatisation à bord.

Ici, surgit une contradiction entre les informations que nous avons reçues : en effet, la Dimenc a produit un bilan énergétique qui montre qu'après une croissance ininterrompue de 3 % par an entre 1995 et 2004, la consommation d'énergie par les transports aurait chuté à partir de 2005, passant de 231 à 201 mille tonnes équivalent pétrole entre 2004 et 2007, soit une baisse de 13 %. C'est un point important car il indiquerait que la demande de carburant par les transports est très sensible aux prix.

[10] D'après Isee *Bilan économique et social 2003*, p. 52 et Isee *Bilan économique et social 2006*, p. 57.

On peut cependant douter de ces résultats car, en dépit de l'évolution des prix, les importations de carburant n'ont pas diminué sur la période, bien au contraire ! Les importations d'essence ont stagné sur toute la période et se retrouvent en 2007 au même niveau qu'en 2004 ; en revanche, entre 2004 et 2007, les importations de gazole ont augmenté de 30 %. Ce gazole n'est certes pas entièrement consommé par les véhicules routiers, mais pour chacun des deux carburants, la croissance des consommations semble bien corrélée avec l'évolution du parc de véhicules.

En effet, en cinq ans, le parc de véhicules diesel a augmenté de 56 % : on voit donc mal comment la consommation de gazole aurait baissé... D'une façon générale, nous avons pu observer que les données brutes disponibles pour le secteur des transports sont souvent rares et très partielles. Les données transformées, quant à elles, sont intéressantes, mais restent fragiles et parfois contradictoires. Il nous semble donc important, pour une politique énergétique des transports bien informée, de mettre en œuvre des moyens pour suivre plus étroitement les consommations de carburants par les différents modes de transports.

La motorisation des ménages est une variable clé pour comprendre et pour prévoir la consommation d'énergie par le secteur des transports. Avec 75 % des ménages équipés d'au moins une automobile, la Nouvelle-Calédonie atteint un niveau relativement élevé pour une économie insulaire (63 % dans les Antilles françaises), proche des niveaux atteints en métropole (81 %). Avec une différence cependant : alors qu'en métropole la motorisation est plus faible dans les grandes villes et nettement plus élevée en zone rurale, en Nouvelle-Calédonie c'est l'inverse. Le taux de motorisation dans le Grand Nouméa est de 84 %, il n'est que de 55 % dans le reste du territoire[11]. Contrairement à la métropole également, en Nouvelle-Calédonie, la croissance démographique soutenue (2 % par an) et la pyramide des âges ne contribueront pas à ralentir la croissance du parc automobile.

Le secteur du camionnage est sans doute plus étroitement tributaire de la conjoncture : sa croissance est deux fois plus rapide que celle des ventes de voitures et *pick-up*, mais beaucoup plus irrégulière, sans doute liée à des

[11] Source : calcul de l'auteur d'après Insee-Isee, *Recensement de la population Nouvelle-Calédonie 2004*, « Ménages ordinaires selon la possession de véhicules et de bateaux par commune et province de résidence ».

cycles économiques. En perspective, il serait intéressant de pouvoir séparer la consommation énergétique du camionnage liée au transport de minerai de celle du camionnage liée aux autres activités économiques, car les opportunités d'économie d'énergie ou de substitution sont sans doute différentes dans ces deux marchés.

La consommation énergétique du transport aérien intérieur : des données inhabituelles à expliquer par le contexte néo-calédonien

Le trafic aérien intérieur tient une place inhabituellement importante en Nouvelle-Calédonie. Elle s'explique en partie par l'éloignement des îles et la faible densité des populations. Curieusement, les données disponibles montrent une très faible croissance du trafic intérieur de voyageurs (1 % par an en moyenne depuis 1995, un rythme égal à celui de la croissance démographique dans les îles), alors que le revenu par habitant a augmenté et que le trafic international a crû à un rythme bien plus élevé (près de 3 % en moyenne annuelle). L'explication tient peut-être au prix puisque les tarifs voyageurs des vols intérieurs ont augmenté de façon significative, au rythme annuel de 2 % ou 3 % en termes réels selon les destinations alors que, sur la même période, les tarifs des vols internationaux sont restés stables en termes réels ou ont baissé.

Quant au transport de fret aérien, il présente un fort déséquilibre : le tonnage au départ de Nouméa est plus de trois fois plus élevé que le tonnage à l'arrivée. Le transport des marchandises par avion consomme beaucoup plus d'énergie que celui par bateau, et coûte plus cher. C'est pourquoi on réserve généralement ce transport aux marchandises dont la valeur décline rapidement avec le temps ou dont les besoins sont urgents et imprévus. D'après nos informations, le fret aérien intérieur vers les îles échappe assez largement à ces deux conditions et les marchandises transportées ne sont, pour l'essentiel, pas différentes de celles qui transitent habituellement par bateau.

Expliquer ces particularités est un préalable à toute politique qui viserait à réduire la consommation énergétique dans le transport aérien néo-calédonien car elles répondent sans doute en partie à des objectifs sociaux ou politiques, comme celui d'assurer la « continuité territoriale ». En soi, ce sont des objectifs parfaitement légitimes, mais ils doivent donner lieu à des réévaluations périodiques pour s'assurer qu'ils ne sont pas devenus obsolètes, ni que les moyens choisis pour les atteindre n'ont pas perdu leur pertinence.

La consommation énergétique du transport maritime : une connaissance plus fine serait nécessaire

Nous n'avons pas de données détaillées sur la répartition des consommations d'énergie par le transport maritime selon sa destination – transport international, transport intérieur, minerai, marchandises, etc. Bien que les perspectives d'économie d'énergie dans ce domaine soient limitées et, pour une bonne part, hors de portée des compétences réglementaires du territoire étudié, une connaissance plus fine du secteur permettrait au moins d'évaluer les potentialités de report modal, par exemple du transport aérien ou routier vers le maritime et, à l'intérieur même du secteur, les possibilités de rationalisation et de maîtrise de l'énergie.

État de l'art de la MDE dans le domaine des transports en dehors de la Nouvelle-Calédonie : de l'énergie à l'environnement

La réduction de la dépendance pétrolière

Le souci de la maîtrise de l'énergie dans le domaine des transports n'est véritablement apparu qu'avec le choc pétrolier de 1974. Il s'agissait pour les pays importateurs de réduire leur dépendance. Plusieurs mesures ont été prises dans l'urgence, comme la limitation de la vitesse sur les autoroutes en France et aux États-Unis et d'importants programmes ont été lancés, comme le programme Proálcol au Brésil ou le programme Cafe aux États-Unis.

Le Proálcol brésilien visait à produire de l'alcool de canne à sucre pour les automobiles. Il s'agissait dans un premier temps d'alcool anhydre qui peut être additionné à l'essence jusqu'à une proportion de 20 % sans modification des moteurs. Après le deuxième choc pétrolier en 1981, Proálcol II a considérablement augmenté la mise en se fixant pour objectif de remplacer totalement l'essence. Il s'agissait alors d'alcool hydraté, ce qui nécessitait un redéploiement de l'industrie automobile nationale, la mise en place d'un réseau complet de distribution du nouveau carburant, la mise en culture de vastes étendues et l'investissement dans des distilleries de taille très importante.

Le programme américain Cafe (pour Corporate Average Fuel Economy) imposait aux constructeurs automobiles de faire en sorte que la moyenne harmonique des consommations de leurs véhicules (en miles par gallon) pondérées par les ventes respecte une norme rendue plus stricte chaque année selon un programme pré-établi. Une pénalité de 5,50 dollars par voiture vendue et par dixième de mile par gallon de déficit était appliquée. Le programme a été efficace puisque les voitures neuves vendues en 1989 consommaient près de deux fois moins que les modèles de 1975. Cependant, pour toutes sortes de raisons, le programme a été gelé à partir de 1989.

Améliorer les services de transports collectifs est aussi apparu comme une manière d'offrir une alternative à l'usage de la voiture particulière et donc de réduire la dépendance pétrolière pour les déplacements de personnes. En France, cela a été une des principales justifications pour développer le réseau de TGV et multiplier les projets de tramway dans les villes.

La lutte contre l'effet de serre

La chute des cours du pétrole aurait rendu ces politiques obsolètes si le souci du changement climatique n'avait pas pris le relais. Dans les pays engagés par le protocole de Kyoto, elles connaissent donc un regain d'intérêt. L'Europe, par exemple, est en train d'imposer à ses constructeurs automobiles des politiques inspirées du programme Cafe américain ; et plusieurs États, trente ans après le Brésil, incitent maintenant par la défiscalisation leurs agriculteurs à produire des agrocarburants.

La panoplie des instruments de politique pour lutter contre l'effet de serre dans les transports diffère radicalement de celle utilisée pour réduire la consommation de pétrole : cette fois, le prix des carburants n'est plus une donnée exogène, mais une variable que l'on peut ajuster par des taxes pour rendre moins attrayants les modes de transport qui utilisent des énergies fossiles. À priori, pour lutter contre le réchauffement climatique dans les transports, l'instrument fiscal rend même toutes les autres politiques redondantes.

La taxation des carburants

Avec une taxe carbone pour internaliser le coût de l'effet de serre dans le prix des carburants, inutile d'obliger les constructeurs automobiles à concevoir et à produire des voitures moins voraces, la demande des consommateurs rebutés par les prix des carburants fossiles les orientera d'elle-même vers ces modèles. Inutile d'inciter les affréteurs à choisir des modes et des circuits économes en énergie, ils le feront d'eux-mêmes sous la pression de la concurrence pour éviter le surcoût des modes de transports trop consommateurs de carburants fossiles taxés. Inutile de subventionner les carburants issus de la biomasse, le fait de ne pas supporter la taxe carbone les rendra suffisamment attrayants.

Si ces arguments sont irréfutables sur le long terme, dans le transport, taxer les carburants n'est cependant pas la panacée pour le court et moyen terme. Dans les pays où, pour des raisons purement budgétaires, le carburant automobile est déjà lourdement taxé, une taxe carbone véritable – c'est-à-dire une taxe qui s'applique au même taux et à tous les carburants fossiles – n'aura qu'une incidence faible sur le prix de l'essence et une incidence énorme sur le prix du charbon qui n'est généralement pas taxé et est même parfois subventionné.

Par ailleurs, la taxe carbone n'affecte pas toutes les contributions du secteur des transports à l'effet de serre. En particulier, les transports frigorifiques et la climatisation des voitures émettent aussi des quantités non négligeables de gaz à effet de serre. Enfin, la taxe sur les carburants utilisée par les automobiles est régressive : comme toute la fiscalité des carburants, elle affecte davantage les pauvres que les riches.

Propositions d'amélioration en matière de MDE dans le domaine des transports en Nouvelle-Calédonie

La plupart des politiques énumérées dans ce qui précède ne sont pas pertinentes pour le cas calédonien. En effet, le marché automobile est trop petit pour imposer des normes aux constructeurs, la production d'agrocarburants n'arrivera jamais à proposer des prix compétitifs par rapport à ceux du marché international, et le recours à des véhicules électriques est exclu tant qu'une partie au moins de l'électricité calédonienne sera produite à partir de combustibles fossiles.

Pour se protéger des prix fluctuants du pétrole et pour réduire la contribution de ses transports à l'effet de serre, la Nouvelle-Calédonie ne peut donc que rationaliser son système de transports en s'orientant vers des véhicules moins voraces, en les utilisant au mieux de leurs performances et en réduisant ses besoins de transport.

Une taxe carbone sur les carburants ?

La façon la plus élégante d'atteindre ces objectifs est, bien sûr, d'inciter tous les acteurs du secteur à réduire leur consommation directe ou indirecte de produits pétroliers. Dans ce but, la meilleure incitation est le prix, c'est-à-dire la taxe carbone, assortie d'une information qui aide chacun des acteurs à prendre conscience de l'incidence du coût des carburants sur son budget, et de méthodes qui lui permettront de réduire sa consommation.

Quel doit être le montant d'une telle taxe et doit-il être le même pour tous les combustibles fossiles ? Faut-il en exonérer certains secteurs d'activité ? Doit-on compenser son effet sur les budgets des ménages les plus modestes ?

Dans son principe, le montant de la taxe carbone qui frappe les combustibles fossiles est assis sur leur nocivité pour le climat, nocivité qui est proportionnelle à leur contenu en carbone. Son montant devrait donc être déterminé au niveau international car un litre d'essence a le même effet sur le climat, qu'il soit brûlé dans un embouteillage à New York, lors d'un raid à travers le Sahara ou dans les rues de Nouméa.

Mais une telle harmonisation n'est malheureusement pas à l'ordre du jour, tandis qu'une convergence entre les différents systèmes qui se mettent en place en Europe et aux États-Unis est probable (taxe ou système d'enchère des droits à émettre des GES). Le montant de la taxe ou le prix du droit pourrait avoisiner les 100 euros par tonne de CO_2 à l'horizon 2030 (proche de 30 euros la tonne de CO_2 aujourd'hui et entre 150 et 350 euros en 2050).

Si la Nouvelle-Calédonie appliquait une taxe carbone de 30 euros par tonne de CO_2, cela correspondrait à une taxe carbone de 9 et de 10 F CFP, respectivement sur le litre d'essence et le litre de gazole. L'augmentation du prix de vente qui en résulterait, de l'ordre de 6 %, est à comparer à la forte fluctuation du prix qui a accompagné la flambée du prix du pétrole l'année dernière : en moins d'un an, de mai 2008 à mars 2009, le prix du gazole a d'abord augmenté de 33 F CFP pour ensuite baisser de 52 F CFP. Pour suivre le scénario européen, la taxe carbone calédonienne sur les carburants pourrait progressivement atteindre une trentaine de F CFP à l'horizon 2030.

Ce montant doit-il être le même pour tous les combustibles fossiles ? Logiquement oui, c'est le principe et la justification même de la taxe carbone, mais il faut noter que cette taxe aurait pour effet de doubler le prix du charbon importé. On peut dès lors s'interroger sur l'impact d'une telle taxe sur l'industrie métallurgique et, au-delà, sur la balance commerciale de la Nouvelle-Calédonie (mais une telle problématique dépasse l'ambition de notre contribution).

Quel serait l'effet de la taxe carbone sur la consommation de carburants automobiles par les ménages, et quel serait son effet redistributif ? On a montré qu'en métropole, cette taxe affecterait plus fortement les ménages les plus modestes, mais il n'est pas sûr que ce soit le cas en Nouvelle-Calédonie. Les données sur la consommation des ménages calédoniens par classe de revenu que l'Isee est en train de constituer permettront de mesurer l'incidence d'une telle taxe sur les ménages selon leur revenu, leur localisation et leur degré de motorisation. Si ces données devaient révéler des effets trop régressifs de la taxe carbone sur les ménages les plus modestes, des mesures compensatoires spécifiques pourraient être mises en œuvre.

La forte fluctuation récente du prix des carburants à la pompe devrait permettre d'évaluer l'élasticité à court terme de la demande d'essence et de celle de gazole. C'est ce que nous avons fait à partir de données mensuelles de ventes de carburants dans les stations-service qui sont disponibles pour les deux dernières années. Les résultats, illustrés dans les deux graphiques sont pour le moins surprenants : ils montrent que la consommation d'essence a

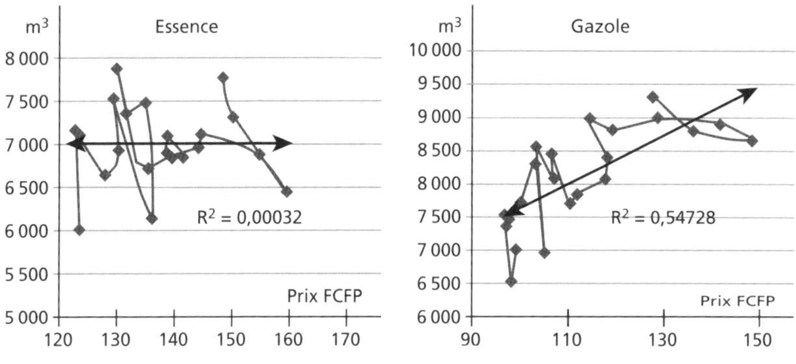

Figure 4

Corrélation entre prix (F CFP) et quantité (m^3) de la demande mensuelle de carburants pour la période 2007-2008

Source : calculs de l'auteur à partir de données de ventes en stations-service fournies par la Dimenc.

fluctué de façon totalement indépendante du prix (coefficient de détermination $R^2 = 0{,}00$) et que celle de gazole aurait plutôt eu tendance à augmenter quand les prix augmentaient. Bien que la corrélation ne soit pas très forte, elle reste significative (coefficient de détermination $R^2 = 0{,}55$).

Comment expliquer ce résultat paradoxal, très différent du phénomène enregistré en métropole pour la même période ? Une part de l'explication tient sans doute au fait que contrairement à la métropole, il n'existe pas de véritable alternative à l'automobile, pour les déplacements de la majorité des personnes, et à la route, pour l'essentiel du transport de marchandises. Quant à l'évolution paradoxale de la consommation de gazole, elle tient peut-être en partie au transport de marchandises (mais faute de données séparées sur les consommations et de mesures du trafic lié à l'activité industrielle, nous ne pouvons pas estimer cet effet).

Que la demande de carburant soit inélastique à court terme n'implique pas nécessairement qu'elle le soit à long terme aussi. Comme toutes les taxes d'accise, et contrairement aux taxes proportionnelles comme la TVA, la taxe carbone a pour effet d'amortir les fluctuations du prix des carburants et, puisqu'elle est indexée, de donner un signal cohérent sur le long terme. À condition d'être bien informés sur l'importance des dépenses de carburants dans leur budget et des manières de les réduire, les Néo-Calédoniens modifieront leur comportement en faisant un plus grand usage des transports collectifs, à condition qu'ils soient plus pratiques et plus confortables, et en choisissant un véhicule plus économe au moment de le renouveler.

La fiscalité à l'achat d'un véhicule (le bonus/malus)

Dans la plupart des pays de l'Organisation de coopérations et de développement économiques (OCDE), il existe une taxe sur la possession de véhicules comme la défunte « vignette » et, presque partout, cette taxe a été modifiée plus ou moins récemment pour tenir compte de l'impact environnemental du véhicule. Dans l'Union européenne, c'est même devenu une obligation à terme. La plupart des pays appliquent aussi une fiscalité à l'achat (ou un système bonus/malus) modulé directement ou indirectement selon la contribution potentielle du véhicule à l'effet de serre.

À contresens de cette évolution, la Nouvelle-Calédonie a récemment aboli la vignette et accordé une réduction sensible de la fiscalité à l'achat d'un certain type de véhicules 4x4 forts contributeurs à l'effet de serre. Une étude spécifique sur la possession et sur l'utilisation du parc devrait permettre de donner une mesure de cet effet pervers et fournirait des éléments utiles pour concevoir des instruments de politique mieux ciblés pour atteindre les objectifs initialement prévus par cette politique de défiscalisation.

On peut aussi s'interroger sur la justification économique du différentiel de fiscalité qui existe entre le gazole et l'essence. Aux États-Unis, le gazole est de 10 % à 20 % plus taxé que l'essence. En Europe c'est l'inverse, l'essence est plus lourdement taxée que le gazole. L'écart moyen est de 32 %, mais il varie de 0 % au Royaume-Uni à 86 % en Belgique, alors qu'en Nouvelle-Calédonie l'écart en faveur du gazole est de 132 %.

Des solutions alternatives comme mesures complémentaires

Dissuader l'usage de l'automobile au moyen de taxes sur les carburants, éviter la multimotorisation des ménages par des taxes sur la possession de véhicules, rencontrera d'autant moins de résistance que des solutions alternatives seront rendues plus attrayantes. Les recommandations du Plan de déplacement de l'agglomération nouméenne (PDAN) vont dans ce sens, et préconisent l'amélioration de la desserte en transports collectifs, la création de pistes cyclables, etc. Mais il en faudra sans doute plus pour que des automobilistes consentent à laisser occasionnellement leur voiture au garage et se résolvent à utiliser les transports collectifs. Il faudra améliorer leur confort : les projets de climatisation des autobus de Nouméa y contribueront certainement et le bilan de cette opération en termes de rejets de gaz à effet de serre sera d'autant moins négatif qu'elle réussira à attirer vers les transports collectifs des personnes qui, autrement, se déplaceraient en voiture.

Il existe en Nouvelle-Calédonie un secteur qui n'est peut-être pas utilisé au mieux de son potentiel, ce sont les véhicules de location avec chauffeur (VLC). Pour l'instant, leur marché est principalement constitué par le transport scolaire, mais ils pourraient sans doute faire beaucoup plus car, contrairement aux taxis, leurs prix sont libres et sans doute proches de leurs coûts réels. Ces coûts pourraient baisser substantiellement en réduisant les temps morts entre les courses, ce que permettent à des prix maintenant très bas les technologies combinées de l'informatique, de la localisation par GPS et des communications GPRS.

Dans la plupart des pays de l'OCDE, ce secteur, qui se distingue de celui des taxis par l'obligation qui leur est faite de ne répondre qu'à des commandes de courses passées par téléphone, est de plus en plus souvent sollicité pour offrir un service complémentaire à celui des transports collectifs de grande capacité, en particulier en heure creuse, en zone de faible densité ou encore quand un meilleur confort est nécessaire de porte-à-porte. Il tient aussi une place centrale dans les « plans de déplacements d'entreprise », des systèmes par lesquels les entreprises incitent leurs employés à délaisser leur voiture quand ils viennent travailler. Il y aurait un grand intérêt à réaliser une étude spécifique pour examiner comment acclimater ces expériences à la Nouvelle-Calédonie en mettant à profit le potentiel des VLC.

Le problème de la climatisation

Les transports frigorifiques et la climatisation des véhicules ont un effet particulièrement négatif sur le climat, non seulement parce qu'ils augmentent la consommation de carburants, mais aussi parce qu'ils émettent des gaz dont l'effet de serre est très prononcé. Pour réduire ces nuisances, les réglementations existantes peuvent être renforcées et, surtout, leur mise en œuvre contrôlée. Un effort d'information doit aussi être fait en direction du public qui n'a, bien souvent, pas conscience de ce que lui coûte l'utilisation de la climatisation de son véhicule et, encore moins, de l'impact d'un mauvais entretien sur l'effet de serre.

À terme, des voitures électriques ?

Les politiques de lutte contre l'effet de serre dans les transports semblent promettre un avenir à la voiture électrique en raison de ses avantages en termes de réduction des nuisances locales et des progrès prévisibles des batteries. La limite principale à son développement étant son faible rayon d'action, limite qui n'est pas dirimante pour des petits pays confinés dans leurs frontières. C'est sans doute la raison pour laquelle c'est en Israël qu'un projet ambitieux de voiture électrique a été récemment lancé.

Cependant, tant qu'une part importante de l'électricité produite en Nouvelle-Calédonie sera d'origine fossile, l'option « voiture électrique » ne nous paraît pas justifiée. À plus long terme, il faudrait toutefois envisager la possibilité pour les ménages qui fourniraient de l'électricité photovoltaïque au réseau de pouvoir la racheter, à un tarif intéressant, la nuit chez eux ou le jour sur leur lieu de travail pour recharger les batteries de leur véhicule électrique.

Et le vélo électrique ?

De ce que nous savons des pratiques de déplacements, il semble que l'usage du vélo ait un grand potentiel de développement en Nouvelle-Calédonie. Pour l'instant, son développement a été freiné en raison de l'état du réseau routier, particulièrement hostile, et du relief accidenté avec de fortes pentes. Il est possible que s'y ajoute un troisième obstacle : une image dévalorisante du vélo vu comme le « véhicule des pauvres ». Nous pensons, en accord avec le PDAN, que le premier obstacle devrait être levé en priorité par la construction de pistes cyclables sécurisées. Avec une campagne d'informations appropriée, ce réseau de pistes cyclables devrait rapidement être mis à profit car les progrès récents de la technologie ont levé les deux autres obstacles. En effet, les vélos à assistance électrique qui permettent de gravir les côtes sans effort sont devenus très pratiques, pour un prix d'investissement deux à trois fois inférieur à celui d'un scooter standard, et un coût de fonctionnement négligeable à côté de celui d'une automobile. C'est aussi, au moins pour quelque temps encore, un produit valorisant par sa connotation high-tech et écologique, encore plus si la batterie du vélo est rechargée par un panneau photovoltaïque.

Les biocarburants, une option à étudier au cas par cas

Dans le domaine des transports, il n'est pas possible d'évaluer l'intérêt des biocarburants en général. En fait, il faut faire autant d'analyses économiques qu'il y a de biocarburants adaptables aux transports. Certains, comme l'alcool, peuvent se substituer à l'essence ; d'autres, comme les huiles végétales, se substituent au gazole. D'autres encore, comme l'alcool anhydre, peuvent se mélanger avec le carburant pétrolier au niveau de la raffinerie ; d'autres enfin, comme l'alcool hydraté, ne se mélangent pas et demandent un circuit spécifique de distribution vers les stations-service.

On ne peut toutefois pas exclure à priori cette option pour les transports de Nouvelle-Calédonie, mais elle devra faire l'objet d'une évaluation au cas par cas selon des filières de production qui pourraient apparaître et selon l'arrivée de nouveaux modèles de véhicules sur le marché international (par exemple, les voitures « flexfioul » qui se généralisent au Brésil et se substituent aux voitures à alcool pur que le pays a cessé de produire). Les aspects techniques de la question de la production locale de biocarburants seront abordés dans la deuxième partie.

On doit cependant garder à l'esprit le fait que le marché international des biocarburants commence à se développer. C'est un marché où les fournisseurs ont des avantages comparatifs (grande échelle de production, main-d'œuvre très bon marché, vastes terrains agricoles) que la Nouvelle-Calédonie ne possède pas. Sur le plan strictement économique, importer sera probablement plus justifié que produire localement. Du point de vue des émissions de GES également, car l'efficacité énergétique de la production à grande échelle compensera probablement la dépense énergétique du transport maritime pour les amener en Nouvelle-Calédonie.

Mais si on choisit de subventionner une production locale ou même si on importe du biocarburant à un coût guère plus bas que l'essence ou le gazole, il faudra subventionner les automobilistes et les transporteurs pour qu'ils prennent la peine de changer leurs habitudes. Pour le trésor public, la perte sera double puisqu'il perdra aussi la recette fiscale des taxes qui frappent les carburants pétroliers.

CONCLUSION

Dans le domaine des transports, la politique énergétique cherche à traiter deux problèmes : l'instabilité du coût des carburants et l'aggravation de l'effet de serre. Ces deux questions sont d'autant plus prégnantes en Nouvelle-Calédonie que la totalité de l'énergie actuellement utilisée dans le transport est d'origine pétrolière.

Malgré la fragilité et l'imprécision des données disponibles, on peut estimer que la consommation de pétrole par les transports a connu ces dernières années une croissance forte qui n'est pas prête de ralentir, sauf à ce que soient prises des mesures pour atténuer les effets des erreurs passées et réorienter les choix des individus et des institutions vers des modes de transport moins consommateurs.

Malheureusement, l'éventail des instruments de politique disponibles qui s'offre à la Nouvelle-Calédonie n'est pas très large. Il nous semble qu'une première mesure devrait porter sur la rationalisation (et l'augmentation) des taxes sur les carburants et sur les véhicules. Mais des mesures complémentaires nous paraissent indispensables, en particulier celles recommandés par le PDAN : pistes cyclables, meilleure desserte en transports collectifs, etc.

Des études spécifiques devraient aussi être menées pour examiner la viabilité économique et sociale de politiques telles que le transfert modal de l'avion vers le bateau ou la libération des contraintes qui pèsent sur les voitures de location avec chauffeur (VLC). Enfin, une meilleure maîtrise de l'étalement urbain ne pourrait que renforcer les effets du PDAN.

CONCLUSIONS ET RECOMMANDATIONS

Pour le détail des recommandations exposées ci-dessous, le lecteur pourra se reporter aux fiches de recommandations rassemblées à la fin de la synthèse (p. 387), *après la partie « Conclusion et recommandations ».*

La maîtrise des consommations d'énergie : dans tous les secteurs des économies substantielles sont possibles

La préoccupation de la maîtrise des consommations d'énergie est devenue générale, avec la conscience des limites et du coût croissant des ressources énergétiques fossiles, et avec les exigences de la lutte contre les changements climatiques provoqués par les émissions de gaz à effet de serre.

Dans tous les secteurs, une réduction de la consommation d'énergie est possible dans le contexte néo-calédonien. Outre son coût financier, cette réduction suppose une évolution forte des modes de production, de construction et de consommation.

▪ *Dans le secteur résidentiel*, du fait de ses conditions climatiques, la Nouvelle-Calédonie peut s'affranchir de la plupart de ses dépenses de climatisation dans les nouvelles constructions, à condition de respecter certaines règles. Dans le tertiaire, les charges de climatisation peuvent être considérablement réduites par une maîtrise des apports climatiques et internes. La réglementation des appareils ménagers permettrait en particulier des gains importants. Comme l'engagement en a été pris en métropole, un objectif pourrait être donné à la consommation énergétique par m^2, en allant jusqu'à la construction de bâtiments à énergie positive.

D'où les recommandations suivantes :

1. Inciter aux actions de maîtrise de l'énergie dans les domaines du bâtiment et de ses équipements.

2. Adopter une réglementation thermique dans le tertiaire et l'habitat neuf et existant, et développer prioritairement le solaire thermique partout où existe une demande d'eau chaude.

■ *Dans le domaine des transports*, les habitudes ne vont pas à l'économie d'énergie. L'amélioration des transports en commun, une politique incitative sur les vélos et un urbanisme adapté permettraient des économies substantielles. La rationalisation des transports de minerais est bien assurée, grâce au cabotage, mais le transport des pondéreux vers les îles doit être réexaminé.

D'où les recommandations suivantes :

3. Réaliser des études pour améliorer les connaissances sur le secteur des transports.

4. Supprimer les distorsions fiscales qui affectent les choix des automobilistes, instaurer une taxe carbone et une vignette automobile assise sur la consommation de carburant.

5. Mettre en œuvre des propositions du Plan de déplacement urbain (PDU) de Nouméa en matière de transports.

■ *Dans le domaine de l'industrie*, l'efficacité énergétique des systèmes industriels néo-calédoniens doit être sérieusement améliorée pour réduire le coût de l'énergie du produit final ainsi que les émissions des GES.

Pour la production d'énergie électrique, la gestion du parc des centrales thermiques doit être considérée globalement. Avec les centrales de Prony et la future de Doniambo, la puissance électrique disponible doit être capable de subvenir à la demande énergétique à tout moment. Des outils informatiques intelligents doivent être développés pour anticiper et répondre à la demande de pointe afin d'éviter le recours à des dispositifs à faible rendement. Ces logiciels doivent également gérer et optimiser l'usage d'énergies renouvelables (biomasse, déchets verts, boues d'incinération) pour la production thermique en prenant en considération la souplesse (modification de puissance disponible sans perte de rendement notable), la flexibilité (changement de combustible) et le temps de réponse des unités.

Dans le procédé pyrométallurgique, on doit rechercher des économies et des récupérations d'énergie tout au long du procédé de production du nickel, limiter et valoriser les pertes de chaleur, en évaluant le bénéfice de l'usage de nouveaux éléments plus performants (isolation thermique renforcée, moteurs optimisés, éclairage adapté...). La baisse du cours du nickel doit être l'occasion de réduire les consommations d'énergie afin de diminuer les émissions de GES et d'abaisser le coût du produit final pour agir sur la compétitivité et l'emploi.

Dans le processus hydro-métallurgique, les consommations sont moindres à la tonne de nickel produite : de l'ordre de 75 %, selon un chiffre fourni par Goro Nickel.

D'où la recommandation suivante :

6. Améliorer l'efficacité énergétique des procédés industriels.

▪ Enfin, en matière de connaissance des pratiques et d'appropriation, deux recommandations transversales d'ordre sociologique sont formulées :

7. Sensibiliser l'usager final (grand public, entreprises) aux enjeux énergétiques et climatiques et le convaincre de leur importance.

8. Réaliser des enquêtes qualitatives de type socio-anthropologique pour avoir une connaissance et une compréhension fine des discours et des pratiques des Néo-Calédoniens en matière d'énergie.

Les nouvelles technologies en matière de production et de stockage d'énergie

Rappelons tout d'abord que les problématiques sont différentes selon qu'il s'agit de satisfaire les besoins industriels, ceux de l'habitat ou des transports, et que les technologies de production d'énergie, à partir des diverses ressources énergétiques existantes, sont très nombreuses. C'est pourquoi, nous nous attarderons plus particulièrement sur les technologies exploitant les ressources disponibles et/ou économiquement accessibles en Nouvelle-Calédonie. Nous proposons donc d'établir des liens entre les technologies de production (et de stockage), les ressources disponibles (ou supposées car tous les recensements n'ont pas été faits) et les besoins.

Gardons également à l'esprit que la maîtrise de l'énergie, traitée dans la première partie, constitue la priorité avant tout développement de nouvelles technologies de production car, à satisfaction identique des besoins, économiser l'énergie coûte en général moins cher que d'investir dans de nouveaux moyens de production. En outre, certaines technologies de production, comme les chauffe-eau solaires, étant parfois rangées dans la catégorie des technologies permettant d'économiser l'énergie, il y a par conséquent d'inévitables interactions entre les deux premières parties.

Enfin, il nous semble utile de préciser que la notion de rendement de conversion est particulièrement importante lorsque l'on exploite des ressources non renouvelables et polluantes, mais qu'elle l'est beaucoup moins lorsqu'il s'agit de ressources renouvelables comme le soleil, le vent, la houle… (c'est moins vrai avec la biomasse). Dans ce dernier cas, les conséquences d'un faible rendement se traduisent par un accroissement des espaces ou dimensions nécessaires et, compte tenu de l'abondance de ces ressources, cela constitue assez rarement un problème. Dans ces systèmes de conversion des ressources renouvelables, il existe un rendement optimal, c'est celui qui minimise, sur cycle de vie, le coût de revient et/ou les coûts environnementaux.

Les ressources énergétiques et le potentiel exploitable

Un premier ordre de grandeur montre que compte tenu d'un rayonnement solaire annuel moyen d'environ 2 000 kWh/m^2 avec une variabilité saisonnière assez faible (5 à 8 kWh/m^2/jour), on obtient une énergie annuelle brute rayonnée au sol d'environ 3 Gtep (sur 19 000 km^2), soit 3 000 fois la consommation en 2007 d'énergie primaire de toutes les activités de Nouvelle-Calédonie.

Notons que cette énergie solaire peut servir à produire de l'électricité, de la chaleur ou encore des carburants, *via* la biomasse par exemple. Bien sûr, les technologies de conversion de cette ressource gratuite en une forme d'énergie finale exploitable sont encore coûteuses, mais à l'avenir leur prix ne fera que baisser pendant que celui des énergies fossiles ne fera qu'augmenter.

En France métropolitaine, environ 20 m^2 de toiture par habitant sont accessibles. En supposant qu'en Nouvelle-Calédonie la même surface soit disponible, si chaque m2 de toiture était équipé de capteurs photovoltaïques on obtiendrait une productivité totale annuelle de 600 GWh, soit l'ordre de grandeur de la consommation actuelle d'électricité de la distribution publique. Et ce, pour un investissement d'environ 300 milliards de francs CFP (2,3 G€)[12].

Les autres ressources disponibles sont :

- *Le vent* qui, avec une productivité annuelle de l'ordre de 1 500 à 2 000 h en équivalent pleine puissance, est une ressource intéressante pour produire de l'électricité ou pomper de l'eau.
- *La biomasse* qui est une ressource sans doute importante pour produire des carburants gazeux ou liquides ou des combustibles solides, avec des usages dans les transports ou pour la production d'électricité.
- *L'énergie thermique des mers (ETM)*, qui consiste à exploiter l'énergie solaire accumulée dans les eaux de surface océaniques et leur différence de température avec les eaux profondes froides, peut permettre de produire de l'électricité mais également du froid. Sans posséder un potentiel exceptionnel, la Nouvelle-Calédonie dispose probablement de ressources intéressantes dans ce domaine car ses eaux de surfaces restent au-delà de 20 °C toute l'année et ses fonds marins sont profonds comme l'atteste la bathymétrie au-delà de la barrière de corail[13]. [...]

[12] Calculs faits sur la base de 230 000 habitants, 1 400 h annuelles en équivalent pleine puissance et avec un coût du Watt crête installé égal à 5 €.

[13] La réalisation de cette carte de bathymétrie est le résultat d'une consultation avec Pablo Chavance, halieute du programme ZoNéCo (http://www.zoneco.nc/) et d'une rencontre à Nouméa avec Jérôme Lefevre.

suite

[...]

■ *La houle* qui résulte de l'interaction du vent avec les eaux de surface. D'après une étude récente, la Nouvelle-Calédonie bénéficie de conditions assez favorables sur certains sites, comme à Lifou et Maré où des relevés ont été effectués. Les périodes de houle sont assez régulières (autour de 8 à 9 s), ce qui est favorable aux houlogénérateurs flottants (par exemple, Pelamis, Searev), mais les hauteurs crête à creux restent assez modestes (moins de 2 m en moyenne) alors que la ressource est proportionnelle au carré de cette grandeur. Cela conduit toutefois à des valeurs de productivité du même ordre de grandeur que l'éolien (moins de 2 000 h annuelles).

■ *Les courants marins* (effets de marées). Il semble que cette ressource soit très faible en Nouvelle-Calédonie, des études effectuées dans le cadre du programme ZoNéCo ont mis en évidence des intensités de courant faibles et insuffisantes pour une exploitation réaliste.

■ *L'énergie osmotique* récupérable lors de la recombinaison de l'eau douce avec l'eau de mer salée. L'utilisation d'une membrane spécifique peut permettre d'obtenir une pression osmotique due à la diffusion de l'eau douce vers l'eau de mer, pression exploitable pour entraîner une turbine. Les moyens de conversion imaginés au début des années 1970 sont encore à l'état de projets très amont et nous avons choisi de ne pas développer ces technologies ici.

• *La géothermie* qui résulte de la chaleur dégagée par le noyau terrestre et qui s'échappe à travers la croûte terrestre. Dans certaines zones géologiques, généralement volcaniques, les fuites de chaleur peuvent être très intenses et l'on peut rencontrer des gisements d'eau très chaude exploitables pour produire de l'électricité (plus de 150 °C) via des turbines à vapeur ou pour des usages de chaleur basse température (moins de 100 °C). En Nouvelle-Calédonie, les seules informations que nous avons obtenues résultent d'une thèse de 1981 qui fait mention de quelques sources thermales (à la Crouen, au sud de Canala, de Nakety et de Thio ainsi qu'à Prony), les températures de ces sources sont comprises entre 30 et 43 °C environ et peuvent révéler des ressources profondes plus importantes.

Les dernières ressources présentées, même si elles peuvent contribuer à la production de chaleur, de froid ou d'hydrogène, sont actuellement plutôt envisagées pour la production d'électricité.

[...]

suite

[...]

Le rapport Enerdata de 2007, commandé par la Dimenc pour construire un outil d'aide à la décision permettant d'évaluer les scénarios de mix énergétique, fournit notamment une évaluation du gisement et du potentiel des ressources renouvelables réalisable en matière de production d'électricité.

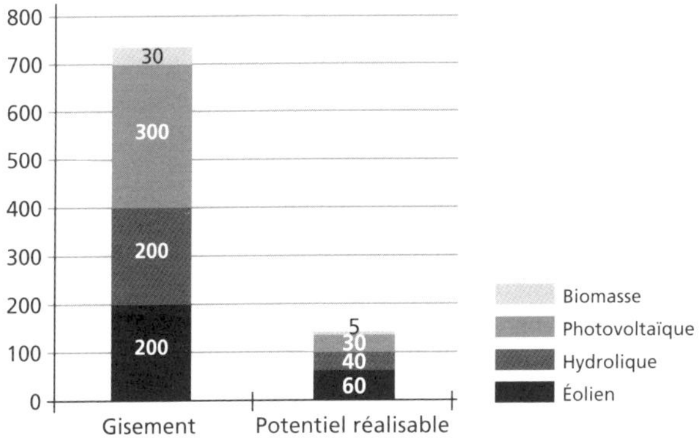

Figure 5

Estimation des gisements et potentiels de production d'électricité (en MW) à partir des ressources renouvelables à l'horizon 2015

Source : Enerdata.

Les nouvelles technologies à mobiliser pour la Nouvelle-Calédonie

Les carburants classiques et alternatifs

Pour produire de l'électricité par conversion chimique de l'énergie pour l'industrie, l'habitat et le tertiaire, il faut effectuer deux choix : celui du combustible et celui du procédé de combustion lui-même. Pour s'adapter aux évolutions du marché, le système optimal doit être flexible aux combustibles, qu'ils soient conventionnels (hydrocarbures fossiles gazeux, liquides ou solides) ou alternatifs, et souple lors de son utilisation (une modification de la puissance demandée ne doit pas détériorer le rendement énergétique du système). Notons que les combustibles liquides trouvent sans doute leur meilleur usage dans le domaine des transports où ils offrent des performances incomparables en termes de masse et de volume.

Le potentiel des combustibles fossiles conventionnels pour la Nouvelle-Calédonie

Pour une application donnée, le combustible est sélectionné en fonction de son adaptation à l'usage demandé, de son prix et de sa sûreté d'emploi et, depuis quelques années, par son aptitude à produire la quantité minimum de CO_2 par kWh converti.

Le gaz naturel n'est à priori pas adapté à une utilisation en Nouvelle-Calédonie

Le gaz naturel est composé en majorité de méthane (généralement 95 %, mais sa teneur peut varier entre 70 et 100 %) et possède un pouvoir calorifique inférieur (PCI) moyen de 38,1 MJ/kg, soit 10,6 kWh/kg, selon sa composition et sa provenance. En 2005, il représentait 23 % de l'énergie consommée dans le monde. C'est l'hydrocarbure émettant le moins de CO_2 par kWh produit puisque son facteur d'émission (FE) est de 201 gCO_2/kWh_{th}.

Le monde possède de très importantes réserves de gaz naturel et il est très largement utilisé dans les pays industrialisés.

Le gaz naturel est transporté du pays producteur jusqu'à l'utilisateur final par gazoducs ou, sous forme liquéfiée, par bateaux (méthaniers). Mais pour les îles en général, la construction d'un terminal méthanier est coûteuse, perturbe l'écosystème et ne nous semble pas présenter d'intérêt pour la Nouvelle-Calédonie en comparaison des faibles quantités de gaz susceptibles d'être importées. L'existence de systèmes flottants, peut-être mieux adaptée à l'échelle de la Nouvelle-Calédonie, se heurte aux conditions des zones cycloniques et ne nous semble pas plus adaptée.

Les hydrocarbures liquides ont un coût potentiellement élevé et fluctuant

Les hydrocarbures liquides représentent 37 % de l'énergie consommée en 2005 dans le monde et sont utilisés par l'industrie, l'habitat, le tertiaire et les transports qui en sont dépendants à 95 %. Leurs PCI sont les plus élevés (39,9 MJ/kg pour le fioul lourd, soit 11,1 kWh/kg) et possèdent un facteur d'émission de 282 gCO_2/kWh_{th} pour le fioul lourd et de 267 gCO_2/kWh pour le kérosène. Pour les transports, les hydrocarbures fossiles liquides resteront sans doute encore longtemps l'énergie la plus utilisée, même avec l'adjonction de biocarburants. Pour l'industrie, à cause de leur coût élevé et fluctuant et la concurrence d'usage avec les transports, les combustibles liquides seront de moins en moins économiquement attrayants pour une utilisation à long terme.

Le charbon est le combustible le plus accessible

La tourbe et le lignite font partie des *browncoal* ; le flambant sec, le Gras (*bitumineux*) et l'anthracite des *hardcoal*. Du *browncoal* au *hardcoal*, le pouvoir calorifique augmente et l'humidité, les matières volatiles et la teneur en cendres diminuent. Le PCI du charbon est compris entre 15 et 27 MJ/kg soit de 4,16 à 7,5 kWh/kg, valeurs qui sont fonction des pourcentages en carbone, soufre, hydrogène et humidité. Le lignite n'enferme que peu de soufre, mais contient une forte humidité. Le charbon présente un facteur d'émission de 364 gCO_2/kWh_{th} pour le lignite et de 347 gCO_2/kWh_{th} pour l'anthracite : c'est le combustible le plus défavorable en ce qui concerne les émissions de GES mais il représente 24 % de l'énergie primaire mondiale. Son coût et ses réserves importantes font que c'est encore le combustible primaire actuellement le plus compétitif pour produire de l'électricité.

Les combustibles alternatifs sont-ils adaptés à la Nouvelle-Calédonie ?

L'hydrogène

L'hydrogène est l'élément le plus abondant de l'univers et il est présent en grande quantité dans les étoiles et les planètes. Sur Terre, l'hydrogène est surtout le principal constituant de toute matière vivante, puisqu'il est présent et associé au carbone dans tous les composés organiques. Son PCI est de 10,7 MJ/Nm^3[14] soit 2,98 kWh/Nm^3 et son FE est nul puisque les produits de combustion sont composés majoritairement d'eau avec 0 % de CO_2. Lors de sa combustion, des précautions doivent être prises pour limiter la formation de polluants, comme les oxydes d'azote d'origine thermique, et l'oxydation des corps subsistants de son procédé de fabrication.

Mais pour produire de l'hydrogène, plusieurs procédés sont utilisés qui tous nécessitent un apport d'énergie supérieur à ce qui sera restitué lors de sa transformation finale. La méthode de fabrication actuellement la plus utilisée est le reformage du méthane, du méthanol ou de l'éthanol (ou du bio-méthanol ou du bio-éthanol) ; un procédé basé sur la transformation d'hydrocarbures fossiles avec production simultanée de CO_2.

L'apport d'énergie nécessaire à la production de l'hydrogène se retrouve, aux pertes de conversion près, lors de son utilisation, c'est pourquoi on considère l'hydrogène plutôt comme un vecteur énergétique : la production d'hydrogène par hydrolyse pendant les périodes de surproduction d'énergie électrique peut être vue comme une forme de stockage de l'énergie.

La voie classique consiste à stocker et véhiculer ce gaz dans des bouteilles sous une pression de 700 bars. Le danger lors d'un choc condamne, du moins à moyen terme, l'emploi de l'hydrogène gazeux dans les automobiles et seuls des prototypes expérimentaux de véhicules avec pile à combustible ou moteur à hydrogène existent et sont en cours d'évaluation. D'autres technologies consistent à adsorber l'hydrogène sur des hydrures métalliques (hydrure de magnésium) ou dans des nanotubes de carbone, mais les résultats n'ont pas atteint les objectifs au niveau escompté. Enfin, des réservoirs hybrides, haute pression et paroi absorbante pour réduire les fuites, sont encore à l'état de recherche.

[14] Nm^3 = normaux mètre cube, soit le volume occupé par le gaz dans les « conditions normales de température et de pression ».

Le développement d'une filière hydrogène (incluant production, distribution et stockage) ne nous semble donc pas adapté aux conditions de la Nouvelle-Calédonie.

Le biogaz de décharge ou des boues de station d'épuration

Le biogaz est composé essentiellement de méthane (entre 50 et 90 %) et de dioxyde de carbone (10 à 40 %), avec des quantités variables d'eau, et du sulfure d'hydrogène (H_2S) de 0 à 0,1 %. Son PCI (9,42 x 0,7 = 6,59 kWh/m^3 pour un biogaz à 70 % de méthane, à 15 °C et à la pression atmosphérique) provient uniquement du méthane et est fonction du taux de dilution dans le CO_2. Sa productivité est estimée entre 0,15 à 0,30 m^3 de biogaz par m^3 de digesteur et par jour.

Le biogaz est ainsi la forme renouvelable du gaz naturel. La récupération du biogaz produit par les décharges est d'autant plus intéressante que le méthane est un puissant gaz à effet de serre (sa valorisation constitue un puits de GES, elle devrait être obligatoire). Pour utiliser le biogaz dans un moteur ou une chaudière, il faut impérativement procéder à un séchage du gaz afin de limiter la corrosion par les composés halogénés qu'il contient.

En Nouvelle-Calédonie, quelques milliers de m^3/h de méthane pourraient sans doute être récupérés et utilisés sur les grandes décharges (1 m^3 de méthane équivaut à 1 litre d'essence !) car un centre d'enfouissement de déchets récupère en moyenne 100 m^3 de méthane par tonne de déchets traités. La gestion optimisée énergétiquement des décharges fournirait une image écologique et un apport énergétique améliorés de la Nouvelle-Calédonie.

Quels sont les déchets qui peuvent être méthanisés ? Les déjections agricoles animales et végétales – résidus de culture et d'ensilage, effluents de laiteries, retraits des marchés, gazons, etc. Notons tout de même qu'en Nouvelle-Calédonie la centralisation vers un digesteur des excréments des bovins semble difficile car l'élevage est extensif. Les effluents des industries agro-alimentaires peuvent aussi être méthanisés ainsi que le fond des lacs et marais.

La méthanisation des boues des stations d'épuration urbaines ou industrielles permet d'éliminer les composés organiques liquides et de rendre la station plus ou moins autonome en énergie. Une installation moyenne produit environ un excès de 40 g de matière sèche par jour et par habitant. Leur quantité est réduite de 35 % et une tonne de ces déchets génère jusqu'à 175 m^3 de biogaz, soit l'équivalent énergétique de 190 litres d'essence. Les boues sont le plus souvent mises en décharge ou valorisées en agriculture par épandage ou compostage, quand il est autorisé ; mais elles pourraient aussi être digérées par des bactéries anaérobies pour produire du biogaz et le digestat être ensuite épandu sur les terres (éventuellement après compostage).

Le biogaz apporte une réponse énergétique et écologique au problème du traitement des déchets organiques. C'est également un biocarburant présentant de nombreux avantages en réduisant les émissions de gaz à effet de serre et en se substituant à d'autres énergies exogènes (fossile et nucléaire). Après une séparation du CO_2 du biogaz, ses utilisations sont identiques à celles du méthane. La combustion du biogaz issu de la méthanisation réduit de 20 fois l'émission des GES vis-à-vis des gaz issus de la fermentation.

Les biocarburants de première et deuxième générations

Le marché des biocarburants a connu une forte croissance dans le monde ces dernières années. Pour intensifier cette tendance, le Conseil européen a fixé une proportion minimale à respecter de 10 % de biocarburants dans la consommation totale d'essence et de gazole dans l'Union européenne d'ici à 2020. Une première génération de biocarburants est déjà opérationnelle, mais leurs rendements énergétiques sont controversés et ils sont en concurrence avec les utilisations alimentaires. Une seconde génération à base de valorisation énergétique du bois est à l'étude pour les décennies futures.

La publication, en janvier 2008, de la directive ENR maintient l'objectif d'incorporation de 10 % de biocarburants dans le pool carburant à horizon 2020. Elle introduit plusieurs critères permettant de qualifier la durabilité des biocarburants : ils doivent assurer une réduction des émissions de gaz à effet de serre de 35 % au moins par rapport aux équivalents fossiles ; ils ne doivent pas être produits à partir de terres de grande valeur sur le plan de la diversité biologique ni à partir de terres présentant un important stock de carbone, c'est-à-dire de zones humides ou de zones forestières continues.

Ces critères, assez contraignants, montrent la nécessité d'assurer un développement durable des biocarburants avant de considérer l'économie substantielle apportée en combustibles fossiles et en rejets de CO_2. Mais, avant de se lancer dans leur production, il faut s'assurer d'une filière d'approvisionnement continu en biomasse comprenant la plantation, la culture, l'exploitation, le conditionnement, le transport et la préparation de la ressource de biomasse, sachant que des volumes très importants sont mis en jeu.

Il faut aussi tenir compte des indicateurs d'impacts environnementaux. En effet, l'étape agricole des biocarburants s'accompagne de fuites de nitrates et de produits phytosanitaires dans les sols, et d'émissions d'oxydes d'azote dans l'air ; la phase industrielle provoque des rejets d'hexane lors de la trituration des graines ; enfin, la combustion rejette également des oxydes d'azote, du CO, des particules et des hydrocarbures imbrûlés. D'autres études montrent que globalement l'utilisation de biodiesel peut augmenter les émissions de NOx mais réduire celles de CO et de particules. De nombreuses réflexions sont actuellement menées pour quantifier au moyen d'analyses de cycles de vie (ACV) détaillées les rendements énergétiques, écologiques et économiques des biocarburants.

Enfin, Il faut aussi considérer la concurrence des usages entre des terres agricoles dédiées à la culture vivrière et celles qui sont dédiées à la production d'énergie : la demande d'énergie des pays industrialisés ne doit pas affamer l'autre moitié de la planète...

Les biocarburants de première génération

Déjà présents sur le marché, fabriqués au moyen de technologies matures, les biocarburants de première génération n'utilisent qu'une partie de la plante en valorisant soit l'amidon qu'elle contient, soit l'huile de sa graine. Deux filières classiques sont actuellement exploitées : la filière éthanol qui conduit à la production de bio-essence (éthyl tertio butyl éther, ETBE) et la filière gazole qui, à partir du traitement d'huiles végétales, produit du carburant pour moteur diesel (esters éthyliques d'huiles végétales, EEHV).

La fabrication de bioéthanol à partir de céréales ou de plantes amylacées en vue de la fabrication de biocarburants (ETBE) est techniquement envisageable en Nouvelle-Calédonie à condition que la disponibilité de la ressource agricole soit effective. Des unités de production de bioéthanol d'un volume de 6 m^3 existent sur le marché à des coûts modestes (échelle d'une grosse exploitation agricole ou d'un village). Le bioéthanol obtenu peut être directement mélangé à l'essence dans des proportions allant jusqu'à 20 % sans changer les réglages moteurs. Pour un pourcentage d'éthanol de 85 %, appelé en

Europe E85, le véhicule doit être équipé d'un système FlexFioul-Ethanol et le pays doit déployer une filière de distribution de ce biocarburant. Notons aussi que des procédés permettent de valoriser les effluents et coproduits de la fabrication de l'éthanol.

Les huiles végétales brutes (HVB), après purification, sont quelques fois utilisées comme carburants dans les moteurs diesel, mais la technologie et les performances des nouveaux moteurs s'accompagnent d'exigences qu'elles ne peuvent satisfaire. Aujourd'hui, on effectue une trans-estérification de ces dernières avec de l'alcool (généralement du méthanol) pour produire un ester méthylique (esters méthyliques d'huiles végétales, EMHV) qui peut alors être utilisé dans tous les moteurs diesel, soit en mélange dans le gazole à toutes concentrations, soit pur – ce qui permet de réduire la consommation de combustibles fossiles.

Dans le monde, l'huile de soja représente la production globale d'huiles végétales la plus importante, suivie par l'huile de palme ; viennent ensuite l'huile de colza, de tournesol, d'arachide, de noix de coco (coprah) et d'olive. Pour obtenir des HVB, le procédé comporte trois étapes : la trituration, l'extraction et le raffinage. On obtient alors une huile alimentaire. Les consommations énergétiques pour atteindre l'étape de raffinage sont de 150 MJ sous forme vapeur et de 10 kWh électrique.

Pour une utilisation dans un moteur, la forte viscosité de ces HVB agit sur la pulvérisation, leur faible volatilité augmente le temps d'auto-inflammation et les dépôts sur les parois de la chambre, et on observe des figeages à froid, toutes propriétés qui perturbent le fonctionnement du moteur diesel. Il faut également signaler leur dilution dans les huiles de lubrification, ce qui provoque une usure plus rapide du moteur. Si de telles huiles ont pu être utilisées directement dans les tracteurs ou groupes électrogènes, leur emploi dans les moteurs modernes devient de plus en plus critique.

L'emploi direct des EEHV dans les moteurs diesel n'entraîne pas les inconvénients liés à l'utilisation des HVB. Ces esters sont même bénéfiques pour la lubrification des gazoles à très basse teneur en soufre. Ils sont miscibles avec le gazole, mais leur pouvoir calorifique est légèrement inférieur, ce qui entraîne une consommation de 7 % plus élevée. Leur impact environnemental est positif avec généralement une baisse des émissions de CO, HC et des particules, mais une augmentation des NOx.

Ces résultats montrent le potentiel de production et d'utilisation des biocarburants en Nouvelle-Calédonie. Bien que plusieurs plantes cultivables sur l'île puissent être utilisées, le coprah peut être attractif, il a d'ailleurs déjà été exploité mais la filière, nécessiterait d'être relancée. Cette filière comprend la plantation, la culture (eau, intrants), la récolte, la transformation du fruit en biocarburants EMHV et son utilisation locale. Les dispositifs de prétraitement de l'huile et de trans-estérification sont commercialisés, les coûts d'équipement sont raisonnables (quelques milliers d'euros) et leur fonctionnement est simple.

En conclusion, du point de vue technique, les deux filières, ETBE et EMHV, pourraient être facilement déployées en Nouvelle-Calédonie. Pour chacune d'entre elles, l'équipement nécessaire est abordable financièrement et s'adapte aisément à des petites productions.

Les biocarburants de deuxième génération

Ce type de carburants est encore en phase d'étude avec plusieurs objectifs : la valorisation de la plante entière (graines et tiges), l'utilisation du bois et de déchets de bois et l'évaluation de leur concurrence avec les cultures vivrières.

La biomasse ligno-cellulosique provient aussi bien de déchets agricoles, forestiers ou des sous-produits de transformation du bois, que de cultures dédiées (plantes ligneuses ou herbacées). La transformation du bois génère une quantité importante de déchets valorisables sous forme d'énergie ou de matière première pour trituration, tout comme les déchets agricoles et forestiers secs qui fournissent également des quantités importantes de biomasse ligno-cellulosique. Quant à la culture dédiée, elle représente un gisement de ligno-cellulose important valorisable énergétiquement.

Comme pour les carburants de première génération, deux filières permettent de valoriser cette ressource ligno-cellulosique, une voie thermochimique (sèche) et une voie biologique (humide).

La conversion thermochimique de la biomasse ligno-cellulosique, qu'on appelle Biomasse to Liquid (BtL), est porteuse de réels enjeux dans le monde à l'horizon 2020. Il existe deux voies principales pour produire des produits valorisables énergétiquement : la pyrolyse et la gazéification. La première, qui est une étape de d'homogénéisation et donc de pré-conditionnement de la biomasse, présente le double avantage de découpler spatialement production et utilisation de la biomasse (l'unité de production est implantée près de la ressource) et d'orienter la réaction vers le liquide, le solide ou le gaz et, ainsi, de récupérer ou de concentrer des fractions indésirables dans une des phases.

La technologie est mature, mais manque actuellement de débouchés. En effet, les huiles de pyrolyse ne peuvent être utilisées que dans quelques moteurs spécialement conçus pour les groupes électrogènes et doivent être exclues pour une utilisation dans une turbine à gaz ou un moteur automobile.

L'opération la plus prometteuse est plutôt la gazéification des huiles et/ou du charbon végétal pour la production de gaz de synthèse convertis ensuite en méthanol ou hydrocarbures par synthèse Fischer Tropsch. La gazéification est la transformation thermochimique d'un combustible solide (charbon, biomasse) en présence d'un réactif gazeux (oxygène, vapeur d'eau, hydrogène). Son objectif est de convertir le solide en un mélange gazeux, appelé gaz de synthèse ou « syngas », qui peut être utilisé pour différentes applications : la combustion dans un moteur, la cogénération électricité-chaleur avec un rendement amélioré vis-à-vis de la combustion directe de la biomasse, et la synthèse de biocarburants.

C'est cette dernière application qui présente le plus d'intérêt car elle valorise tous les constituants de la biomasse ligno-cellulosique en biocarburants comme le méthanol, le diméthyléther (DME) ou les hydrocarbures obtenus par procédé Fischer Tropsch (le gazole ou le kérosène de synthèse). Mais ce procédé de gazéification en est encore au stade de pilote et est plutôt favorisé par l'effet d'échelle – ce qui n'est pas à l'avantage de la Nouvelle-Calédonie.

Reste la voie biochimique : si la production d'éthanol à partir du saccharose des plantes sucrières ou de l'amidon des plantes amylacées est un procédé mature, celle qui se fait à partir des matières ligno-cellulosiques se heurte à deux verrous – l'hydrolyse de la cellulose en sucres fermentescibles et la conversion des pentoses issus des hémicelluloses en éthanol. En effet, la lignine ne pouvant être fermentée en éthanol, la matrice ligno-cellulosique doit être prétraitée pour rendre la cellulose et l'hémicellulose hydrolysables afin d'obtenir des sources potentielles de sucres fermentescibles. Enfin, la matière première ainsi traitée peut être séparée du moût de fermentation éthanolique pour obtenir de l'éthanol qui peut être mélangé à l'essence jusqu'à des proportions importantes de 85 % (E85).

L'utilisation de la biomasse ligno-cellulosique pour la production d'éthanol carburant présente de multiples avantages du point de vue environnemental : son bilan CO_2 est meilleur que pour les plantes sucrières ou amylacées et la valorisation des déchets de la plante entière n'entre pas en concurrence avec les cultures vivrières. Des schémas de procédés existent, mais de nombreux verrous subsistent qui nécessitent de réaliser des progrès en enzymologie de la cellulose et en physiologie des levures. L'avenir de cette filière repose essentiellement sur le développement des biotechnologies avec, comme sous-jacent, celui de plantes génétiquement modifiées.

La valorisation énergétique des algues

Au cours de leur évolution, les micro-organismes photosynthétiques se sont adaptés à des conditions environnementales très diverses. On en trouve d'ailleurs à peu près partout dans le monde, dans les océans, en eau douce ou dans les eaux saumâtres, et ce à toutes les températures, y compris extrêmes. Cette acclimatation à des milieux très différents explique l'étendue taxonomique de ce groupe d'êtres photosynthétiques qui comporte de nos jours, selon les estimations, entre 20 000 et 40 000 espèces différentes, rien que pour les micro-algues et cyanobactéries. Pourtant, cette bioressource reste largement sous-exploitée, du fait notamment de l'intérêt relativement récent du monde scientifique pour ces micro-organismes.

Leur intérêt est double : elles peuvent constituer un puits de CO_2 et être une source de combustible. Alors que les bactéries appartiennent au règne animal, les micro-algues et cyanobactéries sont des cellules végétales et leur croissance est donc basée sur le même principe que celle, par photosynthèse, des plantes supérieures. Elles ont par conséquent la capacité de se développer sur milieu entièrement minéral, en milieu aqueux, la lumière leur permettant alors de croître par absorption des minéraux nécessaires et du carbone inorganique environnant.

Les procédés de culture des algues : les photobioréacteurs (PBR)

On appelle photobioréacteur les procédés dédiés aux micro-organismes photosynthétiques et donc aux micro-algues. La particularité de ces systèmes réside dans la nécessité de fournir de l'énergie lumineuse en plus des conditions générales de culture. En effet, contrairement aux substrats usuels que l'on ajoute au milieu, les sources de lumière sont forcément extérieures à la culture. Les besoins en énergie lumineuse des micro-organismes photosynthétiques (ou phototrophes) sont très importants : c'est là une limitation importante du rendement des réacteurs puisque la lumière est absorbée par les algues en surface et ne peut pénétrer et agir en profondeur.

La conception la plus simple consiste à cultiver les micro-organismes phototrophes en bassin ouvert (lagunes, circuits en boucle dits *raceways*, canaux en forme de méandres). Aujourd'hui, une grande partie de la production vient de ces systèmes extensifs (5 000 à 6 000 tonnes par an de matière sèche). En utilisant des géométries adéquates, il est possible de tendre vers des optimums de conversion par photosynthèse de l'énergie lumineuse reçue en biomasse : on peut ainsi atteindre une production de 100 tonnes/ha/an de matière sèche avec un système captant directement l'énergie solaire.

En comparaison des végétaux supérieurs, les micro-algues ont des capacités intrinsèques qui les positionnent favorablement dans nombre d'applications. Comme principaux atouts, on retiendra leur vitesse de croissance élevée (doublement d'une population en quelques heures), leur grande diversité (due à leur longue évolution : 3,7 milliards d'années) et leur plasticité métabolique qui permet, par imposition de conditions adéquates, de forcer le micro-organisme à une production d'un métabolite donné.

Capables de synthétiser la plupart des éléments organiques essentiels comme les protéines, les sucres et les lipides, les micro-algues et cyanobactéries présentent une biochimie très variée en comparaison d'autres micro-organismes. C'est d'ailleurs l'identification de métabolites particuliers qui a fortement encouragé la recherche, et notamment sur les molécules prisées des industries, comme les pigments, les polysaccharides ou divers composés biologiquement actifs. Les applications possibles se sont alors révélées dans des domaines aussi variés que l'alimentation, la pharmacologie ou la cosmétologie. Le choix de souches adaptées et leur mise en culture dans des systèmes adéquats devraient permettre de répondre à de grands enjeux agro-alimentaires, de production d'énergie, de dépollution d'effluents et de recyclage de l'eau.

Selon l'espèce et les conditions appliquées, il est possible de produire de l'hydrogène par biophotolyse de l'eau, de la biomasse végétale riche en lipides à vocation énergétique (biodiesel) ou en sucres utilisables pour l'obtention de méthane ou d'hydrogène par gazéification ou fermentation. De plus, la croissance photosynthétique impose la fourniture de carbone inorganique (puits à CO_2), et le fonctionnement en milieu aqueux permet une gestion maîtrisée des apports en sels minéraux. Tous ces avantages font que les micro-organismes photosynthétiques sont souvent envisagés comme une source bioénergétique d'avenir, renouvelable et respectueuse de l'environnement.

Les algues comme puits de carbone

Pour atteindre un rendement optimal les algues ont besoin de CO_2 en grande quantité dans les bassins ou les bioréacteurs. Ces derniers doivent donc être couplés à des centrales thermiques classiques productrices d'électricité et qui rejettent du CO_2 avec une teneur moyenne de 13 %. Le CO_2 est mis à barboter dans les bassins et est assimilé par les algues. Il s'agit donc d'une technologie permettant d'augmenter le rendement de la photosynthèse et de traiter les eaux usées. C'est en ce sens qu'elles constituent une avancée dans le domaine environnemental.

Par exemple, la centrale de Prony comportant 2 tranches de 40 $MW_{electrique}$, soit 240 $MW_{thermique}$, rejette 4 500 tCO_2/jour. Si l'on considère que nous puissions disposer de PBR actuels et solaires, il faudrait pour absorber le CO_2 produit une surface de captage du soleil de 2,5*4 500 = 11 250 ha et un volume de $11{,}10^6\ m^3$, soit une masse d'algues produite de 5 625 tonnes pour un flux incident de 100 W/m^2. Si la recherche mettait au point des PBR avec distribution interne de lumière de façon à atteindre le rendement thermodynamique maximum, la masse d'algues formée resterait de l'ordre de 5 400 t/jour. Il faudrait, pour cet optimum, tout de même fournir l'énergie pour filtrer 360 000 m^3 d'eau par jour !

On pourra se reporter également au paragraphe intitulé « La séparation biologique du CO_2 par les algues ou enzymes » dans « Les émissions et les réductions d'émissions de gaz à effet de serre en Nouvelle-Calédonie ».

Les algues source de triglycérides

Ces micro-organismes ont aussi des avantages sur les espèces oléagineuses terrestres : ils peuvent accumuler jusqu'à 50 % de leur poids sec en acides gras, d'où la possibilité d'obtenir des rendements à l'hectare supérieurs d'un facteur 30 aux espèces oléagineuses terrestres. La culture de micro-algues en serre à grande échelle n'a pas besoin d'apport de produits phytosanitaires et permet de maîtriser le cycle de l'azote et du phosphore en contrôlant le recyclage des éléments nutritifs.

Dans l'exemple de la centrale de Prony : le captage des deux tranches pourrait produire 6 300 t de matière sèche par jour soit 4 400 t/acides gras par jour (~70 % de triglycéride). Une transestérification de ces huiles fournirait alors environ 4 400 t de biodiesel/jour. Autrement dit, dix jours de production/an suffiraient à couvrir la consommation en diesel de la Nouvelle-Calédonie ! Rappelons tout de même que cela nécessiterait d'avoir un réacteur optimisé (actuellement théorique), de l'énergie pour le pompage, que le processus soit validé sur des pilotes, etc. Il s'agit donc là d'une recherche et, *a fortiori*, d'un déploiement à très long terme (on dit d'ailleurs parfois que les algues sont des biocarburants de troisième génération).

Les algues pour produire du biohydrogène

Dans une optique d'énergie durable, nul doute que l'hydrogène devrait à l'avenir être promu comme nouveau vecteur d'énergie : il trouvera de nouvelles applications dans les domaines du résidentiel et des transports, via une transformation en électricité et en chaleur dans les piles à combustibles ou les turbines à gaz avec cycle combiné.

Les algues vertes unicellulaires, micro-algues ou bactéries, possèdent la propriété unique de produire de l'hydrogène à partir d'énergie solaire et d'eau : c'est une enzyme, l'hydrogénase, qui est au cœur de ces processus. On peut donc développer des procédés de photobioproduction d'hydrogène non-générateurs de gaz à effet de serre, basés sur la domestication des processus naturels de production d'hydrogène. Mais là encore, les procédés ne sont pas matures et exigent des développements importants avant déploiement.

Les technologies de production d'électricité

L'électricité constitue une forme d'énergie particulièrement facile à transformer et à contrôler, mais elle est souvent aussi plus coûteuse au plan économique et environnemental. C'est la raison pour laquelle, répétons-le, la maîtrise de sa consommation doit être la première priorité avant le développement de nouveaux moyens de production.

Notons que si l'on observe les évolutions récentes en matière de développement de nouvelles installations de production d'électricité, celles qui exploitent les ressources renouvelables (photovoltaïques et éoliennes principalement) détiennent les records de croissance relative.

Les procédés de combustion et de conversion

Plusieurs technologies permettent de produire de l'électricité, par exemple : la conversion des photons de la lumière par effet photoélectrique, celle de la chaleur par effet thermoélectrique, et la conversion par transfert d'électrons lors d'une réaction chimique ou mécanique au moyen d'un générateur ou d'un alternateur. C'est ce dernier procédé qui est actuellement le plus utilisé par les centrales thermiques ou nucléaires de grande puissance.

Une centrale thermique produit de l'électricité à partir d'une source de chaleur provenant de la combustion d'un hydrocarbure gazeux ou liquide, du charbon, de la biomasse, de déchets industriels ou ménagers. Le dégagement de chaleur produit lors de la combustion chauffe un fluide, généralement de l'eau, qui passe ainsi de l'état liquide à l'état de vapeur. Celle-ci entraîne, lors d'un cycle thermodynamique, une turbine couplée à un alternateur qui transforme l'énergie mécanique en énergie électrique. Pour entraîner la turbine à vapeur, on provoque une chute de pression entre son entrée et sa sortie, en condensant en aval le fluide à l'état gazeux à l'aide d'une source froide. Le fluide condensé est en général réutilisé comme source de vapeur (cycle de Rankine).

Les turbines à gaz (TAG) ou turbines à combustion

Une turbine à gaz (TAG), ou turbine à combustion, est une machine tournante thermodynamique appartenant à la famille des moteurs à combustion interne. Son rôle est de produire de l'énergie mécanique à partir de l'énergie contenue dans un hydrocarbure et de la transférer à un générateur ou un alternateur.

Le rendement théorique d'une TAG croît avec le taux de compression et la température de combustion. Son rendement faible (25 à 35 %) est dû au fait que l'énergie fournie par le combustible est détournée par le compresseur ou perdue sous forme de chaleur dans les gaz d'échappement. Le rendement est amélioré en augmentant la température dans la chambre de combustion (plus de 1 200 °C), mais on se heurte à des problèmes de la tenue en température des matériaux utilisés pour la réalisation de la partie turbine. Des systèmes de refroidissement au moyen de multi-perforations sont alors mis en place dans les parois de la chambre et des aubes en alliage réfractaire à base de nickel.

Les turbines à gaz (TAG) à cycles combinés

L'expression « cycle combiné » caractérise une production d'énergie ou une centrale utilisant plus d'un cycle thermodynamique. Les TAG transforment une partie de l'énergie fournie par la combustion en travail moteur qui est convertie en électricité au moyen d'un générateur ou d'un alternateur. Le rendement est généralement de l'ordre de 25 à 30 %. C'est en récupérant la chaleur des gaz d'échappement que le rendement global de la machine peut alors dépasser 50 %. On utilise pour cela la chaleur des gaz d'échappement (plus de 600 degrés) pour produire de la vapeur dans une chaudière qui alimente une turbine à vapeur entraînant un second générateur électrique. On peut aussi augmenter le rendement de la turbine en réchauffant les gaz en sortie des étages de compression (avant les chambres de combustion), en les faisant passer dans un échangeur situé dans le flux des gaz d'échappement.

Les centrales thermiques à flammes

Les centrales thermiques à flammes stabilisent une combustion dans une chaudière au moyen de brûleurs à flamme de diffusion. Des jets de combustibles gazeux, liquides ou solides sont injectés au nez du brûleur à proximité de jets d'air ou d'oxygène. La combustion se stabilise dans la zone de mélange combustible/comburant. Ce procédé est sûr car il n'y a pas de formation de mélanges des réactifs avant le foyer, mais il permet mal de contrôler la zone de réaction et de formation des polluants. Ce type de centrale est tout de même le plus répandu dans le monde et permet de disposer d'unités de très grande puissance.

Les chaudières à lit fixe, lit fluidisé et lit fixe circulant (LFC)

Les chaudières à lit fixe établissent la combustion au sein d'une couche de particules combustible qui reste stationnaire quand le fluide (oxydant : air, oxygène) la traverse et réagit au sein du lit. Les réacteurs à lit fluidisé, quant à eux, sont constitués d'un ensemble de particules solides (charbon ou biomasse) traversé de bas en haut par un fluide dont le débit est tel que le frottement du fluide sur les grains équilibre leur poids. Au-delà d'un certain débit de fluide, on assiste à l'entraînement du lit. Le solide peut être séparé du fluide en tête de colonne par un cyclone et recyclé à la base : c'est le lit fluidisé circulant (LFC) qui reste relativement dense avec de nombreuses interactions gaz-solide.

C'est ce type de chaudière qui est prévu par la SLN pour la nouvelle centrale de Doniambo (cf. dans « La maîtrise de l'énergie : un enjeu majeur pour le développement durable de la Nouvelle-Calédonie et sa sécurité énergétique » le paragraphe p. 90 sur « Les points forts de l'efficacité énergétique sur le site de la SLN » dans lequel ont été décrits les avantages du LFC).

Les chaudières super et hypercritiques

Pour accroître le rendement du cycle thermodynamique du système qui peut passer de l'ordre de 35 % à près de 50 %, la vapeur d'eau doit être portée à haute température et haute pression dans la chaudière. On parlera d'un fonctionnement avec de l'eau dans des conditions super-critiques (Tc = 376 °C et Pc = 221 bar) ou même hyper critiques (Tc = 700-720 °C et Pc = 350 bar). Pour cela, il faut réaliser des tuyauteries et une turbine à vapeur en alliage à base de nickel. Le coût de telles installations est donc très élevé et ne s'adapte qu'à des unités de puissance supérieure à 400 $MW_{electrique}$.

La cogénération et la tri-génération

Pour accroître le rendement énergétique global de production d'électricité, la chaleur fatale de la chaudière ou d'une TAG est valorisée par sa distribution au travers d'un réseau industriel ou domestique de vapeur et de chaleur : c'est la cogénération électricité/chaleur ou même tri-génération électricité/chaleur/froid.

Les centrales IGCC (Integrated Gasification Combined Cycle)

Une unité de gazéification intégrée avec cycle combiné ou IGCC est une centrale thermique fonctionnant avec du gaz de synthèse *syngas*. Ce gaz est souvent utilisé pour actionner une turbine à gaz dont la chaleur des effluents est ensuite valorisée par une turbine à vapeur (TAG à cycle combiné). La technologie IGCC consiste à transformer du charbon ou de la biomasse, lors d'une gazéification en gaz de synthèse composé d'un mélange de CO et d'hydrogène. Les impuretés du combustible sont ainsi retirées avant la phase de combustion, d'où des rejets limités de polluants comme le dioxyde de soufre, les particules et les métaux. Le rendement global est également amélioré par rapport à une unité conventionnelle à charbon pulvérisé.

Ce type de procédé IGCC est dit « intégré » car les gaz de synthèse sont produits par une unité de gazéification qui est optimisée par un cycle combiné. Pour améliorer le rendement global du procédé, les chaleurs provenant des fumées de la TAG et du réacteur de gazéification sont valorisées par une chaudière et une turbine à vapeur qui produit à son tour de l'électricité additionnelle. La gazéification et la combustion de l'hydrogène font de ce système un procédé possédant une empreinte environnementale minimum et un rendement énergétique optimisé grâce au cycle combiné.

Les moteurs à combustion interne

On peut également produire de l'électricité en site délocalisé ou avec des groupes électrogènes lorsque le réseau est arrêté. Ceux-ci se composent d'un moteur voisin de celui d'une automobile couplé à un générateur ou un alternateur. Mais le rendement est en général assez faible. En revanche, ce système devient performant avec la combustion de biogaz issu de fermenteurs ou de décharges (cette utilisation permet d'ailleurs d'acquérir des crédits de CO_2).

Conclusion :
le potentiel d'application de ces technologies à la Nouvelle-Calédonie

À priori, toutes les techniques de production industrielle d'électricité par conversion chimique de l'énergie peuvent être introduites en Nouvelle-Calédonie, les critères de choix ainsi que les limites techniques d'utilisation étant ceux de la puissance recherchée, du combustible, de la valorisation de la biomasse et du procédé de combustion.

L'analyse technologique désigne ainsi les meilleurs choix économiques à opérer pour la Nouvelle-Calédonie :

- Une centrale thermique à charbon à flamme, la moins chère à l'achat. Par contre, ce procédé rejette du SOx et du NOx si elle n'est pas équipée d'unités de dépollution. L'emploi de lignite limite les émissions de SOx, mais les rejets de tCO_2/kWh sont plus importants et le fonctionnement moins optimal. C'est ce procédé qui a été choisi pour la centrale de Prony.

- Une chaudière à lit fluidisé circulant, ce système présentant le meilleur potentiel pour la Nouvelle-Calédonie. C'est ce choix qui a été retenu pour les futures centrales de Doniambo et Koniambo.

Les centrales hydroélectriques

Les technologies de production d'électricité à partir des ressources hydrauliques sont relativement matures et bien que nous ne puissions pas les qualifier de nouvelles, nous proposons une courte synthèse, notamment pour mettre en évidence les évolutions récentes. En France, on qualifie de petites centrales hydroélectriques, celles dont la puissance est comprise entre 2 et 10 MW, de minicentrales, celles de 500 kW à 2 MW, de microcentrales, celles de 20 à 500 kW et de picocentrales, celles de moins de 20 kW. La productivité des centrales hydroélectriques dépend directement de l'hydraulicité des cours d'eau dans le cas des usines au fil de l'eau et, dans une moindre mesure, lorsqu'il existe un barrage de retenue qui offre alors une capacité de stockage permettant de mieux répondre à la demande et de fortement contribuer à la stabilisation du réseau. Le barrage de Yaté, qui exploite un lac artificiel, offre une capacité de plus de 300 millions de m^3 et une très importante quantité d'énergie stockée (environ 100 GWh, soit 5 % de la consommation annuelle 2008). Sa puissance est de 68 MW (4 groupes) avec une productivité annuelle d'environ 5 000 h (+/- 20 % selon les années) équivalentes à pleine puissance. Précisons également qu'il est possible d'alimenter un microréseau (en site isolé) avec un système hydroélectrique, généralement sans recours à un stockage électrochimique, si la régularité du cours d'eau est suffisante. Différents dispositifs de régulation existent et permettent de stabiliser tension et fréquence pour offrir une qualité de service satisfaisante avec une bonne fiabilité.

En grandes ou petites puissances, des hauteurs de chutes les plus grandes aux plus faibles, les turbines utilisées sont respectivement de type Pelton, Francis et Kaplan. Pour les petites machines, il existe quelques technologies spécifiques comme les turbines Banki (roues à aubes). Les rendements de conversion sont très élevés (généralement supérieurs à 90 %) et d'autant plus que les puissances nominales sont élevées. Les génératrices électriques utilisées en grande puissance (au-delà de quelques MW) sont quasiment exclusivement de type synchrone à excitation bobinée, ce qui leur permet de participer au réglage de tension par action sur le courant inducteur. En situation raccordée au réseau, pour les puissances inférieures à quelques MW, on utilise plutôt pour des génératrices asynchrones à cage qui permettent une réduction des coûts aux dépens de la possibilité de participer au réglage de tension. Des génératrices à aimants permanents, plus compactes, permettent de réduire les coûts de génie civil, mais toujours sans possibilité de réglage. L'introduction de la vitesse variable, qui permet à la fois d'accroître la productivité lorsque les débits et hauteurs de chute sont variables et de participer au réglage de tension, peine encore à se développer, mais la technologie existe.

Les éoliennes

Un seul constructeur propose des éoliennes conçues pour les régions cycloniques et pour les zones peu accessibles, il s'agit de Vergnet SA. Ses machines sont rabattables avec un système de haubans et de treuil automatique et permettent, en cas d'annonce de cyclone, de se protéger de la destruction. En outre, elles sont constituées de pièces de taille et de masse raisonnables aisément transportables dans les zones peu accessibles et ne nécessitant pas de grues de grande taille.

Plus d'une centaine de machines de ce type sont actuellement en service en Nouvelle-Calédonie avec des puissances unitaires de l'ordre de 250 kW. La dernière génération est sensiblement différente, elle dispose d'une nacelle qui peut descendre le long du mât : c'est le modèle retenu pour la ferme de Yaté qui devrait être mise en service entre 2010 et 2012 avec 35 unités pour une productivité annuelle de 60 GWh.

Le coût installé de ces machines est élevé, soit environ 2,3 à 2,5 €/W, c'est-à-dire près du double des installations européennes. Ce surcoût est justifié par les originalités de la technologie, l'éloignement et, peut-être, par l'absence de concurrence. Le seul fabricant alternatif est Vestas qui, de 1996 à 1999, a installé 20 machines de 225 kW au Negandi. Elles ont été détruites par le cyclone Erica, en mars 2003, et 15 d'entre elles ont été remplacées, mais il semble que Vestas ne veuille plus s'impliquer dans la construction de nouvelles fermes éoliennes en Nouvelle-Calédonie.

La productivité des machines Vergnet a subi quelques revers, liés semble-t-il à une maintenance insuffisante. La création de Vergnet Pacific et les nouveaux modes tarifaires devraient résoudre ces problèmes temporaires. Avec un fonctionnement normal, les machines Vergnet doivent produire environ 1 600 à 1 900 h annuelles selon les sites et les années, ce qui signifie que 1 MW éolien produit entre 1,6 et 1,9 GWh par an.

Notons enfin qu'il existe sans doute un potentiel éolien *off shore* important mais que les technologies actuelles sont sans doute mal adaptées aux zones cycloniques. Il faut toutefois garder à l'esprit que des technologies *off shore* flottantes commencent à être testées et que, d'ici quelques années, elles pourraient présenter un intérêt grâce à leur plus grande souplesse face aux vents violents.

Les houlogénérateurs

Résultante de l'effet du vent sur les surfaces marines, l'énergie des vagues représente une ressource considérable et pourrait satisfaire un certain pourcentage de la consommation mondiale d'électricité à l'horizon de quelques décennies. La ressource houlomotrice brute est quantifiée en kiloWatts par mètre de front de vague, avec des ordres de grandeurs compris entre 10 et 100 kW/m (Cap Horn). Il faut cependant considérer le rendement de conversion assez faible des systèmes de récupération actuels, de l'ordre de 10 % sur les moyennes annuelles.

La profondeur des fonds marins joue également un rôle important dans le sens où de faibles profondeurs favorisent la dissipation énergétique. Ainsi, en arrivant sur les côtes, la houle a généralement perdu une grande partie de son potentiel énergétique.

Un champ de vagues est composé d'ondes multiples qui ne se propagent pas toutes dans la même direction. Pour caractériser la houle aléatoire, une façon simple est donc de se limiter à deux paramètres : une hauteur crête à creux notée Hs accompagnée d'une période Tp, ces deux paramètres permettant de représenter un *état de mer* aléatoire en se référant à un modèle standard de répartition spectrale de l'énergie (Tp est alors la période du pic spectral).

Outre le fait que la houle ondule à basse fréquence et engendre des fluctuations de puissance instantanée, la puissance moyenne de la ressource fluctue considérablement en fonction de l'état de mer. La puissance récupérable dépend ensuite de la largeur de houle captée et de l'efficacité du dispositif de conversion. Les houlogénérateurs ont souvent un comportement relativement accordé pour un type de houle donné et, même si un contrôle avancé permet d'optimiser l'extraction de puissance dans des conditions variées, leurs caractéristiques de puissance de sortie ne sont pas vraiment proportionnelles à Hs2.Tp (puissance brute issue de la loi théorique).

Les houlogénérateurs peuvent être situés sur la côte (*shoreline*), en mer au voisinage des côtes (*nearshore*) avec des fonds inférieurs à 50 m pour permettre un ancrage, ou encore au large (*off shore*).

Le coût d'investissement des houlogénérateurs proches de la maturité est estimé aujourd'hui dans une fourchette 1 à 3 €/W et les coûts de production, dépendant bien sûr de la technologie et des conditions locales, pourraient passer d'ici quelques décennies de quelques 10 c€/kWh à quelques c€/kWh. Ils pourraient aussi profiter du développement des éoliennes *off shore* et, notamment, des infrastructures de transport de l'électricité à terre.

Depuis les années 1970, de très nombreux dispositifs ont été imaginés, brevetés et/ou testés, dont on retiendra ici la classification simplifiée suivante.

■ *Les houlogénérateurs à rampe de déferlement* : dans cette famille de générateurs conçus initialement pour exploiter les caractéristiques de sites côtiers, on trouve un système flottant, le Wave Dragon, avec une hauteur de flottaison ajustable en fonction des caractéristiques de la houle. L'eau de mer déferle sur une rampe, franchit son seuil et remplit un réservoir situé derrière, elle est ensuite turbinée à « basse chute » pour retourner à la mer. Ces systèmes présentent l'avantage de lisser la puissance et d'obtenir une production relativement régulière, en tout cas, qui ne fluctue pas au rythme des vagues.

■ *Les houlogénérateurs à colonne d'eau oscillante* : c'est peut-être l'un des principes les plus utilisés, il est d'ailleurs emprunté à la nature où les « trous de souffleur » présents dans les côtes rocheuses mettent bien en évidence les flux et reflux d'air piégé dans une cavité soumise aux fluctuations des vagues. Les systèmes sont placés sur les côtes ou sur des machines flottantes, une cavité ouverte à l'action des vagues par une embouchure submergée voit sa surface libre interne osciller comme un piston liquide. L'air de la cavité est alors alternativement expulsé puis admis par une canalisation de sortie vers l'atmosphère. Une turbine, dont le sens de rotation ne change pas en fonction du sens de circulation de l'air, est placée dans la canalisation. La turbine entraîne un alternateur qui produit ainsi de l'énergie en continu. Parmi les systèmes non flottants, citons la colonne Kvaerner (Norvège) et le projet-pilote européen Pico, du nom de l'île des Açores au Portugal. Il existe également des systèmes flottants à colonne d'eau oscillante permettant d'accéder à une plus grande variété de sites, comme le Sperboy (UK).

■ *Les houlogénérateurs à corps mus par la houle*. Cette catégorie regroupe une très grande diversité de principes et de systèmes, dont le Power Buoy (Ocean Power Technologies, Inc., États-Unis), le Searev (Système électrique autonome de récupération de l'énergie des vagues, projet porté par l'École Centrale de Nantes), le Ceto Cylindrical Energy Transfer Oscillator (projet australien de Carnegie Corp. dans lequel EDF Énergies nouvelles est impliqué) et le système Anaconda de la société anglaise Checkmate. Mais le plus connu est sans conteste le Pelamis, grand serpent articulé et aujourd'hui l'un des houlogénérateurs les plus matures sur le plan industriel.

Cette forme générale lui permet de supporter des houles relativement variées et de bien exploiter leur énergie. Il présente l'avantage de lisser une énergie naturellement fluctuante. Sa durée de vie envisagée est de 20 ans et sa puissance électrique maximale est de 750 kW. Trois unités P750 ont été installées en 2008 à 5 km des côtes du Portugal pour former une ferme houlogénératrice expérimentale de 2,2 MW pour un montant de 8 M€. Dans le principe, une superficie de 1 km^2 permet d'installer une capacité de production de 8 à 30 MW. Comme dans les fermes éoliennes *off shore*, les unités, espacées d'environ 150 m, sont organisées en clusters.

Les générateurs photovoltaïques

Le principe de la production d'électricité photovoltaïque (PV) exploite la conversion directe de la lumière en électricité. L'absence totale de mouvements mécaniques permet de réaliser des technologies particulièrement fiables et totalement silencieuses, bien adaptées à l'intégration aux bâtiments. Aujourd'hui, le marché de la production PV au fil du soleil (raccordé au réseau sans stockage) est massivement dominant avec des taux de croissance très élevés (plus de 50 % annuels).

Les technologies photovoltaïques les plus matures sont à base de silicium polycristallin et monocristallin (rendement légèrement meilleur : environ 17 %), voire de silicium amorphe (bas coût et plus faible rendement). Des technologies plus marginales existent et permettent notamment d'accroître les rendements grâce à des cellules multi-spectrales qui élargissent le spectre de sensibilité. Les limites théoriques sont de l'ordre de 86 % et les meilleurs résultats expérimentaux actuels frôlent les 37 % avec une structure triple du type InGaP/GaAs/Ge. Des technologies couches minces, comme celle à base de séléniure de cuivre indium (CIS), ainsi que les matériaux organiques permettent d'envisager de meilleures performances de coût mais elles peinent encore à émerger et/ou ont encore des durées de vie insuffisantes (cas des organiques). Enfin, il existe des structures à concentration dont les rendements sont accrus à haute intensité du rayonnement mais qui nécessitent des systèmes optiques pénalisants en termes de coût et de fiabilité (salissures).

La production électrique photovoltaïque est sensiblement proportionnelle à l'intensité du rayonnement solaire et est sensible à la température, c'est pourquoi il est préférable de prévoir une ventilation naturelle des panneaux, notamment de la face arrière. La production PV fluctue donc directement avec les variations naturelles d'ensoleillement. En cas de développement massif des systèmes PV raccordés au réseau, leur production engendrerait les mêmes difficultés que l'éolien, nécessitant de nouveaux modes de gestion du réseau ainsi que le développement de systèmes de stockage.

En Nouvelle-Calédonie, la productivité PV annuelle effective est de l'ordre de 1 500 h équivalentes à pleine puissance, ce qui diminue les coûts de revient de cette électricité par rapport aux régions moins ensoleillées comme l'Europe du Nord.

Les centrales solaires thermodynamiques à concentration (CSP, Concentrated Solar Power)

Les centrales solaires thermodynamiques (ou héliothermodynamiques) à concentration exploitent le rayonnement direct du soleil, il convient donc de s'assurer qu'il est suffisant pour envisager une rentabilité économique de ces procédés. Le seuil de rentabilité admis est de 1 800 kWh/m^2/an. Il existe différentes technologies de centrales solaires à concentration.

- *Les centrales à tour (Solar Tower)* : les miroirs orientables selon deux axes focalisent le rayonnement solaire vers une tour où l'on réchauffe un fluide caloporteur (sels fondus) pour produire ensuite de la vapeur, la turbiner et produire de l'électricité avec un classique alternateur. La possibilité de stocker la chaleur permet de lisser les effets des passages nuageux, voire les alternances jour/nuit, et de mieux optimiser le dimensionnement de la turbine à vapeur.

- *Les centrales à miroirs de type auges cylindro-paraboliques (Parabolic Trough)* : cette technologie consiste à utiliser des miroirs en forme d'auges orientables en rotation selon un seul axe, et focalisant le rayonnement solaire sur une ligne sur laquelle se trouve un tube parcouru par le fluide caloporteur. La suite est identique à celle des centrales à tour. Cette technologie est exploitée depuis les années 1980 en Californie (désert de Mojave) et d'autres réalisations sont programmées dans le monde.

■ Les centrales à miroirs de Fresnel linéaires (Linear Fresnel) : même principe que les précédentes, mais avec des miroirs plans articulés pour obtenir une focalisation du rayonnement solaire vers le tube à moindre coût et avec un rendement légèrement plus faible (besoin de plus d'espace).

■ Les unités à miroir parabolique focalisant le rayonnement sur la source chaude d'un moteur Stirling (fonctionnement sans combustion). Cette technologie, à priori plus chère que les précédentes a déjà fait l'objet d'une évaluation/proposition pour la Nouvelle-Calédonie en 2002 par la société australienne Solar Systems Corp[15].

Les convertisseurs exploitant l'énergie thermique des mers (Otec, Ocean Thermal Energy Converter)

Les océans et les mers constituent un immense capteur du rayonnement solaire qui stocke et transfère de gigantesques quantités de chaleur, contribuant ainsi significativement aux équilibrages thermiques de la planète. On peut envisager d'exploiter une part de ce gisement d'énergie dans les zones où il existe des écarts de température suffisamment élevés pour envisager de faire fonctionner des machines thermodynamiques au meilleur coût. C'est dans les zones équatoriales et tropicales que l'on trouve des gradients de température suffisants : sans disposer de conditions exceptionnelles, la Nouvelle-Calédonie semble assez bien dotée.

La ressource brute de l'énergie solaire captée annuellement par les océans est énorme, de l'ordre de 400 000 TWh, mais seule une infime partie est accessible et il est indispensable de ne pas puiser massivement dans ce cycle naturel qui joue un rôle crucial dans la stabilité climatique. En considérant le débit global de l'ensemble des courants froids en profondeur, le fait que les machines thermodynamiques envisageables nécessitent un débit d'eau froide très élevé et de faibles rendements de conversion (principalement dus au faible écart de température entre sources chaude et froide), on atteint un potentiel mondial annuel renouvelable maximal de 80 000 TWh.

Parmi les projets envisagés, citons la centrale Otec (Ocean Thermal Energy Converter) d'Hawaï, mise en service en 1979, qui produit 18 kW électriques durant sensiblement 8 000 h par an, selon les arrêts de maintenance. Le

[15] http://www.solarsystems.com.au/

principe des dispositifs Otec est fondé sur une machine à turbine utilisant la détente d'un fluide évaporé sous l'effet d'une source chaude (température des eaux de surface : 26 à 30 °C) puis condensé grâce à une source froide (température des eaux profondes pompées et ramenées au niveau de la machinerie). Il est donc nécessaire de pomper à des profondeurs de l'ordre de 800 à 1 000 m pour disposer d'un écart de température le plus élevé possible sans toutefois dépenser une quantité d'énergie excessive pour le pompage.

En outre, il faut des débits considérables d'eau chaude et d'eau froide, de l'ordre de 2 à 3 m^3/s par MWe. Les pertes de pompage associées (d'eau chaude comme d'eau froide) sont d'autant plus faibles que les pertes de charge dues à l'écoulement dans les tuyaux sont réduites. Il est donc essentiel, tout particulièrement pour la longue canalisation d'eau froide, de disposer d'un diamètre de conduite suffisamment élevé. Il résulte de tout cela un rendement net de production d'électricité d'environ 2,5 à 3 %. Jusqu'à maintenant, l'un des principaux freins au développement des technologies Otec, hormis leur manque de maturité et les difficultés techniques, comme la résistance du tuyau de grande longueur, est le coût d'investissement qui reste très élevé (4 à 12 €/W pour des unités de 100 MW, selon la distance de la côte).

Les centrales Otec peuvent être construites sur la côte, ce qui simplifie les problèmes de transport d'électricité, mais accroît le coût du pompage car il faut augmenter la longueur des conduites, notamment celle d'eau froide. Cela se révèle même techniquement infaisable si la profondeur ne décroît pas suffisamment vite au voisinage de la côte. Dans les autres cas, l'usine de conversion doit être construite sur une barge.

Le récupérateur de l'énergie cinétique des courants marins

La récupération de l'énergie marémotrice peut se faire à partir de la variation du niveau de la mer et de l'exploitation via un barrage, ou par l'exploitation directe des courants par des turbines placées dans le flux, comme des éoliennes sous-marines, appelées aussi hydroliennes. L'un des avantages des marées est leur grande prédictibilité qui facilite la planification et permet de mieux insérer de tels systèmes de production dans les réseaux. Avec les systèmes à barrage, l'effet de stockage dans des bassins amont et aval peut être mis à profit pour faire du stockage, éventuellement en pompant dans les phases avantageuses du cycle.

La technique de récupération des courants libres est très proche de celle des aérogénérateurs, à ceci près que la direction des courants est constante, que leur sens est alternatif (effets de marée) ou continu et que les turbines se trouvent dans l'eau salée (cette technologie a déjà été éprouvée en eau douce, notamment dans des fleuves amazoniens). On retrouve ainsi deux grandes familles de turbines selon que l'axe de rotation est vertical ou horizontal, mais également d'autres technologies plus originales comme celle utilisant des ailes planes oscillantes (Système Stingray d'Engineering Business Ltd), ou encore des systèmes flottants de type « roue à aubes » (projet français Hydrogen).

Mis à part quelques projets d'extraction de l'énergie du Gulf Stream, la plupart des projets actuels concernent les courants de marée. Les générateurs immergés de petite puissance peuvent être flottants, placés sous une barge, ce qui permet de régler plus aisément le problème des variations de hauteurs dues aux marées elles-mêmes et de faire en sorte que les machines restent toujours au voisinage de la surface. Ils peuvent être également flottants, portés par une bouée et amarrés, comme le propose la société SMD Hydrovision ou encore Ponte de Archimede avec sa turbine Kobold à axe vertical. Ce principe est déjà exploité dans des rivières. Les hydrogénérateurs peuvent également être posés au fond sur base gravitaire ou encore portés par un monopieu métallique. En fait le choix des structures porteuses est principalement dicté par la profondeur et par la nature des fonds. Enfin, les différents prototypes ou systèmes au stade préindustriel ont des puissances de quelques dizaines à quelques centaines de kW.

La production électronucléaire[16]

Dans un réseau électrique, il est fortement souhaitable que la puissance maximale des unités reste inférieure à 10 % de la puissance totale installée pour pouvoir compenser une unité défaillante dans de bonnes conditions de stabilité de la tension et de la fréquence. Sur la base d'environ 500 MWe de

[16] Avec l'appui de Franck Carre (CEA/DEN/DDIN), de la direction du développement et de l'innovation nucléaires.

puissance totale (peut-être un peu plus d'ici à 2015 si de nouvelles usines s'implantent comme à Koniambo), cela donnerait une puissance maximale d'environ 50 MWe, ce qui est très en dessous de ce qui existe aujourd'hui sur le marché des réacteurs et même probablement de ce qui sera développé dans les années à venir. À noter que de « petites » unités de ce type résoudraient le problème d'interruption de production soulevé par les process de production métallurgique qui ne doivent pas subir d'arrêt.

Par ailleurs, Areva n'a pas de projet de réacteur d'une puissance inférieure à 1 000 MWe et le recours à une offre russe (dans la gamme de 40 à 300 MWe) ne manquerait pas de soulever des difficultés de certification. De même que pour une offre américano-japonaise ou chinoise dans la gamme de 300 MWe, si ce niveau de puissance pouvait être considéré.

La modestie des besoins en électricité de la Nouvelle-Calédonie, de même que la nécessité d'investir dans des infrastructures industrielles spécifiques rendent probablement le coût de l'option nucléaire peu compétitif avec celui de centrales à gaz, charbon ou fioul, malgré l'isolement de la Nouvelle-Calédonie (probablement > 5 000 €/kWe pour l'investissement seulement).

De plus, l'approvisionnement du réacteur en combustible et la reprise du combustible usé pour retraitement vers la France métropolitaine, voire le Japon en cas d'accord, imposeraient des transports sécurisés sur de longues distances.

Bref, ces considérations techniques et économiques peu favorables, auxquelles s'ajoute l'exigence d'une procédure administrative lourde pour la création d'un site nucléaire conduisent à penser qu'en l'état actuel des connaissances – et sans même aborder les aspects politiques et sociologiques – on peut exclure l'option nucléaire du futur énergétique des prochaines décennies de la Nouvelle-Calédonie.

Les piles à combustible et l'hydrogène

Les piles à combustibles sont des convertisseurs d'énergie électrique qui permettent de convertir la réaction chimique d'oxydo-réduction hydrogène/oxygène en électricité et en eau avec un excellent rendement, non limité par le second principe de la thermodynamique (rendement de Carnot). Le rendement typique d'une pile à combustible est d'environ 50 % à la puissance nominale ; il peut être plus élevé, mais au prix d'un surdimensionnement et donc d'un surcoût. Ainsi une pile à combustible produit de l'électricité, de la chaleur et de l'eau.

L'hydrogène, qui constitue le carburant de cette réaction, n'est pas librement disponible dans la nature : au même titre que l'électricité, il doit être converti à partir d'une ressource primaire. Si cette dernière est un combustible fossile, le bilan global de la conversion est généralement mauvais, à la fois du point de vue du rendement sur cycle de vie et des rejets de gaz à effet de serre, il est donc nécessaire de produire l'hydrogène à partir de ressources renouvelables.

Certaines piles à combustibles, dites directes, peuvent transformer directement un combustible carboné, comme le méthanol ou le méthane, mais la transformation s'accompagne alors de rejet de gaz à effet de serre ; il faut donc s'assurer que le bilan global incluant la production du carburant est avantageux, ce qui n'est pas toujours le cas, par exemple lorsque le combustible est issu de ressources non renouvelables (gaz naturel par exemple) ou de certains biocarburants.

Dans le cas de la production par un électrolyseur, les rendements d'électrolyse sont compris entre 70 et 85 %. La consommation électrique des électrolyseurs industriels est généralement de 4 à 6 kWh/Nm^3 et celle d'eau (la plus pure possible) vaut environ 1 litre par Nm^3.

Électrolyser de la vapeur d'eau à très haute température permet de réduire de façon significative la consommation d'énergie électrique. Enfin, certains procédés thermochimiques peuvent permettre d'extraire l'hydrogène de l'eau à partir d'une source de chaleur haute température comme le raisonnement solaire concentré.

Même s'il existe des produits commerciaux ou quasi-commerciaux, leur durée de vie, leurs contraintes d'emploi et leur coût sont encore actuellement incompatibles avec les exigences des applications stationnaires et des transports terrestres. C'est pourquoi d'intenses programmes de recherches sont menés à tous les niveaux. De même que pour la filière électronucléaire, nous ne pensons pas que les piles à combustibles constituent une voie de conversion d'énergie à promouvoir sur le sol de la Nouvelle-Calédonie à moyen terme, notamment parce qu'il existe d'autres voies plus prometteuses et moins risquées.

La filière aluminium-air[17]

Si l'on considère l'aluminium comme un vecteur énergétique destiné à être « consommé » dans des piles à combustible aluminium-air, il est nécessaire de raisonner sur son cycle de vie, en calculant notamment la dépense énergétique primaire globale nécessaire pour produire 1 kWh électrique.

Avec les process industriels actuels, la production d'aluminium consomme elle-même environ 32 kWh d'énergie primaire par kg de matériau pour une production à partir de minerai (comme une partie de l'aluminium ne peut à priori être recyclée après consommation, nous avons préféré effectuer une comptabilité à partir de la ressource primaire et d'inclure les possibilités de recyclage). Dans une pile à combustible (PAC) Al-air, 1 kg d'aluminium permet de produire environ 3 kWh électriques, sachant que la valeur théorique limite est de 4,8 kWh.

Le procédé de recyclage de l'alumine (trioxyde d'aluminium) nécessite d'éliminer les traces de potassium et coûte alors environ 3 kW électriques plus 5 à 6 kWh thermiques, soit environ 15 kWh primaires sur la base des moyens courants de production d'électricité. En supposant environ 8 % de pertes de matières premières à chaque opération de recyclage, le coût énergétique pour produire 1 kWh électrique (0,3 kg d'aluminium) peut être estimé, hors coût de transport, à environ 17 kWh. En ce qui concerne le transport, il faudrait également prendre en compte les allers-retours de l'aluminium et de l'alumine vers le pays producteur car le recyclage doit se faire ailleurs étant donné qu'il faut plus d'énergie que la combustion de l'aluminium n'en fournit.

Sans aller plus loin, et même s'il existe sans doute un potentiel d'amélioration, ces chiffres sont nettement en défaveur de l'aluminium comme vecteur énergétique pour produire de l'électricité. Un rendement énergétique de 1/17e conduira à priori à un coût prohibitif de cette électricité en comparaison avec tous les autres moyens de production actuellement connus.

[17] Ce paragraphe répond à une sollicitation particulière de la Dimenc et son contenu a été rédigé avec l'appui scientifique du professeur Jean-François Fauvarque, titulaire de la chaire d'électrochimie du Cnam.

Le bâtiment producteur d'énergie

Le bâtiment (habitat, tertiaire et industriel) reçoit une quantité significative de rayonnement solaire, voire de vent, et peut satisfaire, au moins en moyenne annuelle, plus que ses propres besoins : on parle alors de bâtiment à énergie positive. Il s'agit d'une production d'électricité qui est renvoyée sur le réseau auquel est raccordé le bâtiment. Ces aspects ont déjà été développés dans la première partie du rapport. Les ordres de grandeur du potentiel de production solaire dépendent de l'orientation des surfaces équipées de générateurs photovoltaïques, l'ordre de grandeur moyen étant de 100 kWh/m^2/an (cf. p. 45 « La maîtrise de l'énergie : un enjeu majeur pour le développement durable de la Nouvelle-Calédonie et sa sécurité énergétique » dans laquelle les aspects liés à la production d'énergie dans le bâtiment ont été développés).

Les technologies de stockage de l'énergie

Le stockage de l'électricité

Le stockage de l'énergie électrique est aujourd'hui généralisé et banalisé dans de nombreuses applications électroniques portables (ordinateurs, téléphones) et stationnaires (alimentations sans coupure : onduleurs, alimentations des sites isolés par une production photovoltaïque ou éolienne). Il est également utilisé dans le domaine des transports terrestres pour alimenter les automobiles et deux-roues électriques.

Les technologies qui dominent pour satisfaire ces besoins sont quasi exclusivement électrochimiques : ce sont les batteries. Leur qualité essentielle réside dans leurs performances massiques et volumiques qui sont les meilleures de tous les systèmes de stockage d'électricité existants, même si elles nous semblent souvent encore insuffisantes. Les plus diffusées sont :

- *le plomb acide* surtout employé pour les applications stationnaires car lourdes (environ 20 à 30 Wh/kg) ;
- *le nickel cadmium (NiCd)* : naguère très utilisé pour les applications portables grand public, il a fait l'objet d'une interdiction à cause de la toxicité du cadmium non recyclé, mais est encore largement employé pour les chariots de manutention dans un secteur cette fois professionnel et

encadré. Ses performances sont supérieures à celles du plomb, de l'ordre de 40 Wh/kg avec des possibilités de charge et décharge plus rapides sans dégradation et sans pertes significatives d'énergie ;

- *le nickel-métal-hydrures (NiMH)* dont les performances sont supérieures à celles du NiCd : il constitue l'essentiel du marché des « piles rechargeables » standard et celles employées dans les transports terrestres (Toyota Prius hybride, deux-roues...) ;

- *le lithium* dont il existe plusieurs familles offre les performances massiques les plus élevées (de 80 à 200 Wh/kg selon les caractéristiques de puissance). Cette technologie est abondamment utilisée dans les applications portables à hautes performances (téléphones, PC portables) et devrait déboucher très prochainement dans le domaine de la propulsion terrestre et, probablement, des applications stationnaires.

Globalement, toutes ces technologies offrent des rendements potentiellement élevés en charge et décharge, à condition que les puissances demandées restent relativement faibles. En outre, l'un des points faibles des technologies électrochimiques est leur vieillissement rapide en cyclage. C'est pourquoi les analyses économiques, mais également environnementales, doivent être effectuées sur l'ensemble de la durée de vie du système global considéré.

Pour les applications stationnaires, les contraintes de masse sont moins cruciales que dans les applications embarquées, et la palette des solutions de stockage de l'énergie électrique s'étend considérablement. Parmi les systèmes de stockage massif adaptés aux réseaux et à longue « constante de temps », on peut citer :

- *Les stations de transferts d'énergie par pompage (STEP), appelées également systèmes de stockage hydraulique gravitaire* ou centrales de pompage-turbinage. Cette technologie est aujourd'hui largement dominante dans les grandes puissances avec des rendements de l'ordre de 80 %. La contrainte majeure est liée à la nécessité de sites au relief adapté. Malgré leurs grandes puissances, ces systèmes peuvent fonctionner aujourd'hui à vitesse variable, ce qui permet d'ajuster finement la puissance et d'apporter une contribution de haut niveau à la stabilisation du réseau. Cette option pourrait être étudiée pour la Nouvelle-Calédonie où les configurations semblent favorables. On peut penser en effet que des STEP construites en bord de mer avec un relief important sur la côte permettraient de transférer l'eau de mer vers un bassin haut, ce qui éviterait la construction du bassin supérieur. Bien sûr, il faudrait assurer une étanchéité suffisante pour éviter des infiltrations d'eau de mer dans les sols, notamment dans le cadre d'une prise en compte des risques sismiques. De plus, les technologies seraient disponibles et les coûts acceptables.

▪ Le *stockage d'air comprimé en caverne* (CAES, Compressed Air Energy Storage) représente une technologie déjà relativement mature avec plusieurs réalisations de grande puissance. La construction de systèmes CAES nécessite de disposer d'une géologie favorable avec de grandes cavités (anciennes mines de sel, par exemple). La définition du rendement est ici particulière car on brûle dans une chambre de combustion du gaz naturel pour réchauffer l'air, avant de le détendre dans la turbine. Les installations sont très peu nombreuses, notamment parce que les contraintes d'exploitation sont fortes (couplage à des usages de gaz naturel, sites favorables). Des systèmes plus perfectionnés (Advanced CAES) permettent d'améliorer le bilan énergétique, mais toujours en combinaison avec une turbine à gaz.

▪ *Les batteries à circulation d'électrolyte (redox flow batteries)* permettent de contourner la limitation des accumulateurs électrochimiques classiques dans lesquels les réactions électrochimiques créent des composés solides qui sont stockés directement sur les électrodes où ils se sont formés. La masse qu'il est possible d'accumuler localement est forcément limitée, ce qui fixe un maximum à la capacité. Dans les batteries dites à circulation d'électrolyte, les composés chimiques responsables du stockage de l'énergie sont liquides et restent en solution dans l'électrolyte. Trois technologies sont en développement avec des électrolytes à base de ZnBr (Zinc-brome), de NaBr (Sodium-brome) et de VBr (Vanadium-brome). L'électrolyte est pompé vers des réservoirs externes dont le volume représente l'énergie stockée. Des systèmes de capacité élevée (qq 100 kWh à qq 10 MWh) sont en expérimentation.

▪ *Le stockage de chaleur haute température avec turbine*, système à l'état de projet qui n'a pas encore fait l'objet de réalisation, mais qui mérite que l'on s'y attarde. Le principe : des réfractaires sont chauffés par des résistances lors du stockage ; pour récupérer l'énergie accumulée, l'air chaud est injecté dans une turbine à cycles combinés et l'on peut espérer des rendements de l'ordre de 60 %. La réalisation de ces réservoirs de chaleur n'est pas liée à des contraintes géologiques et les pertes d'autodécharge sont relativement faibles, surtout si le système est de grandes dimensions. Les coûts d'investissement sont parmi les plus bas, mais la faisabilité et les performances restent à démontrer.

Parmi les systèmes de stockage à moyenne et petite échelle, on trouve :

- *les accumulateurs électrochimiques* déjà évoqués plus haut. Aux technologies présentées, on peut ajouter celle au sodium soufre (NaS) qui trouve des applications au niveau des réseaux électriques. Elle fonctionne à haute température (environ 300 °C) avec des produits commerciaux fiables et quasi standardisés (ce qu'il faut signaler car c'est rare à ce niveau de puissance et d'énergie) de quelques MWh, pour des puissances de quelques MW (typiquement des modules de 1 MW – 10 MWh) ;

- *les supercondensateurs* sont des condensateurs à très haute énergie volumique ou massique avec des capacités en puissance très élevées et une très grande tenue au cyclage. À la différence des dispositifs électrochimiques, l'énergie électrique est accumulée dans le champ électrique, il n'y a pas de réaction chimique ce qui accroît considérablement la cyclabilité. Le principe est voisin de celui du condensateur, mais l'isolant qui sépare les électrodes est remplacé par un électrolyte conducteur ionique dans lequel le déplacement des ions s'effectue le long d'une électrode conductrice à très grande surface spécifique ;

- *les inductances supraconductrices* (SMES, Superconducting Magnetic Energy Storage) sont des bobines, sans circuit ferromagnétique, à conducteurs supraconducteurs fonctionnant à des températures cryogéniques, en général l'hélium liquide pour les technologies basse température, ou à l'azote liquide pour celles qui sont à « haute température ». La bobine se présente comme une source de courant continu ; celui-ci varie en fonction de l'état de charge et doit être converti pour être exploitable sous forme de tension continue ou alternative. Comme les supercondensateurs, les SMES sont bien adaptés aux faibles constantes de temps ;

- *les accumulateurs à volants d'inertie* (FES, Flywheel Energy Storage) comprennent un volant d'inertie massif ou composite associé à un moteur-générateur et à des paliers spéciaux (souvent magnétiques), le tout dans une enceinte de confinement sous très basse pression afin de minimiser les pertes d'autodécharge. On peut ainsi atteindre des taux d'autodécharge de quelques %/heure. Ils offrent une très grande capacité au cyclage, déterminée par un dimensionnement en fatigue. De façon simpliste, le volant est dimensionné en énergie et le moteur-générateur en puissance, énergie et puissance sont ainsi facilement découplables. On considère habituellement que les accumulateurs inertiels se rangent dans la catégorie des systèmes à faible constante de temps : c'est d'ailleurs dans ce domaine qu'ils ont trouvé leurs premières applications commerciales, mais ils peuvent également permettre de réaliser des systèmes plus lents et étendre leur champ d'application ;

- *les systèmes à air comprimé en bouteilles* : un compresseur électrique permet de mettre de l'air sous haute pression dans des bouteilles. La compression s'accompagne de pertes et le rendement électrique est souvent médiocre. Mais des technologies plus performantes exploitant un fluide d'interface permettent d'obtenir des rendements très améliorés. L'air est comprimé de façon sensiblement adiabatique par le fluide, lui-même compressé par un compresseur/moteur hydraulique réversible associé à une machine électrique. L'ensemble est plus lourd et plus encombrant que la solution purement à air comprimé des applications embarquées et, pour cette raison, il est destiné aux applications stationnaires. Il n'existe pas encore de produits commerciaux, mais des développements sont en cours ;

- *les systèmes électrolyseur-hydrogène-pile à combustible* (ou à PAC réversible) utilisent l'hydrogène comme combustible intermédiaire stocké sous faible pression et transformable à partir de l'électricité et d'eau pure. Leur rendement global sur cycle de charge/décharge est faible et leur durée de vie est insuffisante dans le contexte des applications couplées au réseau électrique. En outre, les coûts d'investissements et de fonctionnement de la chaîne électrolyse-stockage-pile à combustible à prévoir sont très importants. Mais ces sujets faisant l'objet de nombreux travaux de recherche dans le monde, on peut imaginer une amélioration de ce rendement et une baisse des coûts des différents systèmes, mais on imagine mal aujourd'hui un débouché direct d'une telle filière. En revanche, la production d'hydrogène seule à partir de surplus de production d'électricité pourrait être avantageuse en présence de réseaux d'hydrogène : elle permettrait de les valoriser par une utilisation directe. Enfin, il faut noter que le rendement et la durée de vie des électrolyseurs sont affectés en cas de fluctuations de l'alimentation électrique, ce qui est le cas avec les ressources intermittentes photovoltaïques et éoliennes.

En conclusion, le stockage d'électricité dispose d'un large panel de solutions adaptées à une grande diversité de situations, mais leur coût est souvent un obstacle. Le renforcement des contraintes environnementales va accélérer la pénétration de cet élément des chaînes de conversion électrique. Pour bien optimiser son dimensionnement, son insertion dans les systèmes ainsi que sa gestion, il est indispensable de raisonner en cycle de vie, tant du point de vue économique qu'environnemental, ce qui nécessite, entre autres, une prise en compte des durées de vie, notamment en cyclage, et des coûts de fonctionnement (pertes énergétiques en particulier).

Le stockage de l'hydrogène

Pour les applications stationnaires, on procède généralement à un stockage gazeux sous basse pression dans des réservoirs cylindriques en acier. En Europe, ces réservoirs stockent typiquement sous 50 bars 115 à 400 kg d'hydrogène dans un volume compris entre 100 et 350 m^3.

Pour les applications embarquées où l'on recherche une énergie massique élevée, l'hydrogène possède intrinsèquement un pouvoir calorifique élevé (34 kWh/kg, soit environ 3 fois plus que les hydrocarbures liquides) à première vue très attractif. Mais son stockage soulève des difficultés très importantes et constitue l'un des points durs de la filière hydrogène dans le domaine des transports. Dans des réservoirs à haute pression, par exemple à 700 bars, la masse du réservoir est environ 20 fois supérieure à celle de l'hydrogène contenu, ce qui fait chuter sévèrement l'énergie massique de l'ensemble réservoir/combustible (soit 1,6 kWh/kg) et cela sans comptabiliser la dépense énergétique de compression qui pénalise encore plus les performances.

Si l'hydrogène est stocké sous forme de liquide cryogénique (-253 °C et 5 à 10 bars), les performances massiques sont similaires et la dépense énergétique de liquéfaction est encore supérieure. Cette fois, c'est l'isolation thermique qui est associée à une fuite continue dont on estime qu'une déperdition d'un pour mille par heure peut être acceptable (cela donne une perte d'environ 18 % en une semaine). Enfin, le stockage dans des hydrures métalliques, théoriquement plus performant du point de vue du volume et de la sécurité, est encore au stade de la recherche avec des performances massiques inférieures ou égales aux précédentes.

Le stockage de froid

Le stockage de froid permet d'accumuler de l'énergie frigorifique pendant les périodes économiquement favorables et de la décharger pendant les périodes où les besoins de froid sont plus importants et plus chers à produire.

Outre le gain économique, le stockage de froid permet de réduire la puissance des groupes froids ainsi que les impacts environnementaux des installations. Les applications potentielles concernent la climatisation et le froid dans le tertiaire et les process industriels nécessitant du froid (entrepôts frigorifiques, cuisines centrales, abattoirs).

Les technologies de stockage

Deux techniques existent pour répondre aux différents besoins de stockage :

- *Le stockage dynamique* est caractérisé par le fait que l'eau utilisée par le stockage est mise directement en circulation vers les utilisateurs. Cette technique est commercialisée selon trois procédés : la glace sur tubes à fontes externes, la glace moissonnée ou la boue de glace.

- *Dans le stockage statique*, l'eau ou le matériau de stockage reste à l'intérieur de la cuve. Ce système s'est imposé dans le domaine de la climatisation avec de nombreux procédés (glace sur tubes à fonte interne, glace ou eutectique encapsulée).

Le potentiel d'application à la Nouvelle-Calédonie

Plusieurs stratégies de stockage peuvent être envisagées selon le signal tarifaire (en Nouvelle-Calédonie, il y a lieu de différencier la saison chaude et la saison fraîche), pour effacer ou limiter l'appel de puissance aux heures les plus chargées du réseau électrique.

L'offre commerciale existante

Pour les grands immeubles neufs, les constructeurs proposent une installation *ad hoc* dimensionnée et construite spécifiquement. Les offres récentes du type *package*, destinées aux bâtiments tertiaires de tailles petite et moyenne, permettent d'étendre progressivement le stockage de froid latent réservé jusqu'à peu aux gros projets (>100 kW), grâce au mini stockage de froid commercialisé d'abord au Japon puis, aujourd'hui, partout dans le monde. Cette orientation est particulièrement intéressante dans la perspective d'un développement de la filière en Nouvelle-Calédonie dont le marché potentiel est constitué de bâtiments petits et moyens. Cependant, il est indispensable que, localement, les bureaux d'études, les installateurs et les exploitants maîtrisent les techniques de stockage de froid par des actions de formations, d'accompagnement et de suivi.

Comparatif des technologies du point de vue de leur maturité

On trouvera, dans la partie « Quel cadre pour une politique de l'énergie et du climat au service du développement de la N.-C. ? » de la synthèse, la figure 14 (p. 340) reprenant les principales technologies évoquées ici avec une indication de leur niveau de maturité technologique qui permet de les placer sur une échelle de 1 à 4, depuis le niveau de la R&D ou des toutes premières opérations de démonstration (1), en passant par les premières applications commerciales sur des marchés niches (2), jusqu'au stade où la technologie devient plus compétitive et se diffuse rapidement (3) avant de se stabiliser et de perdre progressivement des parts de marché (4).

La gestion des réseaux électriques avec intégration d'une production intermittente

L'accroissement potentiel de la production d'électricité d'origine éolienne pose des problèmes de stabilité des réseaux classiques dont le bon fonctionnement est fondé sur l'équilibre instantané production/consommation, équilibre lui-même largement dépendant d'une bonne planification des moyens de production hiérarchisée selon des critères de coûts. On estime généralement qu'un taux de pénétration en puissance inférieur à 20 % n'introduit pas de perturbations majeures pour le réseau, mais ces chiffres concernent généralement des réseaux continentaux interconnectés où les problèmes de stabilité sont moindres.

Dans ces conditions, en l'absence de moyens de stockage comme c'est le cas en Nouvelle-Calédonie, et pour un taux de pénétration de l'ordre de 10 %, la production intermittente d'électricité peut être traitée comme de la consommation négative. De même que les profils de consommation font l'objet de prévisions liées aux activités humaines et à la météo, les profils de production intermittente doivent faire l'objet de prévisions fiables. Il faut cependant noter une tendance à accroître fortement les taux de pénétration comme le montre l'arrêté du 23 avril 2008 « relatif aux prescriptions techniques de conception et de fonctionnement pour le raccordement à un réseau public de distribution d'électricité en basse tension ou en moyenne tension d'une installation de production d'énergie électrique ». Pour les réseaux faibles des zones insulaires (article 22), il est mentionné un taux maximal de 30 % au-delà duquel le responsable de l'équilibre production consommation est en droit de déconnecter des générateurs éoliens ou photovoltaïques.

Actuellement, il est sérieusement envisagé de dépasser les 30 % en ajoutant des dispositifs de stockage.

Si l'on considère les moyens actuels (les deux tranches de Prony incluses), la puissance crête de production du réseau néo-calédonien est d'environ 470 MW (incluant la production hydraulique et éolienne) et la puissance éolienne installée (ou en voie de l'être avec la ferme de Touango) est d'environ 36 MW. La puissance photovoltaïque étant encore négligeable, on peut considérer que la puissance des systèmes de production intermittente représente déjà plus de 7 % de la puissance planifiable.

En améliorant la qualité de la planification, en favorisant une meilleure communication entre les opérateurs, et en agissant autant que possible sur le réglage des moyens de production actuels, il est sans doute techniquement possible d'atteindre un taux de pénétration de l'ordre de 25 à 30 %. Un équilibre des puissances éoliennes et photovoltaïques installées permettrait probablement un meilleur foisonnement de la production intermittente, mais cela reste à démontrer. Des études pourraient être menées en ce sens sur la base des données de productivité mesurées au minimum sur un an et sur différents sites géographiques.

Ensuite, des actions incitatives pour agir sur les profils de consommation, en incluant par exemple la possibilité de délester (moyennant des contrats spéciaux) durant les pointes, permettraient de pousser encore plus loin le taux de pénétration.

Enfin, l'implantation de moyens de stockage offrirait une beaucoup plus grande souplesse dans la gestion du réseau. Un taux de pénétration atteignant 100 % en puissance est sans doute possible si l'on dispose de moyens de stockage appropriés. Le stockage hydraulique gravitaire constitue alors probablement la technologie la mieux adaptée aux spécificités de la Grande Terre ; en outre, c'est la technologie de loin la plus utilisée dans le monde. Pour obtenir des stockages à action plus rapide à très rapide, on peut envisager d'autres technologies de stockage (sodium soufre, par exemple) comme l'a prévu actuellement l'île de la Réunion.

En ce qui concerne les petites îles, des microréseaux de type photovoltaïques hybrides (avec groupe électrogène et stockage électrochimiques) constituent sans doute les meilleures solutions technico-économiques. Le coût de production de ces petits systèmes est évidemment plus élevé que celui de la Grande Terre, mais le coût d'un raccordement sous-marin ne s'amortirait sans doute pas et serait source de risques accrus de défaillances. De tels systèmes hybrides peuvent être dimensionnés pour une très faible consommation de carburant des groupes électrogènes qui ne sont utilisés qu'en situation exceptionnelle (ensoleillement anormalement faible durant une durée imprévue ou surconsommation imprévue ou défaillance), sauf si des biocarburants locaux sont suffisamment abondants.

Aspects non technologiques

Les performances économiques des nouvelles technologies

L'objectif de cette partie est de situer les performances économiques des nouvelles technologies de l'énergie en rappelant les coûts (coûts d'investissement et coûts de production) des technologies de référence (*state of the art*) ainsi que les coûts atteints par les technologies installées dans les zones insulaires. Les données économiques s'appliquent pour l'essentiel à des technologies connues qui seraient mises en service industriel à brève échéance. Nous indiquons également les perspectives de baisse de coûts à moyen terme associées au progrès technique, mais compte tenu de leur caractère prospectif, ces données sont à considérer avec une certaine prudence. Pour les technologies encore immatures n'ayant pas fait l'objet de développements industriels, les performances futures sont plus incertaines encore et tout particulièrement les données de coût.

L'éolien terrestre et l'éolien en mer

Les coûts internationaux

Les parcs éoliens terrestres développés aujourd'hui en Europe se situent dans des gammes de puissance de l'ordre de 50 à 100 MW pour des éoliennes de puissance unitaire de 2 à 3 MW. Leur durée de vie estimée est d'environ 20 ans.

Selon la Direction générale de l'énergie et du climat (DGEC), le coût d'investissement pour un parc éolien est de 1 300 €/kW. Ce coût est composé pour 87 % de celui des machines, le reste correspondant au génie civil, au raccordement au réseau[18] et aux études. Pour l'éolien en mer, la dispersion est plus importante en raison d'un retour d'expérience plus limité. Néanmoins, les coûts unitaires sont clairement plus élevés (2 600 €/kW) en

[18] Les coûts de raccordement peuvent varier selon la distance au réseau existant. La variabilité est plus grande encore pour l'*off shore*, selon la distance au rivage et la nature des fonds.

raison des difficultés techniques spécifiques que posent l'installation des éoliennes et le raccordement au réseau en particulier.

Les coûts de production varient selon la qualité de la ressource éolienne. La DGEC estime le coût de production pour un site *on shore* de bonne qualité (2 400 h) à 74 €/MWh et 120 €/MWh en *off shore* (3 000 h). La prise en compte des processus d'apprentissage suggère une poursuite de la baisse des coûts de production qui pourraient atteindre 62 €/MWh en 2020 sur un site *on shore* de bonne qualité et 98 €/MWh en *off shore*.

Les coûts en zones insulaires

Les zones insulaires présentent des caractéristiques spécifiques qui modifient sensiblement l'économie de l'énergie éolienne. Tout d'abord, les contraintes de transport imposent d'utiliser des éoliennes de taille inférieure au standard technologique actuel. Ensuite, le risque de cyclone a conduit à développer des technologies spécifiques (essentiellement des structures rabattables) à priori de plus petite taille. Enfin, l'étroitesse du marché potentiel que représentent ces régions n'a pas suscité une grande diversité de l'offre comparable à ce que l'on observe en Europe, avec pour conséquence une moindre incitation à la baisse des prix par la pression concurrentielle. Pour des systèmes éoliens installés dans les DOM avec des machines rabattables de taille inférieure (1 MW), la DGEC indique ainsi un coût de référence de 2 000 €/kW avec des coûts de production de l'ordre de 140 - 150 €/MWh (ibid).

De plus, selon nos informations, le coût global actuel d'un projet éolien en Nouvelle-Calédonie serait plus élevé que le coût moyen considéré par la DGEC, en raison notamment de l'éloignement : il représenterait de 2 300 - 2 500 €/kW en intégrant les surcoûts de transport maritime et terrestre, les coûts d'installation, de raccordement au réseau, etc. Pour un facteur de charge estimé à 1 400-1 600 h de fonctionnement à pleine puissance, nous estimons que les coûts de production seraient voisins de 200 €/MWh pour une durée d'amortissement de 20 ans.

Mais, en réalité, le coût de production est inférieur grâce aux dispositifs de défiscalisation existants qui ramènent le coût d'investissement autour de 1 200 €/kW. Sur cette nouvelle base, le coût actualisé de production du kWh éolien en Nouvelle-Calédonie tombe à 116 €/MWh.

On notera que les indications de coûts ci-dessus ne tiennent pas compte des contraintes spécifiques que pose l'intégration des sources d'énergie intermittentes dans les réseaux électriques. Lorsque le taux de pénétration reste de l'ordre de quelques pour cent, ces coûts sont négligeables, mais ils peuvent devenir significatifs lorsqu'il dépasse 10-15 %. La nécessité de disposer de capacités de réserve supplémentaires (ou de moyens de stockage) pour assurer la sécurité et la qualité de l'alimentation induit alors des coûts supplémentaires qui renchérissent les coûts de production, de l'éolien notamment.

L'électricité photovoltaïque (PV)

Les coûts internationaux

En Europe, il y a aujourd'hui deux types d'installations photovoltaïques de référence, les installations de petite taille, intégrées en toiture dans une maison individuelle, et les installations de plus grande taille, posées en terrasse sur des entrepôts ou posées au sol. En l'absence de contraintes foncières, il peut être intéressant d'envisager la réalisation de ces dernières qui permettent de bénéficier d'économies d'échelle et donc d'en limiter les coûts.

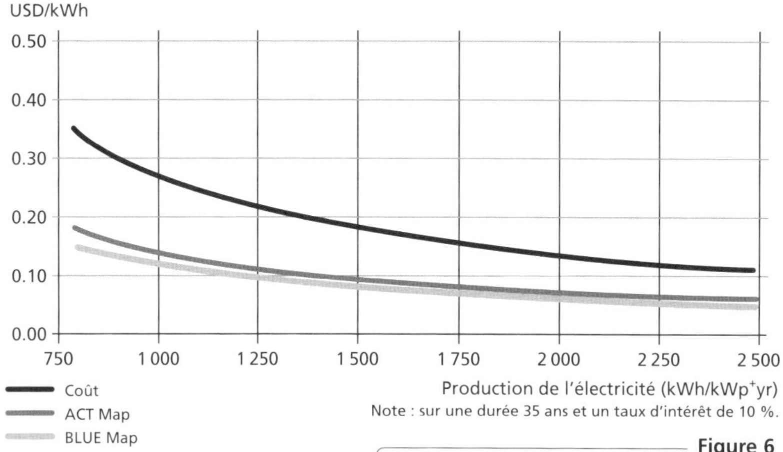

Note : sur une durée 35 ans et un taux d'intérêt de 10 %.

Figure 6

Coûts de production de l'électricité photovoltaïque en fonction de l'ensoleillement (en 2050)

Source : AIE, 2008.

Selon la DGEC, les coûts d'investissement sont de 5 900 €/kWc pour une installation individuelle (3 kWc) et de 4 000 €/kWc pour une installation de 300 kWc (mise en service en 2012). Pour un niveau d'ensoleillement de 1 400 kWh/kW/an qui correspond à celui de la Nouvelle-Calédonie, les coûts de production s'étagent entre 400 €/MWh pour la centrale de 300 kW et 570 €/MWh pour une installation individuelle.

Comme pour l'éolien, mais de façon plus marquée, les perspectives de baisse de coût sont importantes. En 2020, les coûts devraient ainsi se situer entre 3 000 et 4 000 €/kW. L'AIE estime même que la baisse de coût devrait se poursuivre au-delà et atteindre 1 600 - 2 000 €/kW en 2030. Les coûts de production seraient réduits en proportion et pourraient atteindre 60 - 80 €/MWh[19] en 2050.

Les coûts en zone insulaire

Pour les zones insulaires en général et la Nouvelle-Calédonie en particulier, il faut considérer deux types d'installations de natures très différentes dont les coûts unitaires ne sont pas comparables : les systèmes raccordés au réseau, dont la puissance peut varier de quelques kW à plusieurs centaines de kW, et les systèmes individuels autonomes d'une puissance de quelques centaines de watts destinés, en général, à alimenter une famille en électricité.

Pour les systèmes raccordés au réseau, les informations recueillies sur le terrain donnent pour la Nouvelle-Calédonie des ordres de grandeur de coûts très comparables à ceux qu'indique la DGEC : 5 800 €/kWc pour une installation de grande taille. Il n'y aurait donc pas ce décalage important constaté pour l'éolien entre les prix de la métropole et les prix pratiqués en Nouvelle-Calédonie. Selon cette hypothèse, les coûts de production seraient donc situés dans une fourchette allant de 300 à 400 €/MWh.

Les modules PV sont également utilisés pour l'électrification de populations non raccordées au réseau avec des systèmes de petite taille, et intégrant des moyens de stockage, dont les coûts sont variables suivant les pays concernés (de 8 000 à 30 000 €/kW selon l'AIE), mais systématiquement supérieurs à ceux des systèmes raccordés au réseau, non équipés de dispositifs de stockage et de taille plus importante. Malgré cela, ils peuvent présenter un

[19] Le taux de change utilisé pour passer de $ 2005 aux € 2008 est 0,86.

intérêt économique lorsqu'il n'existe pas de possibilités satisfaisantes (kérosène pour l'éclairage, par exemple), ou lorsque celles-ci présentent des coûts élevés ou rencontrent des difficultés d'approvisionnement (groupe électrogène).

Les autres moyens de production d'électricité distribuée

Les microcentrales hydrauliques diffèrent des moyens de production d'électricité décentralisée évoqués précédemment car elles dépendent dans une très large mesure du site à équiper (haute/basse chute, débit important ou faible, accessibilité, etc.). En conséquence les coûts d'investissement varient dans une forte proportion d'un projet à un autre et la notion de coût moyen a ici moins de sens que pour les autres technologies. À titre d'illustration, les coûts d'investissement retenus par la DGEC pour les centrales de basse-chute varient de 1 800 à 2 500 €/kW et de 1 700 à 2 200 pour les centrales de haute-chute (DGEC, 2007). Avec des coûts d'exploitation de l'ordre de 2 à 3 % de l'investissement, les coûts complets de production se situent entre 62 et 121 €/MWh. Cette fourchette de coûts correspond à peu près à celle que retient la Commission européenne pour la période actuelle (60 - 185 €/MWh). S'agissant d'une technologie mature, les perspectives d'évolution des coûts sont limitées ; la DGEC n'envisage pas de baisse de coûts et la Commission européenne une baisse limitée qui conduit à une fourchette de 50 - 145 €/MWh en 2030.

Trois autres technologies de production d'électricité méritent d'être examinées dans le contexte de la Nouvelle-Calédonie (toutefois, ces technologies en sont encore, à des degrés divers, au stade de la recherche et développement ou de la démonstration. Les valeurs qui suivent sont donc à considérer avec toute la prudence nécessaire).

- Pour la géothermie comme pour la micro-hydraulique, les coûts d'investissement sont étroitement liés au site et à la qualité de la ressource. L'AIE situe les coûts entre 1 000 €/kW pour des installations de grande taille sur des sites de très bonne qualité et 4 700 €/kW pour des installations de petite taille. Dans ces conditions (ressources en eau à haute température accessible), les coûts de production peuvent se situer entre 40 et 70 €/MWh, selon l'AIE, et entre 70 à 100 €/MWh, selon la DGEC.

- Pour l'énergie marine (on parle ici des courants marins et de l'action de la houle), les premières réalisations industrielles devraient voir le jour au cours des prochaines années. L'AIE situe les coûts de production entre 130 et 260 €/MWh, la partie inférieure de la fourchette correspondant plutôt aux dispositifs exploitant l'énergie des courants marins et la partie supérieure à l'énergie des vagues. Les perspectives de baisse de coûts sont importantes (ils seraient divisés par deux ou trois à l'horizon 2040-2050), mais encore fortement incertaines. Les ordres de grandeur avancés dans l'étude de la DGEC sont, eux, plus favorables avec des coûts de production de 60 à 80 €/MWh en 2015.

▪ Les centrales solaires à concentration nécessitent un rayonnement solaire important (2 000 kWh/m^2 au minimum) et essentiellement direct – une condition que remplit la Nouvelle-Calédonie. Plusieurs nouveaux projets ou réalisations sont apparus en Europe ou aux États-Unis ces dernières années indiquant un regain d'intérêt pour cette technologie. Les coûts actuels pour des centrales à construire (faibles effets de série) sont estimés par l'AIE entre 3 400 et 7 700 €/kW suivant la qualité de la ressource, l'importance du stockage désiré, etc., pour des coûts de production de l'ordre de 110 à 190 €/MWh. Mais les progrès techniques attendus sont importants et les coûts futurs pourraient se situer entre 40 et 50 €/MWh, voire entre 30 et 50 pour les centrales à tour.

À titre de synthèse, nous avons extrait d'une publication de la Commission européenne (Commission européenne, 2008, Energy Sources, Production Costs and Performance of Technologies for Power Generation, Heating and Transport, COM 2008 744) les données de coûts et de performances pour les principales technologies de production d'électricité (tableau 4). Ces valeurs ne recoupent pas toujours celles figurant dans le texte, mais constituent une base cohérente reposant sur une hypothèse d'évolution modérée des prix des énergies fossiles.

Les capteurs solaires pour la production d'eau chaude sanitaire

L'énergie solaire à basse température pour la production d'eau chaude sanitaire est une technologie mature largement répandue dans certains pays (par exemple, Israël, Chypre ou la Grèce). Les coûts des systèmes installés sont toutefois extrêmement variables d'un pays à l'autre selon le climat et les surfaces installées : ils sont plus bas dans les pays fortement ensoleillés qui permettent l'utilisation de technologies moins sophistiquées et dans les pays en développement ou émergents en raison du fait de coûts d'installation

Tableau 4 – Coûts présents et futurs des principales technologies de production d'électricité

Énergie	Technologie de production	Coûts de production €/MWh 2007	2020	2030	Investissement /kW	Exploitation €/kW	Durée de vie Années	Émissions directes $kgCO_2/MWh$
Charbon	Charbon pulvérisé	40-50	65-80	65-80	1 265	60	40	725
	Charbon pulv. + capture CO_2	nd	80-105	75-100	2 250	90	40	145
	Lit fluidisé circulant	45-55	75-85	75-85	1 400	70	40	850
Gaz naturel	Cycle combiné	50-60	65-75	70-80	635	25	25	350
	Cycle combiné + capture CO_2	nd	85-95	80-90	1 200	40	25	60
Biomasse	Cycle vapeur grande taille	80-195	90-215	95-220	3 800	260	30	6
Solaire	Photovoltaïque	520-880	270-460	170-300	4 700	80	25	0
	Concentration (backup GN)	170-250	110-160	100-140	5 000	115	40	120
Éolien	*On shore*	75-110	55-90	50-85	1 140	35	20	0
	Off shore	85-140	65-115	50-95	2 000	80	20	0
Hydro	Grande hydro	35-145	30-140	30-130	1 350-2 510	40-75	50	0
	Micro hydro	60-185	55-160	50-145	2 900-4 500	85-130	50	0

Source : CE, 2008.

plus faibles. Les coûts les plus bas sont observés en Chine, en Inde, en Turquie ou en Israël avec 200 à 300 €/m², contre 600 à 900 €/m² en moyenne en Europe.

En Nouvelle-Calédonie, les coûts pour un chauffe-eau solaire de 300 litres (soit 4 m² de capteurs) sont en moyenne de l'ordre de 800 €/m², auxquels il convient d'ajouter ceux de l'installation, soit un coût global de l'ordre de 900 €/m², supérieur à ceux observés dans les DOM. Mais, malgré des coûts relativement élevés, la rentabilité économique des systèmes de production d'eau chaude solaire est bonne par rapport aux dispositifs classiques en raison des prix élevés du kWh électrique et gaz. Il n'existe que deux entreprises produisant des capteurs solaires en Nouvelle-Calédonie dont l'une détient 85 % de parts de marché. Quant au montant des taxes sur les chauffe-eau solaires importés de plus de 250 litres, il est de 62 %.

Une analyse plus approfondie serait sans doute nécessaire pour mieux appréhender le marché des capteurs solaires en Nouvelle-Calédonie, mais on ne peut s'empêcher de faire le rapprochement avec la situation de la Tunisie qui, dans les années 1990, avait souhaité soutenir le développement d'une société nationale de production de capteurs en taxant les importations de matériels concurrents. Finalement, la société nationale a fait faillite en raison des performances insuffisantes des matériels commercialisés et de prix trop élevés. Cet exemple souligne la difficulté de protéger durablement une filière industrielle émergente comme celle-ci en établissant des frontières étanches avec la dynamique technologique internationale.

La production d'électricité à partir de biomasse et de biocarburants

Pour la production d'électricité ex-biomasse, les technologies éprouvées présentent aujourd'hui les coûts les plus faibles (1 700 - 2 600 €/kW pour la combustion directe ; surcoût de 100 - 1 000 €/kW pour la co-combustion biomasse/charbon), mais également les rendements les moins élevés (entre 20 et 40 %). Avec les technologies de gazéification associées à des cycles combinés (BIGCC), on pourrait atteindre des rendements de 50 % et plus, mais les coûts sont très élevés (3 700 - 5 300 €/kW) en raison de technologies encore peu matures.

Les perspectives offertes par la technologie de gazéification sont cependant très intéressantes à moyen terme, à la fois en termes de progression des rendements et de baisse des coûts. L'AIE prévoit que les coûts pourraient à l'avenir descendre à 1 100 - 2 100 €/kW en raison notamment de l'augmentation des capacités de production. Dans un horizon peut-être plus proche, des perspectives intéressantes sont également à attendre des lits fluidisés qui constituent une autre technique de gazéification.

À la différence des autres technologies utilisant des sources d'énergie renouvelable, les technologies utilisant la biomasse ont une structure de coût dans laquelle les coûts variables sont importants : ce sont ceux de la production, de la collecte, du transport et de la transformation éventuelle de la ressource. Selon l'AIE toujours, les coûts de production actuels du kWh électrique à partir de la biomasse se situent entre 50 et 160 €/MWh, mais ces chiffres doivent être maniés avec prudence car le coût de la ressource utilisée n'est pas précisé. Ils sont toutefois susceptibles de diminuer sensiblement avec la croissance des capacités unitaires des unités de production.

En ce qui concerne les biocarburants, il est plus difficile encore d'indiquer des coûts de référence en raison des problèmes méthodologiques qu'ils soulèvent. Plus encore que pour la production de chaleur ou d'électricité, dans le cas des biocarburants issus de matières premières agricoles, il est en effet nécessaire de conduire des analyses sur cycle de vie incluant la préparation des sols, l'utilisation d'engrais et pesticides, la mécanisation de la récolte, le transport, etc. Par ailleurs, les coproduits (tourteaux de soja, par exemple) peuvent aussi avoir une valeur marchande importante et donc modifier le coût de production du biocarburant.

La plupart des études convergent néanmoins sur le fait que la production de biocarburant dans les conditions technologiques actuelles n'est pas rentable, même en tenant compte de prix élevés du pétrole car ceux-ci ont des répercussions immédiates sur les coûts de production des matières premières agricoles. L'éthanol, produit à partir de canne à sucre au Brésil, constitue une exception notable, mais la possibilité de répliquer les conditions de production brésiliennes dans d'autres pays est incertaine.

Le développement des biocarburants de deuxième génération permettrait cependant de résoudre une partie des problèmes soulevés par la première génération en s'appuyant sur des ressources non agricoles : résidus, déchets, bois. Le bilan économique et énergétique en serait sensiblement amélioré.

Les impacts économiques et environnementaux des filières renouvelables

Création d'emplois et retombées économiques

La création de nouveaux emplois est un avantage souvent associé au développement des filières d'énergie renouvelables qu'il est relativement difficile d'établir de façon précise et incontestable. La comptabilisation des emplois directs mais aussi indirects (dans la sidérurgie pour les éoliennes, par exemple), le décompte des emplois substitués dans les filières traditionnelles, la prise en compte des aides aux filières renouvelables et leur possible utilisation pour soutenir la création d'autres emplois figurent parmi les difficultés méthodologiques classiquement rencontrées. On peut néanmoins citer quelques ordres de grandeur pour l'Union européenne pour des filières en développement rapide comme l'éolien ou le PV photovoltaïque.

Le secteur de l'éolien emploie directement en Europe quelque 20 000 personnes, pour l'essentiel dans des PME, dont une partie (6 personnes/MW) pour la construction et l'installation des équipements et une autre partie pour en assurer le fonctionnement et la maintenance (0,05-0,2 pers/MW). Pour chaque emploi direct, il existe au moins un emploi indirect dans des secteurs connexes comme les bureaux d'études, la recherche, la finance, le marketing, etc.

En ce qui concerne le photovoltaïque (PV), l'ouverture de nouvelles usines de production entraîne la création de 20 postes/MW de capacité, auxquels il faut ajouter 30 emplois par MW associés à la vente de gros ou de détail et à l'installation d'équipements. La seule maintenance des systèmes PV représente en moyenne un emploi par MW installé. Une partie (importante) de ces emplois ne touche que les pays dans lesquels se situent les usines de production, mais la création d'emplois ne concerne pas que les seuls producteurs de technologie. Ainsi, le syndicat des énergies renouvelables avait estimé que le développement des filières renouvelables entraînerait en France métropolitaine la création de 75 000 emplois entre 2004 et 2010, dont 22 000 dans les secteurs de l'éolien et du photovoltaïque : 90 % de ces créations d'emplois étaient attendues dans l'éolien alors que la France n'est pas productrice de technologie.

Le développement de l'éolien et du PV en Nouvelle-Calédonie devrait de la même façon se traduire par des créations nettes d'emplois dans les secteurs situés en aval de la production de technologie. Ainsi, l'audit de la filière éolienne fait clairement apparaître que l'installation des fermes éoliennes a entraîné la création d'emplois permanents et, selon les informations rassemblées au cours de nos entretiens, la filière éolienne représente une cinquantaine d'emplois permanents en intégrant les chantiers et la maintenance des machines, soit de l'ordre de 0,5 pers/MW.

Pour autant, ce sont surtout dans les filières de valorisation de la biomasse que sont à attendre les créations massives d'emplois, car elles sont fortement intensives en main-d'œuvre pour l'exploitation des forêts, la transformation, le conditionnement, le transport, etc.

Enfin, parmi les retombées économiques des filières renouvelables, il faut insister sur leur intérêt pour le développement du territoire du fait de leur meilleure répartition spatiale et des retombées potentielles pour les collectivités et populations locales en termes d'emplois et de fiscalité.

Impacts environnementaux

Les bénéfices environnementaux procurés par les énergies renouvelables viennent de ce qu'elles se substituent aux sources d'énergie fossiles qui sont, elles, émettrices de polluants et de gaz à effet de serre. Dans le cas de la Nouvelle-Calédonie, la production d'électricité d'origine renouvelable viendrait se substituer aux centrales à charbon (Prony et suivantes) et les émissions évitées dépendraient de la qualité du charbon utilisé, du rendement de la centrale et des dispositifs anti-pollution installés.

Lorsque la production éolienne vient en substitution de la production thermique, le régime de fonctionnement des moyens classiques de production peut être modifié (ralentissement ou arrêt complet) et tout ou partie des émissions de CO_2 sont alors évitées. Si la production éolienne vient en complément de la production thermique et s'il n'y a pas de dispositifs de stockage spécifiques, la puissance des moyens de production thermiques programmables doit être modulée en complément de la production intermittente et le gain sur les émissions de CO_2 est alors moindre.

En ce qui concerne les capteurs thermiques basse-température, l'étude réalisée sur la Nouvelle-Calédonie montre que les gains en termes d'émissions de CO_2 peuvent être très importants si la production d'énergie solaire se substitue à des chauffe-eau électriques, compte tenu de la structure de production du parc électrique. Le gain est moins important, mais reste toutefois significatif, lorsque les capteurs solaires remplacent des chauffe-eau à gaz.

Le développement de l'hydraulique suscite souvent des mouvements d'opposition en raison de son impact sur les populations locales et sur l'environnement. S'agissant d'installations de petite puissance, l'impact est bien évidemment moindre et concerne surtout la question du débit réservé et de l'impact sur les poissons. Des solutions techniques existent aujourd'hui qui permettent de limiter ces impacts mais la question ne doit pas être négligée pour autant. Les études d'impact et procédures de dialogue avec les riverains sont ici particulièrement importantes.

Production intermittente

Pour préserver la qualité et la sécurité d'approvisionnement lorsque la proportion de sources intermittentes augmente, il faut pouvoir disposer de moyens de production permettant d'assurer l'équilibre instantané entre offre et demande. Des capacités thermiques additionnelles peuvent ainsi être nécessaires, à mesure que le taux de pénétration des sources intermittentes augmente, pour pallier les risques de défaillance en période de pointe ou disposer de réserves tournantes supplémentaires.

L'insertion d'une production intermittente en proportion croissante dans les systèmes électriques entraîne donc des conséquences économiques qui ne sont généralement pas prises en compte par les producteurs renouvelables et constituent des externalités (difficiles à chiffrer, car elles dépendent de nombreux facteurs). Notons qu'il existe aussi des options moins conventionnelles qui peuvent faciliter cette insertion : les modèles météorologiques permettant de mieux anticiper les injections (éolien, solaire), les options de mutualisation visant à bénéficier du foisonnement de la production, les dispositifs de stockage de grande taille parmi lesquelles les systèmes de pompage-turbinage et la production thermique renouvelable (biomasse).

Conclusions

Les coûts de production d'électricité à partir de sources renouvelables restent supérieurs aux coûts de production des moyens thermiques classiques, mais tendent à s'en rapprocher. En effet, les coûts de production de l'électricité d'origine fossile sont très fortement corrélés aux coûts des combustibles alors que ceux exploitant les ressources renouvelables (hors combustibles issus de la biomasse) sont exclusivement liés aux dépenses d'investissement et de maintenance, car la ressource est gratuite.

Les perspectives de baisse des coûts des technologies d'énergie renouvelable, liées au progrès technique, la croissance prévisible des prix des combustibles fossiles à moyen ou long terme et l'introduction d'une valeur carbone vont contribuer à améliorer la compétitivité économique de ces moyens de production comparée à celle des moyens classiques à flamme.

L'hydraulique et l'éolien terrestres sont les technologies actuellement les plus proches de la rentabilité économique. Le solaire thermodynamique et, plus encore, le photovoltaïque en sont encore éloignés mais la dynamique de baisse de coût est rapide. L'incertitude est plus grande pour d'autres technologies émergentes comme la géothermie ou les énergies des océans qui sont encore très peu industrialisées.

Cette analyse reste pertinente pour la Nouvelle-Calédonie, même si les coûts d'investissement y sont plus élevés (sauf apparemment pour le photovoltaïque) en raison de l'éloignement, de technologies spécifiques et de conditions de marché peu favorables à la concurrence. Mais les coûts des moyens de production concurrents (thermique à flamme) sont également plus élevés : leurs coûts d'investissement sont aussi plus importants (quoique dans une moindre mesure) du fait de faibles économies d'échelle, les coûts des combustibles sont plus élevés en raison des coûts de transport et les rendements sont plus faibles que sur des centrales classiques de plus grande taille.

Ces deux effets se compensent et, finalement, les surcoûts de la production renouvelable ne devraient pas être plus importants qu'en Europe, surtout si les dispositifs de défiscalisation profitent prioritairement aux ressources énergétiques locales qui limiteront la dépendance énergétique de la Nouvelle-Calédonie, et à la production sans émissions de gaz à effet de serre.

Faisabilité pour les filières envisagées, compte tenu des contraintes liées à l'occupation du territoire

Les spécificités de la production de biomasse

En l'absence de régulations particulières, ce sont les conditions de marché et les avantages comparatifs sur le plan économique qui déterminent le plus fortement les décisions sur l'utilisation des terres. Cependant, des politiques spécifiques peuvent aussi les modifier, qui dépendent du contexte international, mais aussi de l'importance que l'on accorde à la souveraineté alimentaire, à la réduction de la vulnérabilité énergétique, à l'environnement local ou à la réduction des émissions de gaz à effet de serre.

On distingue plusieurs catégories de biomasses suivant leur origine :

- des déchets déjà mobilisés (déchets urbains) ;
- des coproduits de filières (bois, canne à sucre, céréales, élevage) qui pourraient être mieux valorisés ;
- des ressources naturelles déjà existantes, non encore valorisées, mais dont la récolte devrait pouvoir être mécanisée au moins partiellement (*Leuçaena leucocephala* – des arbres fixateurs d'azote poussant le long des routes ou sur des terres pauvres –, cocotiers poussant le long de la côte...) ;
- des productions dédiées (plantes ligno-cellulosiques, céréales et nouvelles plantes herbacées comme le miscanthus, plantes sucrières comme la canne à sucre, plantes oléagineuses comme le tournesol et les plantations nouvelles de cocotiers, plantes amylacées).

Les productions de bioénergies issues des deux premières catégories ne posent pas de problèmes particuliers du point de vue de l'aménagement du territoire. Mais il faut que leurs productions soient suffisantes pour les utilisations et conversions envisagées : la production de chaleur des usines sidérurgiques, la production d'électricité dans des centrales de plus de 3 MW, celle de biogaz à partir des lisiers de porcs et la production d'électricité à base d'huiles végétales brutes[20].

Pour les trois premières catégories, il faudrait évaluer concrètement les ressources réellement mobilisables et surtout les acteurs susceptibles de mettre en œuvre les filières correspondantes suivant les besoins. De nombreuses sociétés de gestion de déchets ont une longue expérience dans ce domaine et seraient parfaitement bien placées pour étudier la faisabilité technique et économique de telles filières.

[20] Les constructeurs de petits moteurs ne donnent actuellement pas de garanties pour les moteurs à huile végétale brute, mais des recherches sont en cours chez certains fabricants de tracteurs pour y remédier.

Les usines de nickel qui utilisent actuellement du charbon fortement émetteur de GES sont des consommateurs potentiels de chaleur. En cas de montée suffisante du prix de la tonne de CO_2 sur les marchés de carbone, la recherche éventuelle de solutions pour produire également des biomasses ligno-cellulosiques sur des terres actuellement non forestières pourrait se justifier.

Les productions de bioénergies sur les terres agricoles cultivées

Concernant la couverture des besoins alimentaires de la Nouvelle-Calédonie par les productions locales et les importations, on note l'importance de la dépendance en produits importés dans le domaine laitier, en céréales, en production de viande et en fruits.

Sur le plan économique, c'est donc seulement si la rentabilité des productions énergétiques était supérieure à celles des productions agricoles que des changements d'utilisation des terres pourraient s'effectuer. En effet, rien ne se produira si les agriculteurs n'y trouvent pas leur compte.

La production d'huile de Jatropha par hectare est en général médiocre sur les terres pauvres. Elle pourrait devenir satisfaisante sur des terres agricoles bien fertilisées, non hydromorphes et irriguées. Mais les tourteaux de Jatropha ne sont actuellement pas consommables par les animaux, ce qui en limite considérablement l'intérêt économique et, de plus, en Nouvelle-Calédonie comme en Australie, le Jatropha serait considéré comme une espèce invasive...

Il existe aussi une certaine superficie de terres non forestières, du type agricole, avec des jachères très longues, dont la production pourrait être techniquement intensifiée en vue de produire de la biomasse pour l'énergie. Il faudrait alors en étudier sa rentabilité par rapport à d'autres productions, ses effets sur la balance commerciale et l'existence de débouchés potentiels.

Malgré tout, il ne semble pas qu'on puisse envisager de développer d'importantes productions de biocarburants sur les terres agricoles de Nouvelle-Calédonie. Ce qui mérite d'avoir une vision claire d'utilisation des terres de la Nouvelle-Calédonie.

Les productions de bioénergies sur les terres forestières

La Nouvelle-Calédonie importe actuellement entre 50 et 80 % du bois qui y est utilisé. La récolte de bois d'œuvre se heurte tout d'abord aux conditions de relief particulièrement accidenté. De plus, une partie seulement des plantations de pins réalisées depuis les années 1960 pourra être exploitée, l'autre partie étant économiquement non rentable. Or, le bois d'œuvre a une plus haute valeur par tonne de bois récoltée que le bois énergie destiné à la production de chaleur : son exploitation est donc plus avantageuse.

Des études (Enercal et CTFT) ont été réalisées sur la possibilité d'effectuer des plantations sur des terres moins pentues à Lifou, mais la récolte paraissait difficilement mécanisable à cause des affleurements de roches.

À ces difficultés s'ajoutent les risques très élevés d'incendie, ce qui constitue un autre facteur dissuasif pour des investisseurs privés, de même que la nécessité de s'équiper de matériel spécifique. Pour toutes ces raisons, le développement de la production locale de biomasses issues d'arbres ne pourra se faire qu'avec la mise en place de filières prenant en compte tous ces aspects. Mais le potentiel technique est suffisamment élevé pour qu'un effort soit fourni en ce sens.

Les spécificités d'autres filières énergétiques

Parmi les technologies prometteuses pour la production d'électricité en Nouvelle-Calédonie, nous avons identifié la production thermodynamique solaire à concentration et le stockage par STEP (stations de transfert d'énergie par pompage), technologies qui requièrent une certaine occupation des sols. La petite méthanisation est également à considérer, mais il faut lancer des opérations pilotes pour déterminer dans quelles conditions ces petites unités sont socialement acceptables.

On peut estimer qu'une usine de production d'énergie solaire thermodynamique à concentration nécessite environ 1 ha/MW ou encore 0,4 ha/GWh annuel variable selon les conditions d'ensoleillement et les capacités de stockage (thermique) mises en œuvre. Une centrale de 50 MW aurait ainsi besoin de 50 ha pour une productivité annuelle d'environ 120 GWh.

Quant aux STEP qui pourraient jouer un rôle très important pour accepter une proportion beaucoup plus forte de production photovoltaïque et éolienne, elles nécessitent des bassins pour accumuler l'eau. Si l'on considère la possibilité en bord de mer d'exploiter l'eau de mer, un seul bassin supérieur pourrait suffire. La quantité d'eau stockée (et indirectement la superficie occupée) est directement liée à l'énergie stockée. Typiquement pour un dénivelé de 100 m, et une capacité de stockage de 1 GWh (50 MW x 20 h), il faudrait environ 4 millions de m^3, soit par exemple une superficie de 40 ha avec une profondeur de 10 m.

Ces ordres de grandeur permettent de constater que les superficies requises par de tels systèmes ne posent pas de problèmes majeurs en termes de foncier.

L'INFLUENCE DU CONTEXTE RÉGLEMENTAIRE SUR LE DÉVELOPPEMENT DES ÉNERGIES RENOUVELABLES

Avant de devenir compétitives et de pouvoir se diffuser largement sur le marché, les nouvelles technologies doivent suivre un processus de développement qui comprend plusieurs étapes : celles de la R&D, de la démonstration (première réalisation en vraie grandeur), de l'émergence (faisabilité technique démontrée) et enfin celle de la commercialisation (la technologie est compétitive sur des marchés de niches ou plus largement).

Dans le cas des nouvelles technologies de l'énergie, de nombreuses barrières, techniques et non techniques, contribuent à ralentir ce processus de diffusion, en raison notamment des interventions des pouvoirs publics. Ceux-ci disposent de différents moyens pour soutenir la diffusion des nouvelles technologies d'énergie et leur intervention est en particulier décisive pour protéger une technologie émergente d'une concurrence frontale avec les technologies établies et lui permettre d'améliorer ses performances grâce à un processus cumulatif d'apprentissage.

Pour mémoire, rappelons que d'autres moyens, indirects ceux-là, peuvent également contribuer à favoriser le développement des sources d'énergie renouvelable : ce sont les taxes sur les énergies fossiles ou encore l'introduction d'une valeur carbone (taxe ou quotas d'émission) qui, en accroissant leur coût, améliorent la compétitivité économique et donc la diffusion des énergies renouvelables.

Mais ces actions, certes positives, ne peuvent suffire. C'est la raison pour laquelle l'Union européenne a introduit dans son paquet « énergie-climat » des objectifs de réduction des émissions de gaz à effet de serre et de développement des énergies renouvelables.

Les dispositifs de soutien à la production d'électricité d'origine renouvelable

Les soutiens à l'investissement

Ils correspondent à des subventions allouées à l'investisseur sous forme de don ou de prêt à taux bonifié, d'exemption de charges ou de crédits d'impôts qui visent à réduire le coût d'achat ou d'installation de la technologie.

Les dispositifs de soutien au développement de l'éolien au début des années 1980 se sont principalement appuyés sur ce type d'instrument, aux États-Unis notamment. On considère aujourd'hui qu'ils sont peu appropriés lorsqu'ils sont utilisés seuls car ils n'incitent pas à rechercher une meilleure productivité, mais favorisent surtout l'installation de capacités de production supplémentaires.

Le crédit d'impôt est aujourd'hui largement utilisé en France pour inciter les particuliers à s'équiper de chauffe-eau solaires, chaudières à bois ou systèmes PV et à réaliser des investissements d'économie d'énergie. Pour ces cas spécifiques, le soutien à l'investissement est efficace parce que les technologies qu'il promeut sont coûteuses mais rentables (biomasse, eau chaude sanitaire – ECS solaire –, isolation) ou parce qu'elles bénéficient d'incitations complémentaires (le tarif d'achat pour le PV).

Les soutiens à la production

L'AIE considère que les soutiens à la production qui valorisent les kiloWattheures produits et non les seules capacités de production sont plus efficaces que le soutien à l'investissement.

▪ Le principe des prix d'achat garantis consiste à imposer aux distributeurs le rachat de l'électricité produite par les producteurs d'électricité renouvelable situés sur leur zone de desserte, à un tarif déterminé imposé par les pouvoirs publics et garanti sur une certaine durée (en général de l'ordre de 15 ans). Le tarif est fixé à un prix généralement supérieur à celui du marché de gros de l'électricité et à un niveau qui autorise une certaine marge de rentabilité pour les investisseurs. Avantage du dispositif, il peut être modulé en fonction de la maturité de la technologie : on peut ainsi instaurer un tarif d'achat proche du prix de marché pour une technologie mature, tout en proposant un tarif plus élevé pour une technologie émergente encore peu développée.

Tableau 5 – Les tarifs d'achat garantis pour la production distribuée en France

Photovoltaïque	07/2006	20 ans	Métropole : 30 c€/kWh + prime intégration (25 c€) Corse et Dom : 40 c€/kWh + prime 15 c€ (revalorisés depuis 2006)
Biogaz de décharge	07/2006	15 ans	Entre 7,5 et 9 c€/kWh selon la puissance + prime à l'efficacité énergétique entre 0 et 3 c€/kWh + prime méthanisation 2 c€/kWh
Cogénération	07/2001	12 ans	6,1 à 9,15 c€/kWh environ en fonction du prix du gaz, de la durée de fonctionnement et de la puissance
Hydraulique	03/2007	20 ans	6,1 c€/kWh selon la puissance + prime 0,5 - 2,5 c€/kWh petites instal. + prime 0 et 1,7 c€/kWh en hiver selon régularité production
Hydraulique marine	04/2007	20 ans	15 c€/kWh pour la production issue d'installations utilisant l'énergie houlomotrice, marémotrice ou hydrocinétique
Éolien *on shore*	07/2006	15 ans	8,2 c€/kWh pendant 10 ans, puis 2,8 à 8,2 c€/kWh pendant 5 ans selon les sites
Éolien *off shore*	07/2006	20 ans	13 c€/kWh pendant 10 ans, puis 3 à 13 c€/kWh pendant 10 ans selon les sites

Source : www.industrie.gouv.fr, 2009

L'Allemagne, le Danemark, l'Espagne ou la France, plus récemment, ont par exemple choisi de soutenir le développement de la filière éolienne par des systèmes de prix garantis avec des résultats très favorables, tant sur le plan des capacités installées que sur le plan industriel.

▪ *Les enchères concurrentielles* mettent en concurrence les producteurs spécialisés pour la production d'une quantité donnée d'électricité renouvelable ou, plus souvent, d'une capacité donnée de production à installer. Ils diffèrent des systèmes de prix garantis parce qu'ils s'appuient sur des quantités et non sur des prix et surtout parce qu'ils introduisent de la concurrence entre les opérateurs.

Les enchères concurrentielles qui ont été utilisées en Angleterre et en France (programme Éole 2005) ne subsistent plus aujourd'hui que comme instrument complémentaire ciblant une filière ou une technologie spécifique, comme l'éolien *off shore* ou la production d'électricité à partir de biomasse.

▪ *Les quotas échangeables ou certificats verts* : dans un dispositif de certificats verts, la puissance publique impose des objectifs (quotas) de production d'électricité renouvelable aux entreprises électriques. Les certificats sont utilisés pour vérifier que les objectifs ont bien été atteints et constituent par ailleurs un système de flexibilité qui permet aux distributeurs d'atteindre leurs objectifs à moindre coût.

Les producteurs d'électricité renouvelable qui reçoivent des certificats verts correspondant à leur production vendent leur électricité au prix du marché et les certificats qu'ils détiennent aux distributeurs à un prix déterminé par l'offre et la demande. Pour réaliser leur quota, les distributeurs peuvent produire de l'électricité renouvelable, en acquérir ou acheter des certificats à des producteurs. Si le quota n'est pas atteint, des pénalités proportionnelles au nombre de certificats verts manquants peuvent s'appliquer. Le Royaume-Uni, l'Italie, la Belgique, la Pologne et la Suède ont adopté des dispositifs de certificats verts pour soutenir le développement des énergies renouvelables.

Les dispositifs de soutien en faveur des chauffe-eau solaires

Les subventions directes

Elles sont destinées à réduire le prix d'achat des systèmes solaires et à améliorer le temps de retour sur investissement qui restent les principales contraintes à la diffusion de ces équipements. Elles offrent également la possibilité d'apporter un soutien différencié en fonction de critères de qualité portant sur les équipements eux-mêmes ou sur les installateurs. Enfin, elles attestent de l'intérêt que les autorités publiques portent à ces technologies, ce qui, avec l'annonce d'objectifs de développement ambitieux, peut contribuer à mobiliser les professionnels de la filière et conforter les acheteurs sur la fiabilité des équipements.

Les crédits d'impôts et incitations fiscales

Les incitations fiscales se présentent sous différentes formes : réduction des taxes (TVA, par exemple) appliquées aux équipements, à l'installation ou, le cas échéant, à l'importation, crédits d'impôts, amortissement accéléré, etc. Dans les objectifs, elles sont tout à fait comparables aux subventions directes, mais présentent l'intérêt pour les finances publiques de se traduire par une absence de recette plutôt que par une dépense supplémentaire. En revanche, le crédit d'impôt ne diminue pas la barrière de l'investissement, comme le font les subventions directes, et ne permet donc pas de toucher les ménages à bas revenus.

Les prêts à taux bonifiés

L'accès au crédit est un autre moyen d'abaisser la barrière de l'investissement, à condition de proposer des taux plus avantageux que les taux habituels des prêts à la consommation. Les dispositifs de crédits sont souvent mis en place en complément des subventions directes pour réduire le coût restant à la charge des investisseurs.

Les approches réglementaires

Même lorsque le marché a atteint une certaine maturité, les systèmes d'ECS solaire ne sont pas utilisés dans l'ensemble des situations qui pourraient le justifier sur le plan économique. C'est pourquoi la réglementation qui impose le recours aux énergies renouvelables est une solution pour élargir la diffusion et profiter de rendements croissants d'adoption.

La municipalité de Barcelone a adopté une réglementation de ce type en 1999 qui stipule que dans tous les bâtiments qui y sont soumis, 60 % des besoins de chaleur pour la production d'eau chaude doivent être fournis par l'énergie solaire. Résultat : la surface moyenne de capteurs installée chaque année est passée de 1 650 m^2 avant l'ordonnance à 19 600 m^2 en 2004 !

Quelle est l'efficacité des dispositifs existants ?

Les instruments de promotion de l'électricité renouvelable

Des études récentes conduites notamment par la Commission européenne font apparaître un net avantage comparatif en faveur des dispositifs de prix garantis, notamment pour l'éolien et le photovoltaïque, et une majorité de pays européens les ont aujourd'hui adoptés.

L'efficacité des dispositifs de prix garantis est due aux bonnes perspectives de rentabilité des investissements et à la faiblesse du risque encouru par les développeurs de projets ; avec les prix garantis, le risque de marché est nul du fait de l'obligation d'achat et la rentabilité des projets dépend essentiellement du niveau des prix garantis et de la capacité des investisseurs à maîtriser leurs coûts. Autre avantage essentiel, la possibilité de différencier les prix pour tenir compte de l'inégale maturité des technologies : il est ainsi très facile de racheter le kWh produit par l'éolien *off shore* à un prix plus élevé que le kWh *on shore*, pour que la rentabilité des deux investissements soit du même ordre et que l'incitation à investir dans les deux filières soit comparable. De même, il est possible de définir un tarif d'achat spécifique pour le photovoltaïque, très supérieur à celui de l'éolien sans pour autant créer une rente en faveur du premier.

Avec les systèmes d'enchères, il est possible d'organiser des appels d'offres différents pour chaque filière technologique, mais les coûts administratifs sont beaucoup plus importants qu'avec des prix garantis. Par ailleurs, l'expérience de la Grande-Bretagne, notamment, a fait apparaître les limites du dispositif pour ce qui concerne le développement industriel (effet de *stop and go*) ainsi qu'un effet contreproductif de la forte pression à la baisse sur les prix.

Avec les dispositifs de quotas échangeables, la différentiation devient tout simplement impossible puisqu'il n'existe qu'un seul prix de certificat et que seules les technologies les plus matures profitent du dispositif. Ce dispositif ne prend en réalité tout son sens que dans un espace économique élargi, par exemple à l'Union européenne. Les différences de coûts entre les états membres peuvent alors justifier la mise en place d'un système de flexibilité comme le permettent les certificats verts. Il reste toutefois extrêmement complexe à mettre en œuvre, à la fois sur le plan administratif et politique.

En contrepartie, on a reproché aux prix garantis de ne pas être totalement compatibles avec la libéralisation du marché électrique (l'obligation d'achat pour les distributeurs), de ne pas susciter la concurrence entre les producteurs renouvelables et, en conséquence, de coûter trop cher aux contribuables. L'expérience allemande montre toutefois qu'un dispositif de prix garantis bien pensé peut limiter les rentes entre producteurs et stimuler le progrès technique malgré l'absence de concurrence directe.

Au final, les systèmes de prix garantis présentent une efficacité reconnue pour stimuler le développement des nouvelles technologies de l'énergie et une efficacité économique tout à fait comparable, sinon supérieure, à celle des enchères ou quotas échangeables. Ils sont à recommander pour les filières émergentes, même si d'autres instruments peuvent intervenir de façon complémentaire (subventions à l'investissement, enchères concurrentielles).

Les instruments de soutien au développement de l'eau chaude sanitaire solaire

Il peut être tentant de développer une filière locale de production de capteurs solaires et de la protéger, au moins provisoirement, de la concurrence extérieure en instaurant des taxes élevées sur les matériels importés. En Nouvelle-Calédonie, deux entreprises produisent ainsi des capteurs solaires sans être directement exposées à la concurrence internationale. Cette politique légitime de protection des emplois locaux peut être contre-productive pour le développement d'une filière technologique. La Tunisie avait ainsi, dans les années 1990, souhaité soutenir le développement d'une société nationale de production de capteurs en taxant les importations de matériels concurrents. Mais la société nationale a fait faillite en raison des performances insuffisantes des matériels commercialisés et de prix trop élevés. Cet exemple souligne la difficulté à protéger durablement une filière industrielle émergente comme celle-ci (sur laquelle le progrès technique est encore significatif) en établissant des frontières étanches avec la dynamique technologique internationale.

Les subventions directes sont efficaces pour stimuler le développement de la production d'ECS solaire, mais elles ne suffisent pas seules à abaisser la barrière de financement. Pour les ménages à bas revenus notamment, la disponibilité de crédits à taux préférentiel est indispensable. Il est même possible de définir les remboursements des prêts en fonction des économies que le système d'ECS permet de réaliser pour ne pas limiter le pouvoir d'achat des familles les plus pauvres.

Le programme Prosol mis en œuvre en Tunisie, par exemple, organise le financement à crédit des systèmes d'ECS solaire et le remboursement des mensualités d'emprunt par le biais des factures d'électricité. L'opération débutée en avril 2005 a permis l'installation de 7 200 systèmes d'ECS solaire, soit l'équivalent de 23 000 m^2 sur une base annuelle (contre 14 000 m^2/an les années précédentes).

Les subventions présentent cependant plusieurs inconvénients, dont le principal est le coût pour les finances publiques lorsque les incitations portent sur un volume important et sur des durées longues. Elles peuvent aussi avoir des effets négatifs sur les marchés (impact négatif sur la demande et possibles répercussions sur les prix).

La réglementation permet aussi d'élargir le marché des systèmes d'ECS solaire comme le montre l'exemple de Barcelone. Il faut toutefois veiller à imposer des niveaux de performance minimum (standards ou labels de qualité) pour éviter que l'obligation d'utiliser l'énergie solaire ne profite à des équipements à bas coûts mais inefficaces. En complément, la mise en place d'incitations économiques peut être nécessaire pour que les surcoûts initiaux qu'impose la réglementation (au moins au début) n'entraînent pas une augmentation du coût de la construction et une difficulté d'accès à la propriété des ménages les moins fortunés.

Conclusions et potentiel d'application à la Nouvelle-Calédonie

Pour les filières de production d'électricité d'origine renouvelable et sur la base du retour d'expérience international en la matière, l'adoption d'un dispositif de prix garantis assorti d'une obligation d'achat par le distributeur nous semble être l'option à privilégier.

Le dispositif devrait concerner en priorité les technologies matures, comme l'éolien, l'hydraulique et le photovoltaïque. Ce qui signifie qu'il est encore prématuré de l'envisager pour des technologies comme l'énergie des océans, la géothermie ou le solaire thermodynamique qui doivent s'appuyer sur des programmes plus classiques de R&D puis de démonstration. Pour l'éolien *off shore* et la production d'électricité à partir de biomasse (si on devait considérer cette option), des projets de démonstration peuvent être nécessaires avant de passer à la phase de diffusion plus large qu'autorisent les prix garantis.

Sur quelle base définir les niveaux de prix garantis ?

L'élaboration des tarifs d'achat des kWh d'origine renouvelable peut répondre à deux logiques.

- Une logique de coûts évités qui conduit à proposer un prix correspondant au coût de production des moyens de production qui seront substitués par la production renouvelable, auquel il convient d'ajouter les externalités environnementales évitées par la production renouvelable. C'est la logique suivie par la Commission de régulation de l'énergie (CRE) dans son avis sur les tarifs d'achat de l'électricité éolienne en France.

■ Une logique de couverture des coûts de production du kWh d'origine renouvelable qui garantit une rentabilité minimum aux producteurs et incite donc au développement de nouvelles capacités de production ; l'élargissement de la diffusion induit des processus d'apprentissage qui favorisent la baisse des coûts et l'amélioration des performances, ce qui se traduit en retour par une accélération de la diffusion.

La seconde approche conduit à des tarifs plus élevés que la première, mais elle se justifie pour des technologies émergentes qui bénéficient d'une dynamique de baisse de coûts favorable. Dans le cas de la Nouvelle-Calédonie, le tarif devra intégrer l'existence de la double défiscalisation et son impact sur les coûts d'investissement pour éviter de créer des rentes en faveur des producteurs.

Un élément important des dispositifs de prix garantis, outre la différenciation entre filières, est la tarification dynamique qui se traduit par une diminution régulière des tarifs d'achat pour les nouveaux entrants et impose une réduction parallèle des coûts de production pour maintenir les marges. Négocié avec le constructeur d'éoliennes, un dispositif de ce type pourrait rendre visibles les baisses de coûts attendues sur la production éolienne en Nouvelle-Calédonie et, simultanément, la réduction des aides publiques sur ce secteur.

Pour la production d'eau chaude sanitaire solaire, l'expérience internationale révèle que les subventions sous formes d'aides directes ont presque partout été nécessaires au décollage de la filière, mais qu'elles ne sont réellement efficaces que lorsque l'offre est suffisamment diversifiée (est-ce le cas en Nouvelle-Calédonie ?). Des dispositifs complémentaires aux aides directes sous forme de prêts bonifiés ou des systèmes de tiers investisseurs sont également efficaces dans certaines situations, notamment pour stimuler la diffusion auprès des ménages à bas revenus.

Le cas de l'eau chaude sanitaire solaire illustre surtout l'intérêt de mesures complémentaires comme des subventions associées à des labels de qualité ou des aides directes complétées par un accès facilité au crédit. Outre ces modes d'action classiques, l'approche réglementaire pourrait être étudiée pour la Nouvelle-Calédonie. Elle suppose une forte volonté politique, mais présente l'intérêt d'une efficacité certaine. Compte tenu des temps de retour que présentent les installations d'ECS solaire en Nouvelle-Calédonie, l'instauration d'une contrainte réglementaire n'introduirait pas de surcoûts significatifs pour les ménages et présenterait des avantages importants, en termes d'environnement notamment. La mise en place d'une action de ce type nécessite toutefois d'agir à différents niveaux pour informer et sensibiliser la population, élargir l'offre disponible, améliorer la qualité, former les installateurs, modifier les règles d'urbanisme pour tenir compte de l'option solaire, et, plus largement, motiver et impliquer l'ensemble des acteurs de la filière.

Le cas des biocarburants

Avant de s'interroger sur les instruments à mettre en oeuvre, la première question est de savoir si l'on veut favoriser leur seule utilisation ou bien si l'on veut également développer leur production. Dans le premier cas, l'objectif est clairement de lutter contre l'effet de serre ; dans le second cas, il peut s'agir de réduire la dépendance énergétique de la Nouvelle-Calédonie ou de favoriser le maintien de populations rurales en développant une activé agricole.

Dans le cas de la Nouvelle-Calédonie, la manière la plus économique d'atteindre le premier objectif est sans doute d'imposer aux importateurs de produits pétroliers un contenu minimum de biocarburants dans les carburants qu'ils distribuent. Ils s'approvisionneront sur le marché international où les prix ont des niveaux bien inférieurs à ceux que pourrait atteindre une production locale ne bénéficiant pas des mêmes avantages comparatifs (main-d'oeuvre bon marché, vastes territoires exploitables à proximité des usines de traitement).

En deçà d'une certaine teneur (10 % ou 30 % selon les cas), l'utilisation de ces mélanges ne demande pas de modification des moteurs. Il se peut que le prix de revient de ces mélanges soit pour quelque temps encore supérieur au prix du carburant pur, mais cet écart de prix (comme une taxe carbone) serait une incitation à réduire la consommation.

Si l'objectif est seulement de subventionner le maintien de populations rurales tout en réduisant marginalement la dépendance énergétique de la Nouvelle-Calédonie, on peut imaginer de favoriser la production d'huiles végétales brutes qui, après filtrage poussé (1 µm à 5 µm) et neutralisation, peuvent être directement injectées dans un moteur diesel souvent peu sensible au carburant utilisé, mais pas dans les voitures diesel récentes ni dans n'importe quelles conditions.

Les projets devront donc faire l'objet d'une évaluation au cas par cas pour juger de leur viabilité économique et environnementale et du niveau de subvention requis. Une première subvention consiste à exempter les carburants produits de toutes les taxes qui frappent les produits pétroliers.

Disponibilité des données

Les données concernant le rayonnement solaire et le vent sont relativement bien identifiées. Si la voie de la production d'électricité solaire thermodynamique à concentration s'avérait intéressante, il serait sans doute nécessaire de mieux identifier la part du rayonnement direct puisque la part diffuse ne contribue pas à cette production, et de rechercher sur l'ensemble territoire les sites éventuellement favorables.

Les ressources géothermiques semblent faibles, mais n'ont pas vraiment été identifiées. La géothermie, en présence de sites favorables, permet d'obtenir à relativement bon marché une production d'électricité de base qui pourrait se révéler très intéressante, notamment pour l'industrie du nickel.

En ce qui concerne les ressources marines, les courants marins globaux sont assez bien identifiés mais les focalisations locales le sont moins. Toutefois, il est très peu probable que les gisements soient significatifs et les rares lieux où les courants pourraient être suffisamment intenses (valeurs supérieures à 2 ou 3 m/s) sont exploités pour d'autres usages, notamment la navigation (dans les passes de la barrière de corail en particulier). Reste la ressource houlomotrice que la Société de recherche du Pacifique (SRP) a commencé à évaluer sur ses fonds propres[21] : les séries de données encore incomplètes recueillies laissent espérer un potentiel qui, sans être exceptionnel, n'est cependant pas négligeable. Si la voie de la houlogénération devait être retenue pour la production d'électricité, il serait nécessaire de mener des campagnes de mesures plus importantes, notamment sur des

[21] Informations recueillies auprès de Guillaume Dréau, ingénieur Énergies nouvelles à la SRP.

sites plus nombreux, sans doute au sud-est de la Grande Terre, voire tout le sud, car les houles dominantes viennent du sud-est et sont atténuées par l'archipel.

Enfin, pour l'exploitation de l'énergie thermique de l'océan, procédé également très intéressant pour disposer d'une production de base peu fluctuante, il serait utile d'avoir une meilleure connaissance de la répartition en profondeur et dans le temps des températures des eaux.

Conclusion et recommandations

Pour le détail des recommandations exposées ci-dessous, le lecteur pourra se reporter aux fiches de recommandations rassemblées à la fin de la synthèse (p. 387), après la partie « Conclusion et recommandations ».

Quelles filières expérimenter en Nouvelle-Calédonie ?

L'éolien est déjà largement exploité pour la production d'électricité, notamment sur la Grande Terre, mais, semble-t-il, avec une productivité inférieure à ce qui se fait en général (probablement à cause de problèmes de maintenance ou de gestion du réseau). À court et moyen termes, les coûts de production devraient encore diminuer pour être comparables à ceux de l'électricité thermique, surtout lorsque les coûts des combustibles augmenteront significativement.

La production photovoltaïque commence seulement à se développer en situation raccordée au réseau. Elle dispose également d'un potentiel important qui peut, par exemple, permettre de soutenir et compenser la consommation des climatisations électriques. Les prix sont encore élevés, mais devraient baisser significativement et, dans une dizaine d'années, permettre des gains substantiels en économies de combustibles fossiles. La production photovoltaïque peut se faire en toiture, sans consommation d'espace supplémentaire et en rapprochant la production de la consommation, et également en fermes centralisées. Ces développements tiendront principalement aux incitations tarifaires éventuelles, les deux situations pouvant d'ailleurs faire l'objet d'incitations différentiées.

À court et moyen termes, nous préconisons un déploiement plus ambitieux des technologies éoliennes et photovoltaïques, suffisamment matures pour ne pas prendre de risques exagérés. Celui-ci nécessitera alors de mieux optimiser la gestion des réseaux, c'est-à-dire de mettre en œuvre des incitations tarifaires adaptées (effacement des pointes, tarifs heures de pointes/heures creuses), une planification exploitant une prédiction météorologique avancée, et de faire en sorte que toutes les informations de productivité et de production soient transmises par les exploitants de façon totalement transparente au gestionnaire du réseau. Enfin, l'implantation de moyens de stockage devra accompagner ce déploiement si l'on souhaite augmenter le taux de pénétration de la production intermittente (théoriquement au-delà de 30 %, en pratique sans doute avant).

Nous préconisons d'étudier plus particulièrement le stockage hydraulique gravitaire car le relief de la Nouvelle-Calédonie semble bien s'y prêter. La possibilité d'exploiter l'eau de mer dans le cas de systèmes situés en bord de mer pourrait permettre une économie d'investissement substantielle, à condition que le bassin supérieur de stockage garantisse une totale étanchéité pour éviter des pollutions de l'eau douce et des écosystèmes. Une étude technico-économique, prenant en compte la nécessité d'une minimisation des risques environnementaux et sismiques nous semble indispensable. Il est également envisageable de tester d'autres solutions de stockage (par exemple, sodium soufre), à l'instar de ce qu'a prévu l'île de la Réunion.

En ce qui concerne la valorisation énergétique de la biomasse, deux ressources principales d'importances inégales sont à considérer : les déchets humides pour la production de biogaz et la biomasse ligneuse pour la production de chaleur et/ou d'électricité.

À court terme, nous préconisons une évaluation du potentiel de valorisation des déchets pour la production de biogaz (méthane), en particulier dans les zones à forte densité de population où une exploitation comme carburant pour des bus ou autres véhicules lourds est possible. À priori, la petite méthanisation semble moins pertinente puisque l'élevage se pratique en ranching et qu'il n'y a pas de concentration suffisante des déchets organiques pour les méthaniser.

À court et moyen termes, la transformation de la biomasse ligno-cellulosique en combustible exploitable pour la production de chaleur, puis d'électricité dans des centrales thermiques pourrait être intéressante. Elle est, en effet, extrêmement simple et peu énergétivore contrairement à celle en biocarburant. D'un point de vue purement technique, environ 1 % de la superficie du territoire (soit 18 000 ha) pourrait donner environ 300 GWh annuels, à condition de trouver les superficies disponibles et mécanisables et, bien sûr, d'inciter à la création de telles filières.

Nous préconisons d'évaluer ce potentiel qui pourrait se révéler particulièrement intéressant. La technologie des centrales à lit fluidisé circulant présentant l'avantage de pouvoir substituer une part du charbon actuel par de la biomasse ligno-cellulosique, on disposerait là d'un moyen significatif de réduire la dépendance énergétique de la Nouvelle-Calédonie. Notons que cette possibilité a déjà été étudiée par la SLN qui a estimé que le gisement calédonien était insuffisant et/ou insuffisamment organisé, mais le rapport EEC nous conduit à insister sur l'intérêt d'apporter un regard nouveau à ce sujet. Dans une note récente (SLN, Projet Centrale C – Mémoire de réponse, octobre 2008, pp.15-16), la SLN indique que sur ses nouvelles centrales charbon à lit fluidisé, des équipements seront intallés pour pouvoir bruler jusqu'à 10 % de biomasse (soit 60 000 t) ce qui nécessitera la mise en place d'une filière d'approvisionnement adaptée. Par ailleurs, la SLN envisage la possibilité de compenser une partie des émissions de CO_2 liées à la combustion de charbon en développant des puits de carbone (nouvelles plantations).

Pour les sites isolés, le photovoltaïque reste la solution la plus pertinente (fiabilité, coûts), en configuration PV avec stockage pour les petites installations (les résultats d'exploitation d'Enercal sont d'ailleurs très positifs). Dans les îles, lorsqu'il s'agit de microréseaux, les configurations hybrides (PV et/ou éolien avec groupe électrogène, par exemple à l'huile de coprah, et avec stockage) présentent sans doute la meilleure solution du point de vue économique. Sur la base notamment des retours d'expérience actuels, nous préconisons d'étudier de telles solutions dans les conditions météorologiques spécifiques des îles.

Les perspectives de valorisation de la biomasse sous forme de biocarburants nous semblent en revanche plus incertaines, même si l'expérience en cours de valorisation du coprah doit être poursuivie. Dans les îles, la production d'huile de coprah et sa combusation dans des groupes électrogènes diesel ont été démontrées. Malheureusement, les nouveaux moteurs diesel ne peuvent plus brûler directement ces huiles : il faut introduire une étape de transestérification pour obtenir un carburant compatible avec les moteurs modernes et leurs normes de rejets, ce qui est techniquement réalisable à l'échelle d'une petite île. Il n'est d'ailleurs pas exclu que certains fabricants relancent la production de moteurs adaptés aux huiles végétales brutes.

À moyen terme, les centrales solaires thermodynamiques à concentration semblent constituer une voie de production d'électricité particulièrement attrayante. Cette technologie, déjà relativement mature, n'exploite que la part directe du rayonnement solaire, elle nécessite donc des sites bien exposés. Nous suggérons tout d'abord une recherche de sites privilégiés répondant à cette condition disponibles sur le territoire (superficies nécessaires de l'ordre de 1 ha par MW pour une productivité comprise entre 3 et 5 GWh/ha). L'un des avantages majeurs de ces usines de production d'électricité réside dans la possibilité de réaliser un stockage intermédiaire de chaleur qui permet un certain découplage entre la production électrique et le rayonnement solaire et offre donc la possibilité de produire de l'électricité la nuit. Enfin, la taille des unités actuellement en construction dans le monde est bien compatible avec les exigences du réseau de la Grande Terre qui pourrait par conséquent accueillir une telle centrale. Nous recommandons une veille active sur les réalisations en cours dans le monde, puis une étude plus précise pour évaluer les caractéristiques techniques et économiques appliquées à la Nouvelle-Calédonie lorsque le retour d'expérience sera suffisant.

Globalement, mieux exploiter des ressources locales renouvelables demande de mieux les connaître, c'est pourquoi, nous recommandons d'établir, dès maintenant, un atlas des ressources énergétiques, complémentaire à l'existant ou mis à jour.

À moyen terme et de façon encore plus marginale, on peut penser à valoriser la chaleur fatale des centrales thermiques de production d'électricité pour la production de biocarburants de première génération. Cette chaleur permettrait d'améliorer le bilan énergétique de production de bioéthanol et de baisser son coût de manière significative. Celui-ci pourrait ensuite être incorporé à l'essence utilisée dans les transports automobiles dans les limites des possibilités des moteurs actuels (15 % d'éthanol sans modifications). Notons que cette filière nécessiterait le développement de cultures énergétiques dont il faudrait s'assurer qu'elles ne rentrent pas en compétition avec les cultures alimentaires.

Sur le long terme, la production algale et l'hydrolyse des esters associés pourraient constituer une source intéressante de carburants liquides. Mais la chaîne des technologies nécessaires est encore immature et de nombreuses difficultés subsistent. Compte tenu de la situation maritime privilégiée des îles, nous recommandons une veille technologique dans ce domaine.

À long terme également, l'exploitation de l'énergie thermique des mers (ETM) pourrait constituer une voie intéressante pour la production de base et le remplacement des centrales à charbon, en particulier pour l'industrie du nickel. Pour bien évaluer le potentiel, nous recommandons une évaluation des gradients de température des eaux (jusqu'à environ 1 000 m) sur une durée de quelques années, afin de prendre en compte les fluctuations climatiques sensibles dans cette région, ainsi qu'une veille technologique sur les centrales ETM. Une meilleure connaissance de la ressource et des technologies expérimentées permettrait de préparer l'accueil éventuel d'expériences de production ETM, comme la Polynésie semble vouloir le faire avec son projet d'usine pilote de 5 MW à Tahiti. Notons également que le constructeur naval DCNS s'implique actuellement (2009) dans un projet de construction d'un démonstrateur de 1,5 MW à la Réunion (les premiers dimensionnements font état d'une plateforme *off shore* de 7 000 tonnes, de 30 m de diamètre et 15 m au-dessus de la surface.

Les émissions et les réductions d'émissions de gaz à effet de serre en Nouvelle-Calédonie

Les chocs pétroliers avaient fait prendre conscience de la nécessité de réduire les consommations d'énergies fossiles. Avec la menace climatique, il faut intensifier la maîtrise de ces consommations, car en continuant à augmenter les émissions nettes de gaz à effet de serre, le risque est aujourd'hui d'aboutir à des dérapages incontrôlables du climat.

Pour cela, il convient non seulement de promouvoir les économies d'énergie, d'utiliser les meilleures technologies disponibles pour les activités émettrices de CO_2 et de recourir aux énergies renouvelables, mais aussi d'augmenter les stocks de carbone et, en particulier, de recourir au stockage géologique de CO_2.

La question climatique et les émissions de gaz à effet de serre

C'est le rapport de 1990 du Groupe intergouvernemental sur l'évolution du climat (Giec) qui a alerté la communauté internationale sur la nécessité d'agir pour limiter le changement climatique provoqué par les émissions de GES.

Le Groupe intergouvernemental sur l'évolution du climat (Giec ou IPCC)

Le Giec mis en place en 1988 sous l'égide des Nations unies dépend de l'Organisation mondiale de la météorologie (OMM) et du Programme des Nations unies pour l'environnement (PNUE). Il fait l'état des connaissances sur la question climatique à l'intention des décideurs politiques : sur la climatologie (Groupe 1), sur les impacts et l'adaptation aux changements climatiques (Groupe 2), sur les moyens d'atténuer ces changements en réduisant les émissions de GES (Groupe 3) et sur les méthodes pour déterminer ces émissions (Groupe 4). Une architecture à plusieurs niveaux garantit la qualité et l'indépendance des évaluations scientifiques. Le Giec a reçu le prix Nobel de la Paix en 2007, conjointement avec Al Gore.

Pour ce qui concerne la Nouvelle-Calédonie, on notera trois rapports spéciaux ; sur la capture et la séquestration géologique du CO_2, sur le stockage du carbone dans la végétation et sur les émissions de gaz fluorés également considérés sous le protocole de Montréal (www.ipcc.int).

Les concentrations des gaz à effet de serre dans l'atmosphère sont passées de 280 ppm au début de la révolution industrielle à près de 400 ppm aujourd'hui. Selon des travaux récents (Ramstorf 2009), le niveau moyen des mers pourrait s'élever d'un mètre d'ici à 2100, si nous continuons avec le rythme actuel d'émissions de GES.

Pour stabiliser le climat d'ici à 2050, il faudrait diviser les émissions mondiales actuelles par deux. En 2050, le climat serait alors plus chaud qu'actuellement d'environ 2 °C. En effet, même si on arrêtait brutalement toutes les émissions anthropiques de GES, le réchauffement se poursuivrait encore pendant une trentaine d'années à cause de l'excédent de ces gaz déjà accumulé dans l'atmosphère. En divisant ces émissions par deux, on espère au moins pouvoir éviter des changements encore beaucoup plus importants d'ici la fin de ce siècle. Aussi, les chefs d'États présents au sommet du G8 à Hokkaido au Japon, en juillet 2008, ont-ils adopté pour la communauté internationale cet objectif de stabilisation du climat.

L'ÉVOLUTION DU CLIMAT

Les hausses de température dues à l'augmentation de l'effet de serre auront des effets très divers, directement sur les températures et, indirectement, sur les précipitations et l'élévation des niveaux des océans. Les petites îles du Pacifique à faible élévation pourraient disparaître. Toutes les zones côtières, en général fortement peuplées, seront affectées ; les surfaces cultivables y diminueront et les intrusions salines deviendront plus menaçantes.

En d'autres endroits du globe, les précipitations devraient diminuer. Ce qui, combiné au réchauffement et à des évapotranspirations potentielles plus élevées, augmentera l'aridité dans certaines régions. Ailleurs encore, par exemple sous les hautes latitudes, les conditions pourraient devenir plus favorables pour les productions végétales, par suite de l'allongement des saisons de végétation.

L'évolution du climat et les petites îles

Les petites îles sont particulièrement vulnérables aux effets des changements climatiques, à la montée du niveau des mers et aux événements climatiques extrêmes (dont les cyclones). Dans les Caraïbes et les îles du Pacifique, 50 % de la population vit à moins de 1,5 km de la côte. L'augmentation du niveau des mers aggravera vraisemblablement les inondations, les tempêtes et l'érosion côtière. Les infrastructures aéroportuaires, maritimes et industrielles seront affectées ainsi que les routes situées majoritairement en bordure des côtes. Dans tous les scénarios, les pluviométries diminueront en été et ne seront en général pas compensées par leur augmentation en hiver.

La pêche commerciale et artisanale, une ressource importante pour bon nombre d'îles, sera également affectée par la fréquence et l'intensité d'El Niño. Quant à l'agriculture des zones côtières, elle est également menacée par l'élévation du niveau de la mer, les intrusions d'eau salée et la baisse des ressources en eau. Plus loin des côtes, elle sera probablement aussi affectée par les événements extrêmes comme les sècheresses et les inondations.

Dans les basses latitudes, le tourisme pourrait souffrir de ces changements ainsi que de l'augmentation des risques d'apparition de certaines maladies (dengue, paludisme, filariose, schistosomiase, etc.). Dans les hautes latitudes, les conditions pourraient au contraire devenir plus favorables.

L'évolution du climat en Australie et en Nouvelle-Zélande

Depuis 1950, la température moyenne a augmenté de 0,3 et 0,7 °C. Les vagues de chaleur sont plus fréquentes, les gelées plus rares. Les précipitations ont augmenté dans le nord-ouest de l'Australie et dans le sud-ouest de la Nouvelle-Zélande : en revanche, elles ont diminué dans le sud et l'est de l'Australie et dans le nord-est de la Nouvelle-Zélande. Les sécheresses sont devenues plus intenses en Australie. Les glaciers se sont modifiés de même que les couvertures neigeuses, ce qui a eu un impact sur les régimes des eaux, les écosystèmes et l'agriculture.

Au cours du XXIe siècle, les températures augmenteront très probablement, de même que l'intensité et la fréquence des vagues de chaleur et de sécheresse. Cela pourrait conduire à une aggravation des conditions hydriques vers 2030 dans les deux pays, entraînant un déclin des productions agricoles et forestières et une perte de biodiversité, dès 2020, dans certaines zones.

Les émissions de gaz carbonique

En dehors de la concentration de vapeur d'eau dans l'atmosphère, sur laquelle on a peu de prise directe, le gaz carbonique est le plus important des gaz à effet de serre. Les émissions *nettes* de gaz carbonique proviennent essentiellement des combustibles fossiles dans l'hémisphère nord et des changements d'utilisations des terres dans les pays en développement – déforestation, transformation des pâturages en terres labourées, urbanisation, reboisement artificiel ou spontané de terres cultivées puis abandonnées, etc.

Les cycles du carbone

L'augmentation ou non des émissions de CO_2 dans l'atmosphère dépend tout à la fois des consommations de combustibles fossiles, de leur substitution par des biomasses végétales et d'autres formes d'énergie renouvelables, des variations de stocks de carbone dans la végétation et de la séquestration géologique du CO_2. La complexité née de l'imbrication de ces différents cycles conduit souvent à des approches partielles, parfois assez éloignées de la réalité. Or, pour l'atmosphère, ce qui compte c'est la quantité et les variations nettes de CO_2. C'est pourquoi il nous a paru utile de faire figurer une série de schémas dans l'article plus complet qui figure dans le CD-ROM.

Les émissions de CO2 diffèrent selon les cas

L'utilisation de combustibles fossiles ou de biomasses végétales

Les rôles des productions d'énergie à partir de biomasses végétales et de combustibles fossiles diffèrent tant en absence qu'en présence de capture et de stockage géologique du gaz carbonique émis par les centrales. Avec les captures et les stockages géologiques des émissions de CO_2, le bilan net des émissions de CO_2 des combustibles fossiles pourrait devenir nul, alors que celui des bioénergies pourrait devenir négatif, c'est-à-dire se traduire par un prélèvement net de CO_2 de l'atmosphère.

Les changements d'affectation des terres

Lorsqu'il y a des changements d'utilisation des terres, les stocks de carbone dans la végétation et dans les matières organiques des sols varient également. Par exemple, le passage d'une forêt à une prairie fait perdre en moyenne 60 t de carbone (220 t de CO_2) par hectare au niveau de la végétation. En passant à une culture, on perd en outre de la matière organique au niveau des sols, soit environ 25 t de carbone par hectare, mais beaucoup plus lentement.

Le déboisement conduit à une perte rapide, en deux à trois ans, des stocks de matière organique dans la végétation. Alors que les pertes de matière organique des sols sont beaucoup plus lentes, d'environ 1 t de carbone par hectare et par an. Avec le boisement, les stocks de carbone dans la végétation augmentent de nouveau, mais lentement.

Les stocks moyens de carbone en forêt peuvent également varier, sans qu'il y ait pour autant des changements d'affectation des terres. Le stock moyen de carbone d'une forêt sous-exploitée pourra augmenter pendant un certain nombre d'années. Mais à long terme, celui d'une forêt non exploitée et non perturbée par des incendies, des tempêtes ou des insectes ravageurs, n'augmente plus guère. En revanche le stock de carbone d'une forêt surexploitée diminue.

La substitution de biomasses végétales à des énergies fossiles

L'utilisation de biomasses végétales à la place des combustibles fossiles, notamment de pétrole et de charbon, permet de réduire les émissions de GES provenant de ces derniers. En consacrant une petite surface supplémentaire pour produire un supplément de biomasse, on peut même produire des biomasses végétales neutres sur le plan énergétique et des émissions de GES.

À la différence des combustibles fossiles, les productions de biomasses végétales ont en revanche besoin de surfaces importantes. C'est une différence essentielle, particulièrement importante à souligner pour les pays, comme la Nouvelle-Calédonie, qui ont peu de surfaces agricoles cultivables et de faibles superficies de forêts exploitables. Il faut donc chercher à utiliser le plus efficacement possible tout à la fois les terres, pour éviter de déboiser quand les productions de biomasses alimentaires et non alimentaires doivent augmenter, et les énergies fossiles.

À noter également que les augmentations de productions de biomasses végétales alimentaires exigent soit d'augmenter les rendements agricoles soit de défricher des prairies ou des forêts. Mais les émissions annuelles de GES résultant de cultures, même fortement fertilisées, sont en général faibles (un centième) par rapport aux émissions résultant des changements des stocks de carbone consécutifs aux déboisements. Il faut donc, pour le climat, chercher à maximiser les productions agricoles et forestières par unité de surface, sous réserve que cela soit acceptable pour l'environnement local et la santé humaine.

Les dynamiques des stocks de carbone dans les différentes parties du monde

Les émissions annuelles nettes de CO_2 s'élèveraient maintenant à près de 10 milliards de tonnes de carbone (tC), soit 36,7 milliards de tonnes de CO_2 : environ 7,5 milliards de tC proviendraient des consommations de combustibles et d'autres produits fossiles et 1,5 milliard de tC proviendrait des défrichements. Mais les absorptions annuelles nettes par la végétation du monde s'élèveraient maintenant à environ 2,6 milliards de tC, soit environ 29 % des émissions nettes totales. Les absorptions nettes par les océans atteindraient 26 %. Le restant, environ 46 %, resterait dans l'atmosphère, contribuant ainsi au renforcement de l'effet de serre.

Les augmentations de stocks de carbone en forêt (ce que l'on appelle communément les « puits ») et les stockages géologiques du CO_2 dans la croûte terrestre devraient permettre d'absorber une partie des excédents qui s'accumulent dans l'atmosphère. Le stockage géologique sera certes plus coûteux que les déforestations évitées ou que l'augmentation des stocks en forêts, mais potentiellement plus important que l'augmentation des stocks de carbone en forêts.

Les autres émissions de gaz à effet de serre

Le méthane

À 100 ans, son potentiel de réchauffement global (PRG) est à poids égal 23 fois plus important que celui du CO_2, mais pour un horizon de 20 ans, ce PRG est de 62 fois plus important. À 50 ans – le nouvel horizon apparu depuis 2001 avec l'obligation de stabilisation du climat (division par deux des émissions mondiales de GES) –, ce PRG est 42 fois plus important que celui du CO_2, c'est-à-dire presque deux fois plus que ce que l'on considérait jusqu'à présent en prenant un horizon de 100 ans.

L'objectif de réduction des émissions de méthane issues des décharges, des mines et des élevages, devient ainsi d'autant plus important.

Le protoxyde d'azote

À l'horizon de 100 ans, l'impact de ce gaz dont la durée de vie est semblable à celle du gaz carbonique est, à poids égal, 296 fois plus actif que celui du CO_2. Les émissions de ce gaz sont importantes dans la fabrication du nylon et dans l'industrie des nitrates, où l'on peut les réduire moyennant des consommations d'énergie légèrement plus élevées ou en traitant correctement les lisiers des élevages industriels.

Il faut souligner que lorsqu'il y a des changements d'utilisation des terres, les émissions de protoxyde d'azote résultant des intrants agricoles sont relativement faibles par rapport aux émissions de CO_2, de même que par rapport aux réductions d'émissions de combustibles fossiles obtenues en convertissant toutes les récoltes de phytomasses pour remplacer ces derniers. On peut d'ailleurs encore souvent éviter des défrichements quand il faut augmenter les productions agricoles, par exemple en augmentant l'efficacité territoriale (productivité des surfaces déjà cultivées ou nombre de têtes de bétail par hectare). Dans le cas des biomasses végétales, il faut donc toujours considérer les bilans à l'échelle de tout l'espace rural et de toute la planète. Les approches ne prenant en compte que les variations au niveau des champs conduisent à des diagnostics erronés pour le climat.

Ainsi l'augmentation des rendements en blé en France a un peu augmenté les émissions de protoxyde d'azote et de CO_2 attribuables à la production et au transport des engrais ou des fumiers. Mais, sans ces augmentations de rendements, il aurait fallu défricher plus de 13 millions d'ha de terres pour augmenter de manière identique la production totale de blé, ce qui aurait conduit à émettre plus de 4 milliards de tonnes de CO_2 et à supprimer toutes les récoltes annuelles de bois. On doit donc chercher à diminuer les émissions de ce gaz en appliquant mieux les engrais organiques ou minéraux, mais en évitant de le faire au détriment des rendements et, plus généralement, de l'efficacité territoriale.

Les CFC, HFC et autres gaz de synthèse

Les chlorofluorocarbones (CFC) de l'industrie du froid et des mousses isolantes, les hydrofluorocarbones (HFC) fabriqués, tout comme les perfluorocarbones (PFC), pour remplacer les CFC (moindre nocivité pour la couche d'ozone), ainsi que l'hexafluorure de soufre (SF6) utilisé dans l'industrie électronique, sont des gaz de synthèse à potentiel de réchauffement beaucoup plus important que celui des gaz évoqués précédemment. Cependant, ils sont peu à peu éliminés à cause des engagements pris sous le protocole de Montréal et remplacés par des HFC. Ces derniers sont moins nocifs pour la couche d'ozone, mais ont des PRG également très élevés et sont comptabilisés sous la convention sur le changement climatique.

L'ozone troposphérique

L'ozone troposphérique est également important à considérer. Ce gaz n'a cependant pas été retenu dans la liste des gaz à réduire sous le protocole de Kyoto, car sa formation est difficile à prévoir. Le monoxyde de carbone qui résulte des mauvaises combustions des voitures, des chaudières et, surtout, des feux de forêts et de savane, est en partie responsable de sa formation.

Les émissions de protoxyde d'azote, de gaz de synthèse (hors ceux, comme les CFC comptabilisés sous le protocole de Montréal) et d'ozone troposphérique auraient été responsables, en 1990, d'environ 20 % de l'effet de serre additionnel comptabilisé sous la convention sur le changement climatique.

Les autres facteurs (aérosols, albédo)

Les aérosols sont de fines particules (de 0,01 à 10 µm) en suspension dans l'air qui modifient également le bilan thermique de la planète : sulfates émis par les volcans, cristaux de sodium et de chlore formés à partir de l'assèchement des embruns marins, particules émises par les centrales thermiques, feux de savanes et de forêts, etc. Les suies ou poussières noires absorbent les rayonnements et contribuent par conséquent au réchauffement. À la différence des gaz à effet de serre, les aérosols ne s'accumulent cependant pas dans l'atmosphère et leur durée de vie n'est en général que de quelques jours car ils sont éliminés par les pluies. Leur effet direct est globalement négatif, tandis que celui, indirect, qu'ils ont sur les nuages est encore mal quantifié ; c'est pourquoi les aérosols n'ont pas été pris en compte pour la première période d'engagement sous le protocole de Kyoto.

Les corps noirs absorbent tous les rayonnements qu'ils reçoivent, alors que les surfaces blanches (neige, glaciers, toits blancs des maisons des régions chaudes) en réfléchissent une très grande partie : c'est ce qu'on appelle *l'albédo*. La disparition des glaces augmentera le réchauffement en réduisant cette réflexion. Les changements de couverture végétale des sols modifient simultanément l'albédo et l'évaporation, donc les bilans thermiques locaux.

Les émissions de GES de la Nouvelle-Calédonie

Les inventaires des émissions de GES de la France au titre de la Convention cadre des Nations unies sur le changement climatique (CCNUCC), réalisés par le Centre interprofessionnel technique d'études de la pollution atmosphérique (Citepa), comprennent la métropole (MT), les DOM, les COM, la Polynésie française et la Nouvelle-Calédonie. Mais seuls la métropole et les DOM entrent dans le périmètre retenu sous le protocole de Kyoto.

Avec un PIB de 5,8 milliards d'euros, la Nouvelle-Calédonie atteint 0,3 % de l'ensemble qui atteignait 1 938,4 milliards d'euros en 2007, soit pratiquement la moitié de l'ensemble « Nouvelle-Calédonie plus collectivités d'outre-mer » (NC+COM).

Entre 1990 et 2007, les émissions de GES ont diminué de 5,6 % pour l'ensemble soumis à la contrainte Kyoto (métropole + DOM), de 6,5 % en métropole, mais elles ont augmenté de 73,4 % dans les DOM et de 63,5 % dans l'ensemble « Nouvelle-Calédonie + COM ». Dans cette comptabilité, l'essentiel de cette augmentation est attribuable à l'augmentation des émissions de gaz carbonique (+ 1,7 Mt), c'est-à-dire à l'industrie, aux transports et à la production d'électricité. Les émissions de méthane provenant des décharges et des fermentations entériques des ruminants ont peu varié. Les émissions de HFC, comptabilisés sous la Convention climat, ont augmenté de 0,1 million de tonnes d'équivalent CO_2.

Par habitant (mais cet indicateur est à prendre avec précaution pour les petits ensembles où dominent, comme en Islande, au Groenland ou en Nouvelle-Calédonie, des industries très intensives en carbone), les émissions de GES ont, entre 1990 et 2007, fortement diminué : de 13,6 % pour l'ensemble soumis à la contrainte Kyoto (métropole + DOM) et de 20,6 % en métropole. Elles ont en revanche augmenté de 36,8 % dans les DOM et de 10,7 % dans l'ensemble « Nouvelle-Calédonie + COM ». Elles sont passées respectivement de 9,6 à 8,3 teqCO_2 dans le périmètre de Kyoto, de 9 à 7,2 teqCO_2 en France métropolitaine, de 5,7 à 7,8 teqCO_2 dans les DOM et de 6 à 6,6 teqCO_2 dans l'ensemble « Nouvelle Calédonie + COM ».

On notera que les émissions pour l'ensemble des communautés d'outre-mer et de la Nouvelle-Calédonie représentent moins de 1 % de l'ensemble des émissions « métropole plus DOM » déclarées sous le protocole de Kyoto. En 1990, elles ne représentaient que 0,5 % de ces émissions. Mais, dans cet ensemble, 70 à 90 % des émissions de CO_2 proviennent vraisemblablement (« à dire d'expert ») de la Nouvelle-Calédonie.

Ajoutons qu'il conviendrait de comptabiliser aussi les émissions des produits alimentaires importés et de défalquer les émissions liées à la production de nickel, qui n'est évidemment pas consommée par les habitants du Territoire, mais exportée. Il ne faut pas, en effet, confondre les inventaires des émissions de GES sous le format des Nations unies, destinés à permettre l'obtention de réductions d'émissions vérifiables, avec les inventaires des émissions réelles moyennes par habitant dans un pays ou sur un territoire donné.

Pour une présentation détaillée des émissions des six gaz à effet de serre retenus dans le protocole de Kyoto – en métropole, dans les DOM et dans l'ensemble COM plus Nouvelle-Calédonie–, se reporter à la contribution intégrale qui figure dans le CD-ROM annexé.

Le captage et le stockage géologique du gaz carbonique

Le captage et le stockage durable du gaz carbonique (Carbone dioxide Capture and Storage ou, CCS) peuvent être obtenus par la voie géologique, une approche qui se distingue à bien des égards de la capture et du stockage de CO_2 par et dans la végétation. D'abord parce que celle-ci ne peut le stocker que temporairement – moins d'un an dans les plantes annuelles ou plusieurs siècles dans les phytomasses des arbres. Ensuite, parce que la capture du CO_2 s'accompagne d'une bioconversion de l'énergie solaire qui est alors stockée sous forme biochimique dans les phytomasses.

Tant que les arbres croissent, les stocks de carbone dans leurs phytomasses augmentent, de façon rapide quand les arbres et les peuplements sont jeunes, mais de moins en moins vite lorsqu'ils vieillissent. D'où une limite à la fonction « puits » de la végétation. Enfin, quand les phytomasses se décomposent, elles libèrent à nouveau le CO_2 qu'elles avaient prélevé dans l'atmosphère durant leur croissance.

Autre différence : alors que la bioconversion de l'énergie solaire et du CO_2 par la végétation (ou les algues) demande essentiellement de l'énergie solaire (qui est renouvelable), la capture et le stockage géologique de CO_2 demandent quant à eux un supplément d'énergie fossile. Le CO_2 stocké géologiquement ne peut plus fournir d'énergie, alors que l'accroissement du stock de carbone dans les phytomasses (ou la production de glycérides par les algues) donne des matières végétales dont la décomposition thermique (y compris comme biocarburant) ou biologique fournit à nouveau de l'énergie utilisable.

Ces options ne sont cependant pas exclusives l'une par rapport à l'autre ; le captage (suivi d'une séquestration géologique) d'une partie du CO_2 provenant de combustibles fossiles peut être combiné avec le captage du CO_2 provenant des biomasses végétales également brûlées dans ces chaufferies. Le stockage géologique du CO_2 d'origine biologique conduit cependant à un prélèvement net de CO_2 dans l'atmosphère, alors que celui de la totalité du CO_2 provenant des combustibles fossiles ne conduirait qu'à des productions d'énergies sans émissions nettes de CO2, (tout comme les productions de biomasses végétales renouvelées non combinées avec une séquestration géologique du CO_2 émis lors des conversions en énergie utile). Pour plus de détails, le lecteur est invité à se reporter aux schémas dans « Les émissions et les réductions d'émissions de gaz à effet de serre en Nouvelle-Calédonie » du CD-ROM. Le stockage géologique s'affirme cependant comme une option forte du développement de vecteurs énergétiques et de procédés industriels à moindre contenu en carbone. Selon l'AIE, les potentiels sont de 920 Gt pour les gisements épuisés de gaz ou de pétrole, compris entre 400 et 10 000 Gt pour les réservoirs salins profonds et supérieurs à 15 Gt pour les mines de charbon inexploitables. Le potentiel total est à comparer avec les émissions totales de CO_2 qui sont de l'ordre de 2 000 Gt/an, selon une projection du Giec concernant les années 2000 à 2050.

On estime qu'il est possible de stocker le CO_2 capturé à la sortie des centrales dans d'anciens puits de pétrole, de gaz, dans des aquifères salins ou encore par minéralisation du CO_2 dans des roches comme les péridotites. Ces dernières sont présentes dans de nombreux bassins du monde, en particulier dans celui d'Oman et en Nouvelle-Calédonie (voir plus loin).

Actuellement, le captage et le stockage du CO_2 ne sont envisagés que pour des sources importantes et localisées, principalement les centrales thermiques et les industries lourdes avec des rejets supérieurs à 100 000 tCO_2/an. Autant dire que les émissions diffuses de CO_2 par le secteur des transports et du résidentiel ne peuvent pas faire l'objet d'une capture en l'état. Les quantités de CO_2 rejetées dans l'atmosphère par les centrales de Nouvelle-Calédonie sont relativement faibles (Prony : 2*40 $MW_{electrique}$: 400 tCO_2/jour soit ~550 000 tCO_2/an et Doniambo : 3*70 $MW_{electrique}$ 4 000 t CO_2/jour soit ~1,4Mt CO_2/an) ; elles sont cependant faibles par comparaison avec celles rejetées par les centrales de grands pays industrialisés. Il faudra donc compter sur la mise au point – sans doute d'ici à 2020 – des technologies de capture dans des pays ayant les capacités de R & D requises. Le moment venu, celles-ci pourront faire l'objet d'un transfert vers les centrales de la Nouvelle-Calédonie. En revanche le stockage géologique dans les péridotites nécessitera des études et des mises au point sur place. L'ensemble de ces techniques de captage et de stockage ne deviendra sans doute pas économiquement compétitif avant 2020, et encore seulement sous contrainte climatique forte visant à stabiliser le climat d'ici à 2050, avec un prix de rachat à la tonne de CO_2 émise de façon nette avoisinant les 25 €/tCO_2 et un coût de stockage compris entre 60 et 80 €/t_{CO_2} !

Considérant l'intérêt croissant de développer des recherches dans le domaine du CCS, le ministère français de la Recherche a demandé à l'ANR de financer, de 2005 à 2008, un programme sur « le captage et le stockage du CO_2 ». Puis, en 2009, un nouveau programme sur « l'efficacité énergétique des systèmes industriels » a été amorcé dont les objectifs sont de valider des solutions technologiques et géologiques permettant de traiter durablement le CO_2 à un coût acceptable et de surveiller les stockages souterrains.

D'ores et déjà, des plates-formes sont construites (ou en projet) par les grands groupes industriels dans le monde, mais aucune technologie ne s'impose encore réellement. Pour déployer cette technologie il faudra prendre en compte le contexte économique et énergétique, sans oublier les aspects sécuritaires et d'acceptabilité par les populations. Il devra également comporter une approche systémique globale incluant la ressource énergétique, le procédé industriel de conversion chimique de l'énergie et la gestion des effluents, des particules et aérosols, et du bruit.

Les grandes orientations technologiques pour réduire le coût du captage du CO_2

Dans la chaîne de CCS, le coût le plus important est celui du captage du CO_2 qui consiste à séparer celui-ci des autres produits de combustion (l'azote pour des combustions à l'air, l'oxygène non consommé, l'eau et les polluants). Un des procédés envisagés consiste à effectuer une combustion dans de l'oxygène pur (oxy-combustion) ou dans de l'air enrichi en oxygène, de façon à obtenir en postcombustion et après séchage des fumées une forte concentration en CO_2 qui peut alors être capté plus facilement. Le coût énergétique de la production doit inclure la production d'oxygène. L'applicabilité du procédé est néanmoins soumise à une diminution drastique du coût de capture du gaz carbonique.

Les procédés en cours de développement pour le captage du CO_2 des centrales thermiques

Parmi les étapes de captage, transport et stockage du CO_2, c'est le captage qui déterminera le coût global de la CCS avec une contribution aux alentours de 75 % du coût global. Sachant qu'il pourrait aussi augmenter le coût de production de l'électricité de 50 %, c'est donc sur l'abaissement du coût de la capture que doit porter l'effort majeur pour rendre cette option économiquement acceptable. Trois systèmes de capture du CO_2 sont actuellement en cours de développement.

Le captage en postcombustion

L'opération de captage consiste à extraire le CO_2 des autres constituants des fumées au moyen de techniques d'absorption (chimique et physique), d'adsorption, cryogéniques ou membranes.

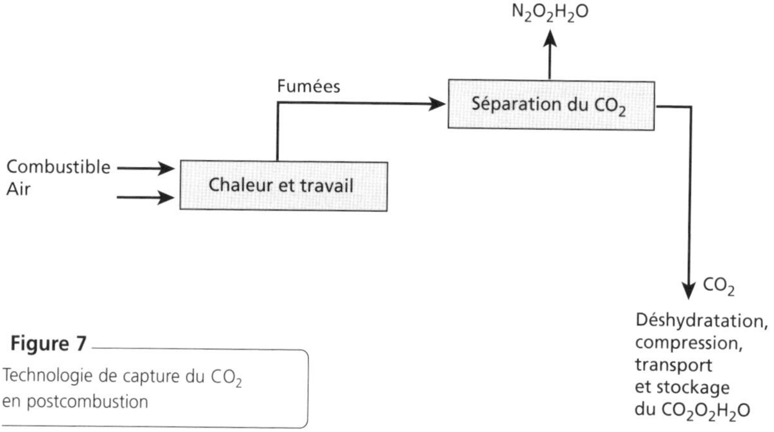

Figure 7
Technologie de capture du CO_2 en postcombustion

Réactions de combustion Charbon : C + Air ® CO_2 Gaz naturel CH_4 + Air ® CO_2 + H_2O.
Principe : élimination du CO_2 des fumées.

Il s'agit donc d'adjoindre une unité de captage du CO_2 à une centrale conventionnelle (chaudière ou turbine à gaz).

Dans le cas d'une chaudière à LFC, le combustible (lignite ou biomasse) est injecté avec l'air dans le foyer de la chaudière ; les échangeurs thermiques élèvent la température de la vapeur d'eau (700 °C) qui se détend dans une turbine à vapeur pour produire l'électricité grâce à un alternateur couplé. Les cendres sont récupérées dans la partie inférieure de la chaudière et les fumées sont dépoussiérées, désulfurées, refroidies et l'eau de combustion est condensée. Puis, le CO_2 est capturé (par absorption) par un solvant aux amines, ammoniac ou autres. Le solvant est ensuite régénéré par chauffage et relâche le CO_2 qui est alors compressé puis introduit dans le réseau de transport vers le lieu de stockage.

Dans le cas d'une TAG avec cycle combiné, le principe est semblable mais c'est une turbine à combustion ou à gaz, fonctionnant au gaz naturel, qui est utilisée et couplée à un alternateur. Pour accroître le rendement du procédé, une turbine à vapeur, couplée à un second alternateur, est utilisée pour valoriser la chaleur des gaz de sortie de la TAG.

Ce procédé est le seul capable de s'adapter directement sur une installation existante dès que les effluents du procédé de combustion sont suffisamment épurés pour satisfaire les conditions de compression, de liquéfaction, de transport et de stockage géologique du CO_2. Il faudra s'assurer de cela pour adapter les centrales de Prony, Doniambo ainsi que l'usine pyrométallurgique à la capture des effluents. Une étude préliminaire pourra imposer d'adjoindre des unités de dénitrification et de désulfurisation des fumées avant de procéder au captage du CO_2 ; en raison de l'investissement très important nécessaire, cela augmenterait le coût de la tonne de CO_2 évitée.

La capture en précombustion

L'objectif de ce procédé est de capturer le CO_2 en précombustion avec de l'oxygène, avant d'effectuer une combustion à l'air de l'hydrogène produit. Pour cela on effectue une gazéification du combustible (charbon, lignite, biomasse), généralement à la pression atmosphérique ou à haute pression (15 à 40 bars). Les produits de gazéification, appelés gaz de synthèse ou *syngas*, sont composés majoritairement d'un mélange CO/H_2. Ce rapport est ajusté en fonction de l'application, il varie avec le combustible utilisé et la quantité d'eau introduite sous forme de vapeur dans le gazéifieur. Le CO est oxydé en CO_2 (réaction de shift) qui va se retrouver en forte concentration

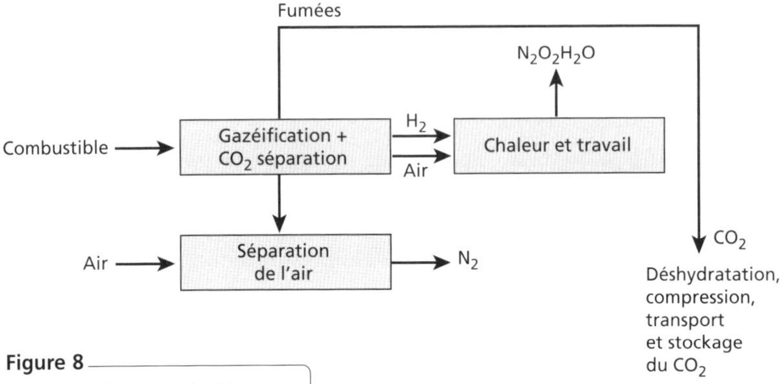

Figure 8

Technologie de capture du CO_2 en précombustion

Réaction de combustion
Charbon C + O_2 ® CO et CO + H_2O ® CO_2 + H_2 Gaz naturel CH_4 + H_2O ® CO_2 + H_2
Principe : combustion de gaz de synthèse sans carbone.

(15 à 40 %), et sera séparé de l'hydrogène. L'hydrogène est alors brûlé avec de l'air dans une turbine à gaz.

L'avantage majeur de cette technique est la production d'hydrogène à grande échelle. Même si le procédé a encore besoin d'être démontré, il présente à priori plus d'avantages. Il nécessite toutefois une unité de séparation de l'oxygène et de l'azote de l'air.

La technique de gazéification consiste en une oxydation partielle (ou ménagée) du combustible (charbon, lignite, biomasse). Lors de cette étape, le combustible est pyrolysé puis oxydé afin de former des gaz de synthèse composés d'un mélange de CO et de H_2. Le rendement de la gazéification est augmenté si elle est effectuée sous pression et en présence d'oxygène pur.

Une première filière consiste à produire des gaz de synthèse épurés, au moyen d'un procédé Fischer Tropsch (pour l'explication du procédé, se reporter à la partie « Les nouvelles technologies en matière de production et de stockage d'énergie », p. 115.

Une seconde filière consiste à convertir les gaz de synthèse en un mélange CO_2/H_2, par la réaction de shift avec injection de H_2O en présence d'un catalyseur ; le CO_2 est alors séparé de l'hydrogène sous pression par des procédés d'absorption chimique ou physique ; il doit ensuite être extrait par une technique de lavage par solvant ou toute autre technique (adsorption, membrane) applicable au traitement de gaz sous pression. Le CO_2 est ensuite conditionné pour un transport vers le lieu de stockage et l'hydrogène est épuré.

L'hydrogène est brûlé soit dans une chaudière, soit dans une turbine à gaz fonctionnant avec ou sans cycle combiné (combinaison de turbines à gaz et à vapeur), les instabilités de la combustion restant toujours un verrou à résoudre préalablement au déploiement de la technique.

Par rapport au captage du CO_2 dans les fumées d'une centrale à la pression atmosphérique, ce procédé à haute pression, dénommé IGCC (Integrated Gasification Combined Cycle) va permettre de réduire la taille du gazéifieur et de limiter la perte de rendement. C'est donc un gaz très riche en hydrogène qui sera brûlé dans la turbine à combustion et le CO_2 capté sera très propre (85 %). Cette technique est la seule qui ouvre la voie à des centrales productions d'électricité, de chaleur, et d'hydrogène peu émettrices de CO_2.

Néanmoins, il ne peut s'implanter que sur des installations neuves et pour des grandes capacités de production centralisée avec co-génération électricité-chaleur à partir de gaz naturel, de charbon, d'huiles lourdes ou de biomasse. En outre, la recherche doit continuer pour améliorer la disponibilité des centrales IGCC, diminuer le coût et la consommation énergétique de l'unité de production d'oxygène, développer de meilleurs catalyseurs pour la conversion *shift* du CO en CO_2, mettre au point des solvants plus performants pour l'absorption physique et maîtriser des méthodes performantes nouvelles pour la séparation CO_2/H_2.

La technique IGCC, actuellement la plus chère mais la plus à même de mener à une combustion très propre, est-elle appropriée à un déploiement en Nouvelle-Calédonie ? Sans doute non, si l'on considère que le Territoire n'a pas de débouchés pour un marché de l'hydrogène et que le fonctionnement d'un procédé IGCC utilisant de la biomasse n'est envisageable qu'avec du bois importé puisque la ressource végétale locale est insuffisante.

Les procédés d'oxy-combustion

L'objectif de ce procédé est d'obtenir un flux de CO_2 très concentré à la sortie de la chambre de combustion afin d'éviter d'avoir à le séparer de l'azote après la combustion. Pour cela, l'azote est exclu du système avant ou pendant les étapes de combustion/conversion. Le procédé va consister à produire un flux gazeux à très haute teneur en oxygène, obtenu à partir de la séparation de l'air en oxygène et azote, avant de l'introduire dans le foyer.

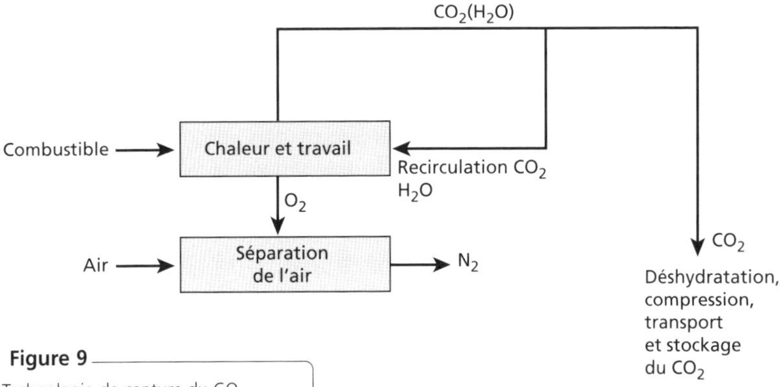

Figure 9

Technologie de capture du CO_2 par oxy-combustion

Réactions de combustion :
Charbon C + O_2 ® CO_2O Gaz naturel CH_4 + O_2 ® CO_2 + H_2O
Principe : Production d'un flux de CO_2 pur.

La combustion à l'oxygène est une technologie utilisée avec succès depuis de nombreuses années pour améliorer les performances des procédés industriels (en particulier les fours verriers). C'est aussi une des voies majeures pour réduire les émissions de CO_2. En effet, les produits de combustion sont alors essentiellement constitués de vapeur d'eau et de CO_2 dont la séparation s'effectue dans un premier temps par condensation. Plus précisément, l'étape de séparation du CO_2/azote dans les fumées en aval du procédé est remplacée par une étape de séparation d'air en amont du procédé.

Ce procédé particulièrement attrayant réduit en plus la taille des fours ou foyers, il augmente les transferts radiatifs flamme/cible (échangeurs thermiques) et diminue le bruit d'écoulement. Par contre les oxy-flammes sont très chaudes (T_{flamme}>2 800 K), ce qui pose des problèmes de tenue des matériaux et engendre une production de NOx très importante à partir de la moindre trace d'azote présente dans le four. Des techniques complexes de combustion étagée ou de dilution des réactifs dans des produits de combustion (CO_2-eau) avant combustion doivent alors être employées. Autre avantage, toutes les impuretés sont capturées en même temps que le CO_2 en sortie de chambre, le procédé étant découplé des produits de combustion.

L'oxy-combustion ne requiert pas de modifications majeures sur une installation existante et a prouvé sa faisabilité technique. Quelques problèmes spécifiques restent à résoudre comme la formation des suies, l'oxy-combustion diphasique, l'oxydation des parois en milieu oxydant à haute température, la filtration des effluents, les couplages thermo-acoustiques ainsi que la maîtrise des instabilités de combustion dans les turbines à gaz.

L'oxy-combustion du charbon pulvérisé (CP)

Le combustible est brûlé dans une chaudière à charbon pulvérisé (CP) fonctionnant avec un mélange d'oxygène (environ 25 % du volume) et de fumées recirculées (essentiellement du CO_2), et un *rétrofit* est possible sans modification de la géométrie de la chaudière. Ce procédé permet une adaptation simple à la technologie actuelle du CP à l'air ; des gains énergétiques importants sont possibles sur les systèmes de posttraitement des fumées avec lavage aux amines et les briques technologiques sont disponibles pour la séparation de l'air et le conditionnement du CO_2.

Reste un verrou concernant la production d'oxygène à grande échelle et à bas coût. Des analyses technico-économiques préliminaires sont actuellement réalisées pour des unités de 450 $MW_{electrique}$ ainsi que pour le dimensionnement d'une installation à charbon pulvérisé en oxy-combustion supercritique de 1 200 $MW_{electrique}$.

Quand elle sera disponible commercialement, cette technique sera adaptable à la centrale de lignite pulvérisé de Prony en tenant compte de la petite taille des unités, mais sans modification majeure de la chaudière ; seule une unité de séparation d'air devra être ajoutée. Les fumées nécessiteront le cas échéant une épuration avant un conditionnement et leur transport vers le lieu de stockage. Le délai de disponibilité commerciale de ce procédé est d'environ 10 ans.

L'oxy-combustion dans une chaudière à lit fluidisé circulant (LFC)

Le domaine d'application de cette technologie reste identique, c'est-à-dire la production d'électricité avec capture in situ du CO_2 pour une récupération assistée et un stockage. Le combustible est brûlé dans un lit fluidisé circulant compact fonctionnant avec un mélange d'oxygène (70 % vol.) et de fumées recyclées (essentiellement CO_2). Seule une adaptation simple de la technologie actuelle du LFC à l'air par extrapolation des lits extérieurs est nécessaire.

Des gains importants peuvent être réalisés sur les coûts en raison d'une diminution importante de la taille de l'îlot chaudière comparée à une version LFC à l'air, ainsi que sur le système de post-traitement des fumées du type lavage aux amines. Des analyses technico-économiques préliminaires ont déjà été réalisées pour des unités de 40 et 250 $MW_{electrique}$ et un développement est en cours pour le dimensionnement d'un LFC oxy-combustion supercritique de 400 $MW_{electrique}$ et de 600 $MW_{electrique}$.

En résumé, il n'y aurait pas d'obstacle technique à l'adaptation des installations industrielles calédoniennes à une oxy-combustion, puisque ce procédé s'applique aussi bien sur une chaudière à charbon pulvérisé ou à lit fluidisé que sur une turbine à gaz. Des modifications de la géométrie interne de la chambre seraient tout de même à réaliser, en particulier pour optimiser les recirculations internes ou externes permettant la dilution des réactifs dans les produits de combustion. L'implantation de l'option d'oxy-combustion sur les centrales électriques de Doniambo et Prony serait réalisable si une pré-étude économique et énergétique validait son intérêt.

LES PROCÉDÉS DE SÉPARATION ET DE CAPTAGE

La séparation du CO_2 par absorption aux amines

Ce procédé consiste à capter le CO_2 au moyen d'un solvant physique ou chimique dans une phase d'absorption. Pour l'optimiser, le choix de l'amine (mol CO_2/mol amine) s'effectue en fonction de sa concentration dans la solution aqueuse, de la chaleur de la réaction et de gazéification, de la cinétique chimique, du niveau de température de régénération, de la corrosion... Le solvant est ensuite régénéré par apport énergétique et le CO_2 libéré lors de la régénération est alors compressé puis dirigé vers le lieu de stockage. Notons que des recherches sont conduites sur les amines en Australie (Csiro).

Pour espérer le déploiement du procédé de captage aux amines, il faudra améliorer les techniques permettant de réduire fortement l'énergie de régénération, réduire la taille et le coût considérable des installations de capture, limiter les pertes de solvants et, enfin, résoudre les problèmes de corrosion dus à la présence d'oxygène et de CO_2.

La séparation du CO_2 par membranes

Il s'agit d'effectuer une séparation par perméation membranaire. Les membranes sont composées de matériaux polymères ou métalliques, ou zéolithiques, et ont une épaisseur pouvant varier de quelques nanomètres à quelques millimètres. Cette technologie est difficilement applicable pour la séparation du CO_2 dans des fumées atmosphériques du fait de la trop faible pression partielle du CO_2. Pour devenir compétitif, ce système doit être utilisé sur des fumées riches en CO_2 correspondant, par exemple, au cas d'une combustion à l'air enrichi.

Les verrous restent liés au développement de nouvelles membranes plus perméables au CO_2 dont le prix et la tenue mécanique, thermique et chimique seraient améliorés. Ce procédé devient compétitif dès que les différences de pression et de concentration entre les côtés de la membrane augmentent.

La séparation du CO_2 par procédé cryogénique (procédé Armines de givrage/dégivrage)

Ce procédé consiste à givrer le CO_2 à pression atmosphérique sur des surfaces à basse température (- 120 °C) après avoir condensé la vapeur d'eau présente dans les fumées. Pour être économiquement performant, il doit être utilisé pour des fumées à haute teneur en CO_2. Son avantage est d'être applicable à des installations de combustion, existant dans tout secteur industriel. Il assure une bonne pureté du CO_2 et permet le passage direct du CO_2 solide au CO_2 liquide qui peut être introduit dans les pipelines – un avantage important du point de vue énergétique.

La séparation du CO_2 par adsorption sur un solide

Cette technique revient à adsorber le CO_2 contenu dans les fumées sur un solide en mode continu ou discontinu. Ce dernier est alors régénéré par un apport énergétique caractérisé par une élévation de la température ou par une baisse de la pression. Le CO_2 libéré lors de la régénération est dirigé vers son stockage. Le solide régénéré est ensuite réutilisé en adsorption. La limitation principale de ce procédé tient à la sélectivité et à la capacité des absorbants ainsi qu'à la réduction des surfaces adsorbantes afin de diminuer la taille des installations.

La recherche des solides destinés à la captation du CO_2 fait toujours l'objet d'intenses recherches, aussi bien au Japon qu'aux États-Unis. L'Institut français du pétrole (IFP) possède également une grande expérience de ce type de solides pour des applications autres que la capture du CO_2. Mais, comme précédemment, des recherches restent indispensables pour minimiser le coût énergétique de la régénération et le prix de l'adsorbeur, et pour réduire la taille des installations.

Les technologies de production d'oxygène

La distillation cryogénique apparaît aujourd'hui comme la seule voie susceptible d'être appliquée pour des unités commerciales d'oxy-combustion, à l'horizon 2015. En effet, les débits requis sont très importants (ordre de grandeur : 1 000 tO_2 par jour pour une centrale au charbon de 50 $MW_{electrique}$), ce qui rend actuellement impensable l'utilisation des autres procédés. Les technologies cryogéniques existantes atteignent des tailles de 5 000 tO_2/jour, et des études de design en cours ont établi que des tailles de l'ordre de 7 000 tO_2/jour seront atteintes dans les années à venir sans rupture technologique majeure. L'accès à la production d'oxygène sur le sol calédonien est donc envisageable.

La maîtrise de la technologie de production d'oxygène pour la production d'énergie est primordiale, mais d'autres aspects jouent un rôle non moins important et doivent être intégrés à la feuille de route pour la capture du CO_2 : ce sont la fiabilité, la disponibilité et la maîtrise de l'opération, la maîtrise des risques liés à l'utilisation d'oxygène et la possibilité d'intégration plus ou moins importante de l'unité de production d'oxygène dans le schéma global de production d'énergie.

Conclusion : ces techniques de piégeage du CO_2 sont-elles applicables à la Nouvelle-Calédonie ?

Toutes ces techniques de capture de CO_2 (membranes, cryogénique, absorption aux amines ou adsorption sur un solide) sont connues, mais aucune d'elles n'a atteint un degré de maturité suffisant pour être implantée sur une unité industrielle. Leur validation nécessite le développement de plateformes et de démonstrateurs et des efforts de recherche doivent encore être fournis. Les constructeurs devront proposer des solutions pour 2015 en livrant des centrales thermiques CO_2 Capture Ready.

Quelques filières innovantes de captage du CO_2

Le captage du CO2 par cycle calcium

Le procédé consiste à effectuer un cycle du calcium qui absorbe le CO_2 contenu dans les fumées pour former du carbonate de calcium. Ce dernier est régénéré sous forme de chaux après craquage dans un réacteur à un lit fluidisé circulant fonctionnant en oxy-combustion. Une simple condensation de l'eau conduit ensuite à un courant de CO_2 pratiquement pur qui peut ensuite être comprimé et transporté vers le lieu de stockage. Il est en outre possible de produire un ciment de type bellite à partir des pertes de produits calciques. Les avantages de cette technique sont le faible prix du calcaire, une technologie LFC bien maîtrisée et la faible quantité d'oxygène nécessaire. L'adaptation sur une installation existante est aisée.

Le procédé est encore à l'état de recherche et comporte quelques verrous liés à la durée de vie du composé calcique, au contrôle de la porosité lors des cyclages et aux écoulements de solides dans les réacteurs.

Le cycle chimique (lit fluidisé circulant)

Le domaine d'application de cette technologie est la production d'électricité avec capture *in situ* et stockage du CO_2. Il s'agit d'une combustion indirecte du charbon (ou du gaz naturel) par cycle chimique. Des solides vecteurs d'oxygène (oxydes de nickel, de fer ou de manganèse, par exemple) réalisent l'oxydation complète du combustible dans un lit fluidisé circulant en un mélange gazeux contenant principalement du CO_2 et H_2O. Une simple condensation de l'eau conduit ensuite à un courant de CO_2 pratiquement pur qui peut ensuite être conditionné et transporté. Les solides appauvris en oxygène subissent une oxydation complète dans un second LFC fonctionnant à l'air, avant d'être réinjectés dans le réacteur de combustion. Le nickel pourrait être ce vecteur d'oxygène.

La technologie du LFC CLC (Chemical Looping Combustion) est très proche de la technologie actuelle du LFC. L'oxygène est apporté sans la pénalité énergétique associée à une unité de séparation d'air et le coût d'investissement associé à l'unité de production d'oxygène est supprimé. Les principaux verrous identifiés résident dans la mise au point d'une barrière de carbone entre les deux LFC, la durée de vie des oxydes et la méthode d'élaboration de ces oxydes à grande échelle. L'adaptation au charbon constitue un pas important du développement et de l'intérêt de la filière. Le procédé en est à un stade initial de développement, une application commerciale résidus lourds/charbon étant envisagée vers 2015.

Conclusion générale concernant le captage du CO_2 sur les sites de production d'électricité et de traitement du nickel en Nouvelle-Calédonie

L'adjonction d'unités de capture de CO_2 sur les sites de Prony et de Doniambo sera coûteuse étant donné la faible puissance des centrales, même en tenant compte des décisions prises et des investissements engagés.

Quelle adaptation possible sur les installations actuelles ?

▪ *Pour la centrale de Prony à charbon pulvérisé*, malgré l'emploi de lignite pauvre en soufre, la capture par absorption aux amines ou à l'ammoniaque conduirait, sans installation de dénitrification et de désulfuration, à une pollution et une dégradation rapide du solvant. Un résultat identique serait obtenu avec des membranes qu'il serait difficile à régénérer.

La seule solution envisageable serait d'effectuer une oxy-combustion pour laquelle il serait nécessaire d'ajouter une unité de séparation de l'air en amont des brûleurs à CP et d'effectuer à nouveau un design du foyer de la chaudière, ce qui permettrait de favoriser les recirculations internes ou externes des produits de combustion afin de diluer les réactifs et de s'affranchir ainsi de la présence de zones trop chaudes. On stabiliserait ainsi un régime de combustion diluée. Les effluents privés d'azote pourraient, après conditionnement (compression, épuration), être directement transportés vers leur lieu de stockage.

▪ *Pour l'usine pyrométallurgique de Doniambo*, il semble difficile de capter les effluents du four rotatif ; par contre, des systèmes de réchauffage fonctionnant au fioul pourraient être transformés en procédés électriques, à condition que la centrale électrique soit équipée d'un captage du CO_2.

Le développement d'un cycle chimique sur la future centrale de Doniambo avec zéro rejet de CO_2

La future centrale thermique à charbon pulvérisé de Doniambo présente, quant à elle, de bonnes opportunités pour intégrer un captage du CO_2. S'agissant d'un foyer à lit fluidisé circulant, le combustible et le comburant (air) sont introduits dans la chambre de combustion dont les parois sont constituées de matériaux réfractaires. Une gazéification du charbon se produit alors et il y a combustion entre ces produits de dégradation du charbon et l'air ambiant à une température de l'ordre de 920 °C. Les effluents chauds passeront alors dans une chaudière pour élever la température de la vapeur qui servira à faire fonctionner la turbine à vapeur. Notons que ce type de combustion est particulièrement bien adapté à une centrale îlienne (taille optimale pour un LFC, flexible au combustible utilisé), même si le rendement est légèrement plus faible que celui d'une flamme CP car le cycle thermodynamique s'établit avec une température légèrement plus faible.

La technique proposée est celle du cycle chimique ou *chemical looping* présentée précédemment. Le cycle thermochimique a pour principe d'oxyder dans le réacteur de combustion un combustible gazéifié par un oxyde métallique (typiquement un oxyde de nickel). Cette oxydation du combustible s'effectuant en absence d'air, les produits de combustion sont essentiellement de l'air et de la vapeur d'eau, les effluents peuvent donc être amenés vers le lieu de stockage après conditionnement. L'oxyde de métal est donc réduit en métal (le nickel) qui est amené vers un réacteur d'oxydation où le métal s'oxyde avec l'air à haute température, avant d'être à nouveau amené vers le réacteur de combustion – le cycle est ainsi bouclé.

La future centrale de Doniambo présente l'avantage de posséder déjà un LFC qui pourrait devenir le futur réacteur d'oxydation ; il suffirait donc de lui adjoindre le second LFC, identique mais de plus petite taille que le premier, et un système de transport du métal. Quant au métal lui-même, le nickel en l'occurrence, il est évidemment disponible sur le site.

Un des verrous de cette technique est la dégradation des sites d'oxydation et de réduction sur le métal, d'où une diminution des rendements du transport. Ce frein est facile à lever à Doniambo si on intègre de temps en temps dans la boucle la régénération du nickel dans les fours.

La future centrale de la SLN a donc des atouts très importants pour une transformation en cycle chimique, que nous résumerons ainsi :

- pas de remise en cause des choix déjà opérés puisqu'il s'agirait d'un réaménagement ;
- présence de nickel avec possibilité de sa régénération sur le site ;
- pas de rejets de CO_2 ;
- participation d'Eramet au développement d'une technique de captage du CO_2 ;
- offre d'un nouveau débouché international pour la régénération de nickel pollué par des produits de combustion ;
- coût énergétique et économique faible en comparaison des autres procédés de capture ;
- équipement complémentaire de taille et de coût raisonnables.

Si une action forte contre les changements climatiques était décidée dans le monde, et que la Nouvelle-Calédonie envisage effectivement de réduire ses émissions de CO_2, des actions pourraient donc être engagées, à Prony comme à Doniambo. Des aides incitatives de l'Europe, de l'État et des différents gouvernements calédoniens pourraient, le moment venu, contribuer à l'adaptation de cette technique innovante et à sa validation en pilote, à sa viabilité économique et au rayonnement international du Territoire.

Le transport du CO_2

Les seules solutions envisageables, étant donné les volumes à transporter, sont les gazoducs (pipelines) et la voie maritime en cas de stockage *off shore* ou dans un site extérieur à la Grande Terre (par exemple, dans les aquifères australiens).

Le procédé de construction des gazoducs est maintenant pleinement maîtrisé, mais des spécifications techniques pour le transport du CO_2 doivent être prises en considération. Si le CO_2 est sec et purifié, de l'acier au carbone standard est suffisant ; par contre, de l'acier inoxydable peut être nécessaire dans des conditions spécifiques pour éviter la corrosion. La pression de fonctionnement pour le transport sera de 100 à 150 bars, ce qui permet d'utiliser les technologies employées pour le gaz naturel (90 à 100 bars). Un contrôle terrestre ou aérien accompagné de mesures de pression permet de surveiller le gazoduc. Le CO_2 est acheminé soit en phase dense sous pression soit à l'état liquide, ce qui impose des isolations thermiques et de recompressions intermédiaires. Ces technologies sont déjà utilisées en Amérique du Nord et en Norvège pour le transport sur de longues distances de CO_2.

Dans le transport maritime, le CO_2 est généralement à l'état liquide à pression modérée et à basse température comme dans les méthaniers. Le transfert de chaleur avec l'environnement au travers des parois du réservoir favorisera son évaporation et augmentera la pression, d'où la nécessité de le refroidir en permanence. Des recompressions peuvent s'avérer nécessaires pour son acheminement vers le lieu de stockage géologique.

Quelques contraintes sont inhérentes à ce type de transport, parmi lesquelles la corrosion des métaux par le CO_2, qui devient très importante en présence d'eau, ou encore la toxicité du CO_2 lors d'une fuite dès que la concentration devient supérieure à 5 % dans l'air.

Quant au coût, il pourrait être compris entre 0,5 et 10 €/100 CO_2 pour le transport par pipeline ; pour le transport par bateau, le coût est plus réduit sur les longues distances, mais dans ce cas des stockages intermédiaires sont nécessaires.

En conclusion, dans l'hypothèse d'une capture du CO_2 produit par les centrales thermiques de Nouvelle-Calédonie, et compte tenu des faibles tonnages annuels émis, il faudra envisager de regrouper les émissions et de les centraliser en un point du territoire. De là, un gazoduc pourra les conduire vers les lieux de stockage intérieurs (les sites de péridotites) et/ou vers un terminal gazier (vers un site de stockage hors de l'île).

Les technologies de conditionnement et de transport terrestre ou maritime existent, mais seront forcément assez onéreuses à mettre en place. De plus, l'effet d'échelle n'est pas bénéfique pour ces petites unités d'émission de CO_2. Le captage et le stockage du gaz carbonique (CCS) ne pourront donc pas être projetés en Nouvelle-Calédonie sans un engagement mondial en faveur d'une réduction massive des émissions des gaz à effet de serre.

La bioconversion du CO_2 par les algues

Signalons également la possibilité de valorisation des émissions de CO_2 des centrales via la bioconversion par les algues. Cela réduit les coûts de captage du CO_2 et supprime les besoins directs de stockage géologique du

CO_2 émis par les centrales. Pour optimiser le rendement de la photosynthèse les algues des bassins ou des bioréacteurs ont besoin d'un rayonnement solaire adéquat et de CO_2 en grande quantité. Or, les rejets gazeux des centrales thermiques classiques productrices d'électricité (centrales au charbon, par exemple) ont une teneur moyenne en CO_2 de 13 % contre moins de 0,4 ‰ dans l'atmosphère. Ce CO_2 est mis à barboter dans les bassins ou réacteurs, puis assimilé par les algues. Les algues peuvent ainsi produire davantage de biomasses par unité de surface au sol. Cela permet de traiter en même temps des eaux usées. Les biomasses ou molécules ainsi produites par les algues peuvent ensuite être utilisées pour réduire les consommations d'énergie fossile, donc indirectement les émissions nettes de CO_2. Mais cela ne permet pas de réduire directement les émissions de CO_2. Il ne s'agit donc pas ici d'une voie d'élimination du CO_2 comparable au stockage géologique du CO_2, mais d'une voie de bioconversion de l'énergie solaire analogue à celle des plantes terrestres cultivées puis récoltées. Le métabolisme des algues peut aussi être orienté pour optimiser la fabrication de molécules éventuellement utilisables directement comme biocarburant. S'il n'y avait que du gaz carbonique pur à la sortie des centrales, les mêmes réacteurs pourraient être utilisés pour fabriquer des molécules à haute valeur ajoutée ou des aliments. On explore ces voies depuis le second choc pétrolier. Les triglycérides, que les algues peuvent produire, peuvent théoriquement être transformées en huiles végétales brutes ou en biodiesel. Le rendement de bioconversion par hectare est toutefois plus élevé que pour les végétaux supérieurs de plein champ, mais suppose des investissements également plus élevés. Ces filières n'ont, jusqu'ici, encore jamais pu être mises en œuvre industriellement pour la production d'énergie, faute d'avoir pu devenir économiquement compétitives avec les productions classiques de biomasses végétales. L'intérêt renouvelé pour ces filières orientées vers la production de biocarburants est cependant réapparu récemment dans plusieurs pays industrialisés. Un nouveau bioréacteur permettant également de piéger une partie des émissions de NOx dans les algues a été mis au point (cf. « Les nouvelles technologies en matière de production et de stockage d'énergie », p. 115). Divers types d'algues sont sélectionnés pour leur aptitude à capter le CO_2 et en même temps pour leur résistance aux poisons que peuvent contenir les effluents de combustion des centrales. Des améliorations techniques devront cependant encore être apportées pour se rapprocher des limites de rendements de la photosynthèse et améliorer la conversion de ses produits.

S'il faut recourir à la transgenèse pour accroître les rendements, le risque éventuel de diffusion de ces organismes dans l'environnement devra également être pris en considération. Les diverses étapes de la mise au point de cette technologie en sont encore aux premiers stades de la recherche fondamentale. Avant de pouvoir être diffusée, cette filière devra encore bien progresser. Un prix élevé de la tonne de CO_2 non émise pourrait cependant aider à la rendre plus rapidement compétitive.

Comment la Nouvelle-Calédonie pourrait-elle tirer parti de son contexte géologique en matière de recherche et d'expérimentation sur les technologies de stockage de CO_2 ?

Il existe trois options potentielles pour le stockage de CO_2 :

▪ *L'immersion de CO_2 (liquide) dans l'océan profond* : elle soulève des difficultés quant à son efficacité, son coût, son impact sur l'environnement et sur la pérennité du stockage. Les techniques en sont encore au stade de la recherche.

▪ *Le stockage par séquestration minérale ex situ (carbonatation minérale à partir de déchets)* : ce procédé, qui consiste à fixer industriellement le CO_2 dans des carbonates inorganiques, en est au stade de la démonstration (site pilote) et demande de l'énergie pour la carbonatation ainsi que la construction d'usines pour réaliser cette opération.

▪ *Le stockage dans les formations géologiques* : cette option propose des pistes paraissant actuellement plus proches de la possibilité de mise en œuvre. Au plan mondial, plusieurs projets sont arrivés à maturité technique, mais ne sont encore, faute d'un prix de la tonne de CO_2 émise suffisamment élevé, économiquement réalisables que pour obtenir, par exemple, une exploitation plus complète des gisements de pétrole. L'Australie fait partie des cinq pôles mondiaux importants développant des recherches sur le stockage géologique.

Bref aperçu du contexte géologique de la Nouvelle-Calédonie

L'archipel de la Nouvelle-Calédonie se situe dans la zone de transition entre le domaine continental australien et le domaine océanique de la plaque

Pacifique. L'île de la Nouvelle-Calédonie (la Grande Terre) correspond *pro parte* à la partie émergée et septentrionale de la ride de Norfolk (figure 10) qui n'est autre qu'un lambeau de la marge orientale du super-continent Gondwana s'étant séparé de l'Australie il y a environ cent millions d'années. Plus au nord, la Ride des Loyauté est constituée d'anciens édifices volcaniques ennoyés et recouverts par d'importants dépôts carbonatés récifaux. Ces deux unités insulaires sont jalonnées de bassins sédimentaires ayant un potentiel économique en cours d'évaluation.

La présence de massifs de péridotites et de basaltes

L'histoire géologique de la Nouvelle-Calédonie, quoique complexe, est relativement bien connue. La Grande Terre résulte de l'émersion d'un prisme orogénique (chaîne de montagne) qui s'est formé entre 36 et probablement 28 millions d'années, en se propageant vers l'ouest dans un contexte géodynamique de subduction-obduction. Cette obduction s'est manifestée de façon spectaculaire par le chevauchement vers le sud-ouest de la lithosphère océanique du bassin des Loyauté sur la Grande Terre. Les témoins de ce chevauchement correspondent aux restes d'une nappe de péridotites qui s'enracine sous le bassin des îles Loyauté et que l'on retrouve donc sous une faible épaisseur de sédiments le long de la côte est. Cette nappe de péridotites recouvre encore aujourd'hui une partie de l'île de la Nouvelle-Calédonie et en fait sa richesse et son originalité. Les péridotites constituent aujourd'hui d'importants massifs qui représentent un tiers de la Grande Terre (5 500 km^2) et sont répartis dans le sud et sur la côte ouest. Le massif du sud est le plus grand massif du monde après celui d'Oman ; il pourrait atteindre par endroits 3 000 m d'épaisseur.

Cette abondance exceptionnelle de roches ultrabasiques est non seulement à l'origine de réserves considérables de nickel et de cobalt, mais peut aussi contribuer au stockage géologique de CO_2 via la carbonatation.

Sur la côte ouest, la nappe des péridotites chevauche l'unité géologique de Poya qui correspond à un empilement d'écailles chevauchantes de croûte océanique et est constituée à 95 % par des basaltes (cette unité est appelée aussi nappe des basaltes). Ces basaltes ont une extension importante et affleurent sur la moitié nord de la côte ouest.

Iles Bélep
N
0 12,5 25 50 km
Sources : Direction de l'Industrie, des Mines et de l'Energie
de Nouvelle-Calédonie/Service de la Géologie de Nouvelle-Calédonie/BRGM
septembre 2009
Poum
Diahot
Pouébo
Tiébaghi
Massif du Panié
Hienghène
Kaala-Gomen
Ouaco
Cantaloupai
Ouvéa
Lifou
Koniambo
Pinjen
Koné
Tiga
Bassin des Loyauté
Monéo
Kopéto
Poro
Poya
Népoui
Massif de la Boghen
Kouaoua
Me Maoya
Bogota
Téné-Mé Adéo
Montagnes Blanches
Kôh
Nakety-Dothio
Maré
Bourail
Kouah
Thio
Pocquereux
Mt Dô
Koum
Baie de Téremba
Nassirah
Ouitchambo
Bouloupari
Baie de Saint-Vincent
Massif du Sud
Bassin de Nouvelle-Calédonie
Saint-Louis
Prony
Nouméa
Goro
Ile des Pins

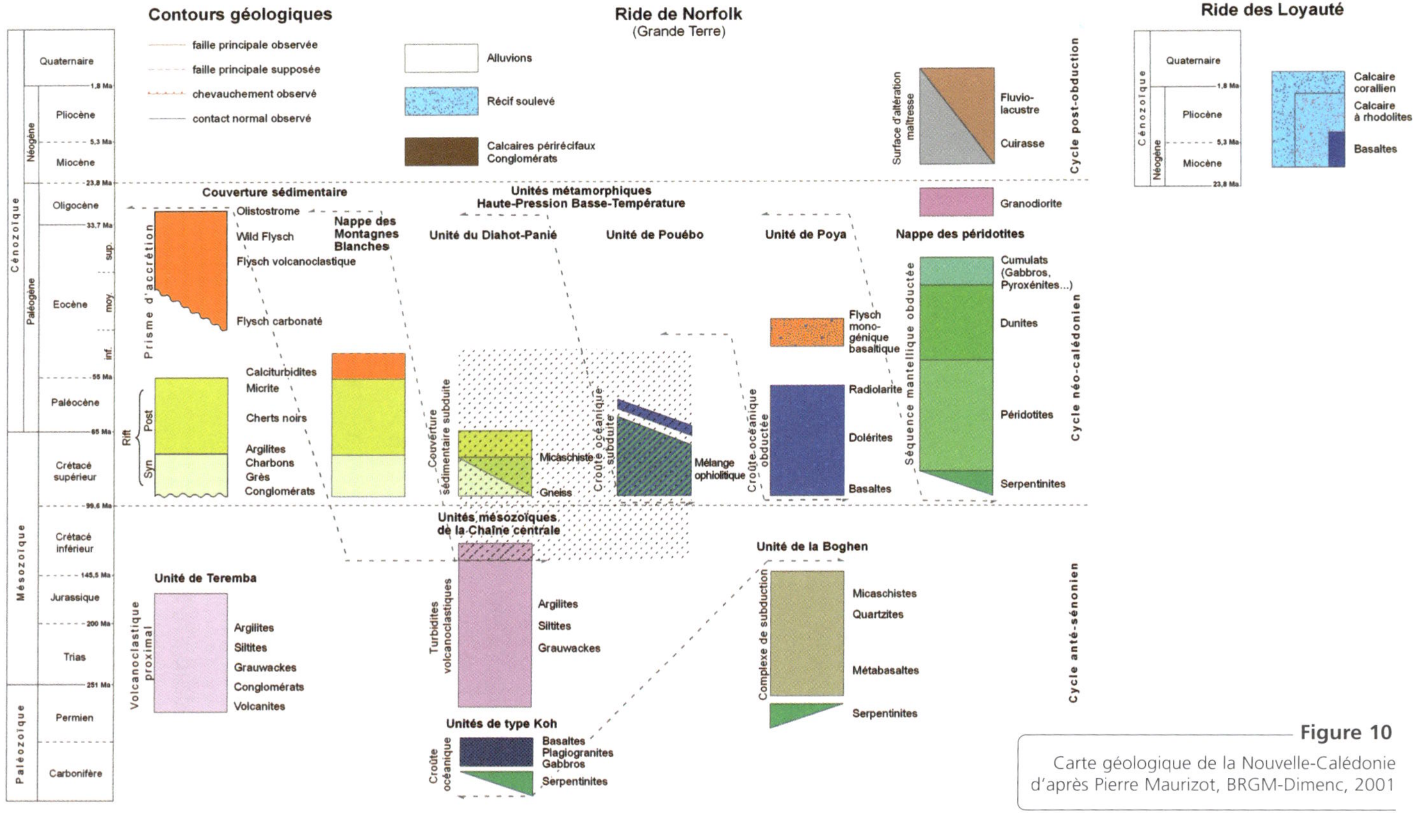

Figure 10

Carte géologique de la Nouvelle-Calédonie d'après Pierre Maurizot, BRGM-Dimenc, 2001

Les massifs de péridotites représentent un tiers de la surface de la Grande Terre et sont situés à proximité des centres d'émission de CO_2. L'unité de Poya qui jalonne une grande partie de la côte ouest comprend essentiellement des basaltes (95 %) propices, eux aussi, au stockage de CO_2.

Des bassins sédimentaires importants et peu connus

Sur la bordure ouest, et à l'ouest de la Grande Terre, les bassins sédimentaires associés à l'orogenèse néo-calédonien, bien que reconnus pour leur potentiel pétrolier, restent sous-explorés. Ces bassins sédimentaires représentent un important potentiel pour le piégeage de CO_2 puisqu'ils sont susceptibles de renfermer de futurs gisements pétroliers et des aquifères salins.

Le stockage de CO_2 dans les formations géologiques : état de l'art

Les solutions de stockage géologique de CO_2 les plus conventionnelles que l'on trouve dans les bassins sédimentaires en sont déjà au stade commercial lorsqu'elles apportent par ailleurs un autre gain que celui du stockage du CO_2. Parmi ces solutions, on peut d'emblée éliminer en Nouvelle-Calédonie la récupération assistée de méthane dans une couche de houille ; en effet, les gisements de charbon n'y sont pas assez importants pour appliquer ce procédé.

En revanche, on peut ajouter aux options de stockage géologique envisageable sur le Territoire la séquestration minérale *in situ* dans des roches basiques (basaltes) ou ultrabasiques (péridotites). Cette option, moins conventionnelle, en est au stade de la recherche et de la démonstration (deux sites pilotes au monde) et pourrait trouver en Nouvelle-Calédonie un excellent terrain d'expérimentation, dont les résultats pourraient alimenter les réseaux de recherche internationaux.

La séquestration géologique dans les bassins sédimentaires

Les bassins sédimentaires représentent de nos jours le potentiel de stockage le plus important à l'échelle planétaire. Des projets commerciaux ou de démonstration ont été lancés par l'industrie pétrolière, ces dernières années, en partenariat avec des réseaux de recherche nationaux et internationaux. Leur répartition à travers le monde est encore assez hétérogène.

Les gisements d'hydrocarbures

Les réservoirs de pétrole et de gaz (roches poreuses) ont prouvé leur étanchéité pendant plusieurs millions d'années ; ils sont donc susceptibles de pouvoir être utilisés pour le stockage de CO_2. On connaît d'ailleurs des gisements naturels découverts lors de forages d'exploration pétrolière et exploités industriellement (par exemple, le gisement de Montmirail dans la Drôme). Les gisements d'hydrocarbures constituent pour le moment l'option de stockage géologique la plus facile à mettre en œuvre et la plus économique.

Le stockage de CO_2 dans un champ de pétrole avec récupération assistée

La technologie d'injection du CO_2 est déjà connue par l'industrie pétrolière qui pratique la récupération assistée de pétrole (RAP) depuis le début des années 1970. Le CO_2 est injecté dans les gisements en cours d'exploitation pour réduire la viscosité du pétrole. À la fin du cycle de récupération de l'énergie, le CO_2 peut être emprisonné au lieu d'être libéré dans l'atmosphère. Parmi les sites de stockage en cours d'activité, l'un des plus importants est le projet commercial Weyburn au Canada – un projet international commencé en 2000 sous l'égide de l'AIE – où 3 000 à 5 000 tonnes de CO_2 sont injectées chaque jour. Ce projet, auquel participent aussi l'Union européenne et Total, doit durer 15 ans et permettre de stocker définitivement plus de 20 millions de t de CO_2 tout en récupérant 130 millions de barils de pétrole.

Le stockage de CO_2 dans les anciens champs de gaz épuisés ou déplétés

Les anciens gisements de pétrole ou de gaz épuisés ou en phase de déclin (déplétés) constituent aussi des sites de stockage économiquement très intéressants. Plusieurs projets pilotes sont en cours d'expérimentation au niveau mondial pour essayer de démontrer la fiabilité et la pérennité de ce type de stockage géologique à long terme. En France, le premier projet pilote vient de démarrer dans l'ancien gisement de gaz de Lacq (Pyrénées) où 15 000 t de CO_2 seront injectés pendant deux ans dans un réservoir déplété. Le projet est piloté par Total qui s'est entouré de la communauté scientifique française (IFP, BRGM, Cregu, CNRS, Université). Dans le même ordre de grandeur, l'Australie a démarré, en 2008, le projet pilote d'Otway (*CO_2CRC Otway Project*) considéré comme un des plus démonstratifs au monde par l'AIE pour la qualité du monitoring mis en place (100 000 t de CO_2 y seront injectés pendant deux ans). L'AIE évalue par ailleurs les capacités de stockage de gisements d'hydrocarbures épuisés ou déplétés à 920 Gt de CO_2.

Les recherches en cours, financées par les compagnies pétrolières et le domaine public, mettent l'accent sur les outils et techniques de surveillance de l'étanchéité des sites de stockage (fuites dans les forages, étanchéité de la couverture). On estime actuellement que les fuites ne doivent pas dépasser 1 % du CO_2 total stocké pendant 1 000 ans.

Les aquifères salins

De même que les gisements pétroliers, les aquifères salins profonds se rencontrent dans les bassins sédimentaires en mer et en terre ferme, mais ils sont beaucoup plus nombreux et à des profondeurs moins importantes. Le CO_2 injecté dans le réservoir reste séquestré par piégeage hydrodynamique, par solubilité dans les fluides en place, et par minéralisation. Les aquifères doivent se situer à plus de 1 000 m de profondeur, afin de permettre le stockage de CO_2 à l'état supercritique.

Les programmes de recherche les concernant sont moins avancés que ceux qui portent sur les gisements d'hydrocarbures, mais plusieurs projets de démonstration sont déjà en cours. Une première expérience commerciale de stockage d'1 million de t de CO_2 par an a été lancée en mer du Nord, en 1996, par le pétrolier norvégien *Statoil* (projet européen Sleipner). Le deuxième projet commercial le plus connu est celui de In-Salah en Algérie (BP, Sonatrach, Statoil), débuté en 2004, où le CO_2 provenant de l'exploitation du gaz naturel est réinjecté (1,2 million de t/an) dans l'aquifère du champ de gaz en production, ce qui en fait l'unique projet de ce type au monde. En France, c'est le bassin sédimentaire de Paris qui a été retenu pour réaliser une première évaluation du potentiel de stockage en aquifère avant de lancer un projet de démonstration.

Comme pour les gisements d'hydrocarbures, les recherches sur les aquifères salins portent surtout sur le comportement à long terme du stockage, mais les incertitudes concernant leur étanchéité sont plus importantes. Selon l'AIE, les aquifères profonds offrent les plus importantes capacités de stockage de CO_2 au niveau mondial (400 et 10 000 Gt).

Les bassins sédimentaires de Nouvelle-Calédonie présentent un potentiel considérable

La présence de bassins sédimentaires sur la côte ouest de la Nouvelle-Calédonie est incontestablement un avantage. Ces bassins se trouvent relativement près des centres d'émission de CO_2 ; ils contiennent forcément des aquifères salins, mais restent sous-explorés. Le contexte géologique est relativement bien connu, mais il faudra attendre de nouvelles campagnes d'exploration pétrolière pour disposer d'une bonne évaluation du potentiel de stockage.

Si des gisements d'hydrocarbures sont découverts lors des activités d'exploration prévues à court et à moyen termes, des stockages géologiques de CO_2 pourraient être envisagés à moindre coût par récupération assistée de pétrole dans un premier temps, puis dans les gisements déplétés. La découverte de gisements d'hydrocarbures sur la côte ouest de la Nouvelle-Calédonie, près des centres d'émission de CO_2, n'est pas exclue. On connaît déjà l'anticlinal de Gouaro où a été détectée une petite accumulation de gaz dans des réservoirs de faible qualité. D'autres structures comparables doivent exister sur la côte ouest, à mettre en évidence par de nouvelles campagnes d'exploration. Dans le cas de gisements plus lointains, qui restent à découvrir dans les bassins sédimentaires *off shore* de la ZEE de Nouvelle-Calédonie, il faudra envisager des moyens de transport de CO_2 sous forme liquide par voie maritime, ce qui est aussi réalisable (selon le Giec, une distance de 300 km entre le site d'émission et le site de stockage reste raisonnable), mais à des coûts plus élevés.

La séquestration minérale *in situ* dans les roches basiques et ultrabasiques

L'idée de transformer le CO_2 par minéralisation s'appuie sur l'observation du processus de formation des roches carbonatées dans la nature, qui se déroule sur des échelles de temps géologiques. À la suite d'interactions entre fluides aqueux et fragments de roches silicatées, le calcium et le magnésium, dissous dans un premier temps, précipitent ensuite en présence de gaz carbonique sous forme de carbonates et de magnésite. On sait reproduire artificiellement ces réactions naturelles, ce qui a conduit aux différentes pistes de recherche de séquestration minéralogique de CO_2.

La séquestration minéralogique *in situ* consiste donc à injecter du CO_2 dans des roches basiques (basaltes) ou ultrabasiques (péridotites), de manière à ce qu'il reste piégé naturellement sous forme minérale par carbonatation (transformation des roches en carbonates). D'importantes études expérimentales sont en cours pour quantifier les vitesses de minéralisation et l'efficacité du procédé. Les recherches portent aussi sur le potentiel de micro-organismes vivant à grande profondeur et pouvant améliorer la minéralisation. S'il fonctionne, ce procédé aura l'avantage d'être un des plus économiques et de stabiliser la séquestration du CO_2 pendant des millions d'années. En outre, avec cette option de stockage, on s'affranchit des risques de fuites qui constituent le problème majeur de la séquestration gazeuse dans les gisements pétroliers ou les aquifères salins.

La séquestration dans les basaltes

Les premières études sur la séquestration minérale *in situ* ont porté sur les roches basiques, en particulier sur les basaltes qui sont les roches les plus réactives pour la séquestration minéralogique de CO_2. On sait que les roches basaltiques affleurant sur la planète consomment par processus d'altération du CO_2 atmosphérique Elles ne représentent que 5 % des surfaces continentales. Il existe actuellement deux sites pilotes au monde où le CO_2 est injecté dans des basaltes contenant des aquifères. Le premier, le BSCSP Project, est aux États-Unis dans l'État de Washington – il a démarré en 2008, mais rencontre actuellement des problèmes opérationnels.

Le second projet est situé en Islande (90 % de basaltes), pays comparable à la Nouvelle-Calédonie en nombre d'habitants. Ce projet de démonstration, Hellisheidi CO_2 Injection Pilot Study, est financé par la compagnie Reykjavik Energy qui en fait bénéficier un consortium de recherche constitué de laboratoires islandais, nord-américains et français (LMTG, Toulouse). Le CO_2 provenant d'une centrale géothermique est réinjecté, sous forme dissoute dans de l'eau froide, dans les basaltes, à une profondeur de 400 à 800 m et en réutilisant des forages d'exploration. Il est ainsi prévu, à partir d'août 2009, d'injecter 32 000 t de CO_2 par an dans ce laboratoire naturel. Si elle s'avère effective, la technologie pourra s'exporter dans d'autres régions basaltiques du monde.

Elle pourrait trouver naturellement une application en Nouvelle-Calédonie qui possède une surface importante de basaltes répartie sur la moitié nord de la côte ouest. À noter que le projet de Koniambo (KNS) est situé tout près des affleurements de basaltes.

La séquestration dans les péridotites

Les recherches réalisées sont beaucoup moins avancées que dans le cas des basaltes, probablement car les massifs de péridotites sont beaucoup moins importants dans le monde. Il n'existe pas encore de projet pilote, mais de récentes découvertes scientifiques réalisées par le Lamont–Doherty Earth Observatory de l'université de Columbia (New York, États-Unis), dans le massif de péridotites d'Oman, montrent l'importance du potentiel de la séquestration minéralogique des roches ultrabasiques. Les chercheurs estiment qu'un procédé de carbonatation à 3 km de profondeur, très économique après son initialisation, pourrait permettre de stocker jusqu'à 1 Gt de CO_2 par an dans le massif de péridotites d'Oman. Ils insistent également sur le potentiel des péridotites de Nouvelle-Calédonie et de Papouasie-Nouvelle-Guinée qui, comme en Oman, se prolongent en mer sous une faible tranche de sédiments et sont accessibles à 3 km de profondeur. Il est évident que ce procédé nécessitera la réalisation d'un site pilote dans une de ces trois régions du monde. Ajoutons que, par rapport à la séquestration minéralogique *ex situ*, cette option nécessite moins d'énergie, n'occasionne pas de transport de matériel (roches) et pourrait donc s'avérer beaucoup plus économique.

Là aussi, la Nouvelle-Calédonie a des avantages certains : elle possède, après celui d'Oman, le deuxième plus grand massif de péridotites au monde qui peuvent être atteintes à 3 km de profondeur, dans une zone où le procédé proposé par l'université de Columbia pourrait être appliqué.

Comment la Nouvelle-Calédonie peut-elle tirer parti de son contexte géologique ?

La séquestration géologique dans les bassins sédimentaires

Il n'y a pas d'expérience en matière d'exploitation pétrolière et gazière en Nouvelle-Calédonie, mais il existe un réel potentiel de sites d'entreposage dans les bassins sédimentaires de sa côte ouest et de sa ZEE *deep off shore*. Il est fort probable que des campagnes d'exploration s'effectuent à moyen et court termes. Ces campagnes impliqueront la réalisation de forages qui pourraient découvrir des gisements d'hydrocarbures ou, dans le pire des cas, des aquifères salins.

Dans le cas de gisements, le CO_2 pourrait être stocké lors de récupération assistée de pétrole et/ou dans les aquifères salins qui se situent au contact des hydrocarbures. *La Nouvelle-Calédonie doit être prête à négocier avec les compagnies pétrolières internationales cette option de stockage géologique dès que des campagnes d'exploration seront lancées dans sa ZEE.* Le stockage en aquifère salin nécessitera une phase de démonstration, les éventuels projets pourront faire appel à des financements européens et à des labellisations internationales (AIE). Le CO_2CRC d'Australie pourrait être un excellent partenaire pour mener ces recherches, en particulier sur la Ride de Lord Howe, cible d'exploration commune à l'Australie et la Nouvelle-Calédonie.

Avant cela, la Nouvelle-Calédonie peut continuer à promotionner le potentiel pétrolier de ses bassins sédimentaires, et *leur potentiel en termes de stockage géologique de CO_2,* qui peut intéresser les pays voisins. Ainsi, le service de la géologie de Nouvelle-Calédonie (Dimenc), qui a su très bien mettre en valeur l'intérêt économique de ses bassins sédimentaires, devrait inclure cette plus-value dans ses actions de promotion. Il pourrait pour cela intégrer les réseaux nationaux de recherche français (Club CO_2), européens (CO_2GeoNet) et de la région Asie-Pacifique (CO_2CRS australien).

Les bassins sédimentaires les plus attrayants du point de vue économique sont les bassins de la côte ouest puisqu'ils sont relativement proches des sites d'émission de CO_2 et facilement accessibles. L'anticlinal de Gouaro qui a déjà été foré peut être une cible de stockage intéressante malgré l'évaluation pétrolière peu encourageante qui en a été faite. Une étude à moindre coût pourrait s'envisager, en révisant et en synthétisant les données acquises jusqu'à maintenant pour réaliser des modélisations prédictives de stockage, en collaboration avec l'IFP et le BRGM qui sont des spécialistes mondiaux dans ce domaine.

Dans le cas de cibles de stockage *off shore,* des problèmes demeurent qui sont liés à l'éloignement et aux coûts des forages. D'après le Giec, l'éloignement des sites d'émission de CO_2 reste néanmoins raisonnable s'il ne dépasse pas 300 km. Des installations et des moyens de transport maritime de CO_2 sous forme liquide pourraient donc être concevables.

La séquestration minéralogique *in situ* dans les basaltes

La séquestration minéralogique *in situ* dans des basaltes peut être envisagée en Nouvelle-Calédonie puisqu'une importante unité de basaltes jalonne la moitié nord de la côte ouest de la Grande Terre. Il faudra attendre les résultats des sites pilotes nord-américains (BSCSP Project) et islandais (Hellisheidi CO_2 Injection Pilot Study) pour vérifier si ce procédé est exportable à la Nouvelle-Calédonie. En attendant, il serait judicieux de commencer à évaluer le potentiel des basaltes de la côte ouest de la Grande Terre par des expériences en laboratoire. Ce type de recherche est à la hauteur des financements proposés par le programme ANR, « Captage et stockage du CO_2 », qui devrait relancer un appel d'offre prochainement sur la séquestration de CO_2. Ce projet pourrait impliquer la Dimenc, l'université de Nouvelle-Calédonie, le BRGM, l'IFP et des laboratoires de recherche français, comme le LMTG (université de Toulouse), qui sont à la pointe dans ce domaine. Ils devront se faire avec l'appui financier de groupes comme Eramet et Xstrata.

Du point du vue de la maturité des procédés, l'option « basaltes » se situe entre les options « bassins sédimentaires », déjà au stade opérationnel dans certaines conditions, et l'option « péridotites » qui en est encore au stade de la recherche et attend un site pilote. Un des avantages de la séquestration dans les basaltes est qu'elle nécessite des forages moins profonds (400-800 m) que la séquestration dans les péridotites (3 000 m). Un second avantage est la situation de la future centrale de Koniambo (projet KNS) très proche des affleurements de basaltes. Vu l'intérêt que porte la Province Nord aux problèmes environnementaux, cette solution devrait fortement intéresser la future centrale de Koniambo qui pourrait intégrer captage et stockage de CO_2, d'autant que le groupe Xstrata, actionnaire à 49 % du projet Koniambo, est partenaire du CO_2CRC australien et déjà impliqué dans les recherches sur le stockage de CO_2 de la région. Il a d'ailleurs déjà investi 30 millions de dollars dans l'Otway Pilot Project, en Australie.

La séquestration minéralogique *in situ* dans les péridotites

La séquestration minéralogique *in situ* dans les péridotites est l'option de stockage la plus séduisante au niveau de la recherche et de l'expérimentation. Même si les recherches en sont à un stade de maturité beaucoup moins avancé que l'option « bassins sédimentaires », si ce procédé s'avère fiable et efficace, la Nouvelle-Calédonie sera au premier rang mondial pour en bénéficier. L'opération pourrait même être moins coûteuse que d'autres options. Les capacités de stockage mises en évidence par l'université de Columbia, dans les péridotites d'Oman sont comparables à celles de la Nouvelle-Calédonie. Comme le soulignent les chercheurs, il ne manque plus qu'un laboratoire naturel pour passer du stade de la recherche à celui de la démonstration.

Avec son contexte géologique et ses sites d'émission de CO_2, la Nouvelle-Calédonie réunit toutes les conditions pour mettre en place un site pilote collaboratif, comparable à celui de Hellisheidi en Islande. Ce projet pilote doit se faire sur la côte est de la Grande Terre, si l'on en croit les spécialistes de l'université de Columbia qui préconisent des forages en mer pour trouver des zones de stockage dans des péridotites à 3 km de profondeur. L'enracinement des massifs de péridotites sur la côte est dans le bassin des Loyauté a déjà été montré par des campagnes de géophysique marine. Un tel projet doit être financé par le gouvernement et les industries responsables des émissions de CO_2, comme c'est le cas en Australie. Au plan européen, les électriciens producteurs de CO_2 n'hésitent pas à s'impliquer et à cofinancer des travaux sur toute la chaîne de capture et de séquestration.

Un projet pilote de séquestration de CO_2 dans les péridotites de la Grande Terre serait donc une occasion unique pour valoriser une fois de plus le contexte géologique de la Nouvelle-Calédonie et apporter un nouveau site expérimental (le troisième au monde en séquestration minéralogique *in situ*, et le premier dans des péridotites) aux réseaux de recherche internationaux. L'absence de données pétrophysiques et géophysiques sur ces formations rend actuellement délicate l'estimation de leurs capacités réelles en volumes de stockage de CO_2. Comme pour les basaltes, des études préliminaires devraient être entreprises, via les appels d'offres de l'ANR.

L'intérêt du stockage du CO_2 en Australie

Avec les États-Unis, le Canada, l'Europe et le Japon, l'Australie fait partie des cinq pôles importants qui développent des recherches sur le stockage géologique. L'Australie fait du CCS (Carbone Capture and Storage) une priorité nationale et a créé le CO_2CRC (The Cooperative Research Centre for Greenhouse Gas Technologies), une *joint-venture* entre industrie, gouvernement, universités et centres de recherches australiens et étrangers. Ces recherches ont pour but de réduire les coûts du CCS et de montrer sa fiabilité et son efficacité, en particulier en Australie et en Nouvelle- Zélande. Parmi les différentes options d'élimination du CO_2, l'Australie a choisi le stockage géologique dans les bassins sédimentaires à terre ou près de ses côtes. Elle souhaite être à la pointe et exporter son savoir-faire dans ce domaine.

L'Australie a un projet pilote opérationnel depuis 2008, qui est considéré comme un des plus démonstratifs au monde, le CO_2CRC Otway Project où 100 000 tonnes de CO_2 vont être injectées pendant deux ans dans un gisement de gaz déplété avec un important programme de surveillance. Le même type d'opération vient d'être mis en route par Total dans les Pyrénées françaises (gisement de Lacq). Parallèlement, deux autres projets arrivés à maturité pour le stockage géologique devraient être lancés prochainement en Australie. Le premier projet australien « charbon propre » ZeroGen, projet de démonstration sur la côte est, capturera le CO_2 produit par la gazéification de charbon et le transportera grâce à un gazoduc de 220 km sur un site de stockage géologique plus à l'intérieur des terres (début du projet prévu pour 2012). Sur la côte ouest, un projet industriel de LNG (Gorgon Project), planifié par les compagnies Chevron, Shell et Exxon, prévoit d'injecter 3,3 millions de t de CO_2 par an dans un aquifère salin près de l'île de Barrow, soit un total de 125 millions de t pour toute la vie du projet ; la phase de construction des installations doit commencer fin 2009 et durera 5 ans.

L'Australie s'investit donc considérablement dans des projets de recherche et développement sur le stockage géologique de CO_2 dans les bassins sédimentaires et est en train de devenir un leader mondial dans ce domaine. *La Nouvelle-Calédonie aurait donc tout intérêt à rejoindre le réseau CO_2CRC dans lequel la Nouvelle-Zélande est également fortement impliquée.* Bien que se trouvant à un stade de connaissance beaucoup moins avancé, les bassins sédimentaires de la côte ouest de Nouvelle-Calédonie présentent un intérêt certain pour le stockage géologique, au même titre que les bassins australiens.

Lors des probables campagnes d'exploration pétrolière qui seront réalisées sur la ride de Lord Howe qui s'étend sur les ZEE d'Australie et de Nouvelle-Calédonie, le CO_2CRC sera certainement intéressé par l'évaluation des possibilités de stockage de CO_2.

Mutualiser l'expérience néo-calédonienne de séquestration minéralogique du CO_2 ?

Le CCS est un défi planétaire vis-à-vis duquel la France souhaite jouer un rôle important dans l'organisation de la recherche et la promotion de solutions technologiques. Si la Nouvelle-Calédonie se lance dans la réalisation d'un site pilote de séquestration de CO_2 dans les péridotites, les résultats des travaux seront des éléments de référence dont bénéficieront les différentes équipes de recherche internationales et les industriels.

L'exportation du savoir-faire pourrait se faire en particulier avec l'Oman, où les péridotites pourraient stocker le CO_2 émis par de nouvelles centrales électriques fonctionnant au gaz naturel provenant du Golfe. La côte ouest des États-Unis est également intéressée par cette option de stockage, comme le montrent les travaux de l'université de Columbia. La Papouasie-Nouvelle-Guinée possède des massifs de péridotites comparables à ceux d'Oman et de

Nouvelle-Calédonie par leur superficie et leur contexte tectonique (présence de péridotites en mer sous faible tranche de sédiments, rendant accessible des zones de stockage à 3 km de profondeur) : elle pourrait, de la même manière, envisager cette option de séquestration le moment venu. Enfin, d'autres régions du monde comme les Balkans présentent aussi d'importants massifs de péridotites.

CONCLUSION

Par son contexte géologique, la Nouvelle-Calédonie a la possibilité de s'investir dans trois pistes de recherche pour la séquestration de CO_2.

- *L'option des bassins sédimentaires* : les bassins sédimentaires de la côte ouest de la Grande Terre présentent probablement des cibles de stockage (aquifères salins, gisements d'hydrocarbures à découvrir) facilement accessibles, proches des centres d'émission de CO_2. Les recherches doivent se faire avec l'industrie pétrolière et seront donc conditionnées par la reprise de l'exploration de ces bassins. Elles peuvent être menées en partenariat avec le réseau CO_2CRC australien qui se spécialise dans ce type de séquestration en mettant en place des sites de démonstration et, bientôt, des projets commerciaux dans les bassins sédimentaires des côtes australiennes.

- *L'option de la séquestration minéralogique dans des basaltes* : elle serait particulièrement intéressante pour le projet Koniambo (KNS) situé non loin des affleurements de ces roches basiques. Il faudra attendre les résultats des deux sites de démonstration, nord-américain et islandais, pour confirmer la fiabilité du procédé. En attendant, des études préliminaires peuvent être menées pour étudier les potentialités des basaltes de la côte ouest (études de terrain et de laboratoire).

- *La mise en place d'un site pilote collaboratif de séquestration minéralogique dans les péridotites* est envisageable et mettrait la Nouvelle-Calédonie en avant sur la scène internationale. Ce site devrait se trouver sur la côte est pour obtenir les conditions optimales de séquestration (stockage dans des péridotites à 3 km de profondeur). Il serait le troisième site de démonstration de séquestration minéralogique *in situ* dans le monde et le premier dans des péridotites. Si ce procédé s'avère fiable et efficace, le savoir-faire est exportable dans plusieurs régions du monde, en particulier en Oman où l'industrie pétrolière installe des centrales électriques au gaz naturel.

L'utilisation éventuelle des biomasses ligno-cellulosiques importées et produites localement pour substituer du charbon dans la production de nickel

Quelle est la possibilité de réduire les émissions de GES en remplaçant le charbon par d'autres sources d'énergie, en particulier par des biomasses ligno-cellulosiques ? Celles-ci devraient sans doute être importées en grande partie, mais aussi reposer pour une petite part sur des productions locales, éventuellement grandissantes si l'aménagement du territoire néo-calédonien le permet.

L'industrie du bois génère couramment son électricité avec du bois et il existe aussi, aux États-Unis notamment, de nombreuses centrales électriques à bois avec des puissances généralement plafonnées à 49 MW. Il en existe aussi en Europe : ainsi, la centrale électrique de la ville de Liège qui fonctionnait autrefois au charbon pulvérulent utilise maintenant des granulés de bois importés par bateau. À Copenhague, on utilise des granulés de paille à la place du charbon et les Pays-Bas étudient également très sérieusement les possibilités d'importation de bois pour améliorer leurs bilans de GES. Il est prévu d'installer une grande centrale thermique sur le port de Rotterdam. En Pologne, des centrales électriques à charbon ont réalisé des investissements pour remplacer au moins 20 % de ce combustible par du bois depuis que les émissions de CO_2 sont passées à 20 € la tonne.

Le nickel, une industrie très intensive en carbone

Le meilleur procédé de production de nickel émet presque autant de GES par tonne que la production d'une tonne d'aluminium, qui émet elle-même dix fois plus de GES que la production moyenne d'une tonne d'acier. Avec la mise en service de deux nouvelles unités, les émissions vont encore augmenter. Il est donc important de trouver les moyens de les réduire, notamment en adoptant des process industriels plus performants. On pourrait donc envisager, le moment venu, de remplacer les anciennes usines par de nouvelles plus performantes. Mais les nouveaux investissements nécessaires ne pourront s'envisager que lorsque les installations seront devenues obsolètes, ou si la pénalité par tonne de CO_2 émise augmentait au point de rendre rentable le renouvellement anticipé des anciennes installations.

Dans le courant de la prochaine décennie, il sera possible de réduire les émissions de GES avec un changement de combustibles. Et à un stade ultérieur, éventuellement après 2020, on pourrait également coupler l'utilisation des biomasses avec le stockage géologique de CO_2. Les émissions de CO_2 du charbon deviendraient alors nulles et celles des biomasses négatives. Mais il faut sans doute insister sur le fait que la première phase peut être réalisée indépendamment de la faisabilité du stockage géologique.

L'intérêt des biomasses ligno-cellulosiques par rapport au charbon dans les centrales électriques et les usines métallurgiques

Les émissions de gaz carbonique par tep d'énergie primaire varient avec les combustibles : à rendement de chaufferie identique, le charbon émet 40 % de plus de CO_2 que le pétrole et 87 % de plus que le gaz naturel. Toutes choses étant égales par ailleurs, les productions de chaleur à partir de déchets ligno-cellulosiques, de produits ligno-cellulosiques renouvelés (bois herbes, etc.), de gaz naturel ou de pétrole, sont donc beaucoup plus intéressantes qu'à partir du charbon. Le remplacement dans tout le processus industriel du charbon par des biomasses ligno-cellulosiques renouvelées permettrait d'éviter l'émission d'environ 4,5 teqCO_2 par tep. Or, la production d'une tonne de nickel nécessite actuellement entre 4,5 tep et 6 tep de charbon.

Selon la source d'énergie primaire employée pour produire de l'électricité – lignite, charbon, fioul, gaz naturel, biomasses, uranium, vent ou centrales hydrauliques –, les émissions peuvent passer de 400 g à 1 kg de CO_2 par kWhe (un tableau complet des émissions de CO_2, selon la source d'énergie primaire employée, figure dans le CD-ROM).

Par kWh électrique produit, les émissions des biomasses n'atteignent que 4,4 % de celles du charbon (46 g de CO_2 contre 1 022 g de CO_2). La production d'électricité, avec gazéification et en cycle combiné à partir du charbon ou de la biomasse, est également plus favorable pour le climat lorsqu'on utilise de la biomasse renouvelée, parce que cette dernière est quasiment neutre du point de vue du climat et que l'épuration des fumées d'une centrale à charbon demande plus d'énergie que celles des fumées issues des biomasses. À raison d'un apport de 5 % ou 15 % de biomasses, on peut réduire les émissions de gaz à effet de serre d'une centrale à charbon, respectivement de 6,7 % et de 22,4 % par kWh électrique produit.

La co-combustion du charbon avec des biomasses est déjà pratiquée en bien des endroits : aux Pays-Bas, des centrales à charbon de 250 MW utilisent (pour environ un dixième de la puissance) des bois de rebut et des fientes de poulets pulvérisés ; à l'île de la Réunion et à l'île Maurice, on utilise du charbon en complément de la bagasse, en dehors de la période de disponibilité de cette dernière.

Les grandes chaufferies municipales de Finlande, par exemple de la ville de Jyväksla, coproduisent de la chaleur et de l'électricité à partir de bois et de tourbe.

L'entreprise Arcelor (devenue Arcelor Mittal) a aussi lancé, en 2000, un programme de recherche (Ulcos, Ultra Low CO_2 steel) pour remplacer le charbon minéral dans la production de fonte brute par du charbon de bois, comme au Brésil. Mais le surcoût de la carbonisation du bois ne se justifie actuellement encore que pour la production d'acier de haute qualité.

La faisabilité technique d'une co-utilisation de charbon et de biomasses ligno-cellulosiques sèches

La co-combustion de bois et de charbon dans de grandes chaufferies reste théoriquement la solution la plus économique, mais ce n'est pas la solution la plus performante sur le plan énergétique. Pour optimiser les rendements, mieux vaut théoriquement brûler les combustibles solides dans des chaufferies différentes et centraliser la production de chaleur.

D'où proviendraient ces biomasses ligno-cellulosiques ?

Elles pourraient provenir de biomasses ligno-cellulosiques renouvelables (comme des déchets) ou actuellement non récoltées. On pourrait aussi en produire davantage en Nouvelle-Calédonie sous certaines conditions (cf. « Les nouvelles technologies en matière de production et de stockage d'énergie », p. 115) On peut estimer que les productions des taillis d'eucalyptus pourraient ainsi fournir de 10 à 12 t de matière sèche par hectare[22], soit environ 4 t tep. En fertilisant bien ces peuplements, on pourrait sans doute arriver à produire sur un hectare l'énergie nécessaire à la production de 1 tonne de nickel. Pour les 200 000 t de nickel produites en 2007, il faudrait donc environ 200 000 ha de forêts très productives (soit 500 000 t de matière sèche, un peu moins que les besoins d'une grande usine de pâte à papier) pour fournir l'énergie nécessaire à la production de nickel à très bas niveau d'émissions. Or, on ne pourrait sans doute installer en Nouvelle-Calédonie, dans le meilleur des cas, que quelques centaines d'hectares de forêts très productives et exploitables mécaniquement. Pour le restant des besoins, qui augmenteront avec la mise en service prochaine des deux nouvelles unités, il faudrait par conséquent s'appuyer sur des importations de biomasses tout en continuant à utiliser du charbon.

Comme les usines de pâtes à papier, ces unités de production pourraient importer du bois par bateau – bois rond, plaques grises de bois (copeaux non écorcés), ou encore granulés ou briquettes de bois. La Nouvelle-Zélande, le Canada et le Brésil pourraient sans doute fournir de tels produits le moment venu. Sous les tropiques, on ne sait en général que faire de certaines productions de biomasses ligno-cellulosiques. Mais, là encore, quand on vise un marché mondial, la faisabilité réelle dépend du coût de récolte des produits et de celui de leur transport jusqu'à l'usine ou au port (le coût économique et le coût énergétique du transport par bateau en général très faible).

La substitution partielle du charbon par des biomasses pourrait donc devenir très rapidement intéressante en Nouvelle-Calédonie, même avec des biomasses pour partie importées. Une étude de faisabilité pourrait estimer à partir de quel prix de la tonne de CO_2 évitée et à partir de quel prix du bois importé l'opération pourrait devenir bénéficiaire. Il faut aussi dès maintenant envisager la possibilité de mise en place d'aires de stockage, des

[22] Au Brésil, on peut arriver à des accroissements moyens par ha et par an allant jusqu'à 40 t de matières sèches dans l'État de San Paulo. Des productions moyennes de 20 t de matières sèches sont maintenant courantes quand la fertilisation et le régime pluviométrique sont adéquats.

systèmes de transferts et de conditionnement des biomasses dans les usines qui en consommeraient. Pour rester économiquement compétitives, elles doivent être manipulées le moins souvent possible et leur récolte doit être mécanisable.

À un stade ultérieur, sans doute après 2020, on pourrait combiner la production d'énergie à partir des biomasses végétales avec le stockage géologique. Là encore, des simulations économiques pourraient s'avérer utiles.

Les études de préfaisabilité et de faisabilité pourraient être cofinancées par les industriels, Enercal et le gouvernement de la Nouvelle-Calédonie.

Les variations de stocks de carbone dans la végétation en Nouvelle-Calédonie

La végétation et les boisements de terres agricoles non boisées représentent un potentiel d'accroissement des stocks de carbone qui pourrait, sous certaines conditions et dans certaines limites, compenser une partie des émissions résultant de l'usage des combustibles fossiles et les déforestations.

Les aspects liés aux usages des sols, aux changements des sols et à la forêt constituent un « secteur d'activité » spécifique sous la Convention sur le climat et par le protocole de Kyoto.

LES FORÊTS ET L'ESPACE RURAL : ASPECTS INSTITUTIONNELS ET SOCIAUX

Les compétences respectives du gouvernement et des Provinces sur les questions forestières

La Nouvelle-Calédonie dispose d'un important domaine forestier public recouvrant la plus grande partie des 11 900 km^2 constituant le « domaine privé » des collectivités publiques. Ce domaine des collectivités représentait (en 2001) 64 % de la surface totale de la Nouvelle-Calédonie, le solde étant constitué par 19 % de propriétés privées et 17 % de terres coutumières (inaliénables, incessibles, incommutables et insaisissables). La gestion du domaine qui appartient à la Nouvelle-Calédonie est une attribution du gouvernement (article 127 de la loi organique), gestion qui doit se faire « dans le respect des réglementations existantes, et notamment des réglementations provinciales dans les domaines relevant de la compétence des Provinces, et dans l'intérêt général ».

Au moment de la provincialisation (1989), le service des forêts a été scindé, pour la Grande Terre, en un « service des forêts » en Province Nord (intégré dans la Direction du développement économique et de l'environnement, DDEE), et en une « section forêt et bois » du service des productions végétales et des forêts en Province Sud (intégré à la Direction du développement rural, DDR). Le gouvernement n'a conservé aucun service forestier, alors que la quasi-totalité du domaine forestier public reste sa propriété. Les Provinces sont investies de compétences réglementaires leur donnant la possibilité d'édicter des normes applicables à tout le territoire de la Province. Leurs agents assermentés ont la possibilité de constater les infractions commises sur le domaine privé de la Nouvelle-Calédonie. En pratique, le faible nombre de ces derniers, fait que la surveillance n'est guère exercée concrètement.

Les opérations de reboisements actuelles sont réalisées par les Provinces, généralement sur les terres de la Nouvelle-Calédonie, ce qui entraîne la cession des terrains concernés. Plus de 7 000 ha de parcelles anciennement reboisées sont situés sur le domaine de Nouvelle-Calédonie, majoritairement en Province Nord, mais aussi en Province Sud.

L'exploitation forestière de la forêt naturelle par les sociétés privées se réalise sous forme de Permis temporaires d'exploitation (PTE), délivrés par le service provincial compétent. Cela concerne 0,46 % du domaine de la Nouvelle-Calédonie. Les prélèvements de moindre ampleur, opérés par des particuliers, relèvent de permis de coupe délivrés par les services provinciaux. Le fait que peu de demandes soient déposées signifie, qu'en pratique, les usages sont peu réglementés.

Plus du quart du domaine privé de la Nouvelle-Calédonie, soit 86 % des superficies sur terrains ultrabasiques, est d'ores et déjà grevé par des concessions minières. Cela pose la question des modalités de prise de décision, et notamment des rôles respectifs des collectivités publiques et des exploitants, quant aux futurs choix de défrichements sur ces superficies.

Les usages de l'espace rural : l'élevage extensif qui occupe la plus grande part des terres utilisées est en déclin

Les contraintes de topographie et de qualité des sols pèsent fortement sur l'agriculture. Les meilleures terres sont occupées par l'arboriculture et le maraîchage. En 2002, année du dernier recensement agricole, la surface agricole utilisée (SAU) correspondait à 13,5 % de la superficie du pays et la surface agricole entretenue (SAE) représentait 57 % de la SAU, ce qui fait, par différence, une surface non utilisée ou peu entretenue de près de 110 000 ha, essentiellement des pâturages peu productifs. De fait, l'élevage, plutôt extensif (0,4 UGB/ha en moyenne), occupe 90 % de la SAU, mais ce secteur est en déclin. Cela pourrait donc avoir pour conséquence d'augmenter les importations de viandes, donc de déplacer les émissions de méthane correspondantes vers d'autres pays. À noter que si la SAU est passée, entre 1991 et 2002, de 12 % à 13,5 % de la superficie du pays (soit 20 000 ha d'après le RGA), la SAU entretenue a baissé de plus de 15 %.

Le prix du foncier privé semble devenir rédhibitoire (1 à 3 millions de FP/ha), pour le lancement d'activités agricoles, et ce, même loin du grand Nouméa, et il n'existe pas de mécanisme de préservation du foncier agricole, souvent vendu lors des successions en l'absence de retraite agricole. Outil de réorganisation foncière, les Ogaf restent gérées par les services de l'État (Direction du service d'État de l'agriculture, de la forêt et de l'environnement, Dafe) ; en Nouvelle-Calédonie, il s'agit de petites opérations qui n'ont jamais impliqué de volet de plantation à finalité forestière ou de production de biomasse. En 2002, la surface totale des exploitations comprenait, hors SAU, plus de 17 000 ha de friches non productives et près de 18 000 ha de « forêts naturelles », les reboisements ne s'élevant qu'à 632 ha, dont la majorité a sans doute été réalisée avant 1990. Or, des surfaces en savane ou en forêt dégradée pourraient sans doute théoriquement être boisées. Cela pourrait conduire à des augmentations de stocks de carbone en forêts ou sur des terres agricoles. Cette question de l'utilisation des terres mérite donc d'être clarifiée par les institutions locales de recherche et d'appui technique, par exemple par l'IAC. Faut-il boiser des terres ou augmenter la production agricole locale ? Répondre à cette question complexe nécessite un travail de longue haleine et l'accumulation de nouvelles connaissances comme la remobilisation d'anciennes, dans les domaines de l'agronomie comme de la foresterie. Il serait hasardeux de prétendre apporter une réponse sur la seule base des informations existantes lors de cette expertise.

Les surfaces et les ressources forestières

La définition retenue pour la mise en œuvre du protocole de Kyoto inclut simultanément trois critères : la surface minimale de la formation classée (entre 0,05 et 1 ha), le couvert minimal de la végétation ligneuse à l'âge adulte (entre 10 % ou 30 % de la surface) et la hauteur potentielle minimale à maturité du peuplement (de 2 m à 5 m). Cette dernière référence fait que tous les jeunes peuplements ligneux, appelés à croître par la suite, sont classables comme forêt.

En Nouvelle-Calédonie, malheureusement, la seule couverture aérienne intégrale du Territoire remonte à 1954 ! Sur cette base, les travaux de l'inventaire forestier général de 1975 ont produit une carte des formations végétales de la Grande Terre et des Îles qui distingue les formations suivantes : forêt dense sempervirente (23 %), formations à « Niaoulis[23] » (14 %), formations forestières diverses (1 %), maquis (25 %), fourrés (8 %), savane (22 %). Ces pourcentages se rapportent à la Grande Terre (la prise en compte des Îles ne les modifie que marginalement), à l'exclusion des surfaces agricoles ou habitées. Le complément correspondait, à l'époque, aux surfaces agricoles et habitées pour 5 % et 2 %, respectivement. À noter, qu'en 2002, on arrive à une surface agricole entretenue (SAE) d'environ 7,5 % probablement comparable avec les 5 % mentionnés à l'époque.

L'Atlas de la Nouvelle-Calédonie (IRD éditions, 1981) présente une carte des principaux types de végétations qui est en cours d'actualisation. La DTSI (service du territoire), qui a pour mission de centraliser et d'intégrer l'ensemble de l'information cartographique, vient de réaliser une cartographie complète à paraître de l'occupation du sol et des principaux types de végétations. Elle distingue les types de peuplements végétaux suivants (les pourcentages s'entendent par rapport à l'ensemble du territoire) : forêt dense sur sol volcano-sédimentaire ou ultrabasique (22 % et 9 %, respectivement), maquis dense para-forestier (8 %), végétation épaisse sur sols ultrabasiques (4 %), maquis ligno-herbacé (9 %), végétation arbustive sur sols volcano-sédimentaires (14 %), savane (22 %).

Les différences de méthode et de nomenclature rendent les comparaisons impossibles avec la cartographie de 1975. De fait, les continuums entre forêt dense et forêt dégradée, entre forêt ouverte et savane, entre maquis et fourrés de différentes hauteurs, rendent la recherche d'une cohérence intrinsèquement difficile, et exigent qu'une méthode de cartographie unique, robuste et reproductible soit définie et mise en œuvre pour le suivi multitemporel de la végétation, des surfaces forestières et de la biomasse.

[23] *Melaleuca quiquenerva* (Myrtacées).

LA VÉGÉTATION DE LA NOUVELLE-CALÉDONIE

Les principales caractéristiques du milieu physique

La Grande Terre est divisée, sur toute sa longueur, par une chaîne centrale (altitude moyenne 1 100 m) qui culmine au nord de l'île, au Mont Panié à 1 628 m et au sud au Mont Humboldt. Des chaînes secondaires se déploient selon des axes perpendiculaires, approximativement est-ouest. Les versants ouest sont prolongés par de larges plaines côtières, alors que les versants est sont abrupts et entaillés par des vallées profondes. Le sud de la Nouvelle-Calédonie est un vaste plateau de roches ultrabasiques (altitude moyenne 250 m). Insistons sur le fait que, sur la majorité des terres forestières domaniales de Nouvelle-Calédonie, la pente représente une contrainte très forte pour la récolte du bois d'œuvre, et encore davantage pour la récolte des biomasses dont la valeur pondérale unitaire est encore plus faible que celle du bois d'œuvre. Il faut donc distinguer les terres où l'on peut espérer pouvoir récolter des biomasses, des terres où l'on peut seulement augmenter les stocks de carbone sous réserve de pouvoir les protéger, notamment contre les feux.

Les facteurs déterminant les variations de la végétation naturelle

Trois facteurs expliquent les principales variations naturelles de la végétation de la Nouvelle-Calédonie, en particulier de la Grande Terre : l'opposition entre côte ouest (sèche) et côte est (humide), les variations d'altitude et les différences de substrat géologique. Les variations de précipitations résultent tout à la fois de l'opposition est-ouest et du gradient d'altitude. Dans les secteurs les plus élevés, une partie des précipitations s'effectue sous forme de brouillards.

L'influence de la géologie est flagrante au travers de l'opposition majeure entre roches ultrabasiques (encore dénommées ultramafiques, « péridotites ») et roches acides, de type volcano-sédimentaire. Les roches ultrabasiques occupent toute la partie sud de la Grande Terre, formant le « grand massif du sud » qui culmine au Mont Humboldt. Ces roches se retrouvent sous forme de massifs particuliers dans la partie centrale et le long de la côte ouest de la Grande Terre. Les sols dérivés de ces roches, ferralitiques de type ferritique, sont exceptionnellement pauvres en nutriments (Ca, P) et, à l'inverse, exceptionnellement riches en certains métaux (chrome, manganèse, nickel).

D'où leur dénomination usuelle de « terrains miniers ». Les îles Loyauté, relativement plates, ont un substrat caractéristique (calcaire corallien, plateau madréporique) et un relief karstique.

Ces facteurs naturels de variation de la végétation interagissent depuis au moins 4 000 ans avec l'impact – direct ou indirect – des activités humaines, ces dernières s'étant diversifiées et amplifiées depuis l'arrivée des Européens. Parmi les effets anthropiques indirects, on peut citer l'introduction de nombreuses espèces végétales ou animales. Parmi ces dernières, le cerf rusa est en situation de surpopulation et représente, de ce fait, une contrainte systématique pour la végétation. Dans le même ordre d'idée, on peut aussi mentionner le bétail ensauvagé, en particulier les nombreux cochons.

Les feux, dont la plupart sont d'origine anthropique, sont sans doute la source d'impact humain parmi la plus ancienne et dont les effets sont parmi les plus étendus dans l'espace.

Une biodiversité exceptionnelle par son originalité

La Nouvelle-Calédonie est reconnue mondialement comme un des « points chauds » de la biodiversité, dénomination qui exprime à la fois la richesse et l'originalité (endémisme) des formes biologiques, mais aussi les pressions et les risques qui pèsent sur les écosystèmes concernés. La vulnérabilité des espèces est accentuée en milieu insulaire et les petites îles de la planète abriteraient environ un sixième du total mondial des espèces végétales menacées. Cette biodiversité exceptionnelle, héritage de l'histoire géologique, impose une attention patrimoniale particulière dans la gestion de la végétation forestière. Cette préoccupation s'est concrétisée par la création de réserves, notamment au cours des deux dernières décennies. Mais cela implique également l'adoption de « bonnes pratiques » concernant la gestion de l'ensemble du territoire, sans lesquelles la mise en réserve peut se révéler inopérante. Il faut souligner ici que les variations de stocks de carbone des « réserves intégrales » n'ont pas à être comptabilisées sous le protocole de Kyoto.

Parmi les devoirs patrimoniaux liés à la diversité de la Nouvelle-Calédonie figure la vigilance face aux risques de prolifération d'espèces introduites dans les milieux naturels ou semi-naturels, ce qui définit la notion « d'invasion biologique ». Ce devoir peut parfois entrer en contradiction avec des objectifs de foresterie visant à la production économiquement viable de production de biomasse ou à l'augmentation des stocks de carbone. En effet, certaines espèces, dont la faculté de croissance très rapide est reconnue en Asie insulaire et dans le Pacifique, y sont aussi référencées comme envahissantes en dehors de leurs aires d'origine par la base de données de l'Union internationale pour la conservation de la nature (UICN). Parmi ces espèces, on peut mentionner *Paraserienthes falcataria*[24] et *Pinus Caribaea*, l'usage de ce dernier ayant pourtant été important dans les boisements forestiers en Nouvelle-Calédonie.

Les principaux types de végétation

Les forêts denses humides sempervirentes

Les versants de la chaîne centrale sont encore couverts par d'importants massifs de forêt dense humide sempervirente que l'on observe principalement sur roches acides (volcano-sédimentaires), soit environ 300 000 ha, et sur roches ultrabasiques, soit près de 100 000 ha. En dépit des variations en fonction de l'altitude, certaines constantes de ces forêts sont de présenter une canopée fermée, d'une hauteur d'environ 20 m en moyenne, composée principalement par des espèces à feuilles persistantes d'où émergent nettement un nombre plus limité d'espèces (araucarias, kaoris, Houp). Autre constante : l'abondance des palmiers, pandanus et fougères. La richesse spécifique et le niveau d'endémisme sont partout élevés, mais particulièrement marqués sur substrat ultrabasique et en altitude.

À moyenne altitude (300 à 1 000 m), les forêts s'observent surtout sur le versant ouest de la chaîne centrale, mieux protégé des vents et des cyclones, avec une majorité en Province Nord. Au-dessus de 1 000 m, la forêt est caractérisée par l'omniprésence des mousses et des lichens, par une canopée plus basse (dépassant rarement 10 m), la présence plus marquée de fougères et d'épiphytes, et par l'existence de sols (de type mor ou ranker) dont l'horizon organique superficiel épais atteint souvent plus de 20 cm. Les forêts de basse altitude sont aujourd'hui rares, limitées à la réserve de la Rivière bleue sur substrat ultrabasique et à quelques forêts très morcelées dans des vallées de la chaîne centrale ; les forêts de « chêne gomme », autrefois étendues sur la côte est à basse altitude, ne sont plus représentées que par quelques peuplements ponctuels.

[24] Synonymes : *Albizzia falcataria, Falcataria moluccanna.*

Les précipitations vont de 1 500 à 3 500 mm par an à moyenne altitude pour atteindre 4 000 mm au-dessus de 1 000 m, avec quelques records (8-10 m) sur le versant est, près des crêtes. Ces forêts de montagne jouent donc un rôle important dans la régulation hydrologique en réduisant les risques d'érosion, notamment grâce à la forte capacité d'absorption des sols ; elles augmentent la ressource en eau disponible en captant l'humidité des brouillards.

Sur roches ultramafiques, la forêt dense sempervirente est caractérisée par des espèces spécialisées, mais l'effet du substrat ne se traduit pas forcément sur la physionomie de la végétation en l'absence de perturbation humaine : hauteur modeste de la canopée, mais assez forte densité. Une part importante de ces forêts a souffert de l'exploitation minière conjuguée aux incendies, notamment près des sommets de la côte ouest.

Les formations basses sur roches ultrabasiques (« maquis miniers »)

Il s'agit d'une formation basse existant à l'état naturel hors dégradation, avec faciès spécifique orophile près des sommets. Ces maquis sont composés d'une strate herbacée à Cypéracées et d'une strate arbustive ou arborée pouvant parfois excéder 5 m de haut, sans compter la distribution lâche des araucarias et kaoris. Selon l'importance relative des composants, on peut distinguer des faciès fortement herbacés, buissonnants ou arbustifs. Selon l'inventaire de 1975, ces formations occuperaient 450 000 ha.

Les forêts sclérophylles

Il est probable que cette végétation, appelée aussi « forêt sèche », était autrefois répandue sur toute la côte ouest de la Grande Terre, à basse et moyenne altitude (moins de 300 m) dans les zones de pluviométrie inférieure à 1 m/an. Ces forêts sont constituées par des arbres et arbustes sempervirents à feuilles adaptées à la sécheresse, petites, et à cuticules (sclérophylles). Les arbres sont de faibles dimensions (15 m de haut et 40 cm de diamètre pour les plus gros) et le sous-bois peut former des fourrés plus ou moins denses, avec peu d'herbacées. La richesse taxonomique n'égale pas celle de la forêt dense humide, mais la flore de la forêt sèche est profondément originale avec de nombreuses espèces endémiques (10,4 % des espèces endémiques du pays). Comme presque partout dans le monde tropical, les formations végétales les plus sèches ont le plus souffert des activités humaines, des feux et de la pression des cervidés. On estime que les forêts naturelles sèches qui occuperaient aujourd'hui 4 000 ha ne représentent plus que 1 à 2 % de leur aire naturelle d'origine. Elles font l'objet d'un programme de protection spécifique.

Savanes et formes de dégradation

Les savanes sont essentiellement observées sur la côte est de la Grande Terre, sous les conditions climatiques les moins arrosées ; elles peuvent sans doute être interprétées comme des formes de dégradation de la forêt sclérophylle sous l'effet historique de la coupe de bois, des feux et du pâturage par le bétail ou les cervidés. Le Niaouli est généralement l'espèce arborée dominante, même si son abondance locale est souvent décrite comme associée au caractère plus ou moins marécageux de la savane. Un autre aspect, peu documenté, bien qu'important pour la compréhension du régime des feux, concerne la nature et la composition de la strate herbacée. L'inventaire de 1975 fait état de 230 000 ha de formations savanicoles « à Niaouli », de 370 000 ha de « savanes » et de 220 000 ha de « fourrés » (dont 36 % dans les îles).

La contrainte des feux

Si l'écobuage est une pratique ancienne et courante de toutes les sociétés humaines, cette dernière devient particulièrement prégnante en contexte tropical, dès lors que le climat présente des saisons sèches et pluvieuses fortement contrastées. Les très fortes quantités de biomasses, notamment herbacées, produites en saison des pluies sont bien supérieures à ce que l'on peut observer en contexte méditerranéen ou tempéré. Une fois desséchée avec la fin ou l'espacement des pluies, la biomasse herbacée ou sous-ligneuse forme un combustible idéal. Les raisons de mise à feu résultent souvent de la volonté de « dégager » le terrain d'une biomasse jugée gênante (obstacle, présence d'insectes ou de serpents, biomasse dangereuse en cas de feux accidentels). Les mises en cultures et la chasse sont aussi fréquemment évoquées comme justifications. Dans tous les cas, les surfaces effectivement brûlées excèdent parfois largement les intentions initiales de la mise à feu. La facilité de propagation du feu invite aussi à la malveillance, en cas de litige foncier ou de conflits divers. Il s'agit alors de marquer son emprise sur une portion de territoire ou d'affirmer des droits d'usage implicites ou contestés. Ces motivations et comportements ne sont pas spécifiques à la Nouvelle-Calédonie.

Les surfaces brûlées ont pu atteindre 50 000 ha certaines années, pour une moyenne de 20 000 ha parcourus par an, mais il n'y a pas vraiment de bilan annuel qui fasse consensus. Les essais de cartographie à partir d'images satellite Modis, qui indiquent les foyers actifs et non directement les surfaces brûlées, ne concordent pas avec les estimations de la protection civile. Toute estimation de ces surfaces devra être relativisée en fonction des formations végétales affectées, puisque les conséquences d'un feu peuvent être très différentes, en termes écologiques comme en termes de carbone relâché. Un programme de recherche sur la prévention des incendies, à laquelle participent les gestionnaires des forêts sèches et le WWF, est en cours et commence par une analyse des causes des mises à feu.

Une première tentative d'estimation des stocks de carbone dans la végétation de Nouvelle-Calédonie (d'après Durrieu de Madron, 2009)

La grande pauvreté des informations spécifiques à la Nouvelle-Calédonie a contraint l'auteur à de nombreuses approximations ou extrapolations de données provenant de la littérature mondiale. Les résultats obtenus ne doivent donc être considérés qu'avec prudence, seulement comme des ordres de grandeur. On note que les valeurs estimées pour les forêts denses sont relativement élevées compte tenu des hauteurs de canopée relativement basses (rarement plus de 25 m) qui caractérisent les forêts de Nouvelle-Calédonie. Cette question pourrait être approfondie, mais cela demanderait un travail plus spécifique et des données qui, actuellement, ne sont pas disponibles. Quoi qu'il en soit, on peut sans doute retenir des valeurs de stocks de matière sèche 180 à 190 t/ha (pour la biomasse épigée comme une fourchette supérieure, correspondant à des forêts en bon état, pour la plupart non exploitées[25]. Ces valeurs ne prennent pas en compte les surfaces exploitées depuis les inventaires de référence qui traitaient majoritairement de forêts à biomasse relativement forte.

[25] En France, les biomasses forestières atteignent une valeur moyenne d'environ 69 t de carbone soit, environ, 120 t de MS. Les diminutions de stock de carbone des forêts converties en cultures avoisinent les 85 t/ha, environ 312 t de CO_2/ha.

Tableau 6 – Ordre de grandeur obtenu par des extrapolations et non par des mesures directes, des biomasses et des stocks de carbone dans les principales formations boisées de Nouvelle-Calédonie

	Volume inventaire fût (troncs) en m^3/ha	Biomasse arborée épigée (AGB) en t/ha	Biomasse totale en t/ha	Quantité de carbone en tC/ha (dont quantité prise pour le carbone du sol entre parenthèses)
Forêt dense sempervirente	100	190	230	210 (100)
Forêt dense sempervirente sur calcaire (îles)	90	180	220	160 (60)
Savanes à Niaoulis	40*	140	160	140 (60)
Forêt sclérophylle	40	90	110	130 (60)
Peuplement à *Araucaria columnaris***	200	120	140	120 (60)
Plantations pins	170	100	120	120 (60)
Plantations (araucarias, kaoris)***	40	20	25	50 (40)
Cocoteraie****	360	-	285	200
Mangrove	-	150	190	170 (80)

* Mais grande variabilité de densité des arbres donc de la biomasse ;
** dans les îles ;
***de moins de 20 ans pour la plupart ;
**** extrapolation directe de l'estimation à Wallis.

Parmi les formations boisées décrites dans le tableau, les forêts denses et les savanes à Niaoulis représentent, de loin, les superficies les plus importantes avec, respectivement, 59 % et 36 % dans la cartographie de 1975. Concernant les savanes, une grande incertitude subsiste compte tenu du flou entourant leur définition et aux fortes variations dans l'espace de la densité de leur strate arborée.

Sous la Convention climat, les signataires s'engagent à effectuer des inventaires des émissions par les sources, donc en provenance des forêts et des absorptions par les puits pour contribuer au recensement des émissions de GES par pays. Cela suppose de pouvoir mesurer, de manière acceptable, des variations de stocks. Ces premières informations sont donc totalement insuffisantes pour déterminer précisément de telles variations en forêt néo-calédonienne. Il n'est même pas encore possible de donner une estimation précise du stock total actuel de carbone dans les écosystèmes forestiers de la Nouvelle-Calédonie.

QUELLES CAPACITÉS D'AUGMENTATION DE STOCKS DE CARBONE ET QUELS RISQUES DE DIMINUTION DES STOCKS MOYENS DANS CES DIVERSES FORMATIONS VÉGÉTALES ?

En faveur de l'augmentation des stocks, les reboisements forestiers et la revégétalisation

Les reboisements forestiers

En Nouvelle-Calédonie, les essais et programmes de reboisement remontent aux années 1970 avec des tests d'espèces exotiques (eucalyptus, pins tropicaux), et autochtones (kaoris, araucarias, chêne gomme), la plantation de ces dernières se révélant possible sur substrat ultrabasique. Parmi les espèces introduites, le *Pinus caribaea* (var. *Hondurensis*) et, à un degré moindre, le *Pinus elliottii* se sont alors révélés comme les plus adaptés et ont été les plus utilisés. L'essentiel de ces reboisements « historiques » (années 1970-1980) en pins a été réalisé dans la Province Nord. Sur 4 600 ha réalisés, seulement 2 800 ha seraient, essentiellement dans le secteur de Tango, dans un état acceptable ou dans des conditions satisfaisantes d'accessibilité permettant de récolter du bois d'œuvre. Les conditions de récoltes se sont souvent révélées plus difficiles qu'estimées par les planteurs !

Depuis la provincialisation, ce sont les services provinciaux qui sont en charge du suivi des plantations situées pour la plupart sur le domaine foncier de la Nouvelle-Calédonie, ainsi que de la création de nouveaux reboisements. Dans les deux Provinces, l'objectif principal est de proposer de l'activité en milieu rural et, si possible, de fournir des produits à l'usage du marché intérieur. La Nouvelle-Calédonie est très largement déficitaire en produits forestiers, en particulier en bois d'œuvre et bois de service. On estime que le taux de couverture des besoins a reculé ces dernières années de 30 % à 20 %, principalement sous l'effet de la hausse de la demande. Les principales importations se font à partir de la Nouvelle-Zélande (*Pinus raddiata* notamment).

▪ *En Province Sud*, la DDR affiche une politique ambitieuse et estime à 1 300 ha les surfaces de terres forestières reboisées depuis 1989-1990. Il semble que l'essentiel de ces reboisements ait été mené sur terrains publics non agricoles donc ne pouvant pas être comptabilisés sous l'article 3.3 du protocole. Les reboisements dans le sud de la Province en *Pinus Caribaea* var. *Hondurensis* ont été maintenant arrêtés compte tenu de la faculté de l'espèce à essaimer dans le maquis minier et à y augmenter les risques d'incendie. La DDR a d'ailleurs mené des opérations d'arrachements autour de certaines de ses plantations, dans les zones « d'intérêt écologique ». En même temps, elle assure la gestion de boisements de *Pinus* « naturalisés » dans l'île des Pins. Le total des plantations en Province Sud est de 1 700 ha (dont 10-20 % d'araucariacées, relativement jeunes). Le temps de rotation des pins est d'environ 30 ans, de l'ordre du siècle pour les kaoris et de 60 ans pour les araucarias.

Les reboisements actuels et futurs sont plutôt tournés vers les essences locales (kaoris, araucarias), malgré encore quelques incertitudes techniques. Le système de fourniture de semences aux pépiniéristes privés, jusque-là entièrement assuré par l'IAC, a été jugé peu satisfaisant, avec recrutement d'un ingénieur Inra détaché en appui aux pépiniéristes privés. Un effet est attendu des nouvelles dispositions du code de l'investissement qui prévoit une aide à hauteur de 80 % pour les reboisements privés.

▪ *En Province Nord*, les surfaces reboisées sont de l'ordre de 15 ha par an, après avoir peut-être atteint 30 ha par an il y a quelques années. Le cumul planté sur des terres forestières depuis 1990 serait de l'ordre de 300 à 600 ha. Dans l'absolu, les surfaces adéquates ne semblent pas actuellement limitantes, et sans doute moins qu'en Province Sud. Mais le montage de projets sur foncier coutumier (et ailleurs) est un processus lent impliquant des négociations. Les boisements concernent cinq à six essences susceptibles de valorisation économique (notamment bois d'œuvre), dont agathis, araucaria, faux-tamanou et gaiac. Après quelques années, les surfaces suffisamment entretenues et protégées pour donner un peuplement viable – donc une biomasse sur pied excédant substantiellement la végétation dégradée spontanée –, semblent, là encore, ne pas dépasser la moitié des surfaces reboisées en forêt (150 à 300 ha).

Les superficies relevant du domaine privé de la Nouvelle-Calédonie et présentant des caractéristiques naturelles favorables en vue d'une exploitation ne semblent pas excéder 1 000 ha en Province Sud. En Province Nord, les surfaces potentiellement reboisables sont peut-être plus étendues, sans pour autant excéder quelques milliers d'hectares, comme le suggèrent Hygen *et al.* (2006).

Le potentiel de reboisement en terrain privé est aujourd'hui de nouveau encouragé. Mais comme les expériences passées l'ont démontré, la réussite de toute plantation reste soumise aux aléas des feux, au broutage par les cerfs, à la question du foncier et, bien évidemment lorsqu'il s'agit d'inciter des particuliers à planter, à la rentabilité économique.

Les perspectives réelles de boisements et de reboisements économiquement et socialement acceptables apparaissent donc limitées, au vu des connaissances disponibles lors de cette expertise. Sur le plan technique, on ne pourrait envisager des programmes de reboisement de grande ampleur que sur la base de connaissances nouvelles concernant les potentialités de production forestière basées sur des placettes expérimentales conduites sur de longues périodes et dans diverses situations représentatives des conditions néo-calédoniennes, sur les possibilités de mécanisation des récoltes ou des boisements, etc.), et enfin sur les conditions socio-économiques rurales de la Nouvelle-Calédonie. Ces travaux doivent être conduits localement par une équipe ayant une certaine pérennité sur ces sujets. Les connaissances techniques validées localement nous ont, en effet, paru faire défaut lors de cette expertise, malgré des travaux anciens et un regain d'intérêt très récent dans les services des Provinces. Cela rejoint les interrogations formulées précédemment sur l'affectation des terres entre productions agricoles (élevages notamment) et forestières.

La revégétalisation des sites miniers

Jusqu'à l'adoption récente du nouveau code minier qui joue sur l'incitation fiscale, la revégétalisation des sites miniers restait liée à la bonne volonté des industriels. Un travail spécifique de la DTSI estime à 20 000 ha le cumul des surfaces dégradées par l'activité minière – on parle de sites « orphelins » lorsque les exploitants actuels n'ont pas (ou plus ?) de responsabilité vis-à-vis des surfaces dégradées. Actuellement, l'effort de réhabilitation dépasse à peine 100 ha par an sur l'ensemble de la Nouvelle-Calédonie. Il pourrait être porté prochainement à 200 ha (il y en aurait alors pour un siècle pour revégétaliser ces sites !). Mais de toute façon la faible croissance des espèces non envahissantes limite sérieusement les augmentations de stocks de carbone que l'on peut espérer obtenir sur ces terrains. Le recours à des amendements risquerait en outre de favoriser des espèces envahissantes. Dans le meilleur des cas, on n'arrivera sans doute qu'à reconstituer lentement les stocks de carbone antérieurs à l'exploitation minière. Même en cas de succès – pas toujours acquis et longtemps fragile –, les reconstitutions des biomasses resteront lentes.

Les causes de diminution des stocks

Le défrichement et l'urbanisation

Nous avons vu que l'extension de la surface agricole utile a concerné 20 000 ha entre 1991 et 2002, soit sans doute nettement plus que l'extension des habitations et des infrastructures pour laquelle nous ne connaissons pas de chiffre global. Dans les deux cas, les défrichements se sont probablement faits au détriment de savanes ou de forêts dégradées et non de forêts denses, sans qu'il soit possible de le préciser.

L'exploitation forestière

En forêt naturelle, l'exploitation a toujours été de type sélectif, quatre espèces représentant 80 % de la production (tamanou, houp, kaoris, « hêtre »). On estime que, depuis la Seconde Guerre mondiale, l'exploitation forestière a parcouru 40 000 à 50 000 ha pour un prélèvement sélectif de 15 à 20 m^3/ha de grumes (volume fûts). La diminution des stocks de biomasses par ha en forêt naturelle durant les dernières décennies pourrait avoir atteint de l'ordre de 50 t de matière sèche (25 t de carbone). Mais on ne dispose pas de mesures réelles.

Dans la décennie 1980, 700 à 900 ha étaient exploités annuellement pour une production totale d'environ 14 000 m^3 grumes. On peut donc penser que depuis les inventaires qui ont permis d'évaluer les valeurs de biomasse sur pied (cf. tableau 5, p. 177), environ 20 000 ha de forêts ont été exploités, et que, sur cette superficie, les valeurs de référence mentionnées pour la forêt dense ont pu être substantiellement diminuées d'environ 25 %. Mais tout cela reste très approximatif.

Le système des PTE n'a pas réussi à garantir la pérennité des prélèvements et des inquiétudes ont été exprimées concernant la résilience des écosystèmes de montagne calédoniens. De fait, aucun site exploité au cours des 30-40 dernières années n'a fait l'objet d'une seconde coupe. L'inventaire postexploitation du chantier-pilote de l'Aoupinié (Province Nord) aboutit à des conclusions assez pessimistes, malgré un niveau de préparation et de suivi des travaux qui se voulait supérieur à la pratique courante. Cette étude menée en 1996 constate, pour un taux de prélèvement conforme à la moyenne calédonienne, une dégradation sanitaire des arbres réservés, l'absence de croissance significative en volume de ces derniers après exploitation, l'envahissement par les espèces héliophiles (23 % de la surface) qui bloque la régénération des espèces recherchées, et des signes nets d'érosion sur les pistes (6 % de la surface). Cette prise de conscience conjuguée au contexte socio-économique (malgré une subvention des travaux), mène à un déclin de l'activité qui semble inexorable. En Province Sud, l'exploitation de la forêt naturelle sera d'ailleurs arrêtée en 2012.

L'influence de la récolte en forêt naturelle sur les variations de stocks de carbone est donc en train de devenir négligeable. La reconstitution de la biomasse dans les zones anciennement exploitées pourrait peut-être conduire à un accroissement de leurs stocks.

Les feux

Des modifications de régime d'El Niño dans la zone Pacifique pourraient aussi renforcer la fréquence des périodes et années sèches, ce qui pourrait accroître les risques de propagation des incendies. Les recherches en cours (projet ANR INC) devraient améliorer les connaissances sur les causes et les risques de feu.

L'extension des surfaces minières

Dans la zone géologique ultrabasique, convoitée pour l'exploitation du nickel, une grande partie de la superficie forestière subsistante est grevée par des concessions minières (environ 30 % de la superficie des forêts situées sur le domaine de Nouvelle-Calédonie). En l'absence d'information plus précise sur le rythme de défriche dans les concessions, on peut faire l'hypothèse que les 20 000 ha dégradés par l'exploitation minière l'ont été au cours des 50 dernières années, ce qui ferait un rythme annuel d'environ 400 ha.

Conséquences par rapport aux engagements demandés aux pays de l'annexe I sous la Convention climat et sous le protocole de Kyoto

Nous retenons l'hypothèse que, conformément à son revenu par habitant, la Nouvelle-Calédonie relève des pays « industrialisés » de l'annexe I. Le raisonnement qui suit se place dans l'hypothèse d'une éventuelle mise en conformité de la Nouvelle-Calédonie par rapport aux exigences de la Convention et surtout du protocole de Kyoto.

L'article 4.1a de la Convention relatif aux inventaires des émissions de gaz à effet de serre précise qu'il faut recenser toutes les émissions par les sources et tous les prélèvements par les puits. Considérées dans le cadre de la France, ces variations de stocks de carbone en forêt néo-calédonienne seraient faibles. Ce n'est donc pas une source « clef » dont il faut prioritairement améliorer la connaissance lorsque l'on considère ces émissions dans l'ensemble « France plus DOM, plus COM et plus Nouvelle-Calédonie ». Mais il faudrait tout de même les recenser plus précisément si les émissions de la Nouvelle-Calédonie devaient être considérées séparément.

Sous le protocole de Kyoto

Il faut ici bien distinguer les variations de stocks sous l'article 3.3 (dont la prise en compte est obligatoire dès la première période d'engagement), des variations sous l'article 3.4. Sous ce dernier, la France n'a retenu que le volet forestier, mais la prise en compte était facultative et à géométrie variable lors de cette première période. La comptabilité est aussi particulière.

L'inventaire des variations de stocks relativement à l'article 3.3 du protocole

Article 3.3 :

« Les variations nettes des émissions de gaz à effet de serre par les sources et l'absorption par les puits résultant de l'activité humaine directement liée au changement d'affectation des terres et à la foresterie et limitées au boisement, au reboisement et au déboisement depuis 1990, variations qui correspondent à des variations vérifiables des stocks de carbone au cours de chaque période d'engagement, sont utilisées par les parties visées à l'annexe I (par les pays industrialisés), pour remplir leurs engagements (de limitation et de réduction des émissions de gaz à effet de serre) prévus au présent article. Les émissions des gaz à effet de serre par les sources et l'absorption par les puits associées à ces activités sont notifiées de manière transparente et vérifiable et examinées conformément aux articles 7 et 8. »

Tout pays de l'annexe I ayant pris des engagements sous le protocole de Kyoto a l'obligation de faire ce bilan de carbone pour la période 2008-2012. On peut comptabiliser les accroissements de stocks des boisements d'origine directement humaine de terres non forestières effectués depuis 1990.

■ *Au débit du bilan*, défini par l'article 3.3, il faut noter la diminution des stocks de carbone, entre 2008 et 2012, résultant de l'extension urbaine ou de la création d'infrastructures, du défrichement pour raisons agricoles et de l'extension des surfaces d'exploitation minière.

■ *Au crédit du bilan*, il faut relever les augmentations des stocks de carbone, mais seulement entre 2008 et 2012, dans les boisements sur terres agricoles, à partir de 1990, et dans les boisements des terrains miniers qui n'étaient plus considérés comme des forêts en 1990 (c'est-à-dire qui ont été défrichées avant et non reboisées avant 1990). Remarquons que l'essentiel des reboisements réalisés depuis 1990 l'a sans doute été sur des terrains publics non agricoles, même s'il s'agissait probablement de végétation dégradée. Ces boisements ou reboisements ne peuvent donc être considérés sous l'article 3.3.

■ *La date de référence* concernant l'affectation officielle des terres est 1990, ce qui pose le problème fondamental, en Nouvelle-Calédonie, d'absence d'informations pouvant faire référence concernant l'affectation des terres à cette date. L'exploitation fine des résultats du recensement agricole pourrait être utile. Encore faudrait-il pouvoir montrer que ce qui a été recouvert d'une couverture végétale n'est pas le résultat d'un abandon des terres, mais de réels boisements.

Le revégétalisation des terrains miniers, entre 1990 et 2008, n'a sans doute pas toujours abouti à la création d'une végétation pouvant déjà être considérée comme forestière. Mais cela importe peu si, à terme, ces végétations remplissent les critères de la FAO de définition de la forêt. Cependant, si on estime que cet accroissement de stock entre 2008 et 2012 est trop faible pour mériter d'être mesuré précisément, il suffira simplement de l'ignorer.

Dans le cas de la Nouvelle-Calédonie, il faudra probablement s'attendre à un bilan négatif (diminution nette des stocks comptabilisés sous l'article 3.3), principalement sous l'effet des défrichements agricoles, miniers et urbains. Il faudra donc mesurer les stocks de carbone des surfaces qui seront défrichées entre 2008 et 2012 (ou au cours des périodes d'engagement qui suivront, après 2012).

L'inventaire des variations de stocks relativement à l'article 3.4 du protocole

Article 3.4 :

« Avant la première session de la conférence des parties (...) chacune des parties visées à l'annexe I fournit à l'Organe subsidiaire du Conseil scientifique et technologique, pour examen, des données permettant de déterminer le niveau de ses stocks de carbone en 1990 et de procéder à une estimation des variations des stocks de carbone au cours des années suivantes. À sa première session, ou dès que possible par la suite, la Conférence des Parties (...) arrête les modalités, règles et lignes directrices à appliquer pour décider quelles activités anthropiques supplémentaires ayant un rapport avec les variations des émissions par les sources et de l'absorption par les puits des gaz à effet de serre dans les catégories constituées par les terres agricoles et le changement d'affectation des terres et la foresterie doivent être ajoutées aux quantités attribuées aux Parties visées à l'annexe I ou retranchées de ces quantités et pour savoir comment procéder à cet égard, compte tenu des incertitudes, de la nécessité de communiquer des donnes transparentes et vérifiables du travail méthodologique du Groupe d'experts intergouvernemental sur l'Évolution du Climat, des conseils fournis par l'Organe subsidiaire de Conseil scientifique et technologique conformément à l'article 5 et des décisions de la conférence des Parties. Cette décision vaut pour la deuxième période d'engagement et pour les périodes suivantes. Une partie peut l'appliquer à ses activités anthropiques supplémentaires lors de la première période d'engagement pour autant que ces activités aient eu lieu depuis 1990. »

Cet article définit des dispositions *facultatives* jusqu'à la fin de la première période d'engagement, donc jusqu'en 2012, qui devraient devenir contraignantes ensuite. Par rapport à l'article précédent, elles offrent, dès 2008 et pour les pays de l'annexe I, la possibilité de bénéficier de quelques crédits de carbone supplémentaires (attention, dans certaines limites seulement et avec des comptabilités particulières ; le lecteur intéressé ne souhaitant pas se tromper est invité à lire « Les émissions et les réductions de gaz à effet de serre en Nouvelle-Calédonie » et « L'insertion internationale de la Nouvelle-Calédonie » dans le CD-ROM). Encore faut-il que le bilan soit avantageux pour le pays, ce qui n'est pas toujours le cas. C'est ainsi que le Canada n'a pas retenu la gestion forestière sous l'article 3.4, car les stocks moyens de carbone de ses forêts risquaient de diminuer entre 2008 et 2012.

Seulement une petite fraction de cet accroissement des forêts (une valeur d'environ 15 %) peut être prise en compte dans la comptabilité pour la première période d'engagement. On ne sait pas encore comment cette proportion sera modifiée après 2012. Cette option permet éventuellement de compenser un bilan de carbone négatif sous la comptabilité de l'article 3.3.

Il est fort possible, mais pas certain, que l'accroissement des forêts existantes en Nouvelle-Calédonie sur la période considérée soit positif, compte tenu de la production des plantations anciennes (d'avant 1990) et, surtout, du ralentissement progressif de l'exploitation forestière. On peut penser que les 50 000 à 60 000 ha exploités durant les 50-60 dernières années (près de 20 % de la surface totale des forêts denses) soient dans une logique de reconstitution et de recapitalisation lente de la biomasse. Cet accroissement peut aussi être annulé par la dégradation de la forêt dense par des processus qui ne relèvent pas de l'exploitation forestière formelle. Compte tenu de l'absence d'informations précises, il ne s'agit que de pistes de réflexion.

Pour aller plus loin, il faudra déterminer les variations de stocks des forêts existantes (hors 3.3) par une procédure d'inventaire conforme aux demandes de la Convention sur le climat et du protocole de Kyoto.

Cet article 3.4 concerne aussi les réductions d'émissions de GES résultant notamment de la gestion et de la croissance des forêts non considérées sous l'article 3.3, des cultures et des prairies, et de la revégétalisation. Elles ne sont pas considérées ici, mais seulement dans « L'insertion internationale de la Nouvelle-Calédonie » sur le CD-ROM.

L'influence du périmètre considéré sur la précision des mesures demandées d'ici à 2012

Considérées dans l'ensemble français, les variations de stocks en Nouvelle-Calédonie sont relativement mineures. En revanche, quand elles sont considérées isolément de l'ensemble français, les conséquences sous la comptabilité de Kyoto sont différentes. Les mesures doivent alors être plus précises notamment pour éviter des débits sous l'article 3.3 dès 2008 et sans doute aussi, à partir de 2012, sous l'article 3.4, si sa prise en compte devenait obligatoire comme le cours des négociations le laisse prévoir.

La situation de la Nouvelle-Calédonie est, à première vue, apparemment paradoxale : ses obligations sont celles d'un pays relevant de l'annexe I, alors que son système d'information sur l'occupation du sol, et plus précisément sur les ressources forestières, est peu développé. Cela peut s'expliquer dans une large mesure par l'absence de réels intérêts industriels de la forêt. Il n'empêche que, sur le territoire métropolitain, des forêts guère rentables (méditerranéennes, montagnardes) sont inventoriées par l'Inventaire forestier national (IFN) au même titre que des boisements nettement plus productifs. Mais on ne peut pas ignorer les coûts supplémentaires que cela engendre.

Les perspectives post 2012 sous le protocole de Kyoto

Pour cela, la logique d'inventaire doit être cohérente avec les principes définis par le Giec en 2006. Mais les précisions exigées dépendent des périmètres considérés. Compte tenu de la faible expérience des opérations d'inventaire en Nouvelle-Calédonie, les réflexions générales de l'ouvrage GOFC-GOLD (2008) peuvent être une source d'inspiration même s'il n'offre pas de solution « clés en main ». L'expertise de l'IFN pourrait certainement être sollicitée de façon régulière dans la période de construction et de lancement des protocoles de mesures et de suivi. Pour satisfaire de façon efficace les obligations d'inventaire et de suivi des surfaces forestières et des stocks de carbone, il est souhaitable de retenir une approche à deux niveaux qui couplerait nécessairement l'observation par télédétection avec des mesures au sol pour la vérification de l'approche de télédétection (vérité-terrain) et la prise de mesures complémentaires. Il faut cependant signaler que pour l'article 3.3 les approches par télédétection ne sont pas suffisantes : il faut en effet pouvoir déterminer dans quel ensemble ces variations de stocks ont lieux, par exemple si les boisements ont été réalisés ou non sur des terres agricoles.

Les inventaires pour déterminer les variations de stocks

Les enjeux de la cartographie pour le suivi

Ils consistent à définir une nomenclature des divers types de végétation, qui puisse être appliquée sous forme cartographique de façon cohérente, dans l'espace et dans le temps, et qui soit en adéquation avec les moyens d'observation qui pourront être mobilisés de façon récurrente. Pour la première période d'engagement sous le protocole, il faudrait disposer d'informations pour une période de cinq ans, par exemple entre 2008 et 2012, soit directement soit par interpolation entre des inventaires réalisés avant 2008 et en 2012.

Cette nomenclature devra intégrer la dichotomie fondamentale entre « forêt » et « non-forêt », selon la définition qui sera officiellement adoptée par la Nouvelle-Calédonie, et permettre des subdivisions raisonnables à l'intérieur de ces deux classes pour qualifier les changements d'affectation des terres, et quantifier leurs conséquences en termes de capture et de stockage de carbone.

À l'intérieur de la classe « forêt », les subdivisions devront constituer des strates d'échantillonnage pertinentes par rapport aux campagnes de mesures au sol qui viseront à l'estimation de la biomasse et du carbone. Enfin, la « dégradation », au sens de la baisse des stocks de carbone sur des terres restant dans la classe « forêt », devra pouvoir être évaluée par des variations de surfaces entre sous-classes « forestières » de la cartographie avant d'être affinée par des informations de terrain.

Le rôle de l'observation spatiale aérienne ou satellite : intérêts et contraintes des différentes techniques et des diverses sources d'information

Compte tenu des objectifs, une dichotomie fondamentale existe entre informations spatiales à résolutions moyenne, à haute (pixels de l'ordre de 10-20 m ou plus) et très haute (pixels d'une taille effective inférieure à 4-5 m). Ces valeurs s'entendent pour des « images » optiques multispectrales, c'est-à-dire donnant des informations dans plusieurs canaux du spectre visible et un à deux canaux du spectre infrarouge.

La photographie aérienne moderne, par exemple telle que fournie par l'IGN à partir des années 1970, possède un grain suffisamment fin pour relever de la très haute résolution, que l'interprétation finale soit visuelle ou semi-automatique, après numérisation. L'information correspondant au proche-infrarouge, importante pour la caractérisation des variations de végétation, n'est, par contre, pas toujours présente : les photographies livrées par l'IGN à l'IFN comportent cette information, alors que les couvertures IGN de la Guyane côtière n'y donnent pas accès. En mode panchromatique, les images satellitaires à très haute résolution (THR) autorisent aujourd'hui une qualité d'interprétation visuelle se rapprochant de celle obtenue à partir de photographies aériennes.

Selon GOFC-GOLD, des coûts de 0,1 à 0,5 $/km^2 et de 2 à 40 $/km^2 sont avancés, respectivement pour une couverture HR et THR (ou photographies aériennes). La différence de coût est donc sensible. Cependant, il ne semble pas qu'une information de type HR puisse correspondre aux besoins et aux conditions propres de la Nouvelle-Calédonie considérée isolément dans un périmètre restreint (18 000 km^2), au couvert végétal très varié pour des raisons à la fois naturelles et humaines. À noter néanmoins que la Guyane côtière, d'une superficie comparable à celle de la Nouvelle-Calédonie, fait l'objet d'une couverture aérienne (IGN) relativement régulière. Dans le contexte des DOM-COM, l'acquisition de données THR n'est donc pas irréalisable dans une logique d'actualisation cartographique décennale.

Pour le futur, des pistes existent concernant une estimation directe de la biomasse à partir de données de télédétection radar, en particulier sur la base du satellite radar japonais Alos de l'Agence spatiale japonaise et du programme Alos Kyoto & Carbone initiative. La gamme des valeurs de biomasse épigée (AGB) observées, qui n'excèdent pas substantiellement 200 t/ha, laisse à penser que les problèmes de saturation de ce type de signal ne seraient peut-être pas rédhibitoires pour une application en Nouvelle-Calédonie. Cependant, une étude de préfaisabilité serait nécessaire et imposerait des travaux de calibration par rapport à des biomasses mesurées au sol.

Les mesures récurrentes au sol et le suivi de la croissance des arbres

Bien menée, l'observation spatiale peut permettre le suivi des changements d'affectation des terres et la cartographie diachronique de sous-classes à l'intérieur de la classe « forêt ». Elle ne peut permettre, à elle seule, de réaliser des mesures de stocks carbone dans ces différentes classes (flux), ni même donner des valeurs précises de leurs biomasses épigées moyennes (stocks). Pour cela, il est nécessaire de réaliser des inventaires de terrain selon un plan de sondage systématique dans l'espace et de façon répétée dans le temps (cycle d'inventaire).

Les points de sondage permettent de vérifier sur le terrain l'interprétation réalisée à partir des documents de télédétection et, surtout, donnent lieu à un inventaire des arbres présents sur une surface de référence (placette), à leur identification botanique et à leur mesure au travers d'une variable simple, le diamètre du tronc. Il s'agit d'une approche classique d'inventaire forestier qui pourra s'inspirer, moyennant des ajustements à de nouvelles finalités, des protocoles qui ont été utilisés par le passé en Nouvelle-Calédonie (inventaire de 1975, inventaires locaux des années 1980-1990). La visite des points de sondage sur le terrain peut être l'occasion d'un relevé d'informations supplémentaires concernant la végétation et le milieu.

Des mesures plus lourdes doivent être envisagées sur un sous-ensemble de placettes de terrain pour établir un système de relations allométriques permettant, *in fine*, l'estimation de la biomasse épigée totale d'un arbre à partir de la mesure de son diamètre. De telles relations sont actuellement inexistantes pour la Nouvelle-Calédonie, mais elles peuvent être construites directement ou indirectement. Comme il s'agit de mesures destructrices, nécessitant abattage et tronçonnage des arbres, il pourrait être intéressant de profiter de l'opportunité des quelques chantiers d'exploitation encore en cours, même s'il faudra probablement rééquilibrer la logique d'échantillonnage pour mieux couvrir la diversité des forêts de Nouvelle-Calédonie. En l'absence de technique simple et opérationnelle de mesures à posteriori de la croissance des arbres tropicaux, la caractérisation de la croissance demande que des superficies de référence (« placettes de croissance permanentes ») soient suivies durablement. Celles-ci devront être localisées de façon à couvrir les principales classes de formations forestières, y compris dans les plantations.

L'ensemble de ces travaux, nécessaires au suivi des variations de stocks de carbone dans la végétation forestière, ne pourra être mené qu'avec la mise en place d'une cellule d'inventaire des « ressources forestières » qui n'existe pas aujourd'hui. Cette cellule pourrait être composée de trois à quatre agents permanents pour les travaux de terrain et d'un à deux agents pour les travaux relevant de la cartographie, pour ces derniers en relation étroite avec la DTSI. Au-delà de la mise en conformité avec les engagements de la

Convention sur le climat, les résultats régulièrement obtenus par une cellule pérenne d'inventaire contribueraient utilement à la gestion des ressources forestières menées par les services techniques des Provinces. Comme c'est le cas en métropole, ils pourraient aussi constituer une contribution utile à la caractérisation des habitats et à la conservation des biotopes.

Le stockage de carbone dans le bois des constructions

L'augmentation du stock de carbone dans les constructions n'a, pour le moment, pas encore été retenue. Mais on peut inventorier les variations de stocks sous la Convention. Il est cependant difficile de les déterminer avec une précision suffisante.

Conclusions – recommandations

Les quantités de carbone en jeu dans le domaine de l'utilisation des terres et de la foresterie ne peuvent couvrir ce qui sera émis par la métallurgie

Bien qu'il soit difficile, en l'absence de données précises pour la Nouvelle-Calédonie, d'indiquer quel est le bilan de carbone au sens du protocole de Kyoto, il semble néanmoins utile de situer les enjeux par rapport aux autres sources d'émission de GES sur le Territoire.

Supposons que le bilan des émissions sous l'article 3.3 soit égal à zéro pour la période d'engagement considérée, par exemple entre 2008 et 2012, ou entre 2012 et 2020. Cela revient à considérer que le déstockage de carbone dû aux défrichements de forêts serait compensé par des augmentations de stocks de carbone dans des boisements de terres agricoles effectués depuis 1990. C'est une hypothèse sans doute trop optimiste, compte tenu de la faiblesse du niveau des boisements de terres agricoles, mais nous la retenons provisoirement.

Quelle serait alors la contribution sous l'article 3.4 en considérant la Nouvelle-Calédonie de manière séparée d'ici à 2012 ?

Supposons que l'accroissement moyen annuel des forêts de Nouvelle-Calédonie, dont les sols sont relativement peu favorables, puisse atteindre

1 t de carbone par ha (2 t de MS/ha ou 4 m^3 de bois « commercialisable »), ce qui est vraisemblablement optimiste, et capter ainsi 3,67 t CO_2 par ha pendant un certain nombre d'années. En prenant les règles de comptabilité sous l'article 3.4, cela conduirait à l'octroi de 0,55 t de CO_2 par ha. La production de nickel émettant environ 20 t de CO_2 par tonne, il faudrait environ 36 ha de forêts pour compenser les émissions d'une tonne de nickel. La production de 200 000 t de nickel contenu demanderait alors 7,2 millions d'ha, chiffre qui excède évidemment largement la superficie du territoire de la Nouvelle-Calédonie. En supposant que les règles de comptabilité changent en 2012 et qu'on puisse prendre en compte non plus 15 %, mais 50 % de l'augmentation des stocks de carbone en forêts (ce qui est peu probable, car cela mettrait en péril, dans de nombreux pays, les activités liées à l'exploitation et à la transformation du bois), il faudrait encore une surface d'environ 11 ha de forêt par tonne de nickel, soit 4,4 millions d'ha au total.

En d'autres termes, même avec des hypothèses d'accroissement des stocks de carbone et de comptabilisation très favorables, les forêts de la Nouvelle-Calédonie ne pourront compenser les émissions que d'une petite partie de la production actuelle de nickel.

Quelle serait la contribution en considérant la Nouvelle-Calédonie dans le périmètre de la France d'ici à 2012 ?

Comme les augmentations de stocks de carbone, que l'on peut prendre en compte sous l'article pour les forêts, sont plafonnées par une valeur forfaitaire que l'on ne peut renégocier (environ 15 % des augmentations annuelles qui avaient été prévues en 2000 pour la période 2008-2012, toute augmentation supplémentaire des stocks de carbone en forêt n'apporte donc pas de crédits carbone supplémentaire. En revanche, sous l'article 3.3, les débits continueraient à être comptabilisés.

Quelques recommandations relatives aux relations entre forêts et GES en Nouvelle-Calédonie

Sous la Convention des Nations unies sur le changement climatique

Dans l'ensemble français comprenant la Nouvelle-Calédonie, c'est la France qui fournit les informations demandées aux Nations unies.

Si les inventaires des émissions de GES de la Nouvelle-Calédonie devaient être fournis uniquement pour ce territoire, les priorités dans les précisions de mesures à augmenter prioritairement pourraient changer et de nouvelles mesures, parfois relativement coûteuses, pourraient alors s'imposer.

Sous le protocole de Kyoto

Pour le moment, la Nouvelle-Calédonie n'a pas d'obligations sous le protocole de Kyoto. Si elle désirait adhérer au protocole, via la France, elle devrait réaliser les inventaires imposés sous l'article 3.3 et l'article 3.4, même si les contributions des variations de stocks de carbone au bilan de GES restent minimes.

Pour l'article 3.3, on pourrait sans doute se contenter de recenser les diminutions de stocks résultant des déboisements de terrains miniers, pour l'urbanisme et pour l'augmentation des surfaces agricoles. Les augmentations de stocks dues aux boisements des terres agricoles pourraient sans doute être négligées. On aurait ainsi un bilan sans doute un peu moins favorable qu'en mesurant tout, mais sans doute beaucoup plus facile à réaliser et beaucoup moins coûteux.

Pour l'article 3.4, il faudrait faire des mesures de variations de stocks de carbone en forêts restant forêts, mais compte tenu du fait que la France a de la marge (elle n'utilise pas toutes les augmentations de stocks réalisées dans les forêts) il suffirait de faire des mesures d'accroissement des stocks avec un faible taux de sondages. On pourrait alors facilement montrer, même en cas d'accroissement négligeable des stocks de carbone en Nouvelle-Calédonie, que cela n'a pas d'incidence notoire sur les engagements de la France en y incluant la Nouvelle-Calédonie. En cas de diminution des stocks, il faudrait être un peu plus précis, mais surtout déterminer des valeurs peut-être par excès, pour bien montrer que l'augmentation des stocks sous l'article 3.4, en France, reste toujours au-dessus de la valeur z (c'est-à-dire au-dessus des 15 % d'augmentation des stocks prévus en 2000 pour 2010). Tant que l'augmentation du stock reste supérieure à la valeur z, cela ne changera rien au bilan final.

Comme la France a pris en compte dès 2008 le volet « forêt » de l'article 3.4, on pourrait sans doute, *sauf modification du protocole d'ici à 2012*, satisfaire aux articles 3.3 et 3.4 dès 2012. Il suffirait donc simplement de recommander la mise en place de mesures un plus précises qu'aujourd'hui, tendant à se rapprocher progressivement du niveau de précision des mesures demandé par les Nations unies.

Si la Nouvelle-Calédonie désirait prendre des engagements de nature différente, par exemple de manière autonome, comme envisagé dans l'un des scénarios examinés dans « Linsertion internationale de la Nouvelle-Calédonie », il faudrait sans doute qu'elle se dote de moyens de mesures plus performants, pour évaluer les variations de stocks de carbone, notamment dans ses forêts.

En conclusion, nous sommes conduits à faire les recommandations suivantes :

■ *réaliser une étude prospective sur les utilisations agricoles et forestières des terres envisageables théoriquement et réalisable économiquement, pour le développement durable en Nouvelle-Calédonie.* Cela implique d'identifier les potentialités d'augmentation des productions agricoles et forestières à des fins alimentaires et non alimentaires ainsi que les stations où l'on pourra augmenter les stocks de carbone en étant raisonnablement capable de les protéger. Cette question mérite d'être clarifiée par les institutions locales, et pourrait être pilotée par exemple par l'IAC (Institut agronomique calédonien) ;

■ *mettre en place un service forestier capitalisant les informations et capable de passer des commandes pour la réalisation d'inventaires forestiers* suivant les besoins de la Convention et du protocole et des divers autres conventions environnementales. Ce service doté devrait être pourvu de moyens adéquats pour compléter les inventaires par télédétection par des travaux de terrains ;

■ *pour une gestion et un développement durable des ressources forestières* et contribuer ainsi de façon modeste à l'amélioration du bilan GES de la Nouvelle-Calédonie, nous recommandons :

– d'augmenter, si possible, l'effort de plantation de bois d'œuvre récoltable en fin de cycle : sur la base des araucariacées locales, même si les surfaces reboisées ne seront sans doute pas très étendues (quelques milliers d'ha). Pour cela, il y a nécessité de rebâtir une cellule de recherche forestière appliquée, en relation étroite avec les services des Provinces et la mise en place de politiques forestières volontaristes ;

– de reconstituer des stocks dans les forêts naturelles plus ou moins dégradées, si possible par des méthodes de régénération peu coûteuses par hectare, par exemple des semis directs de graines pré-germées. Cela impliquera la mise au point de nouvelles techniques, donc des programmes de recherche bien orientés vers cet objectif ;

– de tenter de lutter plus efficacement contre les feux, en particulier pour protéger les formations forestières denses des risques de dégradation à partir des savanes ou des formations ouvertes. *C'est une tâche difficile, surtout en l'absence de valorisation économique des forêts. Il faut donc faire prendre conscience aux populations que protéger les forêts c'est aussi lutter contre le changement climatique.*

La mise en œuvre de ces recommandations ne permettra certes pas de modifier notablement le bilan des émissions et du captage de CO_2, mais elle pourra avoir des bénéfices connexes pour l'aménagement du territoire et la protection de la biodiversité du cycle de l'eau, etc.

L'intérêt des productions des biomasses pour l'énergie est également souligné dans « Les nouvelles technologies en matière de production et de stockage d'énergie », p. 115.

Considérations sur les réductions d'émissions, notamment via le stockage, et recommandations pour la Nouvelle-Calédonie

Les actions à envisager pour stabiliser les émissions de gaz à effet de serre

Pour stabiliser les concentrations de CO_2 à l'échelle de la planète, il faut évidemment agir à divers niveaux :

- mieux maîtriser l'énergie, notamment promouvoir des économies d'énergie[26] ;
- accroître, quand cela est possible, la sobriété en énergies fossiles ;
- utiliser les meilleures technologies disponibles pour les activités émettrices de CO_2. ;
- recourir aux biomasses végétales renouvelées dans la production d'énergie, afin de remplacer des combustibles fossiles ;
- recourir aux autres énergies renouvelables (énergies éoliennes, marémotrices, hydrauliques, photovoltaïques, géothermiques, nucléaire, etc.) à très faibles exigences territoriales et n'entrant pas en compétition avec l'usage des terres pour les productions alimentaires ou forestières ;
- augmenter les stocks moyens de carbone en forêts ;
- recourir, quand cela sera possible, à des coûts économiquement acceptables, au stockage géologique de CO_2 issu des combustibles fossiles et des biomasses.

[26] À condition que cela ne se fasse pas au détriment de l'efficacité territoriale dans les productions de phytomasse.

Les rapports du Giec font tous les cinq ou six ans, depuis 1990, le point sur l'état des connaissances en matière de réduction des émissions de GES dans les différents secteurs (énergie, industrie, transport, habitat, agriculture, déchets, utilisations et changements d'utilisation des terres et forêts). Des rapports spéciaux font également le point sur l'état des connaissances sur des sujets particuliers, comme la séquestration géologique, les changements d'utilisation des terres, l'aviation, les CFC et les HFC, etc. Mais il appartient ensuite aux décideurs locaux et nationaux d'utiliser ces informations pour définir des politiques de réduction des émissions de GES sur leur territoire et de hiérarchiser les actions à entreprendre. Pour chaque territoire, il faut notamment identifier non seulement les réductions d'émissions les moins coûteuses et la meilleure manière de mettre en œuvre les politiques correspondantes. Il faut également tenir compte des capacités du tissu d'artisans et d'industriels à assurer les suivis et les services après-vente.

Nous mentionnons ici seulement quelques conditions et pistes, pour atteindre cet objectif, discutées dans cette partie. Ce travail est donc à compléter par des équipes locales néo-calédoniennes connaissant bien le terrain.

Le suivi des émissions de gaz à effet de serre

Hors prise en compte des changements d'utilisation des terres, les émissions de la Nouvelle-Calédonie et des COM ont augmenté de 63,5 % (+ 1,8 million de tonnes d'équivalent CO_2), entre 1990 et 2007, et l'essentiel de cette augmentation est attribuable à l'augmentation des émissions de gaz carbonique (+ 1,7 Mt), c'est à dire à l'industrie, aux transports et à la production d'électricité. L'augmentation de ces émissions de même que celles des CFC et des HFC est donc à surveiller.

Pour le respect des engagements sous le protocole de Kyoto, l'augmentation de la précision des mesures dépend de l'ensemble considéré.

La réduction des émissions de gaz à effet de serre d'origine fossile

Pour les émissions de GES d'origine fossile, les approches sont assez simples et pratiquement toutes connues depuis 1992. Les productions d'électricité de la Nouvelle-Calédonie sont assez intensives en carbone compte tenu du fait qu'on y utilise du charbon. Mais il n'est à priori pas facile de remplacer le charbon par d'autres combustibles. On a vu que l'utilisation du gaz naturel, préférable au charbon, n'est pas accessible en Nouvelle-Calédonie. Il reste donc à étudier la possibilité de faire des économies d'énergie et de réduire les émissions des centrales électriques et thermiques en remplaçant le charbon par du bois importé.

Pour l'agriculture et les forêts, les approches sont un peu plus compliquées. L'ADEME expérimente actuellement des approches territoriales avec le projet Climaterre. Remarquons cependant que l'augmentation des productions de biomasses ligno-cellulosiques en Nouvelle-Calédonie reste extrêmement mal cerné et est sans doute limitée. La production de matières végétales pour l'énergie dans les pays qui importent une part non négligeable de leur alimentation ne devrait en général être envisagée que sur des terres inaptes à la production d'aliments ou de bois d'œuvre. Les produits alimentaires importés génèrent en effet aussi des GES. Il n'est donc pas évident, sauf pour la comptabilité actuelle des émissions de GES de la CCNUCC, que la production locale de bioénergie se traduise par de vraies réductions d'émissions de GES au niveau planétaire. Peut-être vaudrait-il mieux développer d'abord la production agricole locale. *Il faut donc réaliser une étude prospective sur les utilisations agricoles et forestières des terres non seulement théoriquement envisageables mais aussi réalisables économiquement, pour le développement durable en Nouvelle-Calédonie*.

À court terme, la détermination des possibilités d'augmentation des stocks moyens de carbone dans les forêts de Nouvelle-Calédonie paraît indispensable, à la fois pour la Convention climat, pour le protocole de Kyoto et, sans doute également, pour la période post 2012, pour laquelle on ignore encore les modalités d'application. Mais selon qu'on voudra utiliser ces informations dans l'ensemble français ou uniquement à l'échelle de la Nouvelle-Calédonie, la précision des mesures demandées (donc les coûts) ne sera pas identique. Elle dépendra notamment des comptabilités qui seront retenues sous l'article 3.4 du protocole pour la période post 2012 et des engagements, évoquées dans « L'insertion internationale de la Nouvelle-Calédonie », que pourrait prendre la Nouvelle-Calédonie. Dans tous les cas, il serait utile qu'un ingénieur forestier et des techniciens soient chargés du suivi de ces inventaires afin de pouvoir prendre, le moment venu, les décisions qui s'imposent dans le contexte local, français ou international.

Le stockage géologique

Entre notamment dans cette catégorie le stockage géologique du CO_2 dans les puits de pétrole et dans les aquifères salins. On sait déjà utiliser du CO_2 pour la récupération assistée du pétrole par injection de CO_2 dans les puits de pétrole. On sait aussi stocker les émissions dans les aquifères salins. Il faudra encore quelques vérifications techniques, notamment pour pouvoir garantir que les fuites de CO_2 seront minimes et, surtout, mettre en place un accompagnement législatif pour rendre ces opérations acceptables.

Le stockage géologique du CO_2 dans les basaltes et les péridotites est moins avancé que le stockage géologique dans les aquifères salins. Il faut donc dans un premier temps des compléments de recherche. Toutes ces solutions sont encore trop coûteuses et aujourd'hui on ne sait pas laquelle sera, d'ici à dix ans, la plus performante. Les différences actuellement signalées ne sont pas de nature à favoriser une voie plutôt qu'une autre.

Les promoteurs de la séquestration géologique de l'AIE et certains professionnels estiment que le coût du stockage d'une tonne de CO_2 se situe actuellement entre 60 et 90 €. Or, en 2008, sur le marché de l'Union européenne, le coût de l'acquisition du droit d'émission d'une tonne de CO_2 était approximativement trois fois moins élevé (15 à 20 € par tonne de CO_2). On estime que le coût actuel pourrait être divisé par deux entre 2015 et 2020. Pour de nouvelles centrales électriques à charbon, le coût de la séquestration pourrait descendre, vers 2030, jusqu'à 30-45 € par tonne de CO_2. Pour les nouvelles centrales à charbon de 300 MW, équipées pour la capture et le stockage géologique du CO_2, pour les premières opérations, le surcoût se situerait entre 0,5 à 1,1 million d'euros.

Mais si on veut pouvoir diviser les émissions mondiales de GES par deux et permettre que le développement se poursuive, il faudra bien que les gouvernements deviennent plus exigeants et fassent monter le prix de la tonne de CO_2 évitée. Selon certaines études japonaises, son prix devrait même atteindre plus de 140 € s'il fallait diviser les émissions par 4 dans les pays industrialisés. Cette option ne deviendra économiquement viable et pourra être déployée à grande échelle que lorsque le prix de la tonne de CO_2 atteindra 60 € et que le coût du stockage géologique aura également atteint ce niveau. Sinon il faudra subventionner plus ou moins fortement ces filières. En attendant, les promoteurs de cette technologie souhaitent pouvoir obtenir des financements spécifiques pour une série d'opérations pilote à mettre en œuvre, entre 2015 et 2020, y compris dans les pays en développement. Ils aimeraient que ces opérations puissent être financées par des prélèvements sur les ventes aux enchères des droits d'émission du marché européen.

Dans l'immédiat, on ne voit pas comment un secteur industriel soumis à la concurrence internationale et à des obligations de réduction des émissions dans le cadre d'un PNAQ pourrait aujourd'hui envisager de recourir au stockage géologique. Mais il n'est pas interdit d'imaginer que des arrangements pourraient être obtenus : les industriels qui contribueraient financièrement à la mise au point de cette technique pourraient, par exemple, demander à être libérés des obligations de réduction d'émissions de CO_2 ou à être exclus du PNAQ. L'Union européenne a déjà décidé de soutenir certaines opérations pilotes, notamment le stockage géologique des émissions d'Arcelor Mittal en Lorraine, et trois autres opérations pilotes sont également envisagées en France.

RECOMMANDATIONS

Pour le détail des recommandations exposées ci-dessous, le lecteur pourra se reporter aux fiches de recommandations rassemblées à la fin de la synthèse (p. 387), après la partie « Conclusion et recommandations ».

1. Créer un pôle néo-calédonien sur la maîtrise de l'énergie et des émissions de GES

Nous recommandons la mise en place d'un pôle néo-calédonien spécialisée dans le suivi et la maîtrise des émissions de gaz à effet de serre. Le recensement des émissions de GES pourrait être affiné, notamment s'il fallait fournir des informations spécifiques au gouvernement de la Nouvelle-Calédonie. Cette cellule pourrait par exemple également quantifier, au moins approximativement, les émissions des produits importés et consommés sur le Territoire. Certes, ces dernières émissions ne sont actuellement pas encore prises en compte dans les négociations internationales sur le climat, car on s'est intéressé d'abord aux grands pays émetteurs. Mais, pour des petits territoires, la prise en compte de ces émissions est importante quand on veut participer à la limitation du changement climatique.

Pour plus de précisions, cf. « L'insertion internationale de la Nouvelle-Calédonie », p. 281.

2. Limiter aussi les émissions de GES autres que le CO_2

Il paraît très important de surveiller et de limiter les émissions de CFC et de leurs substituts, comme les HFC et les émissions de méthane.

3. Créer un pôle néo-calédonien sur la valorisation des espaces agricoles et forestiers et des biomasses alimentaires et non alimentaires

Il serait souhaitable de constituer un pôle se consacrant à la valorisation agricoles forestière, par exemple appuyé et piloté par l'IAC, prenant en considération simultanément les aspects économiques, sociaux et environnementaux (donc aussi le stockage de carbone) des production de biomasses végétales alimentaires et non alimentaires en Nouvelle-Calédonie.

Il faudra également affecter un ingénieur et des techniciens au suivi des variations de stocks de carbone en forêt, en liaisons notamment avec des équipes extérieures spécialisées dans les inventaires par télédétection.

Et il faudrait enfin mettre en place des programmes de recherche sur des techniques non conventionnelles pour les forestiers, de « regonflage » de la végétation.

4. Réduire les émissions des centrales thermiques par substitution de combustible

Il conviendrait d'étudier la possibilité de réduire les émissions de GES des centrales électriques et thermiques en remplaçant une partie du charbon par du bois importé. À cette fin, il faudrait d'abord réaliser une étude de préfaisabilité, puis éventuellement une étude de faisabilité, associant le gouvernement de la Nouvelle-Calédonie, Enercal et les industriels des filières de production de nickel. Celle-ci pourrait, par exemple, être cofinancée partiellement par le Programme territorial pour la maîtrise de l'énergie, sur la base d'un cahier des charges à établir conjointement avec les industriels.

5. Le stockage géologique du CO_2, après la capture du CO_2 des centrales thermiques

Pour stabiliser le climat il faudra inévitablement développer les techniques de captage et de stockage géologique du CO_2.

Pour la mise au point de techniques moins onéreuses de captage de CO_2 à la sortie des centrales thermiques, la Nouvelle-Calédonie devrait pouvoir se contenter de transférer, le moment venu, les technologies qui auront été perfectionnées ailleurs. Actuellement il suffit donc de seulement s'assurer de pouvoir disposer auprès des centrales la place requise pour les installations de captage et, par ailleurs, exercer une veille technologique afin de s'assurer que les recherches, pouvant servir à des unités de la taille présente en Nouvelle-Calédonie, sont bien menées dans d'autres pays.

Le stockage géologique en Nouvelle-Calédonie demande, en revanche, des recherches menées localement. Le substrat géologique de la Nouvelle-Calédonie paraît en effet particulièrement favorable pour expérimenter des filières originales notamment sur péridotites. Cela demande encore des recherches et des mises au point. Il est donc important de recommander la mise en place d'un programme de recherche avec notamment l'Université, l'ANR et les industriels du nickel. La Nouvelle-Calédonie aurait aussi tout intérêt à rejoindre le réseau CO_2CRC dans lequel la Nouvelle-Zélande est fortement impliquée également.

La mise au point de techniques applicables dans ce domaine intéresserait non seulement la Nouvelle-Calédonie, mais également les pays les plus vulnérables aux changements climatiques, plus particulièrement les petites îles ayant l'essentiel de leur territoire à faible altitude.

L'exportation du savoir-faire pourrait enfin se faire en particulier vers Oman et en Papouasie Nouvelle-Guinée.

À toutes ces actions, dont nous avons volontairement restreint le nombre, il conviendra d'affecter des moyens humains et matériels appropriés.

L'insertion internationale de la Nouvelle-Calédonie

La présente analyse du fonctionnement des marchés régionaux de l'énergie et des mécanismes internationaux de réduction d'émission de GES se justifie à plusieurs titres. Tout d'abord, la dépendance durable de la Nouvelle-Calédonie vis-à-vis des importations d'énergie nécessite une vision prospective régionale. Ensuite, le débat sur sa position par rapport aux émissions de gaz à effet de serre est inévitable, même s'il n'a pas été encore ouvert du fait de son statut particulier. Enfin, une réflexion a été amorcée à l'occasion de la préparation du schéma d'aménagement 2025, qui considère explicitement la mondialisation et les instances d'intégration et de coopération internationale comme une dimension indispensable pour l'avenir du territoire.

Comme la politique étrangère demeure de la compétence de l'État français, la Nouvelle-Calédonie peut à la fois jouer de cet effet de levier que représente la diplomatie française et, d'autre part, envisager de privilégier certains partenariats stratégiques, notamment avec les pays de la région.

Plus industrialisée que les petites îles du Pacifique, la Nouvelle-Calédonie est beaucoup plus petite que ses voisins immédiats (Australie, Nouvelle-Zélande) ou plus lointains (Indonésie, Philippines, Papouasie-Nouvelle-Guinée) qui disposent de ressources d'énergie fossiles plus abondantes et, pour certains, de fortes capacités technologiques. La problématique des gaz à effet de serre et des changements environnementaux planétaires la place dans une position-charnière : sujette aux évolutions climatiques qui pourraient mettre en danger son environnement – particulièrement, les récifs coralliens et le lagon –, elle doit se poser, comme les États industrialisés, la question de la maîtrise de ses émissions de gaz à effet de serre.

La géopolitique de l'énergie[27]

Demandes énergétiques et stratégies de sécurité

Les statistiques globales de consommation de l'énergie montrent une croissance tirée par le grand ensemble Asie-Pacifique. La Nouvelle-Calédonie fait partie de ce grand ensemble qui comprend les pays riverains de l'ouest du Pacifique, la Péninsule indochinoise, l'Inde, le Pakistan et l'Océanie, mais pas les États de l'est du Pacifique – pourtant leurs principaux partenaires commerciaux – ni la Russie dont la façade Pacifique accueille de nombreux projets de développement énergétiques.

Depuis la fin des années 1980, la consommation de cette grande région a été multipliée par deux et demi, soit une croissance qui n'est dépassée que par celle du Moyen-Orient, dont le volume total est moins important. Autrement dit, le grand ensemble Asie-Pacifique représente les deux tiers de l'augmentation de la consommation d'énergie mondiale, passée en vingt ans de 7 600 Mtep à 11 000 Mtep (BP). Sa consommation de pétrole a dépassé celle de l'Europe, en 1992, et celle de l'Amérique du Nord, en 2006. Sa consommation totale d'énergie primaire a dépassé celle de l'Amérique du Nord, au début des années 2000.

Cet accroissement est dû principalement au triplement de la consommation chinoise (1 800 Mtep en 2007), les autres pays de la région connaissant aussi d'importantes augmentations, en particulier le Japon, la Corée du Sud, la Thaïlande et la Malaisie.

Les besoins sont couverts en premier lieu par le charbon qui représente presque la moitié de la consommation d'énergie primaire, mais c'est le gaz qui augmente le plus vite, même s'il ne représente en 2007 que 10 % de la consommation. À ce niveau de généralité, les énergies renouvelables non conventionnelles ne sont pas statistiquement significatives.

[27] Les informations de ce chapitre proviennent des organismes internationaux (Agence internationale de l'énergie, Apec, World Energy Council), nationaux (Energy information administration, Abare, IFP, ministères nationaux) et d'entreprises (BP, Total) et de consultants (Oil and Gas journal, Petroleum Economist).

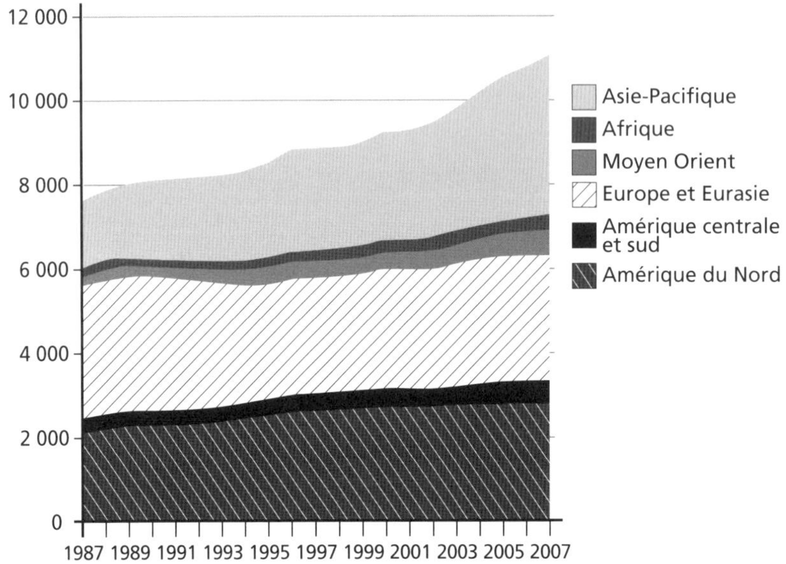

Source : BP Statistical Yearbook.

Figure 11

Évolution de la consommation d'énergie primaire par grands ensembles 1987-2007 (Mtep)

Ce grand ensemble est par nature divers, tant par la taille des États que par leurs priorités en matière d'énergie. Tous partagent cependant une préoccupation pour la sécurité de leurs approvisionnements : au développement économique énergétivore sans ressources nationales significatives du Japon et de la Corée du Sud, s'ajoutent les demandes des pays émergents qui posent le problème de l'accès aux ressources. D'où des situations de concurrence, des stratégies agressives ou la recherche d'accords et de solutions communes, bilatérales ou multilatérales.

Par ailleurs, alors que le marché mondial du pétrole s'était structuré historiquement selon les complémentarités entre pays producteurs de l'Opep et pays consommateurs regroupés dans l'OCDE, le grand ensemble

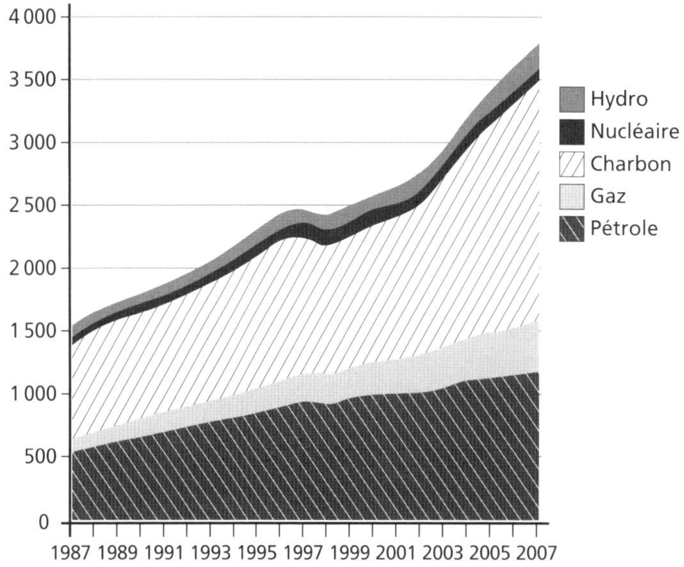

Source : BP Statistical Review.

Figure 12

Les sources d'énergie primaire pour l'Asie-Pacifique (Mtep)

Asie-Pacifique est loin d'être aussi lisible. L'Australie fait partie de l'OCDE, mais c'est le principal exportateur d'énergie pour l'ensemble de la région ; les alliances régionales comme l'ASEAN sont partielles et l'Apec comprend également les États-Unis et certains pays latino-américains.

La Nouvelle-Calédonie s'inscrit en plein dans ces évolutions régionales, à la fois par la croissance rapide de ses besoins énergétiques portée par l'accroissement de l'activité économique et de la demande des ménages. Comme dans les autres pays de la région, c'est le charbon qui a été choisi pour les satisfaire. En ce sens, son modèle énergétique se rapproche, de fait, plus de celui des économies émergentes de l'ensemble Asie-Pacifique que de l'Europe ou des petites îles.

L'organisation des échanges régionaux des énergies

Le pétrole et les produits pétroliers : en Nouvelle-Calédonie, un potentiel sous-exploité

Malgré les efforts réalisés en exploration et production, le grand ensemble Asie-Pacifique est relativement moins bien doté en pétrole que les grandes régions productrices déjà connues. En 2007 comme en 1997, ce grand ensemble représente un peu moins de 4 % des réserves mondiales et un peu moins de 10 % de la production. Depuis dix ans, la production a reculé en Australie et en Indonésie et a augmenté significativement en Thaïlande et au Vietnam dont les réserves ont aussi considérablement augmenté. Des ressources pourraient également se trouver au large de la Nouvelle-Calédonie dans la Zone économique exclusive (ZEE) (cf. encadré).

La demande croissante de pétrole en Asie-Pacifique (East of Suez) face à la relative médiocrité des ressources met ce grand ensemble en concurrence avec les consommateurs européens et nord-américains (West of Suez) pour accéder au pétrole du Moyen-Orient. Cela justifie la recherche active de ressources pétrolières nouvelles en Asie-Pacifique, dans laquelle sont engagées toutes les grandes compagnies internationales. Des découvertes ont été faites en *offshore*, ce qui provoque différentes tensions entre États : c'est particulièrement le cas de la délimitation de la ZEE chinoise. Pour la Nouvelle-Calédonie, les espaces les plus prometteurs se trouvent à l'ouest de la Grande Terre, proches de la limite avec la ZEE australienne.

L'organisation des échanges de produits pétroliers est plus complexe que celle des marchés pétroliers, puisqu'il y a un plus grand nombre de produits répondant à des spécifications différentes. La Nouvelle-Calédonie qui ne dispose pas de raffinerie est donc dépendante de ces disponibilités, même si du pétrole est découvert dans sa ZEE. Qui plus est, sa demande en produits de raffinage, dominée jusqu'à présent par la demande en fioul pour la centrale de Prony, devrait diminuer avec la mise en service des centrales au charbon et se réorienter vers les produits plus légers pour le transport terrestre, routier et maritime.

Les capacités de raffinage se concentrent chez les grands pays consommateurs, particulièrement la Chine et le Japon. Les raffineries australiennes ont interrompu leurs livraisons pour la Nouvelle-Calédonie, car elles vendent intégralement leurs produits sur le marché australien, obligeant les importateurs néo-calédoniens à s'approvisionner à Singapour.

Que sait-on de la géologie de la zone, en termes de ressources énergétiques ?

La zone économique exclusive (ZEE) de Nouvelle-Calédonie se situe entre deux provinces pétrolières importantes faisant l'objet d'exploitation, la Papouasie-Nouvelle-Guinée au nord et la Nouvelle-Zélande au sud. Ces trois régions ont un héritage géologique commun reconnu pour son potentiel pétrolier. La Nouvelle-Calédonie et les bassins sédimentaires *off shore* de sa ZEE sont sous-explorés, mais le contexte géodynamique, à l'origine des grands traits structuraux de la Nouvelle-Calédonie, est globalement favorable à la génération et au piégeage des hydrocarbures. Les bassins sédimentaires à potentiel pétrolier sont de trois types :

■ *Les bassins sédimentaires de la côte ouest de la Grande Terre* sont en position très favorable pour l'accumulation des hydrocarbures, puisque c'est dans cette zone que l'on trouve généralement des structures géologiques préservées susceptibles de former des pièges. Le système étudié montre qu'il y a eu des générations d'hydrocarbures, en grande majorité du gaz, mais qu'il reste à identifier de bons réservoirs et des pièges permettant des accumulations de gaz susceptibles d'être commercialisées. Tout le monde s'accorde à dire qu'il faut acquérir de nouvelles données géologiques et géophysiques pour bien évaluer ces bassins *on shore*, ainsi que leurs prolongements en mer. L'IFP recommande de surcroît une exploration détaillée du lagon ouest, qu'il considère comme un des thèmes d'exploration pétrolière les plus intéressants. La région du Grand Passage au nord de l'île présente le même type d'intérêt.

■ *Le bassin sédimentaire de la Nouvelle-Calédonie :* ce bassin *deep off shore* contient les épaisseurs sédimentaires les plus importantes de la ZEE (jusqu'à 8 km) et a fait l'objet de nombreuses campagnes de géologie-géophysique, sans que toutefois un forage d'exploration pétrolière ait pu être réalisé. Ces études montrent que la partie nord du bassin de Nouvelle-Calédonie a un substratum constitué de croûte continentale, comparable à celle de la côte ouest néo-calédonienne, où l'existence d'un système pétrolier actif a été démontrée. Vu l'ampleur du bassin et les épaisseurs sédimentaires, les quantités d'hydrocarbures liquides et gazeux générées pourraient être assez considérables. Le problème majeur réside dans l'importante tranche d'eau qui rend les coûts d'exploration très élevés. Cette tranche d'eau diminue en se rapprochant de la ride de Farway qui est une zone non moins intéressante. [...]

suite

[...]

- *Le bassin de Farway et ses bordures :* l'ouest du bassin de la Nouvelle-Calédonie, la ride et le bassin de Farway, puis la ride de Lord Howe, semblent réunir eux aussi des conditions favorables à la génération et au piégeage d'hydrocarbures. Les campagnes de géophysique Faust et ZoNéCo 5 ont permis non seulement de confirmer l'intérêt du style structural et de l'épaisseur sédimentaire du bassin de Farway et de ses bordures, mais aussi de mettre en évidence la présence d'un important réflecteur sismique interprété comme la base d'un niveau d'hydrate de gaz, d'une extension de 80 000 km^2. Mais la présence de ces hydrates de gaz reste à prouver par un forage d'exploration.

Conclusion

Il est important d'acquérir de nouvelles données géologiques et géophysiques pour finir de bien évaluer les bassins sédimentaires *on shore* et leurs prolongements en mer. L'inventaire de structures géologiques pouvant piéger des hydrocarbures, à terre, ou recouvertes par une faible tranche d'eau (lagons ouest et nord), restent à faire. Pour la partie *deep off shore*, on ne pourra vraiment se prononcer qu'à partir des premiers forages d'exploration. C'est probablement les bordures du bassin de Farway qui seront les premières cibles d'exploration. Ces zones, où la bathymétrie est la moins forte, semblent présenter des structures géologiques susceptibles de piéger des hydrocarbures ayant migré et provenant des parties profondes du bassin de Farway. Avec la montée du prix du baril en 2008, l'industrie pétrolière internationale a montré un regain d'intérêt pour ces prospects à fort potentiel, mais à coûts d'exploration élevés.

L'évaluation du potentiel pétrolier des bassins *deep off shore* de la Nouvelle-Calédonie ne peut se faire que dans un cadre régional, et leur exploration sera probablement menée en collaboration avec les pays voisins. La Ride de Lord Howe, qui est concomitante aux ZEE de Nouvelle-Calédonie et d'Australie, a été présentée récemment comme un prospect pétrolier, dont l'exploration sera conditionnée surtout par l'évolution du prix du baril.

L'une des questions clés concernant la fourniture de carburants est celle des spécifications. En 2006, l'Australie a modifié ses normes, pour aller dans le sens d'une plus grande rigueur environnementale. Malgré ces exigences et le fait que les capacités de raffinage soient utilisées, l'Australie prévoit de

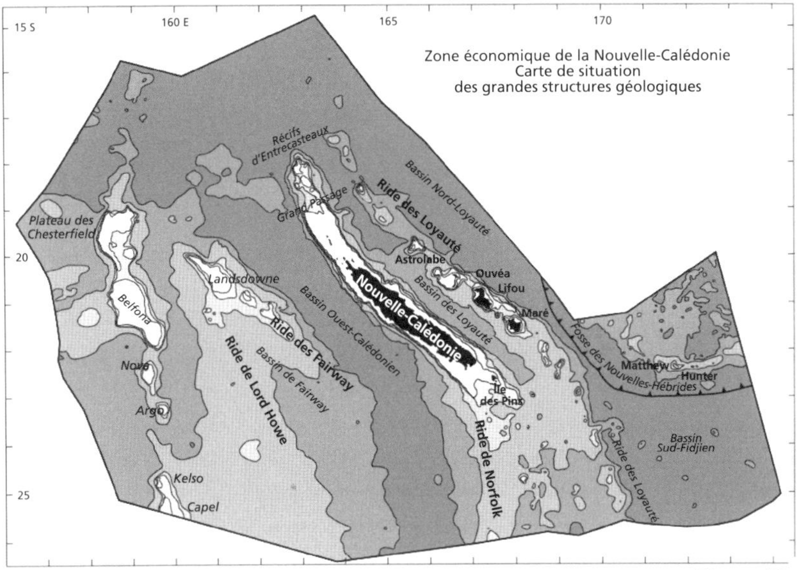

Figure 13

Les unités morphostructurales de la ZEE de Nouvelle-Calédonie d'après Lafoy *et al.*, 1996

La Grande Terre est entourée d'importants bassins sédimentaires qui sont reconnus pour leur potentiel pétrolier, mais qui restent sous-explorés.

pouvoir importer le carburant dont elle a besoin des principaux raffineurs de la région, particulièrement de Singapour, de Taïwan, d'Inde et de Corée du Sud. L'amélioration des raffineries asiatiques leur permet déjà de respecter la nouvelle norme australienne et devrait évoluer vers les normes européennes.

D'après un rapport destiné au ministère australien des Ressources de l'Énergie et du Tourisme, de nouvelles capacités de raffinage sont en construction. En Inde, Reliance Petroleum a mis en service à Jamnagar une raffinerie d'une capacité de 600 kbj qui double les capacités existantes dans ce port du Gujarat. Il s'agit d'une raffinerie complexe qui peut raffiner des pétroles lourds et produire des carburants de qualité pour l'exportation. Au Vietnam, la raffinerie de Dung Qhat doit commencer ses opérations, en 2008 ;

la construction de deux autres raffineries devrait suivre. En outre, des plans d'expansion ou de construction de raffineries existent pour Taïwan et pour les pays du Golfe qui devraient approvisionner sans problème les marchés asiatiques. Inversement, l'Australie a diminué ses capacités de raffinage et celles de la Nouvelle-Zélande sont limitées alors que la demande a augmenté. Ainsi, les pays de l'Océanie devront importer de plus de plus de produits pétroliers des raffineries asiatiques.

La question de la sécurité des routes maritimes (en particulier le passage du détroit de Malacca) est souvent posée. Il s'agit d'un passage très étroit qui pourrait être coupé en raison d'actes de guerre ou de terrorisme ou, plus simplement, à cause d'un problème technique comme l'échouage d'un pétrolier, par exemple.

Ce risque ne semble pas préoccuper les importateurs australiens qui comptent sur les routes maritimes alternatives si un problème survenait. Certains passages (Ormuz) sont inévitables : ils représentent un enjeu mondial qui dépasse largement la Nouvelle-Calédonie. L'usage des routes maritimes alternatives ne va cependant pas de soi, et même si elles pouvaient être utilisées pour desservir l'Océanie, le problème de l'approvisionnement des raffineries de Singapour, sans lesquelles les capacités de raffinage régionales ne pourraient faire face à la demande, continuerait de se poser.

Autrement dit, des tensions passagères sur les routes maritimes ou à la suite de problèmes techniques dans les raffineries asiatiques peuvent affecter l'approvisionnement de la Nouvelle-Calédonie, dont les réserves de carburant sont limitées. En effet, alors que les dispositions légales prévoient des stocks stratégiques égaux à 20 % de la consommation (73 jours), ceux-ci ne dépassent pas 60 jours en raison de l'insuffisance des capacités de stockage.

Le gaz : la Nouvelle-Calédonie est à l'écart de ce marché

Depuis une vingtaine d'années, le gaz s'affirme à l'échelle mondiale comme un combustible relativement abondant et moins polluant que les hydrocarbures liquides. Il a été privilégié par les grands consommateurs qui ont fait des investissements substantiels dans la construction de terminaux de regazéification et investi en conséquence pour utiliser cette énergie, plus propre que les hydrocarbures (moitié moins de CO^2 à contenu énergétique égal).

Les réserves sont très inégalement réparties dans le monde et sont relativement modestes dans la région. Les principales sont en Indonésie avec un peu moins de 100 000 milliards de pieds cube, ce qui place ce pays au treizième rang mondial. Cependant l'AIE prévoit une assez forte augmentation de la production, particulièrement pour l'Australie qui devrait rester exportatrice de gaz pour au moins une décennie. La part de l'Asie-Pacifique est supérieure à celle qu'elle représente pour le pétrole, et sa croissance est plus rapide, particulièrement en Inde, en Birmanie, au Pakistan, en Thaïlande et en Australie.

L'augmentation de la part du gaz dans les consommations de ce grand ensemble répond à la réorganisation complète des échanges à partir du développement de terminaux d'expédition et de réception de Gaz naturel liquéfié (GNL). Il s'agit pour le moment d'une technologique qui n'est pas adaptée pour la Nouvelle-Calédonie dont le marché est trop petit pour les solutions existantes.

Le Japon a construit ses premiers terminaux de réception de gaz dès le début des années 1970 et dispose, en 2007, d'une trentaine de terminaux de réception. Il a été suivi par la Corée du Sud, qui s'est équipée à partir des années 1980. La République populaire de Chine et Taïwan ont suivi dans les années 2000. Enfin, des projets sont en cours pour la réception de gaz en Thaïlande et à Singapour.

Le commerce de gaz se fait en grande partie entre les pays de l'Asie-Pacifique. La Corée du Sud achète un peu moins de la moitié de son gaz à des fournisseurs régionaux, mais pour les autres importateurs cette part est bien plus élevée. Inversement, les producteurs de la région vendent exclusivement à ces grands consommateurs régionaux.

Les projets actuels portent sur le développement de terminaux de gazéification dans tous les pays déjà exportateurs de la région, avec notamment un très fort développement pour l'Australie, ainsi que la création de nouveaux terminaux au Pérou et à Sakhalin (Russie) pour approvisionner le bassin Pacifique. D'autre part, il existe de grands projets de gazoducs internationaux avec notamment la création d'un réseau de gazoducs entre États de l'Asie du Sud et l'extension de réseaux entre la Russie et la Chine. Ces grands projets n'émergent que lentement, freinés par le manque de confiance entre partenaires, mais n'en restent pas moins des thèmes centraux qui structurent les relations interétatiques et le fonctionnement des instances formelles d'intégration. Selon les prévisions de l'AIE, la Chine qui reçoit son gaz de l'Australie devrait compléter cette source dans les prochaines décennies, par des importations provenant de Russie et d'Asie centrale.

Même si la Nouvelle-Calédonie est pour le moment – et sans doute pour longtemps – à l'écart de ce marché, il n'en reste pas moins que le développement de la production et de la commercialisation du gaz a plusieurs effets importants pour sa propre situation. Tout d'abord, la part croissante du gaz dans les bilans énergétiques des autres pays de la région soulage d'autant les pressions sur les hydrocarbures liquides et le charbon. Ensuite, l'usage du gaz permet un moindre accroissement des émissions de CO^2 des autres pays de la région, ou leur diminution si le gaz se substitue à d'autres carburants, soulignant par contraste la trajectoire défavorable de la Nouvelle-Calédonie. Enfin, le commerce du gaz, qui justifie de lourds investissements en terminaux GNL et gazoducs, consolide des relations privilégiées entre partenaires et des solidarités de fait entre les pays de la région, sans que la Nouvelle-Calédonie y participe.

Le charbon : la Nouvelle-Calédonie tire parti des dynamiques régionales

C'est le charbon qui soutient la croissance de la consommation d'énergie en Asie-Pacifique. Considéré comme « l'énergie du XIXe siècle », le charbon est en passe de devenir celle du XXIe. Délaissée par les États qui voyaient dans le charbon plus un problème social et environnemental, qu'une solution pour leur sécurité énergétique, son exploitation dépend largement des compagnies privées qui l'ont considérablement modernisée. Il s'agit d'un produit très différencié, les qualités de charbon pouvant avoir des usages industriels (charbon sidérurgique, coke) ou thermiques (charbon vapeur). Ce pondéreux requiert des installations logistiques spécifiques qui se transforment parfois en goulots d'étranglement. Il a plutôt mauvaise presse sur le plan environnemental, une réputation qui doit beaucoup à son passé, qui n'est plus entièrement justifiée depuis que les nouvelles technologies permettent de réduire les émissions de cendres et de poussière (mais pas encore celles de CO^2).

L'Indonésie et l'Australie sont les principaux fournisseurs de charbon sur les marchés régionaux et exportent principalement vers le Japon et la Corée du Sud. L'Indonésie est en mesure de dépasser l'Australie pour les exportations, car sa demande interne est moindre. La Chine exporte également du charbon thermique sur les marchés régionaux, mais les volumes sont en baisse : ils sont passés de 73 Mt, en 2003, à 45 Mt, en 2007, et devraient continuer à décroître. Ces exportations, provenant principalement des provinces du nord, sont compensées par des importations par les provinces du sud provenant des pays voisins (Vietnam, Indonésie). La croissance de la demande de charbon en Chine pourrait d'ailleurs amener l'État chinois à restreindre ses exportations de charbon. La mise en service des centrales en construction au Japon, en Corée du Sud à Taïwan et à Hong Kong devrait se traduire par une croissance soutenue de la demande de charbon. Conséquence : on pourrait aboutir à des tensions temporaires sur le marché du charbon et à des fluctuations de prix, mais, à moyen terme, les producteurs disposent de réserves suffisantes pour faire face à l'accroissement de la demande.

L'importance de la demande du Japon et, secondairement, de la Corée du Sud en fait un déterminant essentiel de la demande totale de la région qui influence directement les prix. Toutefois, le système de prix de référence, basé sur des contrats à long terme entre les exportateurs australiens et les électriciens japonais, a été progressivement abandonné au profit d'achat au prix du marché, déterminé à partir du prix FOB d'un chargement à Newcastle. L'amélioration des centrales thermiques japonaises et coréennes autorise l'emploi d'une plus grande variété de charbons que par le passé, ce qui ouvre des marchés aux producteurs. Même après la mise en service des centrales prévues, la Nouvelle-Calédonie restera un petit importateur de charbon, comparé aux principaux marchés du Pacifique.

D'après les projections de l'Energy Information Administration (2009), l'Australie devrait devenir le premier exportateur mondial de charbon vapeur et de charbon sidérurgique, devant l'Indonésie, suivie par l'Afrique du Sud, la Colombie et le Venezuela. La construction de nouveaux terminaux portuaires et l'extension des installations de Newcastle sont essentielles pour garantir la croissance de ces exportations, actuellement limitées par la saturation des infrastructures d'expédition. Des programmes sont en cours pour augmenter les capacités de charge de Newcastle, en augmentant les capacités du terminal existant et en créant un nouveau terminal qui fera passer la capacité du port d'environ 110 Mt/an à 140 puis 170 Mt/an.

La situation de la Nouvelle-Calédonie ne diffère pas de celle de la grande région dans laquelle elle s'insère. Elle a d'ailleurs adopté les mêmes spécifications que l'Australie pour les carburants. La croissance de la demande énergétique, portée par l'activité industrielle et les demandes des ménages, et le recours au charbon sont conformes à la tendance générale. Sa petite taille l'empêche de bénéficier des possibilités du GNL et du nucléaire, l'oblige à dépendre également des capacités de raffinage extérieures et empêche les acheteurs calédoniens de peser sur les prix. Cette situation n'est pas forcément défavorable eu égard à la croissance des capacités de raffinage prévues, à l'instauration de normes plus rigoureuses pour les carburants et à l'augmentation des capacités d'exportation des producteurs de charbon. Elle plaide pour un suivi attentif des évolutions régionales, notamment pour s'aligner sur les spécifications de carburants correspondant au meilleur compromis entre la facilité d'acquisition et la minimisation des pollutions, et pour tirer parti des dynamiques se mettant en place au niveau régional pour organiser les activités dans le domaine de l'énergie.

La situation énergétique des États de la région

L'Australie : une politique énergétique particulièrement active

Avec le développement du charbon et du gaz, mais aussi de l'uranium, l'Australie renforce sa position d'exportateur d'énergie sur les marchés régionaux. Il existe une conscience forte que le maintien de marchés d'exportation pour le charbon australien passe nécessairement par des solutions technologiques allant dans le sens du « charbon propre ».

Le pays lui-même consomme beaucoup d'énergie puisque se combinent des activités à très forte demande énergétique (les mines, en particulier), de grandes distances pour le transport et des formes d'urbanisme de faible densité, associées à l'usage des véhicules individuels avec un goût certain pour les grosses cylindrées. Ne disposant que de peu de ressources hydrauliques utilisables pour la production d'énergie et refusant le développement d'une filière nucléaire, la production d'électricité est pour l'essentiel thermique et repose principalement sur des centrales à charbon.

L'un des débats les plus vifs concernant l'énergie en Australie a porté sur la ratification et la mise en application du protocole de Kyoto, auquel le pays n'a adhéré qu'en 2007, après l'arrivée au pouvoir des travaillistes et du Premier ministre Kevin Rudd. Ces derniers ont repris largement à leur compte les propositions de l'économiste R. Garnaut, auteur d'un rapport sur les possibilités de réduction des GES pour un État qui en émet beaucoup, et sera particulièrement affecté par le changement climatique (notamment les sécheresses auxquelles sont imputés les grands incendies de l'été 2008-2009).

Il existe toutefois une forte opposition des industriels à l'instauration de mesures coercitives de réduction des émissions de GES. Vu le poids économique des activités à forte consommation énergétique, ces arguments ne peuvent être ignorés. Le gouvernement actuel propose une réduction très progressive des émissions de GES, et privilégie les recherches sur le captage et le stockage de CO^2.

La politique énergétique de l'Australie est partagée entre les États et le niveau fédéral (Commonwealth). Bien qu'il s'agisse d'une économie libérale dans la tradition de la libre entreprise, le secteur de l'énergie n'en est pas moins piloté à ces différents niveaux, avec une forte prise en compte des intérêts des parties prenantes. Le département de l'énergie a ainsi lancé, en 2009, la rédaction d'un livre bleu sur l'énergie, document de réflexion devant servir à orienter la politique énergétique dans les prochaines années ; en outre, des études spécifiques portent sur la vulnérabilité de l'approvisionnement en combustibles liquides.

L'Australie est particulièrement active dans le développement de ses ressources énergétiques : recherche et l'exploration du pétrole et du gaz, campagnes pour fournir aux investisseurs des données sur les potentiels géologiques du pays, programmes de recherche sur la géothermie, programme de promotion des énergies renouvelables (la production d'énergie éolienne est passée de 0,6 PJ en 2001-2002 à 22,5 PJ en 2006-2007 pour un parc installé de 1 250 MW), etc. L'action publique passe aussi par le soutien à des programmes de recherches public-privé pour développer de nouvelles technologies.

Des travaux de recherche de haut niveau sont menés par le centre de Newcastle du CSIRO, organisme public de recherche fonctionnant sur projets, ainsi que dans des laboratoires universitaires, en association avec des entreprises privées. Toutefois, la plus grande part de la recherche est menée par les compagnies privées dont les dépenses en R&D ont beaucoup augmenté depuis le début de la décennie.

Les technologies privilégiées sont le solaire de concentration (le potentiel solaire de l'Australie est énorme), le captage et le stockage du CO^2, un enjeu majeur pour l'industrie du charbon et la gestion intelligente des réseaux (*smart grids*).

La Nouvelle-Zélande : les énergies renouvelables représentent un tiers de l'énergie totale

L'approvisionnement énergétique de la Nouvelle-Zélande repose sur des ressources nationales (charbon, gaz, pétrole, hydroélectricité) qui ne sont toutefois pas suffisantes pour éviter de recourir à des importations de pétrole et, de plus en plus, de produits pétroliers. La production de pétrole et de gaz a décliné, à partir de 1997, avec l'épuisement des gisements de Maui, mais a repris, depuis 2004, sur les gisements de Pohokura, Waihapa, Piakau et Stadford.

Les énergies renouvelables prennent une part très importante puisqu'elles représentent environ un tiers de l'énergie totale et les deux tiers de l'électricité. Cette situation exceptionnelle s'explique en partie par les conditions favorables du pays pour les installations éoliennes, géothermiques et hydroélectriques. Il n'existe pas d'aides spécifiques pour les énergies renouvelables, hormis l'attribution de crédits de carbone aux projets dans le cadre de la politique nationale de réduction des émissions de GES. Les usages domestiques (chauffe-eau solaires) ont été fortement développés. Toutefois, en l'absence d'incitations financières, la croissance de la consommation énergétique se fait surtout à partir des ressources fossiles, si bien que la part des renouvelables a tendance à diminuer.

En 2002, la Nouvelle-Zélande a ratifié le protocole de Kyoto et s'est engagée dans des programmes de contrôle de ses émissions de GES, avec une certaine difficulté à appliquer les mesures de réduction, car près de la moitié des émissions de GES provient de l'agriculture. L'idée d'une taxe carbone ayant été abandonnée pour ne pas nuire à la compétitivité des industries, la Nouvelle-Zélande privilégie désormais la mise en place d'un marché des permis d'émission.

En 2007, le pays a adopté une stratégie énergétique, à l'horizon 2050, prévoyant notamment le renforcement des énergies renouvelables, dont la compétitivité relative serait supérieure à celle des énergies fossiles du fait des coûts associés aux émissions de GES. Outre les énergies déjà existantes, la stratégie insiste sur le potentiel de biomasse et les biocarburants pour les besoins du transport.

Les grandes entreprises

Les acteurs du pétrole et du gaz : entreprises privées et compagnies nationales

Le marché du pétrole a été longtemps dominé par les grandes compagnies intégrées provenant d'Europe et d'Amérique du Nord (« les sept sœurs ») qui sont aujourd'hui largement concurrencées par les grandes compagnies des pays producteurs, des compagnies de taille moyenne et celles de pays consommateurs qui participent à leur stratégie de sécurisation des ressources énergétiques.

Cette concurrence est particulièrement vive en Asie-Pacifique où se combinent croissance rapide des besoins énergétiques et zones nouvelles d'exploration et de production. On y repère aussi bien les grands groupes mondiaux, comme ailleurs, mais également des compagnies nationales des pays producteurs et consommateurs, ainsi que des entreprises privées originaires de la région et qui y développent leurs activités. Certains groupes miniers, comme BHP Billiton, sont aussi présents dans la production de pétrole et de gaz en Australie.

Les acteurs du charbon et de la mine

L'organisation du marché du charbon est bien différente de celle du pétrole et du gaz. Pendant la seconde moitié du xxe siècle, le charbon n'était plus une ressource stratégique mondiale comme par le passé, elle ne l'est demeurée que dans certains États (Allemagne de l'Est, États-Unis, Russie, Chine) qui y avaient recours pour satisfaire les besoins nationaux. Ailleurs, les politiques publiques ont davantage porté sur la fermeture de mines que sur le maintien de l'activité. Inversement, les producteurs ont cherché des débouchés au charbon en réduisant leurs coûts.

Cette évolution a redessiné la carte mondiale du charbon en favorisant les grands gisements exploitables à faible coût. Les grandes entreprises productrices ne sont pas aussi diversifiées sur le plan géographique que les producteurs de pétrole et de gaz. Parmi les principaux producteurs mondiaux, on trouve des groupes nationaux, comme Coal India (Inde) et Shenhua (Chine), qui réalisent toute leur production dans un seul pays et principalement pour leurs besoins nationaux. Le géant charbonnier mondial Peabody n'est que peu diversifié : il extrait environ 200 Mt aux États-Unis et seulement 10 Mt en Australie, mais il est actif sur les marchés internationaux et le *trading*.

En Australie, la production de charbon est le fait de trois types d'entreprises : des groupes charbonniers australiens spécialisés qui n'exploitent de gisements qu'en Australie (Anglo Coal), un grand conglomérat australien très diversifié (Westfarmer), des spécialistes du charbon et les trois grands groupes miniers diversifiés BHP Billiton, Xstrata et Rio Tinto.

Le tableau des acteurs du charbon est évolutif : les grandes compagnies pétrolières qui possédaient des actifs miniers (BP, Shell) les ont en effet cédés à des entreprises minières. Ce désengagement qui a eu lieu dans les années 1990 s'explique par la baisse de rentabilité des mines de charbon et a ouvert la porte aux groupes miniers mondiaux qui ont procédé dans les dernières années à de nombreuses opérations de fusion et d'acquisition.

Les entreprises japonaises consommatrices de charbon (Mitsui, Mitsubishi) sont présentes dans le capital de certains groupes et de certaines mines, ce qui leur permet de renforcer la sécurité de leurs approvisionnements. Le groupe Vale, autre géant minier, n'exploite pas encore de mines de charbon, mais il a ouvert une unité de négoce en Australie. Il développe actuellement (2009) deux mines de charbon, l'une au Mozambique et l'autre, en association avec la firme australienne Aquila, dans le Queensland, qui devrait entrer en production en 2011.

Tableau 7 – Les producteurs de charbon en Australie en 2008, en Mt

Entreprises	Production en Australie	Production totale
EXstrata	52	85
Rio Tinto	45	150
Anglo Coal	41	41
Peabody	21	230
Centennial	20	20
Westfarmers	15	15
BHP Billiton	12	80

Données compilées par S. Velut d'après des rapports des compagnies australiennes et du gouvernement de l'Australie.

La production indonésienne est organisée différemment, avec la présence de nombreuses entreprises locales qui s'appuient sur les réseaux commerciaux de Glencore-Xstrata et de BHP Billiton, ce qui leur a permis de pénétrer de façon agressive les marchés d'Asie-Pacifique.

Contrairement aux marchés pétroliers, qui ont été largement organisés par les producteurs contrôlant une ressource stratégique, les marchés du charbon sont plutôt le théâtre de la concurrence entre fournisseurs pour trouver des débouchés – ce qui est une situation plus favorable pour les acheteurs. Malgré cela et le développement de marchés *spots*, les principaux acheteurs emploient différentes stratégies pour s'assurer le contrôle d'une partie des ressources : prises de participation aux activités de production, contrats d'approvisionnements à long terme, regroupement dans des grands groupes diversifiées (qui sont d'ailleurs leaders ou associés aux usines de nickel prévues en Nouvelle-Calédonie).

La Nouvelle-Calédonie ne peut intervenir directement sur l'organisation des marchés énergétiques d'échelle régionale, mais pourrait le faire indirectement par ses participations dans les sociétés minières et énergétiques (SLN, Koniambo, Enercal). Elle peut aussi trouver en Nouvelle-Zélande et, surtout, en Australie des situations comparables par certains aspects à la sienne, qui ont donné lieu à des solutions intéressantes ou à des travaux de recherche dont elle pourrait bénéficier.

Quels scénarios possibles d'insertion de la Nouvelle-Calédonie dans la dynamique internationale de la Convention des Nations unies pour le climat ?

La Convention cadre des Nations unies sur le changement climatique (CCNUCC) constitue le cadre dans lequel toutes les actions concernant l'évolution du climat sont négociées au niveau international. La Nouvelle-Calédonie, tout comme les DOM et les COM, est actuellement, via la France, partie à cette Convention.

Le protocole de Kyoto est un instrument sous la Convention. Son but est de réussir à réduire effectivement les émissions de GES de la planète de manière organisée et contraignante, tout en évitant que la production alimentaire soit menacée, et de manière à ce que le développement puisse se poursuivre de manière durable. Contrairement aux DOM, les COM et la Nouvelle-Calédonie ne sont pas soumis aux obligations de ce protocole.

Le revenu par habitant place sans ambiguïté la Nouvelle-Calédonie dans le groupe des pays industrialisés ayant à montrer la voie dans la lutte contre le changement climatique. Par ailleurs, les émissions par habitant y sont supérieures à celles des habitants de la France métropolitaine et même des États-Unis. Le non-engagement de la Nouvelle-Calédonie pourrait donc attirer l'attention internationale, notamment celle des petits États insulaires (PEI ou Aosis) qui ont fortement œuvré pour que les instruments des Nations unies sur le climat, la Convention et le protocole voient le jour.

Historique et contexte des négociations

Le rapport du Giec de 1990
et la mise en chantier de la Convention sur le climat

Après le premier rapport du **Giec** de 1990, les Nations unies décidèrent de mettre en chantier, dès le début de 1991, la CCNUCC qui fut finalisée en mai 1992. Elle entre en vigueur en 1994 lorsqu'un nombre suffisant de pays l'eurent ratifiée par la voie parlementaire.

Cette convention fixait à la fois un cadre et des principes, comme celui de l'article 3.1, « la responsabilité commune mais différenciée des pays [auxquels il appartient] d'être à l'avant-garde de la lutte contre le changement climatique ».

Plusieurs types d'obligations étaient imposés aux pays industrialisés figurant à l'annexe I de la Convention : fournir régulièrement l'inventaire de leurs émissions de GES et préciser les actions qu'ils mènent pour réduire ces émissions, mais aussi aider les pays en développement (dits « non-annexe I ») à lutter contre le changement climatique ou à s'y adapter.

Au sein des pays en développement, on a distingué différentes catégories de pays selon leur vulnérabilité au changement climatique et aux mesures de riposte, c'est-à-dire à la réduction des consommations de combustibles fossiles, pour limiter les changements climatiques. Une attention particulière était, par ailleurs, accordée aux pays les moins avancés.

Toutefois, la Convention cadre ne fixait pas d'objectifs contraignants de réductions quantitatives des émissions de GES.

De la mise en chantier du protocole de Kyoto
à son entrée en vigueur en 2005

Conscients de l'insuffisance des objectifs et de l'absence de dispositions contraignantes, les pays partis à la Convention mirent ensuite en chantier le protocole de Kyoto, en 1995, sur la base du mandat de Berlin. Ce dernier précisait que seuls les pays développés devaient, dans un premier temps, prendre des engagements quantifiés de réductions. Il convenait d'aboutir, autour de 2010 (d'où la période 2008-2012), à des émissions inférieures au niveau de 1990. C'est sur cette base que l'on se mit d'accord sur le protocole de Kyoto, en décembre 1997.

Avant de le ratifier, les pays de l'annexe I exigeaient de connaître les modalités selon lesquelles ils devraient respecter les engagements souscrits ; ce que le protocole ne précisait pas. D'où les longues négociations qui aboutirent, en 2001 seulement, aux accords de Bonn et de Marrakech.

L'Union européenne, le Japon et la quasi-totalité des pays industrialisés de l'annexe I de la Convention l'ont alors ratifié, à l'exception notable des États-Unis dont le Congrès s'y opposait, tant que les pays susceptibles de concurrencer l'économie américaine – la Chine, l'Inde et le Brésil – ne prendraient pas eux-mêmes des engagements de réduction de leurs émissions. Il fallut donc attendre que la Russie le ratifie à son tour pour que le protocole puisse enfin entrer en vigueur, le 16 février 2005.

L'Australie, comme très souvent dans les négociations internationales sur le climat, a suivi les États-Unis, mais a décidé ensuite, en 2007, de revenir sur sa décision.

La période post 2012, les nouveaux constats du Giec et la déclaration du G8 à Hokkaido, en 2008

Entre-temps, les travaux des scientifiques, notamment les rapports du Giec de 2001 et 2007, ont permis de mieux cerner la question climatique. Selon des travaux présentés à Copenhague en mars 2009, le niveau moyen des mers pourrait, avec le rythme actuel des émissions, s'élever d'un mètre d'ici à 2100 et se poursuivrait au-delà.

Les scientifiques estiment maintenant que pour stabiliser le climat et éviter toute dérive incontrôlable, il faudrait, d'ici à 2050, diviser par deux les émissions mondiales actuelles ! En 2050, le climat serait alors plus chaud qu'aujourd'hui d'environ 2 °C (cf. « Les émissions et les réductions de gaz à effet de serre en Nouvelle-Calédonie », p. 193). C'est sur la base des résultats les plus récents des travaux du Giec que les chefs d'États présents au sommet du G8, à Hokkaido en juillet 2008, ont adopté l'objectif, non pas de stabilisation des émissions, mais de stabilisation du climat. Ce qui implique une division par deux des émissions, d'ici à 2050 et, entre 2012 et 2020, des réductions bien plus fortes que celles envisagées précédemment sous le protocole de Kyoto. Ces engagements seraient à prendre en décembre 2009 et/ou après, toujours dans le cadre de la Convention cadre sur le changement climatique, avec un protocole de Kyoto amendé ou un nouveau protocole

Principales dates relatives aux actions concernant le changement climatique	
1979	Première conférence mondiale sur le climat à Genève et deuxième choc pétrolier.
1985 et 1987	Réunion à Villach, en Autriche, organisée par le Programme des Nations unies sur l'environnement (PNUE), l'Organisation mondiale de la météorologie (OMM) et le Conseil international pour la science (ICSU) recommandant de développer des recherches sur l'effet de serre.
1988	Décision de mise en place du Groupe intergouvernemental sur l'évolution du climat (Giec) sous l'égide des Nations unies, en particulier de l'OMM et du PNUE.
1990	Remise du premier rapport du Giec alertant sur les risques climatiques résultant des émissions de GES d'origine anthropique. L'Assemblée générale des Nations unies décide de la mise en place du Comité intergouvernemental de négociation (CIN) pour élaborer une Convention cadre sur le changement climatique.
1991	Mise en place du CIN.
1992	En mai, approbation par les délégués des gouvernements de la Convention cadre sur le changement climatique. En juin, présentation de celle-ci à la Conférence des Nations unies sur le développement et l'environnement se tenant à Rio.
1994	Entrée en vigueur de la Convention, après ratification par les parlements d'un nombre suffisant d'États membres des Nations unies.
1995	Première Conférence à Berlin des parties (CdP) à la Convention. Adoption du mandat de Berlin pour la mise en chantier d'un protocole avec des réductions d'émissions contraignantes.
1997	3e CdP aboutissant au protocole de Kyoto.
1998	4e CdP : mandat de Buenos-Aires prévoyant d'aboutir à la mise en place de règles d'application du protocole.
2000	Rapport spécial du Giec sur « L'utilisation des terres, les changements d'utilisation des terres et les forêts ». 6e CdP à La Haye : échec des négociations sur les règles d'application du protocole. [...]

suite	
[...]	
2001	7e CdP : accords de Bonn et de Marrakech relatifs aux règles d'application du protocole. Troisième rapport du Giec indiquant que pour stabiliser le climat il faudrait diviser les émissions mondiales de GES par 2 d'ici à 2050.
2005	Entrée en vigueur de ce protocole après ratification par les parlements d'un nombre suffisant d'États membres des Nations unies. CdP de Montréal précisant encore des règles d'application du protocole pour la première période d'engagement (2008-2012) et début des négociations pour la période post 2012. Revirement des petits États insulaires quant à la prise en compte des boisements et des déboisements.
2006	CdP de Nairobi.
2007	Quatrième rapport du Giec confirmant la nécessité de réduire très fortement les émissions de GES pour stabiliser le climat et éviter des évolutions incontrôlables. CdP et mandat de Bali.
2008	Le G8 réuni à Hokkaido adopte l'objectif de division par 2, d'ici à 2050, des émissions mondiales de GES. CdP de Poznan, en Pologne. L'Union européenne s'engage à réduire ses émissions de GES de 20 % par rapport à 1990 et jusqu'à 30 % en cas d'accord international.
2009	CdP de Copenhague en décembre, au cours de laquelle les engagements de limitation et de réduction des émissions des pays des Nations unies pour la période 2012-2020 devront être finalisés.

(de Copenhague, par exemple) qui pourrait reprendre une grande partie des obligations et modalités d'application du protocole de Kyoto.

Depuis 2009, le président des États-Unis fait montre de la volonté que son pays prenne sa place dans la lutte contre le changement climatique dans la période post 2012. Dans quelle mesure et sur quelles bases des pays comme la Chine, le Brésil et l'Inde accepteront-ils de prendre des engagements de limitations de leurs propres émissions ?

Yvo de Boer, le secrétaire de la Convention des Nations unies, avait souligné, à Pozna'n, en décembre 2008 : « que l'accord de Copenhague en décembre 2009 ne serait pas détaillé. L'essentiel, estimait-il, est d'avoir de la clarté sur les engagements [de réduction des émissions de GES], sur le financement et sur les institutions (...), pour que ensuite il n'y ait plus de négociations sur les points fondamentaux ». Il pourrait donc y avoir, après la réunion de Copenhague, des négociations sur les détails, c'est-à-dire sur les modalités d'applications. D'aucuns pensent même qu'un accord ne pourrait intervenir qu'après 2009.

Les négociations

Les séances de négociations relatives à la Convention ont commencé début 1991, puis abouti à la version finale, en mai 1992, à New York, après quatre réunions d'une quinzaine de jours chacune. Tous les accords des Nations unies sont obtenus par consensus. Il devient ensuite assez difficile de les renégocier, même si parfois cela peut se justifier. C'est pourquoi il faut être présent, non seulement aux séances de négociations officielles, mais aussi dans les groupes de contact des négociations où s'élaborent les différentes propositions sur la base des intérêts des groupes de pays.

Ce sont ces groupes de pays qui négocient au préalable des positions communes qu'ils défendent ensuite, en désignant un porte-parole pour les groupes de contact où s'élaborent les textes. Les ministres chargés de l'Environnement des pays Parties à la Convention ou au protocole prennent en général le relais des négociateurs à la fin des CdP qui se tiennent en général en fin d'année. C'est seulement en cas de litige que les propositions des groupes de contacts sont ensuite soumises en séance plénière, puis éventuellement transmises au segment ministériel. Toutes ces négociations ont lieu en anglais. Le processus peut paraître assez laborieux, mais reste incontournable.

Si les Nations unies ne reconnaissent que les États, ceux-ci peuvent en revanche composer leur délégation comme ils l'entendent. La francophonie organise par ailleurs régulièrement des sessions d'information et publie un bulletin, *Objectif Terres*, relatant les négociations.

Les groupes de négociation

Les groupes de négociation des pays figurant à l'annexe I

Le groupe de l'Union européenne à 15 au moment des négociations de Kyoto comprend maintenant 27 membres.

Le JUSSCANZ, composé initialement de l'Australie, du Canada, du Japon, de la Norvège, de la Nouvelle-Zélande et de la Suisse, s'est par la suite subdivisé en groupe « parapluie » (États-Unis, Canada, Australie, Nouvelle-Zélande, Japon) et en groupe de « l'intégrité environnementale » (Suisse, Corée du Sud et quelques autres pays).

Le Canada, adhérent au protocole de Kyoto, et les États-Unis, actuellement non adhérents, ont des intérêts quelque peu divergents, mais il est possible que leurs intérêts se rapprochent de nouveau d'ici à 2012.

La création d'un groupe d'îles des pays développés (dont l'Islande) pourrait sans doute être possible le moment venu.

Les groupes de négociation des pays ne figurant pas à l'annexe I : le G77 et la Chine

Le groupe du G77 et de la Chine comprend l'ensemble des pays en développement, c'est-à-dire quelque 140 pays. Au sein de cet ensemble, on trouve des groupes ayant des intérêts divergents et même parfois totalement opposés :

- le groupe des pays de l'Opep et celui des PEID (petits États insulaire en développement) ;
- le Grulac qui comprend les pays de l'Amérique centrale et du Sud, à l'exception du Brésil et du Mexique ;
- le groupe des pays africains ;
- le groupe des PMA ;
- le groupe des pays asiatiques.

Il y a aussi des groupes non officiels, comme celui des pays émergents (Chine, Inde, Brésil, parfois Afrique du Sud). De nouvelles coalitions peuvent évidemment encore apparaître.

La Convention cadre sur le changement climatique et les obligations des pays l'ayant ratifiée

Rappelons tout d'abord l'objectif de cette Convention : « L'objectif ultime de la présente Convention, et de tous les instruments juridiques connexes que la Conférence des parties pourrait adopter, est de stabiliser, conformément aux dispositions pertinentes de la Convention, les concentrations de gaz à effet de serre dans l'atmosphère à un niveau qui empêche toute perturbation anthropique dangereuse du système climatique. Il conviendra d'atteindre ce niveau dans un délai suffisant pour que les écosystèmes puissent s'adapter naturellement aux changements climatiques, que la production alimentaire ne soit pas menacée, et que le développement économique puisse se poursuivre de manière durable. »

On distingue deux grandes catégories de pays avec un sous-ensemble pour les pays en développement :

- les pays riches figurant à l'annexe I de la Convention (et en général à l'annexe B du protocole de Kyoto) ;
- les Pays en développement (PED) ne figurant pas à l'annexe I.

Les obligations minimales des pays sont indiquées dans l'encadré.

Principales obligations des pays de l'annexe I sous la Convention

- **L'inventaire national des émissions de GES (article 4a)**

Ces inventaires par pays sont demandés aux pays de l'annexe I et aux PED. Ils doivent être réalisés selon les règles décrites dans les guides méthodologiques des inventaires du Giec et suivant les formats décidés par la Convention.

Les émissions sont d'abord exprimées en poids pour chacun des gaz, puis converties en équivalent CO_2 en tenant compte des potentiels de réchauffement global (PRG) de chacun des gaz, pour un horizon de 100 ans. Elles sont ensuite ventilées suivant diverses catégories (énergie, industrie, solvants, agriculture, changements d'affectation des terres et foresterie, déchets et autres, le cas échéant).

Ces inventaires peuvent faire l'objet d'audits, comprenant des membres de pays de l'annexe I et de pays ne figurant pas dans cette annexe. Ils servent à calculer les émissions et, donc, les réductions que devront réaliser les pays. [...]

suite

[...]

Seules les émissions ayant lieu sur le territoire du pays considéré sont comptabilisées (les émissions des produits et services importés ou exportés ne sont pas prises en compte).

En France c'est le Citepa qui réalise ces inventaires pour le compte du ministère, mais c'est le gouvernement qui est responsable de la transmission des inventaires aux Nations unies, sous le format requis.

- **Les communications nationales (article 4.1b)**

Elles doivent être établies périodiquement suivant les décisions et les formats retenus par les CdP. Les pays en développement, comme la Chine, l'Inde, le Brésil et l'Afrique du Sud ont, comme les pays de l'annexe, à réaliser des inventaires et des communications nationales, mais moins fréquemment. Les pays les moins avancés, très peu émetteurs de gaz à effet de serre par habitant, peuvent se contenter de réaliser des programmes nationaux d'adaptation aux changements climatiques (Pana).

- **Communications diverses**

Tout au long des négociations, divers avis, informations aux Parties de l'annexe I et justificatifs d'actions peuvent être requis. Par exemple, envers les pays non annexe I, sur les transferts de technologies, l'aide aux pays en développement les plus vulnérables et aux pays les moins avancés.

- **Autres engagements des pays de l'annexe I**

Les pays de l'annexe I remplissent en partie leurs obligations vis-à-vis des PED, via le Fonds mondial pour l'environnement (FEM) (financements de formations pour des pays en développement, notamment pour la réalisation des inventaires, des communications nationales, des plans nationaux d'adaptation aux changements climatiques, etc.).

Actuellement, la Nouvelle-Calédonie, partie à la Convention via la France, a les obligations des pays de l'annexe I sous la Convention, mais n'a besoin de fournir ni d'inventaires spécifiques de ses émissions (celles-ci figurent dans la communication de la France à la rubrique des émissions de la France métropolitaine, des TOM, des COM et de la Nouvelle-Calédonie) ni de communications nationales spécifiques. C'est le gouvernement français qui est responsable des éléments transmis ou à transmettre aux Nations unies.

Le protocole de Kyoto et les obligations des pays l'ayant ratifié

L'intérêt du protocole de Kyoto et les lenteurs de sa ratification

Pour que le protocole de Kyoto puisse entrer en vigueur, il fallait qu'au moins 55 pays Parties à la Convention le ratifient, et que les émissions des pays figurant à l'annexe I représentent au moins 55 % du volume total des émissions de dioxyde de carbone de l'ensemble des Parties visées à cette annexe. En l'absence de ratification des États-Unis, ces modalités rendaient l'entrée en vigueur du protocole extrêmement difficile. C'est en définitive la ratification de la Russie qui a permis de débloquer la situation et de franchir les seuils requis pour l'entrée en vigueur effective du protocole, en 2005.

Les engagements de réduction des émissions sous le protocole de Kyoto, entre 1990 et 2010

Les pays industrialisés se sont engagés à réduire leurs émissions annuelles de 5,5 % en moyenne par rapport à 1990.

- **Répartition mondiale**

-8 % pour l'Union européenne ; -7 % pour les États-Unis ; -6 % pour le Japon, le Canada et la Pologne ; 0 % pour la Nouvelle-Zélande, la Fédération de Russie et l'Ukraine ; +1 % pour la Norvège ; +8 % pour l'Australie ; +10 % pour l'Islande[28].

- **Répartition des objectifs de réduction des émissions au sein de l'Union européenne**

-28 % pour l'Allemagne et le Danemark ; -13 % pour l'Autriche ; -12,5 % pour la Grande-Bretagne ; -7,5 % pour la Belgique ; -6,5 % pour l'Italie ; -6 % pour les Pays-Bas ; 0 % pour la France et la Finlande ; +4 % pour la Suède ; +13 % pour l'Irlande ; +15 % pour l'Espagne ; +25 % pour la Grèce ; +27 % pour le Portugal.

Il faut aussi noter que les pays de l'Union européenne à 15 sont solidairement responsables vis-à-vis des Nations unies de la diminution de 8 % de leurs émissions par rapport à 1990. Les pays entrés récemment dans l'Union européenne n'ont pas bénéficié du partage de ce fardeau. C'est ainsi que la Pologne doit réduire ses émissions de 6 % alors que le Portugal peut les augmenter de 27 %.

[28] Avec des conditions particulières pour des pays comme l'Islande qui sont précisées plus loin.

Dans le cadre du protocole de Kyoto, l'ensemble des pays de l'annexe I devait s'acheminer vers des réductions d'émissions par rapport à 1990. Ces engagements ont été toutefois modulés pour tenir compte des situations particulières des divers pays, y compris d'un petit pays comme l'Islande.

Ces précisions montrent combien d'efforts sont nécessaires à l'élaboration d'un accord international, surtout quand celui-ci est contraignant et concerne le développement économique, comme c'est le cas pour le protocole de Kyoto : chaque gouvernement cherche alors à préserver ses intérêts.

Comment furent déterminés les niveaux de limitation et de réduction des émissions des divers pays ?

Il n'y a pas de document officiel justifiant du partage du fardeau climatique. On peut tout de même risquer quelques explications :

- Comme la croissance démographique des États-Unis est plus forte que celle de l'Union européenne, une différence de réduction des émissions de 1 % entre ces deux entités peut se comprendre.

- La Norvège utilisant beaucoup d'hydroélectricité, il était difficile d'y réduire les émissions dans le secteur de l'énergie, on l'autorisa donc à augmenter ses émissions de 1 %.

- L'Union européenne à 15 avait pris collectivement l'engagement de réduire ses émissions de 8 % par rapport à 1990, mais on avait par ailleurs également envisagé un partage du fardeau en son sein. Ainsi la Suède, la Finlande et la France, dont la part d'énergie nucléaire et d'hydro-électricité est forte dans les productions d'électricité, furent-elles autorisées à maintenir leurs émissions au niveau de 1990. Quant aux pays ayant récemment adhéré à l'Union (le Portugal, l'Espagne, l'Irlande et la Grèce), ils furent en revanche autorisés à augmenter leurs émissions. L'Allemagne s'engagea à réduire ses émissions bien au-delà de 8 %. Cet effort paraissait réaliste compte tenu des économies d'énergies réalisables notamment dans l'ex-Allemagne de l'Est.

- L'Australie demanda, dès avant les négociations de Kyoto, à ce que les émissions dues aux changements d'utilisations des terres et à la foresterie soient prises en compte, dans son cas, pour le calcul des engagements chiffrés. C'était en effet le seul pays de l'annexe I dont les émissions avaient augmenté depuis 1990 à cause des changements d'utilisation des terres.

Les réductions d'émissions demandées aux pays industrialisés sous le protocole de Kyoto étaient très faibles (- 5 % en moyenne d'ici à 2012 par rapport à 1990). On se contenta donc de partir des inventaires des émissions de GES que les pays étaient obligés de fournir aux Nations unies, mais sans tenir compte des émissions dues aux changements d'utilisation des terres et à la foresterie (sauf pour l'Australie). On pouvait ainsi, sur la base des inventaires fournis par les pays, réellement contrôler les engagements de réduction des émissions de GES que les pays s'étaient engagés à réaliser. C'était évidemment une cote mal taillée, mais acceptable pour la plupart de pays, moyennant quelques ajustements. Pour l'Islande, il fallut en revanche une négociation spécifique.

Comment aurait-on pu faire autrement ? L'idéal aurait été de pouvoir déterminer précisément les émissions moyennes de GES par habitant pour chaque pays, comme on a tenté de le faire avec la formule de Kaya[29] utilisée pour les scénarios d'émissions du Giec, ou comme on pourrait le faire avec la formule Kaya-Riedacker[30] quand on prend également en compte les émissions résultant des changements d'utilisation des terres. Il aurait fallu, dans ce cas, pouvoir déterminer, par pays, les émissions résultant des importations de produits et de services, et défalquer celles attribuables aux exportations, mais on n'avait pas les données pour le faire.

La solution islandaise

Quelle solution a-t-on trouvé pour l'Islande ? Tout d'abord, on l'a autorisée à augmenter ses émissions de 10 % par rapport à 1990 : c'est le plus fort taux d'augmentation affiché pour les pays de l'annexe B, quand on considère l'Union européenne de manière globale. Mais cela n'était pas suffisant, d'où la décision 14 CP7, retenue dans les accords de Bonn et de Marrakech, qui définit, pour la première période d'engagement et pour des pays dont les émissions représentent moins de 0,05 % des émissions des pays industrialisés en 1990 et figurant à l'annexe I (§2a), des projets industriels isolés ou des extensions d'activités industrielles entrées en service après 1990.

29 Émissions totales de GES = Population * [PNB/habitant * consommation d'énergie fossile par unité de PNB * émission moyenne de GES par unité de produit fossile].

30 Émissions totales de GES = Population * [PNB/habitant * consommation d'énergie fossile par unité de PNB5 * émission moyenne de GES par unité de produit fossile + Utilisation des terres par habitant * Efficacité territoriale des bioproductions * émission moyenne de GES par unité de bioproduit].

Lorsque les émissions des activités industrielles isolées de ces pays dépassent 5 % du total des émissions du pays en 1990 (ce qui serait aussi le cas si la Nouvelle-Calédonie figurait à l'annexe B), celles-ci doivent être présentées séparément et ne pas figurer dans le total national des émissions inventoriées de la Partie, dans la mesure où elles conduiraient à un dépassement du niveau des émissions autorisées (plus de 10 % d'augmentation par rapport à 1990 dans le cas de l'Islande).

Il faut également que l'on utilise des énergies renouvelables pour réduire les émissions par unité de produits obtenus dans ces sites industriels, et que l'on recoure aux meilleures pratiques environnementales et aux meilleures technologies pour réduire les émissions des procès industriels. Il faut enfin que les émissions concernant ces sites restent inférieures, en moyenne, durant la première période d'engagement, à 1,6 million de tonnes de CO_2 par an. Ces émissions sont alors exclues du champ du marché de droits d'émissions, dont les modalités de fonctionnement sont définies par l'article 17 du protocole.

Comment les pays peuvent-ils s'organiser pour respecter les limitations ou les réductions d'émissions auxquelles ils se sont engagés sous le protocole de Kyoto ?

C'est aux États de respecter leurs engagements et de décider des politiques à mettre en place. Ils peuvent ainsi décider d'adopter des mesures spécifiques (taxes, subventions, avantages fiscaux divers, règlements, etc.), à condition que cela ne s'oppose pas aux règlements internationaux en vigueur, notamment à ceux agréés dans le cadre de l'OMC ou, pour les États membres, à ceux de l'Union européenne.

La création de nouvelles taxes est toujours impopulaire. C'est le cas pour les « taxes carbone domestiques », sauf quand celles-ci sont fiscalement neutres et qu'on arrive à l'expliquer correctement au grand public. Très récemment, un parti ayant fait campagne dans ce sens vient de gagner les élections dans l'état de Colombie britannique, au Canada.

Il existe aussi la possibilité de prendre en compte, de manière facultative pour la première période d'engagement, l'article 3.4 du protocole relatif à des comptabilités spécifiques des variations de stocks de carbone, c'est-à-dire dans l'espace rural (forêts, prairies, etc.). En outre, ce dispositif est également complété par la possibilité d'utiliser les trois mécanismes de flexibilité retenus sous le protocole de Kyoto, c'est-à-dire la mise en place d'un marché des droits d'émissions, la réalisation de projets dans le cadre des Mécanismes de développement propre (MDP) et la mise en œuvre conjointe de projets entre des pays de l'annexe I, sous réserve que ceux-ci aient, non seulement, signé mais aussi ratifié le protocole de Kyoto.

La prise en compte des forêts et des changements d'utilisation des terres sous le protocole (les articles 3.3 et 3.4)

L'Union européenne et le groupe de pays des petites îles (Aosis) étaient fortement opposés à la prise en compte des « puits » (augmentations des stocks de carbone dans la végétation), du moins pour la première période d'engagement (2008-2012). Tandis que le Japon, les États-Unis, le Canada et les pays producteurs de pétrole, voulaient qu'on prenne en compte toutes les émissions et réductions d'émissions, donc y compris celles attribuables à la gestion des forêts et aux changements d'affectations des terres dans les pays industrialisés.

D'où les deux articles 3.3 et 3.4, sans lesquels l'accord de Kyoto n'aurait jamais pu être obtenu. Dans la pratique, les comptabilités retenues pour la prise en compte de l'article 3.4 sous le protocole de Kyoto sont très compliquées et parfois dissuasives. Pour une information plus précise concernant ces deux articles relatifs aux variations de stocks de carbone dans la végétation, se reporter à la partie « Les émissions et les réductions d'émissions de gaz à effet de serre en Nouvelle-Calédonie ») de la synthèse (p. 193) et, dans le CD-ROM annexé, « Les variations de stocks de carbone dans la végétation » et « L'insertion internationale de la Nouvelle-Calédonie ».

Le marché des droits d'émissions (MDE)

Ce mécanisme, autorisé sous l'article 17 du protocole, doit permettre de réduire les émissions de GES au coût le plus bas possible. En principe, il suffit que les pays imposent une réduction d'émissions, par exemple de 10 %, à toutes leurs entreprises. Celles dont les coûts de réduction des émissions sont bas (les entreprises du type A) peuvent décider de réaliser des investissements et ainsi se mettre en conformité avec les demandes de l'État. Celles dont les coûts de réduction des émissions sont en revanche élevés (les entreprises du type B) peuvent décider de ne pas réaliser des investissements et acheter des droits d'émissions sur un marché qui est alimenté par des réductions d'émissions excédentaires réalisées à moindre coût par des entreprises du type A, et dans certaines limites sous le MDP.

Quand tout se passe bien, l'État aura ainsi obtenu les réductions d'émissions voulues que les entreprises auront réalisées au coût le plus bas. Ce mécanisme permet également une certaine flexibilité : imaginons qu'une amélioration de procès (par exemple, l'achat d'une nouvelle chaudière plus performante) soit prévue dans une entreprise de type B, mais seulement dans quelques années. En attendant, cette entreprise pourra acheter des droits d'émissions sur le marché des droits d'émissions. Lorsqu'elle réalisera cet investissement, elle pourra vendre les droits d'émissions dont elle n'aura pas besoin pour son propre compte ou les conserver temporairement.

La conformité des réductions d'émissions

Pour que le système fonctionne bien il faut pouvoir contrôler les émissions des entreprises. C'est pourquoi on n'a retenu dans un premier temps que les émissions de CO_2 provenant des combustibles fossiles des grandes entreprises fortement consommatrices d'énergie. Ces dernières doivent, notamment en France et depuis le premier choc pétrolier, déclarer précisément leurs achats d'énergies fossiles. On connaît donc leurs achats passés et actuels : c'est ce qui permet de calculer leurs rejets d'émissions de gaz carbonique d'origine fossile.

Il faut en outre que le non-respect des obligations de réductions soit assorti de fortes sanctions et il faut, enfin, vérifier que les réductions d'émissions des vendeurs, mises sur le MDE, aient été réalisées correctement car, sinon, on obtiendrait des fausses réductions d'émissions, en quelque sorte de la « fausse monnaie ». C'est pourquoi les droits d'émissions vendus sur le MDE portent une référence permettant d'identifier l'origine des réductions d'émissions et d'appliquer, le cas échéant, des sanctions, notamment l'interdiction ultérieure d'accéder au MDE. On comprend donc que ce système, idéal sur le plan des principes, ne soit pas applicable aux petites entreprises dont on ne connaît pas les consommations d'énergies et dont on ne pourrait de toute façon pas vérifier les réductions d'émissions. Il est donc exclu de l'appliquer, pour le moment et sans doute pour longtemps, dans les secteurs diffus comme les transports et l'habitat.

L'égalité de traitement

Il faut aussi que les États imposent des réductions d'émissions suffisantes à leurs entreprises. Pour préserver la compétitivité de certains secteurs, un État pourrait être tenté d'imposer des niveaux de réductions plus faibles. Pour éviter de telles distorsions, un arbitrage est nécessaire, par exemple au niveau de la commission dans le cas de l'Union européenne. C'est pourquoi les États membres doivent envoyer à Bruxelles les projets des réductions d'émissions qu'ils comptent imposer à leurs entreprises – le PNAQ – et ne peuvent les mettre en œuvre qu'après un arbitrage européen final.

Comment déterminer le niveau de réductions des émissions à imposer ? Ce point est sans doute l'un des plus délicats. Quand le prix des combustibles fossiles est élevé, les entreprises ont naturellement intérêt à augmenter l'efficacité énergétique, ce qui, à production inchangée, conduit à des réductions d'émissions de CO_2. Il en est de même quand l'activité économique se ralentit, comme durant la crise de 2009. En fin de compte, les marchés de droits d'émissions ne jouent pleinement leur rôle que lorsque l'activité économique augmente, quand les prix des énergies fossiles baissent et quand le niveau des réductions d'émissions, imposé par les États à leurs entreprises, est suffisamment élevé.

L'attribution des droits d'émissions

Jusqu'à présent, les droits d'émissions (par exemple, jusqu'à 90 % quand la réduction imposée est de 10 %) sont donnés gratuitement sur la base des émissions passées (*grand-fathering*). Ce qui rend difficile l'accès de nouveaux entrants.

La mise sur le marché des réductions d'émissions provenant des variations de stocks de carbone dans l'espace rural

Lors des accords de Marrakech, on a décidé que les réductions d'émissions provenant des variations de stocks de carbone dans la végétation et dans les sols des pays de l'annexe B ne pourraient pas être mises sur le marché des droits d'émission. Si l'on tient compte des difficultés pour mesurer et vérifier précisément ces variations de stocks, cette décision est parfaitement justifiée.

La mise sur le marché européen de droits d'émissions (MDE) provenant de projets sous le mécanisme de développement propre dans les pays en développement

Les réductions d'émissions obtenues à travers les projets MDP dans les pays en développement peuvent être mises en vente sur le marché des droits d'émissions, mais dans la limite de 2,5 % des unités de quantité attribuées à chaque pays[31]. On craignait en effet que les projets MDP réduisent les efforts de réductions des émissions dans les pays de l'annexe B.

En principe, les réductions d'émissions temporaires provenant de projets forestiers dans les pays en développement pourraient être mises sur les marchés des droits d'émissions dans une certaine limite. Les accords de Bonn et de Marrakech ne s'y opposent pas, mais l'Union européenne n'a pas souhaité accueillir ce type de réductions d'émissions sur son marché.

Les actions de réduction des émissions sous le mécanisme de développement propre (article 12)

Primitivement, les pays en développement avaient demandé, par la voix du Brésil, la mise en place d'un fonds de développement propre pour des actions vertueuses en faveur du climat dans leurs pays. Cela aurait sans doute conduit à de fortes dépenses de la part des pays industrialisés de l'annexe B. Par ailleurs, la Chine souhaitait profiter d'un mécanisme pour promouvoir des transferts de technologies. C'est ainsi que se mit en place un MDP.

Via ce mécanisme, une entreprise d'un pays de l'annexe B peut réaliser des réductions d'émissions dans un pays non-annexe I en règle avec ses engagements sous la Convention. En principe, ces réductions d'émissions sont réalisées dans un autre pays, parce que l'entreprise espère pouvoir les obtenir à des coûts moindres. Mais, pour acquérir des Certificats de réductions des émissions (CER), il faut pouvoir prouver que celles-ci n'auraient pas été réalisées sans le projet. Il y a donc, pour les grands projets MDP, à la fois une contrainte environnementale et une contrainte économique. Faire la preuve de l'additionalité économique n'est cependant pas toujours facile. Il faut également l'accord des gouvernements des pays concernés.

À ce stade, plus d'un millier de projets de ce type ont été approuvés, essentiellement pour la Chine, l'Inde, le Brésil et l'Asie du Sud-Est, mais très peu pour les pays de l'Afrique subsaharienne. Cela tient en grande partie au fait que les financements doivent être d'origine privée (on ne peut pas utiliser l'aide publique au développement) ; or, les investissements étrangers directs en Afrique subsaharienne et dans les PMA sont très faibles.

[31] Pour la France 2,5 % des 92 % d'émissions en 1990.

Dans l'article 12 du protocole de Kyoto, il n'a pas été fait mention de la possibilité de réduire les émissions via des projets forestiers dans les pays en développement. Seuls des projets de boisement de terres agricoles, effectués après 2000, sont devenus finalement éligibles. Encore faut-il pouvoir montrer que ces boisements n'induisent pas des déboisements ailleurs, dans le même pays. Seuls quelques rares projets sont en voie d'approbation et les CER attribués sont, dans ce cas, temporaires.

Les actions de réduction des émissions dans le cadre d'une mise en œuvre conjointe entre deux pays de l'annexe B ayant des engagements de réduction de leurs émissions (article 6)

Le principe est le même que pour les projets sous le mécanisme de développement propre. Les réductions d'émissions ne peuvent cependant être comptabilisées qu'entre 2008 et 2012, et non à partir de 2000, comme pour les projets MDP. Cependant, comme les deux pays concernés ont ici des engagements de réductions d'émissions, contrôlés par ailleurs sous le protocole, le contrôle des réductions d'émissions au niveau des projets n'a pas besoin d'être aussi rigoureux que pour les projets MDP. Si l'article 6 autorise très explicitement la réalisation de mise en œuvre conjointe de projets forestiers, dans la pratique cela reste cependant très difficile, notamment à cause de la complexité des articles 3.3 et 3.4.

LES PERSPECTIVES D'ÉVOLUTION POST 2012

En juin 2009, on ignore encore quelles seront précisément les modifications apportées au protocole de Kyoto en décembre 2009 et après, mais c'est actuellement que se discutent les trajectoires de développement à suivre par les divers pays, d'abord d'ici à 2020 puis au-delà, afin de stabiliser le climat d'ici à 2050.

Au moment de la mise en chantier du protocole de Kyoto, on ignorait encore qu'il faudrait à cette fin diviser les émissions mondiales par deux en moins de cinquante ans. Cela requiert une mobilisation beaucoup plus importante que ce qui est déjà engagé, principalement dans les pays industrialisés et dans les pays en développement à croissance rapide, comme la Chine, l'Inde et le Brésil, ou dans les pays de l'OCDE ne figurant pas encore sur l'annexe I, comme la Corée du Sud et le Mexique.

Bien que les émissions brutes dues aux déboisements dans les pays en développement représentent entre 15 et 20 % des émissions de GES provenant des énergies fossiles, les petits États insulaires, tout comme l'Union européenne, s'étaient fortement opposés à leur prise en compte lors de la première période d'engagement sous le protocole. Pour l'Union européenne, cette position peut se comprendre puisque, avant 2012, seuls les pays développés avaient à prendre des engagements de réduction de leurs émissions. Or, l'Union européenne considérait, même en 1997, que chaque pays de l'annexe B devait réduire les émissions chez lui, sans même recourir aux mécanismes de flexibilité de Kyoto. Ce sont surtout les émissions provenant des énergies fossiles qui sont importantes dans ces pays.

La prise en compte des forêts après 2012

Mais, en 2005, lors de la conférence de Montréal, sous l'impulsion de la nouvelle présidence des États insulaires en développement, notamment de la Papouasie-Nouvelle-Guinée, la situation a radicalement changé. On considère maintenant que les déboisements dans les pays non-annexe I doivent être fortement réduits, mais on ne connaît pas encore les mécanismes d'aide qui le permettront, ni combien cela coûtera aux pays industrialisés. On imagine difficilement que la tonne de CO_2 évitée, via le déboisement, puisse être rémunérée comme la tonne de CO_2 évitée ou réduite en provenance des énergies fossiles.

Cette question a été largement débattue lors des conférences de Nairobi, en 2006, de Bali, en 2007 et de Poznan, en 2008. Elle constituera sans doute l'un des points les plus difficiles à résoudre lors de la conférence de Copenhague, en décembre 2009.

Pourra-t-on rémunérer les émissions évitées par les déforestations évitées dans les pays en développement via le MDE ? Les avis sont partagés sur ce sujet et très peu de personnes savent combien il est difficile de mesurer précisément les variations de stocks de carbone en forêt. L'absence de possibilité de vérification sérieuse des réductions d'émissions pourrait conduire à la mise sur le marché de produits « toxiques ». C'est pourquoi certains pensent qu'il serait préférable d'arriver à réduire les émissions via des actions financées par d'autres voies – des prélèvements sur les rentrées que pourraient générer les ventes des droits d'émissions des MDE en 2012 ou des contributions spécifiques des pays de l'annexe I.

On peut en revanche penser que les boisements sous le MDP pourront se poursuivre suivant la formule actuelle, mais avec une plus grande acceptabilité de ces projets sur les marchés des droits d'émissions, notamment au niveau de l'Union européenne.

Les marchés de droits d'émissions

Pour la période post 2012, il y aura également des évolutions à prévoir sur les marchés des droits d'émissions, notamment au niveau de l'Union européenne, Celle-ci envisage alors de ne plus donner, mais de vendre la plupart des droits d'émissions aux enchères. Toute entreprise de taille suffisante et ayant de fortes émissions de CO_2 pourrait ainsi en acquérir.

L'Union européenne estime aussi que les divers marchés de droits d'émissions du monde resteront sans doute segmentés et qu'il ne sera pas possible, avant 2020, d'avoir un marché unique de droits d'émissions, pour les pays de l'OCDE.

Lors de la conférence de Bali, ainsi que dans des ateliers de la CCNUCC, plusieurs pays ont mentionné la nécessité de traiter à part les secteurs industriels et miniers très intensifs en carbone, ce qui est le cas de la filière nickel. Certaines entreprises, soumises à la concurrence internationale et présentant des risques de délocalisation de leurs activités, pourraient cependant être partiellement exonérées, voire totalement, de l'obligation d'achat de tels droits d'émissions. D'ailleurs, des groupes d'industriels s'activent très fortement auprès de la commission de l'Union européenne dans ce sens. Tout cela montre combien il est important de suivre ce qui va se passer sur le marché des droits d'émissions en 2012, dans l'Union européenne et partout ailleurs dans le monde.

D'ici à 2012, tout dépendra de l'évolution de la conjoncture économique et des leçons qu'on tirera de la mise en place d'un tel marché aux États-Unis ou en Amérique du Nord. Car, jusqu'ici, bien qu'ayant imposé ce MDE aux Européens, les États-Unis ne l'ont pas encore expérimenté à l'échelle de leur pays. Il y existe certes un marché de CO_2, mais comme il n'y avait pas d'obligation de réduction des émissions, la valeur de la tonne de CO_2 y était symbolique – dix à vingt fois moins chère que sur le marché européen !

Il y a par ailleurs beaucoup de propositions pour utiliser les produits de la vente des droits d'émissions. Certains voudraient qu'une partie de la recette soit affectée à la mise en place de projets pilotes de séquestration géologique du CO_2, notamment dans des pays en développement comme la Chine, l'Inde et l'Afrique du Sud. D'autres voudraient l'affecter aux projets de déboisements évités dans les pays de l'annexe I. Et bien d'autres utilisations sont encore envisageables…

Les stratégies d'insertion internationale de la Nouvelle-Calédonie

Cette démarche présente deux contraintes principales et complémentaires qui la rendent tout à fait originale. D'une part, cette insertion devrait être cohérente sur le question de l'énergie, vis-à-vis de laquelle la Nouvelle-Calédonie partage les mêmes enjeux que les pays émergents de la grande région Asie-Pacifique, et sur les aspects liés aux changements climatiques, qui la placent dans une situation singulière. D'autre part, la Nouvelle-Calédonie ne détient pas, en 2009, les compétences de politique étrangère, exercées par l'État français : la loi organique lui reconnaît uniquement la possibilité de devenir membre associé ou observateur d'organisations internationales, une compétence qui doit néanmoins être soumise à l'accord de la France.

Les relations internationales de la Nouvelle-Calédonie

D'un point de vue régional, la Nouvelle-Calédonie participe, ou directement ou par l'intermédiaire de la France ou encore avec la France, à différentes organisations. Il peut s'agir de forums intéressants pour avancer conjointement sur les questions d'énergie et de climat, en affichant une position cohérente. Ces relations formelles sont organisées par l'État français, principalement par le Haut-Commissariat et le ministère de l'outre-mer qui associent les représentants de la Nouvelle-Calédonie à certaines réunions. Les relations de fait entre la Nouvelle-Calédonie et d'autres États du Pacifique, du fait des migrations de populations, des relations commerciales, des proximités culturelles, des échanges scolaires, des investissements croisés, ne semblent pas faire l'objet d'une stratégie systématique.

LES ORGANISATIONS RÉGIONALES : L'ÉNERGIE RATTRAPÉE PAR L'ENVIRONNEMENT

La Nouvelle-Calédonie participe à plusieurs organisations régionales. Celle dont le champ de compétences est le plus grand est la Commission du Pacifique Sud (CPS) qui comprend les îles du Pacifique, y compris les grands pays (Australie, Nouvelle-Zélande, États-Unis), mais il existe d'autres instances dont les compétences se recoupent en partie. Des regroupements sont à l'étude pour mieux utiliser les moyens disponibles.

La Commission du Pacifique Sud (CPS)

Il s'agit de la plus ancienne des institutions de coopération régionale dont la Nouvelle-Calédonie fait partie, comme la Polynésie française, à titre individuel. La CPS aborde trois domaines principaux : la terre (agriculture, forêt, sécurité alimentaire, etc.), la mer (pêche, navigation, océanographie) et la société (démographie, santé). Les questions énergétiques ne sont pas abordées en tant que telles, mais sont introduites dans les réflexions sur le changement global. Cependant l'essentiel des discussions porte sur la vulnérabilité des îles face aux changements environnementaux.

La CPS ne s'intéresse pas pour le moment aux questions énergétiques dans leur globalité : il s'agit plutôt de formes classiques de coopération pour le développement, à partir de programmes ciblés et financés. Un rapport de 2006 souligne toutefois la parenté des problèmes environnementaux entre les îles du Pacifique et insiste notamment sur les problèmes d'accès à l'énergie et sur la dépendance énergétique de la plupart des îles.

La commission de géosciences appliquées du Pacifique Sud – South Pacific applied Geoscience Commission (Sopac)

Cette commission a abordé plusieurs aspects constitutifs de l'énergie, en particulier à travers le Pacific Islands Energy Policy and Strategic Action Plan (PIEPSAP), un programme qui a porté, entre 2004 et 2008, sur la formulation des politiques énergétiques, le développement des énergies renouvelables et l'efficacité énergétique. Les équipes ont conseillé les petits États insulaires dans la formulation de leurs politiques énergétiques, mais la Nouvelle-Calédonie n'a pas participé à cette réflexion.

Le programme régional océanien de l'environnement – Pacific Regional Environment Program (PROE)

Cette organisation environnementale se penche également sur le changement climatique et ses impacts sur les États insulaires du Pacifique, sans aborder réellement le problème des émissions de GES.

Le Conseil de coopération économique du Pacifique – Pacific Economic Cooperation Council (PECC)

Le PECC (Pacific Economic Cooperation Council) est une organisation tripartite regroupant des personnalités des affaires et de l'industrie, des gouvernements et du monde académique de 26 économies du Pacifique.

Cette organisation est le lieu privilégié de discussions des sujets concernant le développement et l'intégration économique de la région Asie-Pacifique. Elle repose sur un large réseau composé des 26 comités du PECC, incluant un membre associé qu'est la France au travers de ses territoires du Pacifique (Nouvelle-Calédonie, Polynésie française et Wallis-et-Futuna). Son rôle est de permettre une meilleure coopération et coordination dans les domaines du commerce, de l'investissement, des finances, de l'industrie, des ressources humaines… et de fournir des informations et un support analytique aux groupes de travail de l'Apec (Asia-Pacific Economic Cooperation). Les objectifs de promotion de la coopération économique transpacifique sont couverts par diverses *task forces* dont l'une conduite par le comité français est spécifiquement axée sur les énergies renouvelables et la gestion de l'eau.

Asia Pacific Economic Cooperation (Apec) : une vision stratégique de l'énergie

À la différence du PECC, l'Apec est une institution régionale comprenant 21 pays membres de l'océan Pacifique notamment les pays émergents du Pacifique et les grandes puissances (États-Unis, Canada, Japon, Corée du Sud). En effet, l'Apec défend le libre-échange entre ses membres et souhaite parvenir, à brève échéance, à supprimer toutes les barrières aux échanges et aux investissements entre les pays membres – une position cohérente avec la domination des États-Unis sur ce forum.

En même temps, l'Apec est l'organisation internationale qui a l'approche la plus complète sur les questions énergétiques, dans l'objectif de garantir la sécurité de l'approvisionnement de ses membres. Il existe des groupes de suivi de la situation énergétique à court et à moyen termes et diverses instances d'échange. L'initiative Nautile, en particulier, rapproche les acteurs de l'énergie de différents pays pour partager références et instruments de prospective : cette construction d'une vision commune sur les problèmes énergétiques de la zone et son partage entre les responsables est tout à fait essentielle – la Nouvelle-Calédonie ne peut l'ignorer.

L'Apec organise aussi des simulations de crise énergétique dans les pays membres en vue d'élaborer des réponses communes par la mutualisation des stocks. Ces derniers sont en principe plus importants dans les pays membres de l'OCDE (ils doivent respecter la recommandation de l'AIE de 100 jours de stocks) que dans les petits États qui ne disposent pas de capacités de stockage.

Participer à ces initiatives, éventuellement comme observateur, pourrait être intéressant pour la Nouvelle-Calédonie qui s'apparente à bien des égards aux pays émergents du Pacifique.

La coopération bilatérale

La Nouvelle-Calédonie a peu de coopérations bilatérales formalisées avec les pays de la région, même s'il existe de nombreuses relations avec l'Australie, la Nouvelle-Zélande et les petites îles du Pacifique dont l'immigration est importante, particulièrement de Wallis-et-Futuna. Il s'agit bien évidemment d'une problématique qui dépasse celle de l'énergie, mais dans laquelle l'énergie peut prendre place.

La France dispose de différents outils de coopération, particulièrement avec l'Australie et la Nouvelle-Zélande, à commencer par son réseau diplomatique. Les relations scientifiques et technologiques entre la France et l'Australie sont particulièrement fournies, soutenues par plusieurs programmes. D'autre part, la France se propose de renforcer ses relations de coopération avec les pays océaniens, en s'appuyant sur les collectivités d'outre-mer et en utilisant les moyens du Fonds européen de développement (FED).

La Nouvelle-Calédonie pourrait certainement tirer parti de ces différents programmes pour bénéficier à la fois des dynamiques de recherche en sciences et en technologies avec l'Australie et la Nouvelle-Zélande, et pour servir de point d'appui aux actions de développement en faveur des autres îles du Pacifique.

Il ne s'agit pas seulement d'un enjeu d'image, mais, plus largement, de placer la Nouvelle-Calédonie de façon favorable par rapport aux énergies renouvelables non conventionnelles et aux solutions innovantes de transport dans l'archipel et dans les villes, comment autant d'apports au développement des petits États insulaires. Inversement, la Nouvelle-Calédonie ne peut envisager d'apparaître comme l'un des principaux émetteurs de GES par habitant, dans un ensemble où les changements environnementaux planétaires apparaissent extrêmement menaçants, sans proposer aussi des solutions de réduction des GES et/ou d'adaptation aux changements environnementaux.

La Nouvelle-Calédonie et les négociations internationales sur le climat

Les modalités d'insertion de la Nouvelle-Calédonie dans le cadre régional, en dehors du protocole de Kyoto

Les émissions de GES en Nouvelle-Calédonie proviennent principalement de l'industrie du nickel et de ses autres activités économiques. Avec la montée en puissance de la production de nickel – la mise en route de deux nouvelles usines –, les émissions de GES ne peuvent qu'augmenter.

En adoptant diverses mesures, les émissions des autres activités pourraient sans doute diminuer, mais ne compenseront pas l'augmentation des émissions résultant de la production accrue de nickel, car celles-ci ne se stabiliseront probablement que vers 2015 ou 2020. Il sera alors possible de commencer à afficher des objectifs de réduction des émissions de GES pour l'ensemble de la Nouvelle-Calédonie. D'ici là, il peut donc être utile d'avoir un affichage des émissions distinguant celles qui sont attribuables à la production du nickel de celles résultant des autres activités. La décision 14 CP7, adoptée dans le cadre des Nations unies pour l'Islande, permet de justifier cette distinction.

Pour les activités ne concernant pas la filière de production de nickel

Comme toutes les villes ou régions du monde, la Nouvelle-Calédonie peut réduire ses émissions de GES de manière volontaire et le faire savoir.

Les villes et les Provinces pourraient sans doute aussi engager des actions de coopération dans le cadre de jumelages avec d'autres villes ou pays de la région.

À ce stade de la réflexion, il est également possible de s'inspirer de la communication nationale de l'Islande qui comprend huit chapitres. Le premier décrit les spécificités nationales de l'Islande et le deuxième livre des informations sur les inventaires de GES du pays et sur les évolutions en cours. Le troisième chapitre fait état des politiques et mesures adoptées dans le pays pour réduire ou limiter les émissions de GES (on y examine les secteurs de la production d'énergie, des transports, des pêches, de l'industrie, des déchets et de l'agriculture, ainsi que les actions relatives à la séquestration de carbone et les recherches en cours). Le quatrième chapitre présente des scénarios d'évolution des émissions, qui tiennent compte des politiques et mesures envisageables. Le cinquième concerne les impacts des changements climatiques et les adaptations envisagées. Le sixième chapitre se réfère à la façon dont l'Islande s'acquitte de ses obligations envers les pays en développement (aide publique et transferts de technologies). Le septième mentionne les recherches et observations relatives au climat, et le dernier évoque les politiques de communication en direction de la population.

Pour les activités concernant la filière de production de nickel

N'ayant pas, sous ce scénario, d'engagement contraignant de réduction ou de limitation de ses émissions de GES, la Nouvelle-Calédonie n'aurait pas à compenser les augmentations d'émissions résultant de la production de nickel. Mais, il pourrait cependant être utile de mettre en avant, s'ils étaient retenus, les projets de recherche sur la séquestration géologique du CO_2 proposés dans « Les émissions et les réductions de gaz à effet de serre en Nouvelle-Calédonie ». La mise au point de ce type de technologie apparaît indispensable si l'on veut diviser par deux les émissions mondiales de GES d'ici à 2050.

En cas de succès, il sera possible de continuer à utiliser du charbon, l'une des ressources fossiles les plus abondantes et les moins chères du monde. Elle est notamment abondante en Australie et en Indonésie : il y aurait là des bénéfices mutuels justifiant des programmes conjoints. Cela pourrait ensuite conduire à des transferts de technologies de captage et de stockage vers d'autres régions du monde, par exemple vers la Papouasie-Nouvelle-Guinée.

Le protocole de Kyoto ne s'applique pas à la Nouvelle-Calédonie

Actuellement, la Nouvelle-Calédonie n'a pas à appliquer les dispositions du protocole de Kyoto. Le principe en la matière est que les traités internationaux, dont la France est partie, s'appliquent sur l'ensemble de son territoire, y compris à l'outre-mer, sauf mention contraire expresse.

Lors de la publication du protocole de Kyoto, par décret du 22 mars 2005, la France a émis une déclaration qui exclut de son application les territoires d'outre-mer au motif qu'ils ne font pas partie de la Communauté européenne. Pourtant, le protocole indique bien dans son article 26 « qu'aucune réserve ne peut être faite au présent protocole ». D'où des interrogations soulevées par cette déclaration de la France ; interrogations qui se sont avérées finalement inutiles en droit, mais utiles à la compréhension de l'applicabilité territoriale du protocole de Kyoto.

En effet, la clause territoriale du traité de Rome de 1957 instituant la Communauté européenne précise que ses dispositions sont applicables aux départements français d'outre-mer, aux Açores, à Madère et aux îles Canaries. Les pays et territoires d'outre-mer font, quant à eux, l'objet d'un régime spécifique d'association, mais le traité de Rome ne leur est pas applicable. Dès lors, la Nouvelle-Calédonie ne se voit pas appliquer le droit communautaire.

La France demeure toutefois responsable de la Nouvelle-Calédonie au titre de la Convention sur le climat : c'est ainsi qu'elle déclare sous la Convention l'ensemble des émissions, y compris de la Nouvelle-Calédonie, conformément aux règles des Nations unies.

Ajoutons par ailleurs que les articles L. 229-1 à L. 229-4 du code de l'environnement français relatifs à l'effet de serre et à la prévention des risques liés au réchauffement climatique s'appliquent bien en Nouvelle-Calédonie.

Comment la Nouvelle-Calédonie pourrait-elle, si elle le souhaitait, intégrer les négociations sur le climat ?

Après 2012, la Nouvelle-Calédonie pourrait souhaiter intégrer les négociations sur le climat de manière à afficher une position plus forte à l'échelle internationale et régionale quant à sa participation aux réductions des émissions de GES, et à bénéficier des mécanismes associés. Quels en seraient les différents scénarios ?

Scénario n° 1 : le statu quo

En ne faisant rien, la Nouvelle-Calédonie ne sera pas dans l'illégalité au plan juridique puisque les textes ne lui sont pas applicables. Actuellement, elle remplit ses obligations envers la Convention via la France, car seuls des pays peuvent devenir membres des Nations unies. Sous ce scénario, la Nouvelle-Calédonie est dispensée de prendre des engagements formels de limitation ou de réduction de ses émissions. Ce qui rend évidemment inutile le recours aux mécanismes de flexibilité de Kyoto pour compenser des émissions. À court terme, cela la dispense de réaliser des inventaires supplémentaires des variations de stocks de carbone dans les sols et dans les forêts pour remplir les obligations sous les articles 3.3 et 3.4 du protocole.

Les grandes entreprises fortement émettrices de CO_2, comme la filière nickel ou la production centralisée d'électricité, sont de ce fait en dehors du périmètre considéré par le Plan national d'affectation des quotas de la France. D'où l'impossibilité de vendre ou d'acheter des droits d'émissions et de participer à des projets MDP ou MOC (Mise en œuvre conjointe) à des pays ayant ratifié le protocole de Kyoto.

Rien n'empêche cependant ces entreprises utilisant des quantités importantes de charbon de financer, si elles le souhaitent, des projets dans les pays en développement pour y réduire des émissions, sous réserve évidemment de l'accord des pays hôtes, mais en dehors des engagements internationaux du protocole de Kyoto. Elles pourraient également, si elles voulaient améliorer leur image de marque, acheter des réductions d'émissions sur un marché volontaire.

Comment pourrait-on justifier ce statu quo ? Remarquons tout d'abord que les industries fortement intensives en carbone ont un poids considérablement plus élevé dans l'économie de la Nouvelle-Calédonie que dans les grands ensembles ou pays (États-Unis, Europe, France, etc.). Dans le cas des États-Unis, elles ne représentent que 6 % des émissions totales de CO_2, 3 % de l'activité économique et 2 % des emplois. En Nouvelle-Calédonie, la situation est fort différente : en 2006, le nickel y représentait la moitié, voire plus, des émissions de GES, 11 % de la valeur ajoutée et 97 % (en valeur) des exportations.

Par ailleurs, tous les pays producteurs de nickel n'ont pas les mêmes obligations. La Nouvelle-Calédonie est actuellement le premier exportateur mondial de nickel oxydé. Cuba, le Brésil, les Philippines et l'Indonésie et quelques autres pays de la ceinture tropicale n'appartenant pas à l'annexe B du protocole (donc actuellement non soumis à des contraintes de réduction de leurs émissions) en exportent aussi. La Corée du Sud importe du minerai de Nouvelle-Calédonie et exporte des produits contenant du nickel. En revanche la Russie, le Canada et l'Australie, qui produisent du nickel sulfuré, font partie de l'annexe B : ces pays doivent donc réduire leurs émissions de GES.

Cette situation est-elle tenable à long terme ? Cela dépendra des pressions que pourraient exercer la communauté internationale, les pays voisins et les pays producteurs et exportateurs de nickel, dont les usines pourraient devoir réduire leurs émissions. Il faudrait donc, dans le cadre des accords de Kyoto post 2012, être attentif aux évolutions des pays exportateurs et aux facilités (octroi de droits d'émissions gratuits, fiscalité allégée, etc.) qu'ils pourraient accorder à leurs industries fortement intensives en carbone.

Scénario n°2 : la Nouvelle-Calédonie souhaite intégrer les discussions relatives au protocole de Kyoto

Dans les conditions actuelles, cette intégration ne peut se faire qu'avec la France qui, seule, a le statut international d'État et est habilitée à conclure des traités dans le cadre des Nations unies ou avec d'autres États. La République est libre d'associer telle ou telle institution territoriale à la négociation, voire à la procédure préalable à la ratification ou à l'approbation de tels traités, mais non à la conclusion d'accords.

Mais cela pose un problème symétrique de celui évoqué plus haut : si la France signe le prochain protocole dans le cadre de l'Union européenne, comme pour le protocole de Kyoto, la Nouvelle-Calédonie en sera exclue. La seule possibilité serait sans doute d'intégrer la révision du protocole à venir, qui entrera en vigueur en 2012. Pour cela, il conviendra d'obtenir une disposition qui permette à la France d'intégrer une composante de son territoire à statut spécifique, tout en lui permettant de poursuivre, le cas échéant, ses engagements en tant qu'État membre de l'Union européenne et, donc, dans le cadre d'engagements conjoints avec les autres États membres. Ou alors il lui faudra négocier des engagements spécifiques à la Nouvelle-Calédonie, mais distincts des engagements français, même si l'accord est signé par la France pour la Nouvelle-Calédonie.

Les négociations relatives à Kyoto soulèveront la question de la mutualisation de ses quotas avec ceux de la France métropolitaine : compte tenu du statut de la Nouvelle-Calédonie et si l'Union européenne l'acceptait, il conviendrait de négocier pour la Nouvelle-Calédonie des quotas spécifiques distincts des français, ce qui permettrait en outre de responsabiliser les acteurs du Territoire, même si la France, à titre individuel, en resterait responsable en tant qu'État. Dans tous les cas, la Nouvelle-Calédonie aurait intérêt à être associée aux négociations, au sein de la délégation française.

Dans ce scénario, deux modalités d'insertion peuvent être envisagées.

■ *Avec un accès au marché de droits d'émissions de l'Union européenne,* la Nouvelle-Calédonie devra réaliser les divers inventaires demandés, notamment ceux relatifs aux utilisations et aux changements d'utilisation des terres. Elle devra donc limiter ou réduire ses émissions, comme la France métropolitaine, mais hors du « partage du fardeau » européen ; comme l'Europe ; et suivant des modalités particulières à négocier. Les augmentations d'émissions accordées à la Nouvelle-Calédonie devraient alors être compensées par des réductions d'émissions plus fortes au niveau de la France métropolitaine ou de l'Europe.

Les industries du nickel et le producteur d'électricité centralisée de la Nouvelle-Calédonie qui utilisent d'importantes quantités de combustibles fossiles seraient alors invités sans doute à réduire ou à limiter leurs émissions dans le cadre des PNAQ. Ils pourraient, à cette fin, recourir à des économies d'énergies et à des réductions d'émissions de CO_2 au sein de leur entreprise, ou faire appel aux mécanismes de flexibilité de Kyoto (MDP ou MOC et marchés de droits d'émissions).

Si les droits d'émissions sont vendus aux enchères, au moins partiellement, par l'Union européenne, comme c'est envisagé pour 2012, les entreprises néo-calédoniennes devraient en principe en acheter. Mais combien ? De quelles exonérations pourront-elles bénéficier ? Peut-on mettre en avant la nécessité d'équilibrer la balance commerciale ou le statut particulier de la Nouvelle-Calédonie pour obtenir des droits d'émissions gratuits, voire des exonérations partielles ou totales ? Peut-on démontrer par ailleurs qu'il existe des risques de délocalisation de l'activité ou de concurrence déloyale, si ces entreprises devaient acheter des droits d'émissions ? Une procédure est actuellement ouverte en ligne, au niveau de la Commission, pour recueillir des avis sur cette question.

Il existe depuis décembre 2008, un « paquet climat » pour l'Europe et des engagements de réduction des émissions d'ici à 2020 d'au moins 20 % par rapport à 1990. Si d'autres pays s'engageaient également, l'Union européenne pourrait même afficher des ambitions plus fortes de réductions de ses émissions.

Dans ces conditions que pourrait réellement obtenir la Nouvelle-Calédonie de l'Union européenne ? Serait-il possible de mettre en place un partage, avantageux pour elle, du fardeau européen, comme en 1997 ? En l'absence d'un tel partage, qui devrait alors compenser les augmentations d'émissions de la Nouvelle-Calédonie ? Sans doute la France métropolitaine.

■ *Sans accès au marché des droits d'émissions de l'Union européenne,* l'une des options du scénario précédent pour réduire les émissions disparaît. L'accès à des marchés volontaires resterait-il alors fermé pour la Nouvelle-Calédonie ? La réponse est vraisemblablement oui. Mais c'est un point qu'il conviendrait sans doute de mettre sur la table, lors de négociations avec la France et l'Union européenne, et qui pourrait constituer un argument pour faciliter l'accès de la Nouvelle-Calédonie au marché européen (donc pour revenir au scénario n° 1). En revanche, la question du partage du fardeau entre la France métropolitaine et la Nouvelle-Calédonie demeurerait.

Une approche comparable à celle de l'Islande pour la période post 2012

La Nouvelle-Calédonie pourrait aussi adopter une approche imitée de celle de l'Islande, un petit pays adhérent aux Nations unies qui a beaucoup de points communs avec elle. Les approches retenues dans le cadre des négociations de Kyoto ne convenaient pas à l'Islande : faute de pouvoir modifier l'approche générale, les Nations unies ont donc adopté la décision 14 CP7. Le lecteur pourra se faire une idée des obligations de ce pays au regard de la décision 14 CP7 en consultant la Communication nationale de l'Islande aux Nations unies, sur le site http://www.umhverfisraduneyti.is/media/PDF_skrar/Icelands_Fourth_National_Communication_and_Report_on_Demonstrable_Progress.pdf

En se référant à cette décision et en agissant comme l'Islande, mais sans adhérer formellement au protocole de Kyoto, la Nouvelle-Calédonie pourrait montrer, au niveau de la région Asie-Pacifique comme au niveau international, que cette approche est parfaitement légitime, car conforme aux décisions prises dans le cadre du protocole de Kyoto.

Une telle démarche ne supposerait pas nécessairement une adhésion formelle et directe aux Nations unies ; elle impliquerait, en revanche, de satisfaire progressivement à toutes les obligations de la Convention et du protocole de Kyoto révisées pour la période post 2012, notamment les inventaires sous les articles 3.3 et 3.4.

Dans ce scénario, il faudrait donc rester attentif aux nouvelles contraintes et opportunités susceptibles d'apparaître. Il faudrait également savoir si et comment la décision 14 CP7 sera reconduite après 2012 et quels engagements prendra alors l'Islande.

L'avantage de cette solution serait de rendre compatible le développement industriel de la Nouvelle-Calédonie avec l'esprit de la lutte contre le changement climatique au niveau planétaire. Il n'y aurait pas à acheter de droits d'émissions. L'inconvénient, sans doute mineur dans ce cas, serait de ne pas pouvoir réaliser de projets de MDP ou de mise en œuvre conjointe, mais la réalisation de projets volontaires reste toujours possible en dehors du cadre formel des Nations unies.

À noter également une analogie avec le Groenland qui vient d'obtenir, en 2009, son autonomie. Ce pays est dans une situation comparable à celle de la Nouvelle-Calédonie puisqu'il est également en dehors de l'Union européenne depuis 1985. Il serait donc utile de s'informer régulièrement des intentions du gouvernement de ce pays et de l'état de ses négociations avec le Danemark, notamment concernant les engagements pris pour la période post 2012.

Dans tous les cas, la Nouvelle-Calédonie pourrait parfaitement, si elle le souhaitait, effectuer des communications sur le climat inspirées de celles de l'Islande ; celles-ci pourraient, le moment venu, s'insérer dans les communications nationales de la France aux Nations unies.

Les conséquences d'une démarche d'intégration aux discussions pour la gouvernance en Nouvelle-Calédonie

Les aspects « climat » et « gaz à effet de serre » n'ont pas encore fait l'objet d'une attribution explicite et, en matière de protection de l'environnement, la répartition des compétences est floue, peu lisible et l'enchevêtrement complexe entre les quatre niveaux de responsabilités – État, Nouvelle-Calédonie, Provinces et communes. Une autorité devrait se voir attribuer ces questions qui requièrent nécessairement des moyens humains et financiers spécifiques.

Bien que la lutte contre les gaz à effet de serre et le changement climatique fassent partie de la protection de l'environnement, il ne semble guère approprié d'attribuer cette compétence aux Provinces, dans la mesure où il s'agit d'une compétence de politique territoriale globale qui doit être centralisée. En outre, les questions relatives au changement climatique ne peuvent ni être soumises à réglementation ni à des initiatives différentes et non homogènes au sein d'un même territoire. Cette attribution de compétence ne pourra être effective juridiquement que par une insertion explicite dans la loi organique de 1999.

Dès lors, sur le plan de l'organisation administrative, la Nouvelle-Calédonie pourrait soit créer un service spécifique, soit insérer cette compétence au sein d'un service existant, comme celui de l'énergie qui deviendrait « énergie et climat », puisque les discussions sur ces deux thèmes sont fortement liées (cf. les exemples actuels de plans énergie-climat). Ce service devrait également prendre en compte les activités agricoles et forestières qui entrent dans la comptabilité globale des émissions de GES.

Conclusion

La Nouvelle-Calédonie peut agir sur différents tableaux pour conforter sa sécurité énergétique, accéder aux technologies de pointe et renforcer sa crédibilité internationale, tout en préservant la compétitivité de ses industries exportatrices.

En ce sens, il serait utile d'aborder de façon globale toutes les questions de relations internationales, comme le font d'ailleurs toutes les régions de France métropolitaine – avec d'autres priorités et d'autres perspectives. L'effet de levier du réseau diplomatique français est un puissant atout pour agir efficacement dans les intérêts du territoire.

Assumer cette position cohérente suppose une réflexion préalable et l'existence en Nouvelle-Calédonie d'une capacité d'expertise à la fois sur les thèmes conjoints de l'énergie et du climat et sur les modalités de l'action internationale dans une situation juridiquement complexe. Cela implique également de repenser la gouvernance du secteur énergie-climat : c'est ce que propose la dernière partie de la synthèse.

Recommandations

Pour le détail des recommandations exposées ci-dessous, le lecteur pourra se reporter aux fiches de recommandations rassemblées à la fin de la synthèse (p. 387), après la partie « Conclusion et recommandations ».

1. Structurer un pôle de compétences locales sur le contexte régional dans les domaines de l'énergie (y compris sur les énergies importées ou qui pourraient l'être, comme le bois et les biomasses) et du climat, avec l'appui éventuel de l'Université et des institutions de recherche présentes en Nouvelle-Calédonie et dans le Pacifique. Créer ou soutenir des programmes spécifiques de recherche (thèses, mémoires).

▪ *L'élaboration de représentations communes et vérifiées sur le contexte régional paraît être un préalable. Il s'agit d'un objectif transversal allant de la formation à la citoyenneté (dans quel environnement régional vivons-nous ?), jusqu'à la formation des dirigeants de différents niveaux et de différents milieux (entreprises, éducation, gouvernement, etc.). Les initiatives prises dans le domaine des échanges scientifiques à l'échelle du Pacifique vont dans ce sens, de même que les relations existant entre les organismes de formation et de recherche de Nouvelle-Calédonie et leurs homologues de France métropolitaine et d'autres pays.*

2. Envisager tous les scénarios d'insertion de la Nouvelle-Calédonie dans les négociations sur le climat. Constituer une capacité de veille, à commencer par le suivi des négociations sur le climat, dès décembre 2009 à Copenhague. Évaluer la possibilité de réaliser un plan climat et un inventaire des émissions pour la Nouvelle-Calédonie (cf. également la recommandation n° 1 dans « Les émissions et les réductions d'émissions de gaz à effet de serre en Nouvelle-Calédonie », p. 193).

▪ *La Nouvelle-Calédonie a intérêt à réfléchir à la façon dont elle souhaite s'insérer dans les négociations sur le climat, en adéquation avec les processus en cours. La complexité des dossiers rend nécessaire un apprentissage qui peut commencer en nommant un chargé de mission pour suivre les négociations de Copenhague et en capitalisant les expériences.*

De même, la Nouvelle-Calédonie peut commencer à travailler à son propre inventaire, en suivant les formats existants, de manière à évaluer les connaissances disponibles et à en acquérir.

3. Construire une action internationale forte et cohérente avec la diplomatie française. Tirer parti des relations existantes, notamment des relations bilatérales dans les domaines de l'énergie et du climat avec les réseaux de recherche et d'éducation. Faire des propositions innovantes sur ces questions dans les forums régionaux. Mettre à disposition des États insulaires les expériences de la Nouvelle-Calédonie. Aborder la coopération régionale (Australie, Nouvelle-Zélande) sous l'angle de la recherche pétrolière et, éventuellement, du stockage géologique de CO_2.

■ *La Nouvelle-Calédonie peut bénéficier du réseau diplomatique français et des relations informelles existantes pour construire une politique cohérente de coopération régionale dans les domaines de l'énergie et du climat. Ce qui lui permettra à la fois de disposer des meilleures technologies – notamment pour le captage et le stockage de* CO_2 *– mais aussi de confronter ses propres démarches aux initiatives des pays de la région, et de promouvoir les innovations dans les domaines de l'énergie et du climat. Ce n'est qu'à cette condition qu'elle pourra jouer dans le Pacifique Sud le rôle moteur qui lui revient en raison du niveau élevé de son revenu par habitant.*

4. Renforcer la sécurité énergétique dans le cadre régional. Évaluer la possibilité de coopérer avec les pays de l'Apec dans le domaine de l'énergie. Réaliser des exercices conjoints sur la sécurité énergétique (gestion de crise). Encadrer de façon appropriée les activités des entreprises du domaine de l'énergie, notamment l'exploration pétrolière.

■ *La Nouvelle-Calédonie se trouve dans une situation comparable à celle de ses voisins, du point de vue de sa vulnérabilité/sécurité énergétique. Elle a donc tout intérêt à mutualiser avec eux, autant que possible, les outils, les instruments de gestion et, le cas échéant, les procédures de réponse à des crises éventuelles.*

La Nouvelle-Calédonie pourrait participer comme observateur à certains forums régionaux orientés énergie-climat pour bénéficier de leurs dynamiques, mais aussi adopter des mesures de régulation pensées en fonction des positions de ses voisins, qu'ils soient partenaires ou concurrents.

Quel cadre pour une politique de l'énergie et du climat au service du développement de la Nouvelle-Calédonie ?

Cette dernière partie a pour objet de proposer les voies de concrétisation des options sur l'énergie et le climat qui pourraient être retenues, et d'en examiner les modes possibles de gouvernance, dans l'optique du développement de la Nouvelle-Calédonie.

La question de l'énergie est portée par trois logiques différentes du développement de la Nouvelle-Calédonie, trois logiques peu reliées entre elles.

▪ *Dans le domaine de l'habitat*, la sécurité énergétique, la réduction des émissions de gaz à effet de serre et la qualité de la vie conduisent à privilégier un habitat à haute qualité environnementale, à énergie positive, avec une climatisation la plus naturelle possible.

▪ *L'industrie métallurgique* est soucieuse de la permanence de son approvisionnement en énergie électrique, ce qui conduit à avoir une centrale associée à chaque usine (existante ou en cours de réalisation). Ce secteur mondialisé achète son énergie sur les marchés mondiaux qui absorbent sa production métallurgique : l'économie est en relation avec la géostratégie.

Deux enjeux ressortent pour ce secteur :

– celui de la sécurité d'un approvisionnement au meilleur coût, ce qui a conduit à privilégier le charbon australien comme ressource pour la production d'électricité et pour alimenter les usines métallurgiques ;

– celui relatif aux négociations mondiales sur les changements climatiques et la réduction des émissions de gaz à effet de serre qui peuvent affecter la Nouvelle-Calédonie et l'économie du nickel, et conduire à des évolutions technologiques.

À lui seul, ce secteur représente les 2/3 de l'énergie primaire consommée et du CO_2 émis aujourd'hui en Nouvelle-Calédonie... Nous avons vu qu'il y a des perspectives significatives de réduction des consommations d'énergie et pour la prise en compte à venir des enjeux climatiques.

▪ *Dans le domaine des transports*, ce sont des carburants liquides qui sont actuellement demandés, dans une Asie qui en manque, beaucoup plus rares que le charbon. Une filière néo-calédonienne d'agrocarburants d'ampleur suffisante semble difficile à moyen terme, à la fois pour des raisons de disponibilité de la biomasse et de taille exigée pour certaines installations de transformation. Sécurité énergétique et réduction des émissions conduisent donc à chercher une moins grande dépendance vis-à-vis des carburants fossiles. C'est donc surtout par économie que l'on peut gagner, et par transfert vers d'autres modes de déplacement plus économes, en particulier les transports en commun.

▪ *Des décisions importantes ont déjà été prises* concernant la programmation des unités de production de nickel et la construction ou reconstruction de centrales électriques au charbon. Le schéma de mise en valeur des richesses minières en Nouvelle-Calédonie évoque également cette question de l'énergie et pose le principe de la compensation des émissions de gaz à effet de serre. Mais nous avons aussi retenu que la loi de programmation pluriannuelle de la production électrique n'a pu être complètement adoptée.

▪ Les politiques énergétiques et climatiques s'appuient classiquement sur une typologie d'instruments qui comprend les aspects tarifaires et fiscaux, les instruments économiques et la réglementation. On peut à cette liste ajouter les instruments qui visent à faire évoluer par l'information et la communication les comportements ou les préférences des agents économiques ainsi que la formation des acteurs et les programmes de R&D. Ces différents aspects seront abordés ci-après. À une exception près : le collège des experts n'a pas pu rassembler d'éléments pour élaborer des recommandations sur le volet de l'action économique en faveur des entreprises des secteurs concernés. On peut tout simplement dire que la Nouvelle-Calédonie doit tirer parti des activités des organismes comme Oséo ou l'AFD.

À la fin de cette partie, des préconisations seront également apportées dans une perspective d'évolution de la gouvernance accompagnant les options nouvelles de l'énergie et du climat qui pourraient être prises en Nouvelle-Calédonie.

Les options techniques, les enjeux, atouts et contraintes

Des travaux d'expertise présentés précédemment, il ressort qu'il existe en Nouvelle-Calédonie un fort potentiel de maîtrise de l'énergie dans les secteurs résidentiel et industriel : une réduction de la consommation d'énergie est possible, mais cela a un coût et suppose une évolution des modes de production, de construction et de consommation.

Il existe aussi un fort potentiel de développement des énergies renouvelables et de nouvelles technologies : certaines des énergies nouvelles développées dans le monde offrent des possibilités à la Nouvelle-Calédonie, comme cela a déjà été amorcé pour l'éolien et la production d'électricité photovoltaïque. Mais la biomasse accessible souffre de la dispersion de sa production et de la contrainte foncière, ce qui rend difficile son exploitation malgré un potentiel technique renouvelable, sans doute non négligeable. Des moyens de stockage devraient être développés, tout particulièrement le stockage hydraulique gravitaire si l'existence de potentiels techniques est confirmée.

Il est apparu utile de tenter une synthèse sur la maturité des différentes techniques de maîtrise de l'énergie, de nouvelles productions et de captage du CO^2.

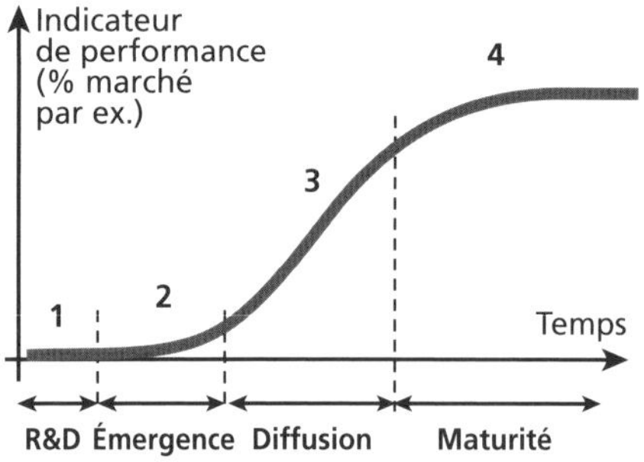

La maturité se définit selon le graphique, adapté de Svi Griliches.

	Maturité	Diffusion
R&D	1	Aucune
Émergence	2	Premières applications commerciales
Diffusion	3	Large diffusion
Consolidation/ Maturité	4	Faible progression de la diffusion

Figure 14

Représentation classique du processus de classification

Tableau 8 – Les secteurs et leurs options technologiques			
Options	**Secteurs**	**Options**	**Maturité**
MDE	Habitat/tertiaire	Rénovation thermique	**3**
		Maison très basse consommation	**2**
		MDE Éclairage	**3**
		MDE Électroménager	**3**
	Transport	Véhicule électrique	**2**
	Industrie	Co-combustion biomasse	**2**
NTE	EnR Élec	Éolien	**3**
		Hydroliennes	**1**
		Photovoltaïque	**3**
		Solaire thermodynamique	**2**
		Énergie thermique des mers	**1**
		Dispositifs houlomoteurs	**1**
	EnR Chaleur/Carb	ECS Solaire	**3**
		Biogaz	**2**
		Biocarburants 1re génération	**3**
		Biocarburants 2e génération	**1**
		Algues carburants	**1**
	Nucléaire	Nucléaire petite taille	**1**
	Autres	PAC	**1**
	Stockage	Pompage turbinage	**3**
		Stockage électro chimique	**3**
		Stockage EC (nouvelles technos)	**2**
		Stockage H2	**2**
CCS		Captage CO_2	
		Précombustion	**1**
		Postcombustion	**2**
		Oxycombustion	**1**
	Stockage	Stockage géologique (péridotites)	**1**
		Stockage biologique	**1**

Niveau de maturité des technologies.

Même en adoptant une politique incitative dans les deux domaines précédents, le niveau de consommation est tel, qui est dû aux grandes entreprises métallurgiques notamment, que la demande en énergie ne saurait être couverte par les énergies renouvelables ; dès lors, la nécessité d'une production à grande capacité reste nécessaire.

Enfin, la Nouvelle-Calédonie ne peut faire l'économie de la prise en compte de la protection de l'environnement et des gaz à effet de serre dans le contexte régional et international.

L'ANALYSE TECHNICO-ÉCONOMIQUE RÉVÈLE QUELQUES PRIORITÉS

À ce stade, il serait utile de pouvoir disposer d'éléments objectifs permettant d'orienter les futures décisions publiques. L'analyse technico-économique, complémentaire des options techniques, peut aider à identifier les priorités en introduisant la dimension économique. Classiquement, celle-ci sert à évaluer et comparer les coûts des options disponibles, puis à les organiser, par ordre de mérite, dans un cadre de rationalité économique qui vise à minimiser le coût global de réalisation.

Il n'a pas été possible ici de mettre en œuvre cette démarche car la collecte des informations nécessaires à cette analyse n'entrait pas dans le cadre de notre expertise collégiale. Pour apporter néanmoins des éléments complémentaires à l'analyse, nous avons complété l'identification des principales options techniques par une estimation pour chacune d'entre elles des enjeux et des coûts représentés. Concrètement, nous avons estimé les potentiels techniques de production ou d'économie d'énergie (ou de CO_2 dans le cas du stockage) associés à chaque option ; nous avons également évalué les dépenses globales auxquelles il faudrait consentir pour mobiliser ces quantités d'énergie.

Chaque variable a été estimée sur une échelle à trois niveaux : faible, moyen, élevé. Cette analyse, essentiellement qualitative, ne prétend pas à la rigueur scientifique, mais elle s'appuie dans la mesure du possible sur des connaissances issues d'autres expériences. Nous avons enfin complété cette analyse par une estimation des contraintes et atouts associés à chaque option, pour faire apparaître un critère de difficulté de mise en œuvre qui intègre à la fois la disponibilité des technologies, la faisabilité des politiques et les bénéfices associés (économies d'énergie, par exemple).

Tableau 9 – Analyse quantitative coûts/quantités

Options	Secteurs	Options	Enjeux	Coût	Difficultés
MDE	Habitat/tertiaire	Réglement thermique ancien	++	++	++
		Réglement thermique neuf	+/++	+	+
		Rénovation parc public	+	+	+
		MDE Éclairage	+	+	0
		MDE Électroménager	+	+	0
		Sobriété énergétique	+	0	+
	Transport	Politique urbanisme	++	+	+/++
		Transports publics, modes doux	+/++	++	+
		Bonus/Malus	+	0	0/+
		Taxes carburants	+	+	+/++
		Transports scolaires	+	0/+	+
	Industrie	EE process	++	+	+
		Biomasse énergie	+/++	+	+/++
NTE	EnR Élec	Éolien	+/++	+	+
		Photovoltaïque	++	+/++	+
		Énergie thermique des mers	+	++	++
		Solaire thermodynamique	+	+/++	++
	EnR Chaleur/Carb	ECS Solaire	++	+	0
		Biogaz	0/+	+	+
		Biocarburants 1re génération	0	+	++
		Algues carburants	+/++	++	++
CCS		Stockage géologique	++	++	+
		Stockage biologique	+	+	++
		Oxycombustion	+	+	+/++

Chaque variable est estimée sur une échelle à trois niveaux : faible, moyen, élevé.

On observe ainsi qu'une option telle que la maîtrise de l'énergie dans le parc de bâtiments anciens présente un potentiel d'économie d'énergie très important, que le coût de cette rénovation est élevé (mais susceptible de générer des économies dont profitent les consommateurs) et sa mise en œuvre très complexe (la réglementation thermique dans le parc existant est difficile à imposer et est relativement lente à produire ses effets). Inversement, une option comme l'instauration du bonus/malus sur l'achat de véhicules individuels présente des enjeux moins importants, mais elle est peu coûteuse et relativement simple à mettre en œuvre.

Nous avons complété cette première analyse purement qualitative par une tentative de hiérarchisation sous la forme d'un graphique (figure 15). Le schéma reprend pour l'essentiel les informations figurant dans le tableau 9 et intègre, en plus, la dimension de la faisabilité que nous avons choisi de faire coïncider avec une prise en compte de la dimension temps. Concrètement, les options relativement simples à mettre en œuvre et immédiatement disponibles apparaissent en gras ; sont en noir les options moins faciles et non immédiatement disponibles, mais qui présentent une probabilité raisonnable de réalisation, et les options plus prospectives et incertaines, ou susceptibles de produire des résultats sur le long terme.

On voit ainsi apparaître au moins trois grands groupes d'options qu'il conviendrait d'examiner :

- les options qui présentent des enjeux très importants pour des coûts qui restent modérés (la maîtrise de l'énergie dans l'industrie, l'eau chaude sanitaire solaire, le photovoltaïque) ou des enjeux plus importants encore, mais pour des coûts plus élevés (rénovation thermique de l'habitat existant) ;

- les options qui présentent des enjeux peut-être un peu moins importants mais qui ne posent pas de difficultés majeures de mise en œuvre : la réglementation thermique dans le neuf, la MDE pour l'éclairage et l'électroménager, la rénovation du parc public de bâtiments, le développement de l'éolien, etc. ;

- enfin, les options pour lesquelles les enjeux sont à priori plus modestes ou mal connus, mais dont les coûts estimés sont assez faibles : sobriété énergétique notamment, mais également le bonus-malus pour les véhicules particuliers ou le développement des transports scolaires.

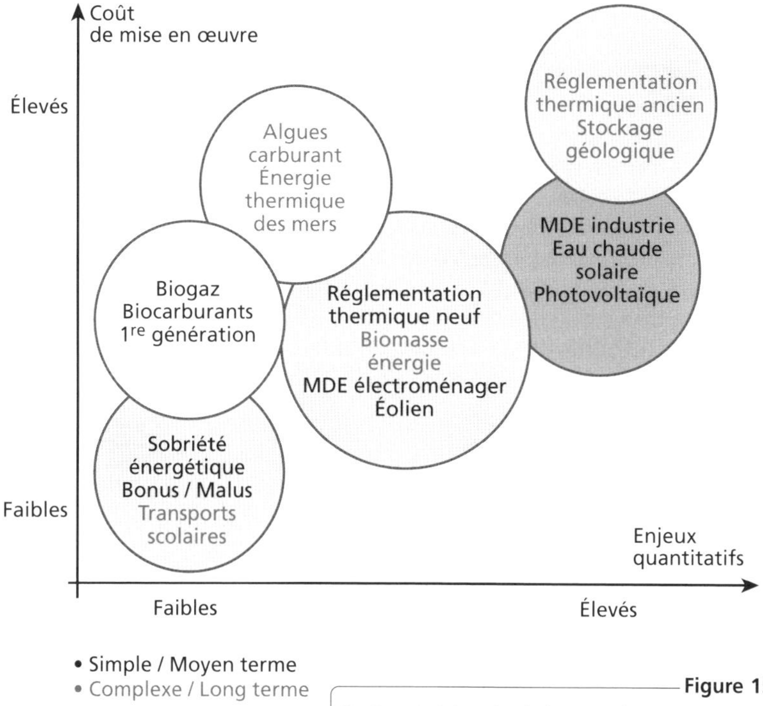

Figure 15

Quelles priorités technologiques sur l'énergie et le climat en Nouvelle-Calédonie

La figure permet de visualiser les options en fonction des enjeux quantitatifs qu'elles représentent (énergie économisée ou produite, GES évités) et des coûts associés ; toutes les options n'ont pas été représentées sur le graphique pour des raisons de lisibilité.
Note : pour aller plus loin, le lecteur se reportera aux précisions utiles apportées dans le CD-ROM « Quel cadre pour une politique de l'énergie et du climat au service du développement de la Nouvelle-Calédonie ? »

À l'inverse, il conviendrait, selon cette analyse, de laisser pour l'instant de côté les options situées dans la partie supérieure gauche du graphique qui sont plus coûteuses et dont les enjeux sont limités. C'est le cas, par exemple, de l'énergie thermique des mers ou des biocarburants issus des algues, options qui apparaissent aujourd'hui à la fois coûteuses et dont les enjeux sont incertains.

Le photovoltaïque et le solaire thermodynamique appellent des commentaires particuliers. Ces technologies sont aujourd'hui encore très coûteuses, et l'on peut s'étonner de les retrouver ici positionnées dans une zone de coûts moyens. En réalité nous avons tenu compte des perspectives de baisses de coûts très conséquentes qu'elles offrent. S'il subsiste sur le solaire thermodynamique certaines incertitudes sur les coûts futurs (cf. « Les nouvelles technologies en matière de production et de stockage d'énergie », p. 115), les baisses observées depuis de nombreuses années et les progrès techniques attendus sur le PV indiquent que les coûts vont continuer à baisser. Quant au solaire thermodynamique, le stockage thermique intégré à ces systèmes représente une caractéristique favorable pour faciliter son intégration au réseau ; en outre, la dynamique importante de développement de cette filière devrait conduire à des baisses significatives de coût.

Des progrès sont aussi attendus sur l'oxy-combustion, par exemple, mais cette technologie fonctionne en système, et le stockage géologique présente encore des incertitudes fortes quant à sa faisabilité. Seul le photovoltaïque fait donc l'objet d'un traitement particulier pour tenir compte des progrès techniques attendus.

Pour conclure, insistons sur le fait qu'il s'agit là d'un angle de lecture qui privilégie la dimension technico-économique. D'autres dimensions doivent être prises en compte, notamment au chapitre de la faisabilité et de l'acceptabilité des politiques : la question foncière ou des problèmes de gouvernance ; des perspectives de coopération régionale ou de recherche et développement peuvent également conduire à reconsidérer les choix suggérés ci-dessus.

Enfin, cette analyse économique par technologie a d'autres limites.

- Certaines mesures de nature technologique ne doivent pas se mettre en œuvre isolément, mais en association à d'autres, en particulier de nature organisationnelle ou de tarification. Ainsi, l'établissement d'un signal prix (bonus-malus ou vignette annuelle) sur les véhicules particuliers gros consommateurs de carburants présente une plus grande efficacité s'il est accompagné du développement des transports publics.

- Pour pouvoir être généralisées, des technologies, même considérées comme matures dans d'autres contextes, doivent faire l'objet de programme de démonstration, pour mise au point technique et économique. Citons, par exemple, l'utilisation de la biomasse dans l'industrie, ou le solaire thermodynamique.

■ Le coût net des opérations qui induisent des économies d'énergie ou des réductions d'émissions de GES dépend, bien entendu, du prix des énergies et du carbone économisés ; une forte augmentation des prix pourrait justifier la mise en œuvre de certaines opérations qui peuvent sembler aujourd'hui trop coûteuses.

Par ailleurs, nous devons souligner que la prise en compte du contexte de la Nouvelle-Calédonie nous a conduit à considérer comme difficiles à adapter certaines des pistes qui sont souvent citées ailleurs comme prometteuses. Plusieurs raisons à cela : la situation à distance des grands flux mondiaux et la relative petite taille de son marché intérieur (qui proscrivent, par exemple, la solution du gaz naturel). La difficulté d'accès au foncier pour des projets exigeant une emprise foncière importante et à la main-d'œuvre nécessaire à des projets agricoles ou forestiers est également à prendre en compte.

Plus généralement, le secteur de l'énergie et des gaz à effet de serre évolue beaucoup, sur tous les plans (technologiques, économiques, réglementaires, dans les pratiques) et à toutes les échelles (depuis les particuliers, les communes, jusqu'à la planète) ; il est donc essentiel d'en avoir un suivi permanent. La Nouvelle-Calédonie doit se doter d'une capacité de veille sur ces sujets, au-delà de ce qui existe déjà.

La question énergétique est liée aux choix d'aménagement du territoire

En Nouvelle-Calédonie, la maîtrise de l'étalement urbain du Grand Nouméa semble être une priorité. Le plan d'urbanisme et le plan de déplacement urbain indiquent les mesures à prendre à cet effet. Leur mise en œuvre demandera une intégration plus forte des politiques suivies par les différentes communes de l'agglomération. Les promoteurs du Schéma de cohérence de l'agglomération de Nouméa, le Scan, en sont bien conscients. Le renforcement du pôle VKP (Voh-Koné-Poumbout) avec la mise en service de l'usine du nord est un enjeu important puisqu'on a là l'occasion, en réfléchissant en amont sur l'urbanisme, la construction et les transports, de créer d'emblée une ville adaptée et peu gourmande en énergie.

Les plans climat territoriaux : un outil au service du développement

La réalisation de plans énergie climat a été lancée en France métropolitaine comme une façon d'apporter des réponses locales aux enjeux d'économie d'énergie et de lutte contre le changement climatique, tout en tenant compte des conditions spécifiques des territoires. Il existe une méthodologie proposée par l'ADEME pour la réalisation de ces plans, déjà mise en œuvre dans plusieurs grandes agglomérations métropolitaines (Nantes, Grenoble, Lyon, Paris, Rennes, etc.). Le Grenelle de l'environnement en prévoit la généralisation aux collectivités d'outre-mer.

Un plan énergie climat repose sur une approche fine du profil énergétique du territoire concerné. C'est l'occasion d'évaluer avec précision les consommations énergétiques et les émissions des bâtiments, de certains secteurs (par exemple, le transport) ou encore le fonctionnement des services publics (écoles, mairies, hôpitaux), et de proposer des améliorations.

Pour que les mesures proposées soient cohérentes, cette démarche implique la participation des acteurs locaux. En ce sens, c'est aussi le moyen d'introduire les problématiques de consommation d'énergie et de changement climatique dans le débat public en s'appuyant sur des diagnostics.

À Grenoble, par exemple, le plan climat s'est appuyé sur un bilan énergétique de l'agglomération, réalisé en 1999, pour fixer des priorités et des lignes d'action thématiques. Les engagements du plan climat ont été souscrits par différents acteurs locaux (collectivités, OPAH, ADEME, fournisseurs d'électricité, etc.) pour une action concertée.

Il existe encore peu d'études sur les résultats obtenus par ces démarches, en termes d'infléchissement des tendances de croissance à la consommation. Elles ont cependant le mérite d'être une avancée pour mettre l'aménagement du territoire au service des économies d'énergie et de la lutte contre le changement climatique[32].

En complément de l'aménagement du territoire proprement dit, une réglementation devrait être rapidement élaborée et appliquée en matière d'environnement dans les constructions et le bâtiment. Du fait de sa croissance démographique et de ses besoins en logements, la Nouvelle-Calédonie présente

32 Cf. http://www.ale-grenoble.org/28-le-plan-climat-local.htm

en effet une opportunité pour mettre en œuvre les techniques et les conceptions les plus récentes en matière de conservation de l'énergie.

Le bilan carbone des urbanisations nouvelles, tel qu'il a été pratiqué pour les ZAC de Panda et Dumbéa-sur-mer, est une première étape qui montre l'importance des enjeux. La méthodologie de ces bilans carbone pourrait être affinée et adaptée au cadre calédonien, et systématiquement utilisée comme un préalable à la réalisation de ce type de projets.

L'aménagement du territoire a aussi pour objectif habituel de lutter contre la désertification et de maintenir les populations dans leur cadre de vie. C'est le choix qui a été fait en Nouvelle-Calédonie avec les investissements destinés à améliorer les conditions de vie dans les villages et les tribus. L'extension du réseau électrique déjà en grande partie réalisé va dans ce sens. Elle présente l'intérêt de favoriser la mutualisation des ressources et la connexion de nouveaux dispositifs de stockage et de production.

LA PROBLÉMATIQUE FONCIÈRE DOIT ÊTRE PRISE EN COMPTE

Les options sur l'énergie impliquent l'implantation d'infrastructures à vocation de production ou de distribution d'énergie, nécessairement localisées sur un territoire donné, qui peuvent être des éoliennes, des usines à coprah ou à charbon, un barrage hydroélectrique, des poteaux électriques, une plantation de forêts pour faire de la biomasse, etc. Quelles que soient ces options, elles vont immobiliser une partie du foncier. Autant dire que leur mise en œuvre va en partie dépendre des règles d'accès à ce foncier et donc du statut de la terre.

Or, en Nouvelle-Calédonie, du fait de la colonisation européenne, la question foncière est au cœur de conflits et de tensions majeurs, bien étudiés par de nombreux travaux en sciences sociales. Sur l'ensemble du territoire, il existe trois types de statuts fonciers : la propriété privée, la propriété publique ou domaniale et les terres coutumières. Chacun de ces statuts est régi par des règles de propriété et d'accès différents. Les terres coutumières, régies par la coutume, ne peuvent être ni vendues ni cédées, ni saisies ni touchées par une prescription.

La répartition géographique de ces différentes terres varie considérablement selon les provinces. La Province des îles est constituée à 97 % de terres coutumières, il n'y a pas de propriété privée sur cet archipel. Inversement, les terres coutumières en Province Sud ne représentent que 9 % du total et 24 %

en Province Nord. À l'échelle territoriale, le plus grand propriétaire foncier est le gouvernement de Nouvelle-Calédonie qui possède 47,9 % des terres.

Dans les îles, tout aménagement et toute implantation se feront sur des terres coutumières, ce qui implique un processus de négociation spécifique : il faut en effet obtenir l'autorisation des « maîtres de la terre ». Les problèmes de fonctionnement de l'usine de coprah d'Ouvéa renvoient en partie – mais en partie seulement – à la problématique foncière. Les travaux en sciences sociales ont en effet montré que l'accès aux terres dites coutumières ne posait pas de problème tant qu'il n'y avait pas de véritable enjeu économique. Mais dès qu'un projet touristique, agricole ou d'une autre nature, comporte un enjeu économique fort, de nombreuses résistances et blocages surviennent. Il existe cependant des fermes éoliennes implantées sur des terres coutumières, dans les îles Loyauté (Lifou) ou dans le nord de la Grande Terre. Dans le Grand Nouméa, le lien entre options sur l'énergie et problématique foncière est davantage lié au coût important du foncier qui peut entraver la réalisation de projets et d'équipements.

Les enjeux fonciers ont donc toute leur importance. L'expertise n'a pu en faire une analyse détaillée qui sortait de son champ ; cependant, en première approche, on pourrait émettre les hypothèses suivantes pour chacune des trois situations :

- dans les zones rurales, la place de la propriété publique devrait autoriser les principaux équipements à emprise foncière liés à l'énergie (petits barrages, parcs éoliens, centrales solaires) ;
- dans le Grand Nouméa, la politique urbaine nécessite une politique de réserves foncières accompagnée des outils correspondants de l'action publique ;
- la question de la production de biomasse pour l'énergie demeure la plus problématique : la politique de l'énergie rejoint celle de la production agricole et forestière et de l'autonomie du Territoire.

Quels moyens d'action pour mettre en œuvre une politique de l'énergie et du climat ?

La nécessité d'orientations générales traduites juridiquement

De l'analyse du secteur et des besoins en énergie, ressort la nécessité d'adopter des orientations générales car il n'existe pas actuellement d'objectifs énergétiques, cohérents et globaux fixés au plus haut niveau de la Nouvelle-Calédonie[33]. Envisager une loi d'orientation sur l'énergie fixant les grands principes et les objectifs de la politique énergétique de la Nouvelle-Calédonie, quel qu'en soit le contenu, devrait donc être une première étape primordiale afin de donner une impulsion politique, soutenue juridiquement dans un cadre cohérent et réfléchi. Rappelons que la loi de programme de 2005 qui fixe les orientations de la politique énergétique française n'est pas applicable à la Nouvelle-Calédonie.

L'Autorité compétente en matière de politique énergétique est la Nouvelle-Calédonie. Dès lors, deux supports juridiques peuvent être envisagés : la loi du pays ou la délibération du Congrès (cette dernière ayant un caractère réglementaire). C'est la première qui parait le mieux à même de définir de telles orientations de politique énergétique, car elle serait adoptée par le Congrès réunissant l'ensemble des acteurs concernés après avis du Conseil d'État. Toutefois, la loi organique de 1999 a défini de façon stricte la liste des matières dans lesquelles une loi de pays peut intervenir, et l'énergie n'en fait pas partie.

Reste alors deux possibilités :

- s'il est possible de recourir à une modification de la loi organique n° 99-209 relative à la Nouvelle-Calédonie (ce que l'expertise ne peut apprécier, mais il est aisé d'imaginer qu'une telle modification est soumise à des délais longs et à une procédure lourde), de solliciter l'insertion de l'énergie à l'article 99 de cette loi fixant la liste des domaines des lois de pays et, dans ce cadre renouvelé, voter une loi de pays ;
- recourir à une délibération du Congrès – ce qui n'aura pas la même force juridique. Le schéma d'orientation minier a été pris de cette manière et apparaît toutefois suffisant pour obtenir l'adhésion de tous les acteurs.

Cet acte juridique fondateur devrait, bien évidemment, être soumis à concertation de tous les acteurs locaux concernés et du public, par exemple sur le modèle des conférences d'acteurs associées à la préparation du Schéma de développement de la Nouvelle-Calédonie. Ce serait en effet l'occasion de convoquer un cadre de débat avec la population permettant une information

[33] Le projet relatif à la programmation pluriannuelle des investissements, constituant la réforme du secteur électricité, a échoué fin 2008 ; dans le cadre d'une délibération du Congrès définissant la politique énergétique de la Nouvelle-Calédonie, son contenu pourrait y être intégré.

et une prise de conscience de tous les partenaires. La politique énergétique définie pourrait être utilement complétée et renforcée par l'élaboration d'un code de l'énergie de la Nouvelle-Calédonie, sur le modèle de ce qui a été réalisé avec le code minier.

Compte tenu de ce qui est développé dans les parties précédentes, les orientations de politique énergétique pourraient s'articuler autour de trois objectifs généraux, qu'il serait d'ailleurs bon de chiffrer :

▪ rendre l'habitat et les transports plus économes et veiller à l'efficacité énergétique des industries ;

▪ produire localement autant d'énergie qu'en consomment les particuliers et les services ;

▪ préparer l'insertion internationale de la Nouvelle-Calédonie, en particulier en l'introduisant progressivement dans le processus de lutte contre les émissions de gaz à effet de serre, par des accords de recherche et développement.

Notons que le projet de loi de programmation de la mise en œuvre du Grenelle de l'environnement[34] prévoit dans son article 56 des orientations énergétiques pour la Nouvelle-Calédonie. Il s'agit d'une disposition applicable à l'État auquel incombe l'objectif de coordination, mais non impérative pour la Nouvelle-Calédonie. Cet article 56 affiche les orientations suivantes :

▪ « parvenir à l'autonomie énergétique, en atteignant, dès 2020, un objectif de 50 % d'énergies renouvelables dans la consommation finale au minimum ;

▪ développer les technologies de stockage de l'énergie et de gestion du réseau pour augmenter la part de la production d'énergie renouvelable intermittente afin de conforter l'autonomie énergétique des collectivités territoriales d'outre-mer ;

▪ engager, dans le même temps, un programme de maîtrise des consommations qui se traduira par l'adoption, dès 2012, d'un plan énergie climat dans chaque collectivité ;

▪ adopter une réglementation thermique adaptée qui encourage la production d'eau chaude sanitaire solaire dans les bâtiments neufs et d'électricité

[34] Loi n° 2009-967 du 3 août 2009 de programmation relative à la mise en œuvre du Grenelle de l'environnement (1). L'article concernant la Nouvelle-Calédonie est le 56, JORF n° 0179 du 5 août 2009 page 13031 texte n° 2.

photovoltaïque dans ceux qui doivent être climatisés, qui favorise la réduction de la climatisation au profit de l'isolation et de la ventilation naturelle et la production d'électricité photovoltaïque dans ceux qui doivent être climatisés, et mobiliser les pôles de compétitivité concernés sur les enjeux énergétiques de l'outre-mer ;

- dans les zones enclavées notamment, assurer un égal accès de tous les citoyens à l'électricité et, en particulier pour la Guyane, prendre les mesures d'adaptation nécessaires ; pour la Guyane, étendre les réseaux de transports et de distribution d'électricité et faciliter et accélérer les autorisations de raccordement des unités décentralisées de production électrique. »

La Nouvelle-Calédonie peut donc s'appuyer sur ces orientations et/ou en définir de nouvelles, cet article n'étant pas impératif pour ce qui la concerne. Il se conclut d'ailleurs par : « L'État veillera à la cohérence de son action avec la Nouvelle-Calédonie et les collectivités qui la composent et les collectivités d'outre-mer régies par l'article 74 de la Constitution, selon les orientations figurant au présent article ».

Les actions d'éducation et de sensibilisation pour un changement des pratiques

La très grande majorité de la population, y compris les décideurs et les élus, a une grande méconnaissance du sujet de l'énergie. C'est à la lumière de ce constat, largement partagé dans le monde, que nous proposons quelques orientations en vue d'améliorer l'éducation à l'énergie.

Sans vouloir stigmatiser les comportements de consommation, il faut néanmoins insister sur le fait qu'en Nouvelle-Calédonie, comme dans nombre de pays, les dynamiques de consommation et les émissions de gaz à effet de serre ne vont pas dans le sens de leur réduction d'un facteur 4, considéré aujourd'hui comme l'objectif à atteindre (hors pays émergents). Cet objectif nécessaire, mais très difficile à atteindre, nécessite de profonds changements de perception et de comportements, qu'il faut tenter d'initier dès le plus jeune âge, d'où l'importance des actions en direction des jeunes.

Nous suggérons de mettre en place, à différents niveaux et pour différents publics, des actions de formation/information qui peuvent être aisément entreprises. Une première étape pourrait être la formation de formateurs et/ou de conférenciers, les enseignants constituant sans doute le public le plus indiqué pour cela. La mise en place de ces formations est certainement l'étape la plus délicate car il faut trouver les bons mécanismes d'incitation et identifier les formateurs initiaux. Un appel à candidature pourrait être lancé à l'initiative du vice rectorat de Nouvelle-Calédonie.

Les programmes scolaires pourraient dès lors intégrer, de façon modeste, une formation à l'énergie. Les aspects énergétiques qui y seraient traités mériteraient d'ailleurs de faire partie plus largement d'une sensibilisation au développement durable, problématique qui dépasse le cadre de l'énergie mais dont c'est une composante majeure. L'initiative française des « thèmes de convergence[35] », instituée par le ministère de l'Éducation nationale au niveau du collège, offre un exemple à suivre. Il s'agit de disséminer, au sein des enseignements disciplinaires, quelques thèmes importants pour le développement de la citoyenneté, dont l'énergie.

Concernant les publics adultes, des conférences grand public et des expositions animées par des personnes compétentes constituent sans doute la meilleure approche.

Quelques pistes

Nous proposons (cf. annexe dans le CD-ROM) un ensemble de connaissances en matière d'énergie, dans le contexte du développement durable, qu'il nous semble important d'aborder et d'adapter.

Les liens entre énergie et développement durable sont très forts et d'une intense actualité, c'est pourquoi nous pensons que le préalable à une formation citoyenne est ce que nous appellerons sans effet la « conscience planétaire et temporelle ». L'objectif est simplement de permettre de comprendre dans toute sa relativité la place de l'homme sur la terre et dans l'univers, et ses interactions avec sa planète.

Les aspects temporels sont également importants pour comprendre comment l'atmosphère et notre biosphère ont évolué et se sont formées par une interaction forte entre l'énergie et les matières premières, dans laquelle la vie a joué un rôle majeur. La vie, notamment végétale, a façonné l'atmosphère pour sa propre expansion. Elle a subi diverses catastrophes naturelles – l'évolution est loin d'être un long fleuve tranquille.

[35] Sur cette initiative, cf. le site http://eduscol.education.fr/D0217/actes_themes_de_convergence.htm ; cf. aussi pour d'autres applications pédagogiques dans tous les secteurs disciplinaires le site http://www.snv.jussieu.fr/vie/programmes/themesconvergencecollege.htm

Sur tous ces plans, la perception temporelle de l'évolution de la vie en général aide beaucoup à comprendre les notions d'évolution de la population humaine et de changement climatique, et offre l'avantage de permettre de relativiser la place de l'homme sur terre. Devraient être davantage connus, et donc explicités dans toute formation, les notions physiques minimales (comprendre et distinguer l'énergie et la puissance), l'économie de l'énergie et les économies d'énergie, les ressources pour l'énergie, les impacts environnementaux et les écobilans des différentes solutions.

Les vulnérabilités d'une civilisation exploitant trop d'énergie sont mal perçues : il faut donc également les mettre en évidence, les plus fragiles dans un monde désormais globalisé étant celles du gaz, de l'électricité et du transport de marchandises.

Il est en tout cas indispensable que les citoyens de la planète prennent conscience de leur impact environnemental et de la solidarité qui doit les lier devant la fragilité de leur écosystème.

La formation aux métiers, le soutien à la création d'entreprises, le potentiel de R&D auquel il est nécessaire d'avoir accès

Une étude récente du Boston Consulting Group note que 60 % environ des emplois induits par les mesures annoncées pour l'ensemble de la France dans le cadre du Grenelle de l'environnement sont dans le bâtiment, les autres étant dans les infrastructures de transports et, dans une moindre mesure, dans les énergies renouvelables. En l'absence d'une évaluation économique de mesures potentielles, on peut penser que cette proportion en faveur du bâtiment serait probablement encore plus élevée en Nouvelle-Calédonie. Ce constat nous a conduits à mettre ici l'accent sur le bâtiment.

La formation des acteurs dans le bâtiment

L'efficacité énergétique n'est pas qu'une question de techniques et de technologies ; sa mise en œuvre nécessite des professionnels sensibilisés et bien formés. Or, le périmètre de la maîtrise de l'énergie touche des domaines très variés : production énergétique, énergies renouvelables, éclairage public, isolation, menuiseries, protection solaire, froid, climatisation, ventilation, appareils électriques, maintenance, etc. Dans ces domaines, l'acquisition de nouvelles compétences ou fonctions s'impose à toutes les échelles d'intervention.

Quelles compétences environnementales intégrer en phase de programmation ?

▪ *À l'échelle urbaine*, le souci de l'efficacité énergétique dans les bâtiments doit être introduit le plus en amont possible. Les principaux enjeux sont d'ordre structurel : problématique transport/habitat, orientation des voiries/affectation des parcelles vis-à-vis des éléments climatiques. Les urbanistes doivent se faire épauler par des conseils formés à l'Analyse environnementale urbaine (AEU) et capables de simuler les impacts climatiques pour mieux définir les morphologies urbaines optimales et la meilleure affectation des parcelles (tertiaire/résidentiel). Cette approche environnementale peut être complétée par un bilan carbone dans l'aménagement des écoquartiers (comme cela a pu être fait, par exemple, pour la ZAC de Dumbéa) qui permet de suivre à intervalles réguliers l'évolution du projet. En matière d'éclairage public, les principes de la MDE doivent être intégrés dans les plans lumières et dans les cahiers des charges par des spécialistes en éclairage formés au développement durable.

▪ *Dans les bâtiments neufs*, la phase de programmation est déterminante pour fixer les objectifs énergétiques et environnementaux. Des études de faisabilité établies par des spécialistes en énergies renouvelables peuvent aider le maître d'ouvrage à prendre les meilleures décisions environnementales dans un cadre économique maîtrisé. L'obtention d'un label de haute efficacité énergétique ou environnementale fait intervenir des auditeurs de certification qui vont contrôler les engagements effectifs de la maîtrise d'ouvrage.

▪ *Dans les bâtiments existants,* introduire de l'efficacité énergétique nécessite au préalable un audit énergétique pour optimiser les interventions et échafauder les meilleurs scénarios énergétiques et environnementaux de réhabilitation. En Nouvelle-Calédonie, actuellement seul un bureau d'étude est formé à ce type de prestation, et quatre ont signé la charte du CTME. Étant donné que le plus fort gisement énergétique se situe dans l'existant, ce métier est appelé à se développer considérablement.

Quelles compétences environnementales intégrer en phase de conception et de réalisation ?

▪ *La maîtrise d'œuvre* d'un projet de bâtiment réunit une équipe pluri-disciplinaire : architectes, bureaux d'études, économistes, paysagistes... Sous l'impulsion des démarches bioclimatiques et HQE, les maîtres d'ouvrage et les maîtres d'œuvre ont compris l'intérêt de la participation très en amont de l'ensemble des compétences pour une réelle optimisation économique et environnementale des projets. Pour mieux assister les architectes, des spécialistes HQE permettent de formaliser le management environnemental en phase de conception et de réalisation. Au-delà de ces aspects organisationnels, ces bureaux d'études HQE accompagnent l'équipe de conception pour optimiser l'enveloppe sur les volets lumière naturelle, acoustique, confort hygrométrique et consommation énergétique, consommation d'eau, etc.

- *Les grands groupes* du BTP, conscients de l'importance des enjeux énergétiques et environnementaux, s'organisent actuellement pour qualifier leurs entreprises et sous-traitants sur les techniques liées à l'écoconstruction et l'écogestion. Ils ciblent prioritairement des opérations de constructions neuves.

- Au niveau des entreprises de second œuvre constituées la plupart du temps de PME et artisans, l'intégration des dimensions environnementales et énergétiques via des formations spécialisées est très peu répandue. Pourtant, dans le secteur de la réhabilitation, ces PME et artisans vont devoir jouer un rôle fondamental, mais ils ne sont pas encore préparés ni formés aux techniques d'écorénovation, ni capables de fournir une offre globale et qualitative de services intégrant plusieurs corps de métiers. Le cloisonnement des métiers étant particulièrement préjudiciable en matière efficacité énergétique.

Comment renforcer les compétences énergétiques et environnementales en Nouvelle-Calédonie ?

Les thématiques porteuses de l'environnement et l'opportunité de la HQE pour réactualiser les pratiques sont un moyen de fédérer les différents corps de métiers autour de nouvelles perspectives de développement et de rebattre les cartes en matière de compétences.

Ainsi, la formation au bilan carbone lancée en 2007 à l'initiative de l'ADEME a permis à plusieurs bureaux d'élargir leur offre de prestations et de susciter une véritable demande, tant auprès des entreprises que pour des projets urbains. Les sensibilisations et formations HQE programmées en septembre 2009 à destination des maîtres d'ouvrages et des maîtres d'œuvre constituent une bonne base pour renforcer les connaissances et redynamiser l'intérêt de la profession pour la HQE. Cette action devra être prolongée de sessions d'approfondissement en fonction des demandes des maîtres d'ouvrages et des maîtres d'œuvre (architectes et BET), mais surtout être étendue aux entreprises.

La formation des entreprises est un challenge d'une autre ampleur, tant les types de métiers sont nombreux. La maîtrise des nouvelles technologies, les connaissances des solutions techniques adaptées, la connaissance transversale des questions énergétiques seront, dans un futur proche, les compétences les plus recherchées. Chaque corps de métier devra avoir une connaissance des autres postes de rénovation (objectif de décloisonnement) et aura une mission de conseil auprès de ses clients pour s'adapter à la nouvelle demande. Pour atteindre ces objectifs ambitieux, les organismes-support à mobiliser sont les associations de professionnels, les syndicats professionnels, les chambres de commerce et de métiers.

Créer des synergies entre certains corps de métiers est probablement le plus difficile à réaliser. Pour la filière des installateurs de climatisation individuelle, on pourra s'appuyer sur les expériences de Qualiclim en Guyane et d'Opticlim à la Réunion qui ont permis une montée en compétence des installateurs.

On pourra utilement consulter dans le CD-ROM un tableau de l'état des lieux et des actions de formation, de consolidation ou d'accompagnement qu'il serait souhaitable de mener à court et moyen termes.

Le potentiel de R&D auquel il faut avoir accès

Pour atteindre leurs objectifs sur l'énergie et le climat, il est essentiel que les acteurs néo-calédoniens aient accès à ces connaissances nouvelles. De notre point de vue, plusieurs voies sont à utiliser en même temps.

Il serait bien utile de mettre en place un dispositif de veille sur les technologies identifiées dans le cadre de cette expertise, sur le retour d'expérience international, sur les aspects économiques sociaux et organisationnels. Ce dispositif aurait pour fonction de mettre à jour les connaissances rassemblées ici tout en mobilisant progressivement les experts de Nouvelle-Calédonie. Nous y incluons également l'analyse critique de toutes les connaissances sur les expériences de production de biomasses non alimentaires déjà réalisées en Nouvelle-Calédonie.

Elle pourrait aussi chercher à participer aux programmes de recherche lancés par des agences en France, en Europe, ou en Australie et en Nouvelle-Zélande sur des thèmes qui peuvent l'intéresser, mais non spécifiques à son territoire. Cela concerne, par exemple, des projets ANR comme Habisol

(PV et habitat solaire), Stock-E (stockage d'énergie), EESI (Efficacité énergétique des systèmes industriels). C'est déjà le cas pour un programme engagé sur la recherche des causes des feux de forêt.

Cela conduira à établir des liens avec les organisations australiennes visitées à l'occasion de cette expertise collégiale : CSIRO[36] Newcastle (efficacité énergétique, captage du carbone), CO_2CRC[37] (Carbon capture and storage), solaire à ANU[38].

Les recherches en sciences humaines et sociales portant sur l'énergie ne sont pas très riches en France, en dehors de quelques spécialistes économiques bien connus et de quelques laboratoires (Grenoble, Montpellier), mais il s'agit d'un domaine en développement. Il existe néanmoins des pistes de recherche qui pourraient profiter à la Nouvelle-Calédonie, notamment :

- sur les usages de l'énergie qui sont à l'évidence très mal documentés, à commencer par la connaissance élémentaire des consommations des ménages en fonction de différents paramètres (urbain/rural, riche/pauvre, etc.). C'est un aspect essentiel si on veut travailler sur les tarifs ;
- sur les conflits et discours s'agissant de l'énergie : de quelles façons sont-ils construits, comment les questions autour de l'énergie deviennent-elles des points de conflits entre différents groupes sociaux ?
- sur la situation régionale et les positions nationales touchant les thèmes de l'énergie et du climat.

Il serait judicieux également de proposer la Nouvelle-Calédonie comme terrain de recherche aux agences et organismes sur des thèmes spécifiques. Ainsi sur le stockage géologique, nous proposons que des travaux soient conduits sur le potentiel des péridotites, en élargissant les programmes réalisés (en France le programme ANR GeoCarbone s'est terminé en 2008, mais de nombreux programmes existent à l'échelle internationale, en particulier en Australie avec le CO2CRC).

[36] CSIRO est le Commonwealth Scientific and Industrial Research Organisation en Australie. Il a plusieurs centres, dont celui de Newcastle qui est dédié à l'énergie.

[37] CO2CRC est le Cooperative Research Centre for Greenhouse Gas Technologies (CO2CRC) qui réalise des recherches en coopération sur le captage et le stockage géologique du CO^2 (Carbon capture and storage, ou CCS).

[38] ANU : Australian National University, installée à Canberra, Australie.

Enfin trois thématiques nous semblent pouvoir faire l'objet d'un investissement de R&D propre à la Nouvelle-Calédonie, qui pourraient lui conférer une renommée internationale :

▪ La réalisation d'un habitat à faible impact environnemental dans le contexte tropical : climatisation, écomatériaux, énergie (en particulier en relation avec le programme ANR Habisol).

▪ Les techniques et modes d'organisation des réseaux électriques avec forte proportion d'ENR, à production intermittente, dans des ensembles isolés ou insulaires de 1 000 à 500 000 habitants – les technologies et les modes d'organisation sont en effet en quasi-totalité conçus pour une distribution en grands ensembles de centaines de millions d'habitants.

▪ La production de biomasse alimentaire et non alimentaire (y compris forêt) en situation tropicale de pays développé : agronomie, foresterie, économie des entreprises, politique agricole et forestière. Pour cela, il est nécessaire de disposer de parcelles expérimentales représentatives permettant de déterminer les capacités réelles de production et de récolte des biomasses dans les conditions néo-calédoniennes. Ce type de recherche ne peut être réalisé qu'en Nouvelle-Calédonie. C'est pourquoi nous suggérons d'affecter des moyens humains à cette thématique, par exemple à l'IAC.

À l'image de ce qui a été fait pour le Groupement d'intérêt public du Centre national de recherche technique « Nickel et son Environnement » (CNRT), des moyens d'appel d'offre de R&D pourraient être prévus sur ces trois thèmes. En outre, ce centre technique dont l'objectif est d'améliorer la valorisation des ressources minières de la Nouvelle-Calédonie dans une perspective de développement durable, pourrait aussi avoir un volet « efficacité énergétique pour l'industrie du nickel ». Le Programme ANR EESI peut être un appui.

Sur un des thèmes présentés ci-dessus on pourrait aussi envisager la création d'un pôle de compétitivité, rassemblant des forces de recherche, des entreprises et, éventuellement, des organismes de formation. Il reste toutefois à examiner si les forces en présence sont actuellement suffisantes pour s'engager dans cette voie.

Les instruments réglementaires, tarifaires et fiscaux

Les instruments économiques ou réglementaires sur lesquels s'appuyer pour mettre en œuvre une politique énergétique et climatique en Nouvelle-Calédonie

La première recommandation en matière d'instrument de politique énergétique pour maîtriser la demande d'énergie consiste à rétablir un signal tarifaire qui oriente les choix des agents (gestionnaires, industriels, consommateurs, etc.) en fonction des coûts réels des différentes sources d'énergie. Concrètement, cela signifie une remise à plat des structures tarifaires existantes, pour supprimer les éventuelles distorsions tarifaires ou subventions non justifiées par l'existence d'externalités environnementales.

La suppression des écarts de fiscalité entre le diesel et l'essence relève de cette logique, si l'écart de prix n'est pas justifié par un écart de coûts ou d'impact sur l'environnement. De même, pour l'électricité, les subventions dont bénéficient certaines catégories d'usagers devraient être progressivement réduites, car elles dissuadent des investissements sur des technologies alternatives qui seraient collectivement préférables ; par exemple, les subventions à l'électricité dans l'hôtellerie sont des contre incitations aux économies d'énergie dans ce secteur.

En complément, dans le cadre d'une politique énergétique tenant compte de la contrainte climatique, il est nécessaire d'intégrer dans le signal tarifaire une composante « valeur du carbone » qui répercute l'impact sur le changement climatique dans les prix des différentes énergies.

Le rétablissement d'un signal tarifaire reflétant les coûts n'exclut pas la mise en place d'incitations économiques pour soutenir des filières ou technologies émergentes, par exemple lorsque celles-ci réduisent la consommation d'énergies fossiles et les dépenses énergétiques et limitent les émissions de GES. On pense en particulier à des subventions directes ou à des dispositifs de crédits d'impôts pour des investissements relativement importants, comme la rénovation thermique dans l'existant ou en faveur de technologies dont la diffusion reste inférieure à l'optimum social (capteurs solaires, par exemple).

Pour des équipements nécessitant des investissements plus limités – éclairage basse consommation ou électroménager performant – les dispositifs d'étiquetage énergétique ont fait la preuve de leur efficacité. Ils peuvent être assortis de primes ponctuelles à l'achat en faveur des équipements les plus efficaces et complétés, ultérieurement, par des niveaux minimum de performance qui suppriment progressivement du marché les équipements les plus consommateurs (exemple des réfrigérateurs en Europe).

La question de l'utilisation de Certificats d'économie d'énergie (CEE) échangeables a été posée. Avant de disposer d'un système de CEE on peut envisager, par exemple, d'imposer des objectifs d'économie d'énergie aux opérateurs énergétiques sans pour autant instaurer de certificats, dispositif relativement lourd pour sa mise en place et sa gestion.

Les idées suivantes sont certainement à approfondir :

- fixation d'objectifs chiffrés (quantités, et rythme de réduction) aux opérateurs énergétiques, les associant ainsi aux actions d'économie d'énergie ;
- rassembler dans un catalogue les différentes mesures d'économies d'énergie avec leurs impacts.

Mais la mise en place d'un dispositif de CEE ne paraît pas indispensable pour cela. Le retour d'expérience sur ces dispositifs est par ailleurs encore trop limité pour conseiller d'engager aujourd'hui la Nouvelle-Calédonie dans cette voie.

Enfin, la réglementation reste indispensable pour améliorer à moyen terme la performance énergétique dans les secteurs résidentiel et tertiaire, car on sait que le signal tarifaire seul ne permet pas d'atteindre le niveau de performance énergétique souhaitable. Dans un premier temps, la réglementation s'applique exclusivement à la construction neuve, mais on peut imaginer de l'étendre également aux opérations de réhabilitation et de rendre obligatoire la mise aux normes de performance thermique lors de la vente de biens immobiliers.

Dans le domaine des transports, outre la remise à plat de la fiscalité sur les carburants et l'introduction d'une taxe carbone, les outils envisagés dans une première phase sont de l'ordre de l'information et des incitations économiques : adoption de l'étiquetage énergétique pour les véhicules éventuellement associés à un dispositif de bonus/malus. Sur le moyen terme, des programmes complémentaires destinés à soutenir ou faire émerger une offre de moyens de déplacement alternatifs peuvent être nécessaires, qui s'appuient sur des investissements publics (transport public en site propre, pistes cyclables, etc.), des démarches volontaires (plans de déplacements d'entreprises) et/ou des réglementations (plans de déplacements urbains).

En ce qui concerne les nouvelles sources d'énergie, l'adoption d'un dispositif de prix garantis, assorti d'une obligation d'achat par le distributeur nous semble être l'option à privilégier pour les technologies matures comme l'éolien, l'hydraulique et le photovoltaïque. L'expérience accumulée en Europe a montré que ce dispositif pouvait être particulièrement efficace pour soutenir le développement des sources d'énergie renouvelable. Cela n'exclut pas des aides complémentaires à l'investissement (type défiscalisation), mais l'économie des projets doit venir principalement des prix d'achats du kWh, l'aide à l'investissement ne constituant qu'un complément.

L'intérêt de ce dispositif est qu'il permet de moduler les tarifs pour soutenir en priorité certaines filières. Ainsi, il est possible de mettre en place un tarif d'achat qui favoriserait, par exemple, le photovoltaïque intégré au bâtiment plutôt que les centrales de puissance. Dans tous les cas, il est indispensable de définir le tarif en fonction des coûts réels de production, de limiter la durée des contrats d'achat (15 ans, par exemple) et d'introduire un dispositif de décroissance des tarifs d'achat.

Les tarifs d'achats créent les conditions économiques favorables au développement des investissements de production renouvelable. Ils ne suppriment pas pour autant toutes les barrières à ce développement, en particulier les problèmes de raccordement au réseau qui doivent faire l'objet d'actions spécifiques (réglementation).

Pour des technologies comme l'énergie des océans, la géothermie ou le solaire thermodynamique, des programmes plus classiques de R&D sont une étape indispensable. Les acteurs de l'énergie peuvent participer à des travaux qui seraient conduits en Nouvelle-Calédonie, en Australie ou ailleurs, ou au moins assurer une veille. Après ce premier temps, les programmes de démonstration sont ensuite à privilégier. Pour l'éolien *off shore* et la production d'électricité à partir de la biomasse (si cette dernière option était considérée), les prix garantis ne devraient être stabilisés qu'après une première phase de démonstration pour valider les choix technologiques.

Pour la *production d'eau chaude sanitaire solaire,* l'expérience internationale suggère également les pistes à suivre pour soutenir le développement de la filière. Dans les pays où cette technologie est devenue standard, la diffusion initiale s'est appuyée sur des subventions, sous formes d'aides directes ou de crédits d'impôts associés à des dispositifs complémentaires tels que des prêts bonifiés ou, éventuellement, des systèmes de tiers investisseurs. Lorsque les conditions économiques le permettent, un dispositif réglementaire peut prendre le relais des incitations financières et imposer le recours à cette technologie dans toutes les constructions neuves ou réhabilitations, si les caractéristiques techniques l'autorisent.

La mise au point d'objectifs pour chacun de ces thèmes doit être accompagnée d'un dispositif de monitoring pour suivre l'efficacité des actions engagées et vérifier la conformité des trajectoires avec les objectifs.

Quelle gouvernance de ces domaines ? Quels rôles pour les différents acteurs ? L'approche juridique

La gouvernance organise la coopération entre le corps politique, l'administration, la société civile et le monde économique. Par ailleurs, chez la plupart de ceux qui, au sein du secteur public comme au sein du secteur privé, emploient le terme de gouvernance, celui-ci désigne avant tout un mouvement de « décentrement » de la prise de décision, avec une multiplication des lieux et des acteurs impliqués dans cette décision. Il renvoie à la mise en place de nouveaux modes de régulation, plus souples et fondés sur le partenariat entre différents acteurs.

De ces définitions se dégagent deux orientations, l'une relative à la capacité des institutions à réglementer et à gérer, l'autre relative à l'évolution des institutions elles-mêmes dans un objectif d'amélioration de la prise de décision. La problématique de l'énergie et du climat dans le développement de la Nouvelle-Calédonie nécessite une réponse suivant ces deux orientations. La réflexion développée ici se situe dans le contexte statutaire actuel de la Nouvelle-Calédonie, à savoir un statut de souveraineté partagée avec transfert de compétences selon un processus défini par l'accord de Nouméa de 1998[39].

Les principaux acteurs du secteur de l'énergie en Nouvelle-Calédonie

Les principaux acteurs ont été décrits dans la partie introductive du rapport. Nous considérerons ici uniquement ceux qui ont à être directement introduits dans une analyse de caractère juridique : ce sont le gouvernement du Territoire,

[39] Pour une analyse plus approfondie sur le contexte juridique, économique et politique, cf. la *Revue juridique, politique et économique de Nouvelle-Calédonie*, depuis son 1er n° jusqu'au 13e, dirigée par le professeur Jean-Yves Faberon.

l'État, les Provinces, les communes, les sociétés distributrices d'électricité, EEC (filiale GDF-Suez) et la SAEM (Société anonyme d'économie mixte), et le producteur d'électricité Enercal.

■ La Dimenc, créée en 2004[40], a dans ce domaine un rôle clé. Elle assure, pour le compte de l'État, de la Nouvelle-Calédonie et des trois provinces, le contrôle et la promotion de l'industrie en Nouvelle-Calédonie dans une perspective de développement durable (par délégation ou par convention). De plus, son directeur est conseiller industriel du Haut-commissaire de la République.

■ Le CTME n'est pas un service administratif permanent, mais se réunit trois à quatre fois par an. Il est composé de représentants du gouvernement, des assemblées des provinces, du Congrès, des maires, de l'ADEME, de la direction de l'agriculture et de la forêt et de la paierie du Territoire. Son secrétariat est assuré par le directeur de la Dimenc. Il gère le Fonds de concours pour la maîtrise de l'énergie en Nouvelle-Calédonie (FCME), et subventionne l'acquisition de matériels, comme des installations photovoltaïques et des aérogénérateurs en sites isolés exclusivement, et finance des études de diagnostics énergétiques ou de faisabilité ainsi que des travaux de maîtrise de l'énergie. Parallèlement, il mène des actions de sensibilisation et d'information. Grâce à son concours, un grand nombre d'installations et d'actions en faveur de la maîtrise de l'énergie ont été réalisées.

■ Les Programmes territoriaux de maîtrise de l'énergie (PTME) élaborés par le CTME sont cofinancés par l'ADEME et par la Nouvelle-Calédonie (à hauteur de 50 % chacune) par l'intermédiaire du Fonds territorial de maîtrise de l'énergie (FTME) dont la mise en œuvre est définie par une convention annuelle. Les ressources de la Nouvelle-Calédonie émanent d'une taxe parafiscale sur l'essence de 0,6 F.CFP/l perçu par les douanes.

La répartition des compétences actuelles des autorités publiques dans le domaine de l'énergie et de l'environnement industriel

Si la loi organique (LO) attribue la compétence en matière de réglementation électrique à la Nouvelle-Calédonie, ainsi que celles relatives aux hydrocarbures, les économies d'énergie ne sont pas citées dans le texte ni les

[40] En 1973, est créé le « Bureau des mines ». Après de nombreuses appellations, il est renommé « Service des mines et de l'énergie » en 1981 et devient Dimenc en 2004.

énergies renouvelables. Dans ces nouveaux domaines, peu ou pas réglementés jusqu'ici et non affectés à une autorité, la question de la répartition des compétences doit être soulevée, car ils sont fortement interdépendants avec la protection de l'environnement, elle-même soumise à des compétences très enchevêtrées. Le recours au principe de l'activité dominante doit pouvoir permettre d'octroyer la compétence à l'une ou l'autre des collectivités.

L'examen de répartition des compétences (cf. CD-ROM) conduit aux quelques remarques suivantes.

- Les compétences de l'État se limitent au contrôle des stocks stratégiques pétroliers, à celui des grands barrages au titre de la réglementation en matière de sécurité civile (article 21, III, 5 de la loi organique) et, pour les mines, aux substances utiles à l'énergie atomique.

- Les compétences sur le contrôle des grands barrages pourraient être transférées de l'État à la Nouvelle-Calédonie afin d'assurer une cohérence quant à la gestion de ces activités au titre de l'eau ou de l'électricité. Le transfert des compétences en matière de sécurité civile n'est toutefois envisagé qu'après modification de la LO, ainsi qu'il en a été décidé lors du Comité des signataires, le 8 décembre 2008. Le rapport Viret[41] explicite les différentes problématiques liées à ce domaine. Aucune autre compétence directe en matière énergétique n'est actuellement conservée par l'État.

- *Les communes* ont quant à elles les compétences de droit commun des collectivités locales de même niveau en métropole dont, notamment, la concession de distribution électrique et une compétence de droit commun en matière de pollutions.

- *Les Provinces* ont de nombreuses responsabilités de réglementation et de contrôle dans le domaine de l'environnement et des espaces naturels.

- *La Nouvelle-Calédonie* n'a aucune compétence générale en matière de changement climatique, comme on l'a vu dans la précédente partie. En revanche, elle a des obligations environnementales de droit commun en matière de gaz à effet de serre puisque les dispositions du code de l'environnement relatives à la lutte contre l'intensification de l'effet de serre s'appliquent explicitement à elle.

[41] *Le transfert de compétences à la Nouvelle-Calédonie en matière de sécurité civile,* Jean Viret, août 2008, 73 p.

Ainsi, la Nouvelle-Calédonie et la Dimenc, en son sein, fixent les normes techniques de transport et de distribution et les communes fixent le cahier des charges des concessions. Cette situation, qui était compliquée à gérer sur le terrain, a fait l'objet d'une clarification à travers une récente modification de la loi organique.

De l'analyse de cet état des lieux, nous souhaitons retenir six aspects essentiels

1. Compte tenu de ce qui précède, l'enchevêtrement des compétences ne paraît pas être aujourd'hui une difficulté majeure **dans le domaine de l'énergie** en Nouvelle-Calédonie. C'est ce que prouve le faible contentieux dans le domaine (une donnée confirmée lors de notre audition avec le conseiller d'État Jean-François Merle, le 22 avril 2009). La seule question qui méritait d'être tranchée concerne la construction des lignes électriques de distribution, ce qui a été fait avec une récente modification de la loi organique.

2. Le découpage est plus imbriqué **dans le domaine environnemental** qui a des conséquences non négligeables sur le droit de l'énergie. Les compétences concernant l'intégration des enjeux environnementaux et énergétiques dans les politiques de la Nouvelle-Calédonie sont en effet partagées entre la Nouvelle-Calédonie et les Provinces. Le flou existant sur les responsabilités respectives des communes et des Provinces en matière de documents d'urbanisme ainsi que le peu de principes directeurs peuvent avoir une influence indirecte sur les orientations énergétiques. *Il apparaît donc aussi nécessaire, tant pour le secteur de l'énergie que pour celui de l'environnement, de clarifier les compétences en matière environnementale*. Bien que l'expertise n'ait pas cette vocation, elle ne peut faire l'économie d'une alerte sur cet aspect. Nous avons souligné plus haut le poids et les délais qu'entraînerait une modification de la loi organique. Néanmoins, sans que cela doive paralyser les initiatives, il nous semble qu'il serait pertinent d'engager une réflexion relative à une telle modification pour régler la question des compétences dans le domaine de l'environnement.

3. Si les niveaux de responsabilités paraissent non adaptés, **la mutualisation de compétences** au sein d'une seule administration, la Dimenc, est une solution pratique. La réglementation des activités polluantes, de l'eau, des études d'impact et des enquêtes publiques, qui portent sur des domaines de grande technicité nécessitant une centralisation des compétences, sont de la

responsabilité des Provinces, alors qu'elles nécessitent un niveau plus global d'implication afin d'impulser de la cohérence. Toutefois, cette administration qui agit à la fois pour le compte du gouvernement, de l'État et des Provinces, n'a pas une responsabilité pleine et directe ; elle est face à des orientations qui ne sont pas clairement définies par une politique ou un texte fondateurs et qui peuvent s'avérer divergentes ou, à tout le moins, non cohérentes entre elles.

4. Les première et deuxième parties du rapport montrent la difficulté à construire des réglementations et des tarifications s'imposant aux opérateurs publics et privés. Faut-il rééquilibrer le jeu des acteurs pour traiter cette question de manière plus équitable ? Le poids dominant des opérateurs par rapport à celui des régulateurs est souvent considéré comme un frein à la mise en œuvre d'une réglementation adaptée. C'est ce qui a conduit la France (dans le cadre des règlements européens) à mettre en place une Commission de régulation de l'énergie (la CRE), et à dissocier la gestion du réseau de transport électrique dans une filiale d'EDF (la RTE).

5. Lorsqu'un corpus de réglementations est mis en place, il y a nécessité d'un réel contrôle sur leur mise en œuvre afin de garantir leur efficacité ; les moyens humains de contrôle doivent donc être suffisants.

6. En ce qui concerne le climat, la dimension « environnement industriel » ne recouvre pas tous les thèmes. La gestion des territoires pour la production de biomasse est en relation étroite avec la politique agricole et forestière : il faut en introduire les acteurs correspondants dans le processus de production des politiques.

Propositions d'orientations en matière de gouvernance

Afin de donner une véritable impulsion au secteur de l'énergie et de la réduction des émissions de GES dans le développement de la Nouvelle-Calédonie, la mise en place de nouvelles formes de régulation peut être envisagée. Une redéfinition, si elle est envisagée, de la répartition des compétences entre les quatre niveaux de responsabilités devrait se fonder sur un certain nombre de principes, dont :

- la taille des projets et les relations avec les usagers (qu'ils soient de dimension très locale ou non) ;

- le savoir-faire acquis dans tel ou tel domaine par tel ou tel niveau de l'administration ;
- l'objet même des compétences en cause : compétence d'investissement pour l'avenir, compétence de gestion de services, d'édiction de normes générales ;
- la compétence structurante au niveau de la Nouvelle-Calédonie, par exemple en matière fiscale ou de fonction publique. Une vision d'ensemble structurante doit être élaborée dans ces domaines, dont l'exécution peut ensuite être confiée aux Provinces ;
- la cohérence des attributions pour en faciliter la mutualisation (par exemple, la Nouvelle-Calédonie est déjà compétente en matière de mines, de domaine public, de propriété foncière, de PPI et d'électricité) ;
- les attributions de compétences n'ayant pas directement le même objectif mais qui sont fortement imbriquées entre elles, afin de favoriser leur optimisation (par exemple, attribuer les compétences sur le changement climatique à l'autorité chargée de l'énergie).

Nous avons traité deux enjeux pouvant servir de références au chantier de cette redéfinition des compétences : les instruments de la coordination entre les acteurs de l'énergie et du climat et, en s'inspirant des exemples étrangers, le renforcement possible de l'autorité administrative en charge de la régulation du secteur.

La coordination dans le domaine de l'énergie

Elle a débuté avec la création de l'Observatoire de l'énergie et du Comité consultatif de l'énergie, en 2008, qui participent désormais à la réflexion sur les décisions dans le domaine de l'énergie. La Dimenc joue un rôle de coordination technique pour ces différentes initiatives.

Selon les informations que nous avons obtenues, l'Observatoire de l'énergie prend actuellement la forme d'une base de données construite par Enerdata Services, qui est alimentée et mise à jour par le site internet de la Dimenc et qui permet également de répondre aux diverses demandes de statistiques qui lui sont adressées. Quant au Comité consultatif de l'énergie, il fera intervenir un représentant des différentes collectivités (la Nouvelle-Calédonie, les 3 Provinces, les maires), un représentant de l'ADEME et un autre de la Dimenc. Son programme de travail n'est pas encore fixé.

La poursuite de l'effort de coordination est liée à la mise en place d'orientations de politique énergétique ainsi que recommandé plus haut. En outre, des partenariats ou collaborations peuvent et doivent être développés, comme cela a pu être fait ponctuellement, afin de mettre en œuvre les recommandations des deux premières parties. L'ADEME a un accord-cadre avec chacune des Provinces. Quant au partenariat sur le volet énergie, il existe depuis 1983, suite à la création de l'AFME. Ajoutons qu'une analyse fonctionnelle de la gestion du réseau électrique pourrait être utile (l'augmentation des producteurs d'énergie renouvelable intermittente renforce ce besoin).

Les renforcements possibles de la capacité de régulation, dans une perspective d'intégration des dimensions énergie et climat

Dans un domaine d'action collective comme l'énergie et le climat et, plus généralement, l'environnement, il ne suffit pas de disposer d'un observatoire et d'un comité permanent regroupant les acteurs principaux pour avoir une bonne gouvernance. La capacité à piloter et à préparer les décisions doit être assurée par une structure administrative forte.

Plusieurs solutions sont envisageables, entre lesquelles il ne nous appartient évidemment pas de choisir : depuis la poursuite de l'organisation actuelle, que l'on corrigerait aux marges (en particulier, en augmentant les moyens), jusqu'à la création d'une autorité indépendante, distincte à la fois de la Nouvelle-Calédonie et des Provinces (structure que l'on imagine mal dans le contexte institutionnel et politique actuel du Territoire). Entre ces deux options, la mise en place de structures plus ou moins autonomes a été expérimentée par plusieurs pays.

Quelle que soit la structure choisie, son champ de compétences doit, si possible, englober à la fois l'énergie et le climat et comprendre toutes les composantes de l'énergie : les énergies fossiles, les énergies renouvelables, l'électricité, le gaz ainsi que les mines, mais aussi la maîtrise de l'énergie et celle des gaz à effet de serre.

Forte de cette vision globale, une telle structure pourra appréhender les aspects contradictoires d'un secteur comme celui de l'énergie, et intégrer les économies d'énergie et la maîtrise des émissions de gaz à effet de serre dans sa politique générale.

Quelques exemples de structures administratives autonomes

De telles structures existent ainsi au Canada (avec l'Agence de l'efficacité énergétique, qui est une agence d'État avec personnalité morale, ou avec l'Office national de l'énergie, un organisme fédéral indépendant), en France (l'Autorité de sûreté nucléaire ou la Commission de régulation de l'énergie, qui sont des autorités administratives indépendantes) ou encore à Malte. La création de ces agences, de statuts différents, répond au souci de disposer de structures (légères ?) qui chapeautent plusieurs fonctions pour plus d'efficacité.

L'exemple de l'île de Malte retient plus particulièrement l'attention : il s'agit de la Malta ressources Authority, instituée par une loi de 2000 (cf. annexe de « Quel cadre pour une politique de l'énergie et du climat au service du développement de la N.-C. ? » dans le CD-ROM) Tout en ayant une personnalité morale, elle est directement liée au ministre responsable des Ressources minières, énergétiques et de l'Eau. C'est ce dernier qui nomme les membres de l'Autorité ; celle-ci a des missions très larges et pour fonction de réglementer, de contrôler et de réviser le fonctionnement et les activités dans ses domaines de compétences.

Dans le domaine spécifique de l'énergie, elle a pour mission de promouvoir, encourager et réglementer le développement et l'utilisation de toutes les formes d'énergie et d'encourager l'utilisation des sources d'énergie alternatives, par le biais de taxes sur les énergies non renouvelables et de subventions pour la production à partir d'énergies renouvelables. Elle a également pour mission de gérer la distribution et la vente de pétrole. Ses ressources sont multiformes – taxes, impôts, prêts publics. Ajoutons qu'elle est composée de huit personnes et possède trois composantes : énergie, eau et minerai[42].

D'autres structures administratives existent également, sans personnalité morale, sur le modèle de l'Agence France nucléaire international ou de l'Agence Iter France (cf. CD-ROM) : ces agences disposent d'une autonomie administrative et budgétaire ; elles ont des missions précises, mais sont intégrées dans une structure publique existante. L'intérêt de ces agences est qu'elles sont autonomes, même si elles sont sous tutelle directe de l'organisme au sein duquel elles sont intégrées ; elles s'appuient d'ailleurs sur

[42] Pour plus d'informations : http://www.mra.org.mt/home.shtml

les moyens humains et fonctionnels dudit organisme, ce qui leur permet de mutualiser les fonctions support.

Dans les deux cas, il conviendrait d'associer un conseil exécutif collégial, comme le Comité consultatif de l'énergie, en intégrant à la fois les autorités concernées actuelles, mais aussi les autorités coutumières, afin que l'énergie devienne une problématique commune et consensuelle dans une perspective de développement durable, avec des mandats à moyen terme, renouvelables une seule fois et, éventuellement, une présidence tournante.

Dans la situation de la Nouvelle-Calédonie, et dans le prolongement de l'existence de la Dimenc et de son partenariat original avec l'ADEME au sein du CTME, il faut affirmer le besoin d'un pilotage cohérent dans la préparation et la mise en œuvre des politiques de l'énergie et du climat. Quelle que soit la forme de cette capacité de pilotage, elle doit permettre la préparation des stratégies et des programmes, la définition des règlementations et leur mise en œuvre.

Dans cette optique, il faut souligner l'importance de la liaison des politiques de l'énergie avec celles du climat, et les liens à établir avec celles concernant l'utilisation du territoire pour l'agriculture, la forêt et la production de biomasse.

Il ressort de l'étude des organisations administratives existantes, notamment au sein des micro-États, que l'énergie est en général réglementée dans le respect de l'environnement, mais n'est pas nécessairement confiée aux mêmes autorités. Toutefois, la tendance dans de nombreux pays est actuellement à associer l'énergie et le climat – c'est ce que la France a fait en créant le ministère chargé de l'Écologie, de l'Énergie, du Développement durable et de la Mer, ainsi que des négociations sur le climat (le MEEDDM).

La création des Dreal (Direction régionale de l'environnement, de l'aménagement et du logement) dans les régions françaises va dans le même sens, même si les leviers des politiques pour l'agriculture et la forêt manquent à cet ensemble.

Concernant la *réorganisation des compétences entre les communes, les Provinces et la Nouvelle-Calédonie* en matière de réglementation de l'énergie et du climat, les cas de la Nouvelle-Zélande et des îles Fidji peuvent être utiles : ces compétences sont octroyées à la même autorité, comme en France. Mais pour parvenir à cette solution en Nouvelle-Calédonie, une modification de la loi organique de 1999 serait nécessaire.

Quoi qu'il en soit, la question du climat et de la lutte contre les GES est plus globale que celle de la protection de l'environnement au niveau local et doit être regroupée ou mutualisée avec celle de l'énergie. L'observation des émissions des gaz à effet de serre (de tous les gaz) doit être assurée dans cette logique. À ce jour, la compétence relative à la lutte contre l'effet de serre appartient à l'État (les articles du code de l'environnement sont applicables à la Nouvelle-Calédonie), mais sa mise en œuvre concrète n'a pas encore eu lieu (des articles législatifs du code de l'environnement sur la lutte contre les GES pourraient être mis en application par voie réglementaire).

Quels sont les processus d'élaboration des décisions publiques ? L'approche sociopolitique

Comment et selon quels processus doit-on élaborer aujourd'hui la décision publique alors que la méfiance est souvent forte dans l'opinion, que l'expertise issue de la recherche se veut davantage accessible et que le débat public est prôné comme indispensable ?

La Nouvelle-Calédonie fait l'expérience d'une démarche originale et ambitieuse pour l'élaboration du « Schéma d'aménagement et de développement de la Nouvelle-Calédonie », engagée en mars 2008, et rythmée par des conférences des acteurs, à Koné le 14 mai 2008, et au centre Tjibaou, le 5 mars 2009.

Le chapitre qui suit propose d'apporter quelques éléments d'expériences extérieures à la Nouvelle-Calédonie, pour inciter à prolonger cette expertise collégiale sous la forme d'un processus, dans l'esprit de la démarche de l'élaboration du Schéma d'aménagement et de développement.

Dans la « fabrication » des décisions, l'expertise et le débat cherchent leur place

Avec Lucien Sfez[43], nous disons qu'une décision est le résultat d'un processus, d'une élaboration, qui ne se limite pas à la boîte crânienne d'un

[43] *La décision*, L. Sfez,Que sais-je 2181, 3e édition corrigée, décembre 1994.

prétendu « décideur » tout puissant. C'est en fait la traduction de l'anglais *decision making*, le verbe *to make* voulant bien dire « fabriquer ».

Les responsables des décisions publiques demandent souvent beaucoup à l'expertise issue de la recherche. On l'a vu dans toutes les crises sanitaires ou environnementales, de même lorsqu'un Premier ministre a déclaré : « je suivrai strictement les avis des chercheurs ». Ce qui a eu pour effet de paralyser leurs avis...

Si la décision se fonde sur une rationalité scientifique, ce n'est pas le seul élément à prendre en compte ! On ignore, en particulier, très souvent le fait que la rationalité scientifique se construit dans des limites qui ne couvrent pas tous les aspects de la question posée : elle est bornée par les données apportées, les compétences rassemblées et les imperfections des échanges entre spécialistes...

Les limites du dialogue entre experts et décideurs se constatent régulièrement. Les acteurs à un titre ou à un autre (entreprises, usagers, voisins, partenariat, élus des collectivités territoriales) réclament leur place. Les processus d'enquêtes publiques ont montré leurs limites qui sont liées à leur genèse : il s'agissait à l'origine de légitimer la possibilité de limiter le droit de propriété privée, droit constitutionnel et sacré.

D'où une demande d'information publique et de participation à l'élaboration des décisions, à travers des débats publics. Différentes formes en ont été données. Nous en relevons deux en France, bien documentées.

- La conférence de citoyens, organisée à Paris en juin 1998, par l'Office parlementaire d'évaluation des choix scientifiques et techniques (OPECST), portait sur le thème : « L'utilisation des organismes génétiquement modifiés en agriculture et dans l'alimentation ». La démarche a effectivement permis, notamment grâce au relais médiatique, une implication des citoyens dans les débats politiques. Mais ses conclusions n'ont pas été reprises...

- Les débats publics désormais consacrés au niveau législatif depuis la loi du 27 février 2002 sur la démocratie de proximité, et organisés par la Commission nationale du débat public (CNDP), dont certains portent maintenant sur des politiques (avec le cas des déchets radioactifs, en 2006) et non plus seulement sur des projets. Dans les expériences que la France a connues, le débat reste un objectif en soi, mal relié aux étapes qui l'ont précédé et sans que le processus de la suite soit bien connu. L'exemple du débat public sur le choix du site d'un 3e aéroport dans la région parisienne est typique de cela. Les questions portaient en fait beaucoup plus sur « pourquoi un 3e aéroport ? » ! La même aventure a été vécue lors du débat préalable à la décision de construction de l'EPR à Flamanville.

Il y a donc des limites au débat, qui ne prend sens que dans un système de décisions.

La CNDP en exprime le souci, quand elle demande un dossier clair du maître d'ouvrage qui explicite les raisons de la proposition faite ou des alternatives proposées au débat, et quand elle exige qu'une décision soit prise au vu des résultats du débat. C'est reconnaître aussi qu'il y a des étapes dans l'élaboration des décisions.

Ainsi l'expertise issue de la recherche et le débat public cherchent encore, chacun de leur côté, leurs relations avec la décision publique.

Pour une ingénierie des processus de décision adaptée à notre temps

Nous affirmons qu'il n'est plus possible de se contenter d'améliorer les relations entre « recherche » et « décideur public » pour réussir une gestion des risques dits bio-sociaux – et, plus largement, toute politique publique. Il faut bâtir des processus impliquant tous les acteurs, par étape, fondés sur une recherche proactive (en particulier sur l'analyse des impacts des nouvelles technologies), laissant le temps au débat.

Parce que l'on ne peut plus décider les actions publiques comme avant, dans l'après-guerre au temps des pénuries ou de crises graves, s'impose une prise de décisions au sein d'une stratégie élaborée dans une relation entre trois groupes d'acteurs : les responsables des politiques publiques, les experts et chercheurs, les représentants des partenaires intéressés de la société dite civile. Cela exige un double mouvement l'un vers l'autre de l'univers de la décision et de celui de la recherche, au sein de ces processus, en intégrant les préoccupations des uns et des autres, de tous les partenaires, acteurs économiques et citoyens.

Le Schéma d'aménagement et de développement de la Nouvelle-Calédonie correspond bien, dans sa définition, dans son agenda et dans le rôle donné aux acteurs, à ce type de processus. La méthode, qui consiste à s'appuyer sur *l'élaboration en commun de scénarios pour le futur*, permet de mieux dégager les points d'accord ou de désaccord, en créant des moyens de communication entre les scientifiques, les autorités responsables et le public.

Deux autres exemples

Deux cas, assez proches de celui de « L'énergie dans le développement de la Nouvelle-Calédonie » peuvent éclairer la suite à donner à cette expertise collégiale : l'élaboration des plans d'exposition aux risques inondation dans la moyenne vallée du Rhône (département de la Drôme) et la définition du programme Ecophyto pour la réduction par deux de l'usage des pesticides en France.

L'élaboration des plans d'exposition aux risques inondation dans la moyenne vallée du Rhône

L'élaboration des PPR Inondations est fondée sur un processus de décision, avec une identification des 3 groupes d'acteurs retenus ci-dessus : les instances de décision, les maires, le département et l'État ; les instances d'étude et d'expertise ; les instances de concertation avec toutes les parties prenantes.

Un Comité territorial de concertation a été créé, avec un animateur spécialisé chargé de faire reformuler les questions et de passer la parole pour que la participation soit réelle. Un cahier de séance est élaboré par le groupe des experts dont le secrétariat est assuré par la Diren Rhône-Alpes.

Il faut retenir de ce cas l'importance de l'organisation tripolaire, avec le pilotage politique du processus, particulièrement délicat quand plusieurs autorités doivent coordonner les efforts, le groupe des acteurs et, enfin, l'association d'une expertise organisée.

La définition du programme Ecophyto pour la réduction par deux de l'usage des pesticides en France

L'expertise collective réalisée en 2005 par l'Inra et le Cemagref[44] a révélé que peu de connaissances étaient acquises sur l'utilisation des pesticides et les risques associés. Plus ou moins en lien avec cette expertise, plusieurs décisions ont été prises, dans le cadre d'un plan interministériel de réduction des risques liés aux pesticides 2006-2009, dit le PIRRP.

[44] « Pesticides, agriculture et environnement, réduire l'utilisation des pesticides et en limiter les impacts environnementaux », décembre 2005

Pour connaître les voies possibles de réduction significative de l'usage des pesticides, les ministères concernés ont décidé d'une étude de deux ans (dite Ecophyto R&D) sur l'élaboration de scénarios de rupture plus ou moins radicale par rapport aux pratiques courantes actuelles, et sur la définition d'un système nouveau, plus complet, d'acquisition et de diffusion de références, en rapport avec l'objectif affiché.

Une attention particulière a été apportée à la structuration des acteurs. On y retrouve à peu près le dispositif tripolaire défini plus haut :

- l'Inra est chargé de coordonner les experts ;
- un comité de pilotage, qui se réunit tous les deux mois, regroupe les directions des ministères concernés de l'Agriculture et de l'Écologie, responsables de porter la décision ;
- un comité d'orientation regroupe les acteurs potentiels, en tant qu'institutions.

Il faut retenir de ce cas la relation entre une expertise collégiale et la préparation des décisions sur un sujet difficile. L'expertise permet de poser un problème, d'en fournir la structure à partir de laquelle les acteurs peuvent mieux se saisir du sujet, et renseigne des scénarios possibles pour atteindre un objectif, lui-même donné en conclusion du Grenelle de l'environnement.

Prolonger l'expertise par un processus d'élaboration des politiques de l'énergie et du climat

Des expériences et travaux théoriques en nombre donnent des perspectives à une élaboration des décisions qui fasse appel à une meilleure mobilisation de l'expertise – en particulier, celle issue de la recherche – et permette un dialogue enrichissant entre toutes les parties. C'est un enjeu très important pour bâtir une société démocratique dont le développement soit fondé sur la connaissance. C'est essentiel pour que la confiance se construise dans des choix de plus en plus techniques et sensibles. C'est indispensable pour que les acteurs autonomes rentrent bien dans la même logique d'action collective.

Nous proposons donc que l'expertise collégiale sur « L'énergie dans le développement de la Nouvelle-Calédonie » soit prolongée par un processus, dans l'esprit de ce qui se fait pour le Schéma d'aménagement et de développement de la Nouvelle-Calédonie. Il devra s'appuyer sur une expertise, le plus possible localisée sur son territoire, apte à assurer les approfondissements considérés comme indispensables, au vu des insuffisances repérées par l'expertise, ou qui se dégageront des discussions à venir.

Recommandation : mettre en route un processus de définition d'une politique de l'énergie et du climat, associant les acteurs concernés, mobilisant une expertise la plus locale possible, avec un pilotage légitime, et s'appuyant sur les résultats de l'expertise, complétée par des études plus précises sur les points qui le méritent, selon les orientations principales et les objectifs généraux retenus.

Conclusion

Au service des actions possibles dans les domaines que sont l'habitat, les transports, la production d'énergie et l'industrie métallurgique, l'analyse technico-économique permet de donner quelques priorités : les solutions techniques n'ont pas toutes le même coût ni la même échéance. L'aménagement du territoire et la prise en compte des contraintes foncières permettent de bâtir des réponses durables sur le long terme.

S'agissant des moyens d'action possibles, il est indispensable que les orientations générales soient traduites juridiquement, que des actions d'éducation et de sensibilisation soient généralisées, et que les instruments réglementaires, tarifaires et fiscaux soient mobilisés.

Les acteurs de l'énergie et du climat ont besoin de l'appui de la formation aux métiers, tout particulièrement dans le domaine du bâtiment, avec les démarches de haute qualité environnementale. L'action économique en faveur des entreprises pourrait également être un levier bien utile, même si nous n'avons pas eu la possibilité d'en approfondir les modalités. Enfin, la Nouvelle-Calédonie doit avoir accès à un potentiel de R&D au service des activités qui concernent l'énergie et le climat.

Concernant la gouvernance, l'approche juridique a permis de montrer des pistes pour une répartition des responsabilités et quelles coordinations il convient de mieux organiser. L'approche sociopolitique, ensuite, a permis de définir le processus qui pourrait utilement prolonger cette expertise collégiale – puisque celle-ci n'a pas vocation à établir des priorités opérationnelles ni à livrer des programmes d'action clé en main…

RECOMMANDATIONS

Pour le détail des recommandations exposées ci-dessous, le lecteur pourra se reporter aux fiches de recommandations rassemblées à la fin de la synthèse, après la partie « Conclusion et recommandations ».

1. Mettre en route un processus de définition d'une politique de l'énergie associée à celle du climat :

- mobilisant une expertise structurée, la plus locale possible, s'appuyant sur les résultats de l'expertise, et complétée par des études plus précises sur les points qui le méritent, selon les orientations principales et les objectifs généraux retenus ;
- avec un pilotage légitime par une autorité publique ;
- associant les acteurs concernés, au sein d'un comité d'orientation.

Transformer les conclusions du processus de définition d'une politique de l'énergie et du climat par une délibération du Congrès.

2. Lancer la définition d'un plan climat pour chaque Province, pour le Grand Nouméa et la zone VKP (Voh-Koné-Pouembout).

3. Inscrire les productions de biomasse non alimentaires dans des politiques de développement pour réduire la dépendance de la Nouvelle-Calédonie en matière alimentaire, forestière et énergétique, tout en contribuant à la réduction des émissions mondiales de GES.

4. Engager un travail de clarification des responsabilités des acteurs publics sur l'environnement et les impacts sur le climat : il s'agit de construire une répartition des compétences adaptée à ces nouveaux enjeux.

5. Définir les priorités des actions de maîtrise de l'énergie, de développement des ENR et de réduction des émissions, en introduisant des critères de coûts et d'impacts.

6. Soutenir les filières industrielles et de service liées à la production et à la maîtrise de l'énergie, adaptées à la dimension de la Nouvelle-Calédonie : la formation aux métiers, l'action économique en faveur des entreprises, le potentiel de R&D auquel il faut avoir accès.

7. Mettre les instruments économiques ou réglementaires au service de la politique de l'énergie et du climat.

8. Engager un programme d'actions d'éducation et de sensibilisation pour favoriser un changement des pratiques.

En conclusion, pour quatre objectifs possibles, des recommandations synthétiques

Les cinq parties ont permis de faire le point de l'état des connaissances sur les différents aspects de l'énergie et du climat dans le contexte de la Nouvelle-Calédonie et du diagnostic établi pour le Schéma d'aménagement et de développement « Nouvelle-Calédonie 2025 ». Chacune de ces parties est conclue par quatre à dix recommandations spécifiques. Il s'agit ici de fournir une vue synthétique de ces recommandations.

Une expertise collégiale, réalisée dans un champ aussi large que celui de l'énergie dans le développement de la Nouvelle-Calédonie, ne peut fournir un plan d'action « clé en main ». Comme toute expertise scientifique collective de ce type, elle n'en a pas la vocation, ni les possibilités d'ailleurs. Elle contribue en revanche – et c'est là sa plus-value essentielle et une des responsabilités du collège des experts – à asseoir avec rigueur et recul une structuration de la question posée, à documenter les différents aspects de cette question, en définissant des pistes possibles et en en fermant d'autres, et sur les sujets qui s'y prêtent, à proposer des scénarios de réponses alternatives. Il faut aussi que les acteurs concernés puissent s'approprier ces recommandations et qu'elles soient insérées dans un processus.

Celles-ci doivent être mises au service de quatre objectifs, correspondant à la situation particulière de la Nouvelle-Calédonie et pour son développement. Ces objectifs devraient placer les ambitions de la Nouvelle-Calédonie sur trois plans différents :

- la réduction des consommations d'énergie, pour laquelle nous proposons d'inverser la tendance actuelle à la croissance de toutes les formes d'énergie ;
- l'augmentation de l'utilisation des ressources locales, avec l'objectif de produire à terme l'équivalent de la consommation d'électricité des ménages et des services sous forme d'électricité renouvelable ;
- la prévention du changement climatique, en engageant la Nouvelle-Calédonie dans une dynamique de réduction de ses émissions de gaz à effet de serre.

Nous traduisons ces objectifs en dix recommandations, dont trois relatives à la gouvernance et au processus d'élaboration de la politique sur l'énergie et la réduction des émissions de gaz à effet de serre, qui devraient prolonger le travail engagé avec la présente expertise. Ces recommandations constituent autant de lignes directrices considérées comme prioritaires, qui doivent être développées localement pour orienter les mesures opérationnelles en vigueur ou inspirer celles à venir.

Quatre objectifs :

Objectif 1 : **inverser la tendance à l'augmentation des consommations** d'énergie dans l'habitat, les transports et l'industrie, et viser sur ce point à constituer une référence régionale.

Objectif 2 : réduire les importations d'énergie fossile en visant un objectif de **production d'énergie électrique** utilisant des sources renouvelables **à hauteur de la consommation des particuliers et des services à une échéance à définir**.

Objectif 3 : **insérer la Nouvelle-Calédonie** dans le processus international de **lutte contre le changement climatique**, avec l'élaboration progressive d'objectifs de stabilisation et de réduction des émissions de GES.

Objectif 4 : installer une **gouvernance adaptée en matière de politique de l'énergie,** facteur de développement, **et de maîtrise des émissions de GES**.

Recommandations synthétiques

1. Normes, règlements et incitations au service de l'objectif 1

Mettre en place un dispositif instrumental (information, incitations, réglementation) pour réduire les consommations d'énergie dans l'habitat, les transports et l'industrie, s'appuyant notamment sur la réglementation thermique, la classification énergétique des équipements ménagers, le recours obligatoire à l'eau chaude sanitaire (ECS) solaire dans les constructions neuves, un système de bonus/malus sur les voitures, des audits dans l'industrie, etc.

Pour plus de détails, voir les recommandations de la 1re partie, p. 389-402.

2. Former et informer, accroître la place des questions de l'énergie et du climat dans le débat néo-calédonien

Renforcer/développer les actions déjà engagées dans le domaine de la sensibilisation aux questions de l'énergie et du climat par des campagnes d'informations (cf. ADEME en particulier), d'éducation et d'incitations, visant à faire évoluer les préférences et les comportements des Néo-Calédoniens.

Pour plus de détails, voir les recommandations de la 1re partie, p. 389-402, et la n° 8 de la 5e partie, p. 443.

3. Développer la production d'électricité éolienne et photovoltaïque

Poursuivre le développement de l'électricité éolienne et solaire photovoltaïque en définissant des tarifs d'achat appropriés. Faciliter l'insertion de cette production intermittente en préparant le développement de réservoirs de stockage hydraulique (pompage, turbinage), en assurant la coordination entre producteurs, distributeurs et gestionnaire de réseaux, et en expérimentant les réseaux électriques « intelligents ».

Pour plus de détails, voir les recommandations n° 1, 2, 3 de la 2e partie, p. 403 à 408.

4. Dans les îles

Dans les îles, rechercher une plus grande autonomie et une meilleure sécurité d'approvisionnement en levant les obstacles au développement de petites productions décentralisées, de bioénergie ou de systèmes hybrides et examiner les conditions de relance de la filière coprah.

Pour plus de détails, voir les recommandations n° 6 et 7 de la 2e partie, p. 412 à 414.

5. Mettre le signal tarifaire au service des enjeux de l'énergie et du climat

Pour soutenir les efforts de maîtrise de la demande et le développement de la production renouvelable, établir *une tarification de l'énergie* adaptée aux enjeux de l'énergie et du climat : suppression des subventions, rééquilibrage diesel/essence, introduction d'un signal-prix approprié dans le secteur électrique (base/pointe) et étude de l'introduction d'une valeur carbone.

Pour plus de détails, voir les recommandations de la 1re partie, p. 389-402, et la n° 7 de la 5e partie, p. 442.

6. Insérer la Nouvelle-Calédonie dans les objectifs de stabilisation du climat mondial

Réaliser des bilans annuels d'émissions de GES, élaborer un plan climat énergie (objectifs de réduction, moyens d'action) pour la Nouvelle-Calédonie et des plans climat territoriaux pour le Grand Nouméa et pour chacune des trois Provinces : définition d'objectifs et mise en œuvre de politiques de réduction des émissions de GES s'appuyant notamment sur les actions de maîtrise de la demande d'énergie et le développement des énergies renouvelables.

Pour plus de détails, voir les recommandations n° 1, 2, 4 de la 3e partie, p. 419 à 422 et 425.

Explorer les possibilités de réduction des émissions de CO_2 dans la production d'électricité et dans l'industrie métallurgique dans trois directions : économies d'énergies, substitution partielle du charbon par de la biomasse en chaudières, réservation d'emprises pour un futur captage du CO^2.

Pour plus de détails, voir les recommandations n° 6 de la 1re partie, p. 398, n° 4 de la 2e partie, p. 409, n° 3 de la 3e partie, p. 423, n° 3 de la 5e partie, p. 436.

7. Renforcer les activités économiques

Il s'agit :

- d'intensifier les efforts de **formation professionnelle**, particulièrement dans le cas du bâtiment à destination de l'ensemble des intervenants (architectes, bureaux d'études, entreprises de construction, artisans, etc.), sur les nouvelles technologies « basse consommation » d'énergie, et les démarches HQE ;
- d'utiliser les leviers disponibles de **l'action économique** au service de filières technologiques (production/importation, vente, installation d'équipements, entretien et maintenance, etc.) et des entreprises engagées dans les enjeux énergétiques et du climat, après mise à plat de l'ensemble des mesures existantes et identification des freins ;
- de permettre aux acteurs de l'énergie et du climat **d'avoir un accès à la recherche développement** avec, localement, un investissement particulier sur les techniques du bâtiment en milieu tropical, la technique et la gestion des réseaux électriques de moyenne et petite tailles, et la production de biomasse agricole et énergétique en milieu tropical développé.

Ces secteurs d'activité doivent faire de la Nouvelle-Calédonie une référence régionale.

Pour plus de détails, voir les recommandations n° 8 de la 2e partie, p. 415, n° 5 de la 3e partie, p. 427, n° 1 de la 4e partie, p. 429, n° 6 de la 5e partie, p. 440.

Et pour la gouvernance :

8. Au-delà de cette expertise collégiale, mettre en route un processus de définition d'une politique de l'énergie et du climat, qui associe les acteurs concernés, mobilise une expertise la plus locale possible, avec un pilotage légitime, et s'appuie sur les résultats de l'expertise, complétée par des études plus précises sur les points qui le méritent, selon les orientations principales et les objectifs généraux retenus.

Pour plus de détails, voir les recommandations nos 1 et 5 de la 5e partie, p. 433 et 439.

9. Construire une répartition des compétences sur l'environnement, l'énergie et le climat, qui préserve la subsidiarité et l'articulation entre les politiques locales des communes et les décisions au niveau de la Nouvelle-Calédonie.

Pour plus de détails voir la recommandation n° 4 de la 5e partie, p. 438.

10. Renforcer la coopération avec les États voisins, ou ayant les mêmes contraintes spécifiques, dans le domaine de la recherche, de l'innovation technique et institutionnelle (y compris dans le cadre de la Convention des Nations unies sur le climat) et de la veille technologique.

Pour plus de détails, voir les recommandations nos 2, 3, 4 de la 4e partie, p. 430 à 432 et n° 6 de la 5e partie, p. 440.

Fiches de recommandation

Partie 1
La maîtrise de l'énergie : un enjeu majeur pour le développement durable de la Nouvelle-Calédonie et sa sécurité énergétique

Recommandation n° 1
Inciter aux actions maîtrise de l'énergie dans les domaines du bâtiment et de ses équipements

Pour engager un réel mouvement dans un marché et créer des conditions de compétitivité de nouvelle filière, il est nécessaire dans un premier temps de combler tout ou partie du surcoût d'une action de maîtrise de l'énergie. Dans ce type d'action, les institutions souhaitent modifier de façon active la grille de décision du décideur final en fonction d'objectifs qu'elles se sont fixées.

Les incitations peuvent être d'ordre :

- financière pour l'aide à la décision : diagnostic thermique, faisabilité énergétique pour certaine filière… ;
- tarifs d'achats des énergies renouvelables ;
- aides directes pour supporter une partie du surinvestissement nécessité par la mise en œuvre d'une action d'efficacité énergétique ou ENR ;
- fiscale par des règles de défiscalisation, crédit d'impôt ;
- indirecte par la mise en place de label, permettant éventuellement d'obtenir des compensations (bonification de Coefficient d'occupation du sol…) ;
- indirecte encore par l'obligation d'affichage énergétique attesté par un diagnostic de performance énergétique.

La finalité est d'améliorer la rentabilité économique des actions. Ces incitations n'ont pas, en général, vocation de perdurer au-delà de l'atteinte d'une certaine maturité de marché devenu concurrentiel.

La puissance publique peut imposer aux concepteurs de bâtiments l'obligation de respecter des règles de conception précises, interdire certaine catégorie d'appareils et prescrire des comportements (cf. la recommandation suivante). Mais il s'agit souvent d'entériner les bonnes pratiques et de les imposer au plus grand nombre.

Partie 1
La maîtrise de l'énergie : un enjeu majeur pour le développement durable de la Nouvelle-Calédonie et sa sécurité énergétique

Recommandation n° 2
Adopter une réglementation thermique dans le tertiaire et l'habitat neuf et existant, et développer prioritairement le solaire thermique partout ou existe une demande d'eau chaude

La colonne vertébrale d'une politique de maîtrise de l'énergie repose sur la mise en place d'une réglementation thermique. En effet, une réglementation thermique exprime, donne toute la cohérence et la lisibilité à la politique énergétique et environnementale. Le chantier d'une réglementation nécessite une connaissance précise des tenants et aboutissants, c'est-à-dire le climat, les consommations, les consommateurs et les acteurs. Cette connaissance fine traduite en termes d'indicateurs, de garde-fous, de niveaux de référence à atteindre en fait un référentiel pour toutes les actions y compris pour les labels ou certifications qui s'appuient dessus pour définir leur propre objectif. Par exemple, le label Bâtiment basse consommation se définit comme un niveau de consommation 50 % moindre que le niveau de référence définit par la réglementation. C'est donc un instrument incontournable qui oblige à définir des objectifs clairs et précis sur le long terme.

Le chantier lourd d'une réglementation comporte plusieurs étapes essentielles :

	Étape nécessaire	Objectifs
Le climat	Connaissance du climat	Zonage de l'île Détermination des conditions de base pour dimensionner les installations
Les consommations	Connaissance fine du profil de consommation et puissance appelée de chaque secteur Projection sur moyen et long terme	Détermination des objectifs énergétiques et environnementaux à moyen et long terme

Suite

Les études préalables	Structurer la réglementation	Se fixer les objectifs à long terme Définir les indicateurs Se donner un cadre de référence pour fixer les curseurs réglementaires
La concertation avec les acteurs	Fixer les curseurs en fonction de l'acceptabilité des acteurs économiques	Établir des scénarios énergétiques, environnementaux et économiques Approche économique avec les maîtres d'ouvrage pour régler les curseurs aux niveaux des bonnes pratiques

Comme indiqué dans la recommandation n° 1, il s'agit souvent d'entériner les bonnes pratiques et les imposer au plus grand nombre : il est important de bien les repérer.

Le solaire thermique doit être développé prioritairement partout où existe une demande d'eau chaude. La production par pompe à chaleur ne doit être envisagée que dans les cas où cette solution n'est pas envisageable. Le solaire thermique souffre en l'état actuel d'une concurrence insuffisante due à la volonté, louable, de faire émerger les filières solaires locales. Cependant les coûts constatés sur le terrain sont élevés. Le soutien aux filières locales devrait *a minima* être conditionné au développement du volume de chauffe-eau vendu à prix raisonnable et en contre partie d'une promotion de l'emploi local, afin de décourager la pratique actuelle de faible volume à prix élevés.

Partie 1
La maîtrise de l'énergie : un enjeu majeur pour le développement durable de la Nouvelle-Calédonie et sa sécurité énergétique

Recommandation n° 3
Réaliser des études pour améliorer les connaissances sur le secteur des transports

Le secteur des transports (voyageurs et marchandises, urbain et régional) est deuxième consommateur de pétrole, juste après la production d'électricité. C'est aussi un secteur dont l'efficacité énergétique pourrait probablement être fortement améliorée par des politiques judicieuses. Malheureusement, comme le montre notre analyse, les données disponibles en Nouvelle-Calédonie sont trop imprécises pour évaluer finement les effets des politiques envisageables.

On ne sait pas, par exemple, quelle est la part du gazole qui est consommée par les camions et celle qui est consommée par les voitures particulières. Les données disponibles ne permettent pas non plus d'estimer comment la consommation de carburants est influencée par le prix de ces carburants.

Le débat métropolitain à propos de l'impact de la taxe carbone sur le budget des ménages pauvres ne manquera pas de se poser dans les mêmes termes en N.-C., si notre recommandation suivante, taxer les carburants, était appliquée. Or, les données existantes sur la consommation des ménages et sur les pratiques de déplacements des Calédoniens sont actuellement trop lacunaires pour alimenter objectivement un tel débat.

Enfin, il semble que des économies substantielles sont réalisables par une redistribution du transport de fret entre les avions et les bateaux, mais, là aussi, il est impossible, à partir des informations existantes, de justifier les modalités que pourrait prendre une telle politique de report modal.

Plusieurs actions nous semblent nécessaires pour combler ces lacunes.

- Compléter les responsabilités de l'observatoire de l'énergie de la Dimenc dans le domaine de la consommation de carburant par les différents types de transport. La Dimenc pourrait ainsi estimer les kilométrages annuels des différents types de véhicules (voitures, poids lourds, utilitaires légers, par types de carburants et types d'usages).
- Conduire rapidement une analyse spécifique des résultats de l'enquête Isee « Budget consommation des ménages (BCM) – 2008 » qui n'étaient pas disponibles

Suite

au moment de notre mission pour évaluer l'incidence de différentes mesures fiscales sur le budget des ménages selon le lieu de résidence et selon la catégorie socio-professionnelle du chef de ménage.

- Réaliser une enquête « Déplacement des ménages » comme en réalisent périodiquement les villes de métropole pour connaître les pratiques de déplacement des ménages, la répartition modale, les distances parcourues, etc.
- Réaliser une enquête sur le camionnage (types de marchandises, origine-destination des liaisons routières, types de véhicules…) pour permettre d'identifier les possibilités de report modal et l'impact probable d'incitations fiscales (redevances ou subventions) aux économies d'énergie.
- Réévaluer les systèmes de tarification et de subventionnement des transports intérieurs aérien et maritime à la lumière des enjeux souvent contradictoires d'économie d'énergie et d'intégration territoriale.

Partie 1
La maîtrise de l'énergie : un enjeu majeur pour le développement durable de la Nouvelle-Calédonie et sa sécurité énergétique

Recommandation n° 4
Supprimer les distorsions fiscales qui affectent les choix des automobilistes, instaurer une taxe carbone et une vignette automobile assise sur la consommation de carburant

En N.-C., le gazole est deux fois moins taxé que l'essence alors qu'il est plus polluant et la fiscalité à l'achat des *pick-up* est plus légère que celle des voitures alors que leur contribution à l'effet de serre est généralement 50 % plus élevée.

Les distorsions de prix qui en résultent incitent les Néo-Calédoniens à choisir et à utiliser des véhicules polluants et voraces.

Trois mesures pourraient être prises pour que le signal prix reflète mieux le coût environnemental des choix des automobilistes.

- La suppression du différentiel de taxation en faveur du gazole et des véhicules de type *pick-up*.

Actuellement la fiscalité totale sur l'essence est 2,3 fois plus élevée que sur le gazole. Cette différence n'a pas de justification économique. Si l'on prend en compte la circulation urbaine, c'est même une incitation à polluer plus car les véhicules diesel sont plus polluants que les véhicules à essence. Ce différentiel devrait être supprimé. De même, le taux réduit de TGI sur les *pick-up* double cabine instauré en novembre 2005 semble avoir eu un effet pervers sur la composition du parc et mériterait un réévaluation.

- L'instauration d'une taxe carbone

Si la N.-C. appliquait une taxe carbone de 30 euros par tonne de CO_2, comme elle est envisagée dans plusieurs pays européens, cela correspondrait à une taxe carbone de 9 et de 10 XPF, respectivement sur le litre d'essence et le litre de gazole. L'augmentation du prix de vente qui en résulterait, de l'ordre de 6 %, est à comparer à la forte fluctuation du prix qui a accompagné la flambée du prix du pétrole l'année dernière : en moins d'un an, de mai 2008 à mars 2009, le prix du gazole a d'abord augmenté de 33 XPF pour ensuite baisser de 52 XPF. Pour suivre le scénario européen, la taxe carbone calédonienne sur les carburants pourrait progressivement atteindre une trentaine de XPF à l'horizon 2030.

Suite

Ce montant doit-il être le même pour tous les combustibles fossiles ? Logiquement oui, c'est le principe et la justification même de la taxe carbone, mais il faut noter que cette taxe aurait pour effet de doubler le prix du charbon importé. On peut dès lors s'interroger sur l'impact d'une telle taxe sur l'industrie métallurgique et, au-delà, sur la balance commerciale de la N.-C. (mais une telle problématique dépasse l'ambition de notre contribution).

- L'instauration d'une vignette automobile assise sur la consommation de carburant

Dans la plupart des pays de l'OCDE, il existe une taxe sur la possession de véhicules comme la défunte « vignette » et, presque partout, cette taxe a été modifiée plus ou moins récemment pour tenir compte de l'impact environnemental du véhicule (contribution à l'effet de serre et/ou à la pollution locale). Dans l'Union européenne, c'est même devenu une obligation à terme. La plupart des pays appliquent aussi une fiscalité à l'achat (ou un système bonus/malus) modulé directement ou indirectement selon la contribution potentielle du véhicule à l'effet de serre. La N.-C. devrait sans doute suivre cet exemple en restaurant la vignette automobile avec une grille de tarifs assise sur les rejets de CO_2 par km calquée sur des modèles européens.

Comme nous l'avons expliqué dans la fiche précédente, il nous paraît souhaitable que ces réformes fiscales soient précédées d'une évaluation d'impact sur les budgets des ménages pour s'assurer qu'elles seront supportables par les ménages les plus pauvres et mettre en place d'éventuels mécanismes de compensation.

Partie 1
La maîtrise de l'énergie : un enjeu majeur pour le développement durable de la Nouvelle-Calédonie et sa sécurité énergétique

Recommandation n° 5
Mettre en œuvre des propositions du PDU de Nouméa

Dissuader l'usage de l'automobile au moyen de taxes sur les carburants, et la multimotorisation des ménages au moyen de taxes sur la possession de véhicules, comme nous le recommandons dans la recommandation précédente, rencontrera d'autant moins de résistance que des solutions alternatives seront rendues plus attrayantes.

Les recommandations du Plan de déplacement de l'agglomération nouméenne (PDAN) vont dans ce sens en préconisant l'amélioration de la desserte en transports collectifs (fréquence, vitesse, extension du réseau), la création de pistes cyclables, etc. Mais il en faudra sans doute plus pour que des automobilistes consentent à laisser occasionnellement leur voiture au garage et se résolvent à utiliser les transports collectifs. Il faudra améliorer leur confort. Les projets de climatisation des autobus de Nouméa y contribueront certainement. Le bilan de cette opération en termes de rejets de gaz à effet de serre sera d'autant moins négatif qu'elle réussira à attirer vers les transports collectifs des personnes qui autrement se déplaceraient en voiture.

Il existe en N.-C. un secteur qui n'est peut-être pas utilisé au mieux de son potentiel, il s'agit des VLC (Véhicule de location avec chauffeur). Pour l'instant, leur marché est principalement constitué par le transport scolaire. En cela, les VLC contribuent à réduire l'usage de la voiture particulière car ils dispensent les parents d'avoir à conduire leur progéniture en voiture vers les écoles. Ils pourraient sans doute faire beaucoup plus car, contrairement aux taxis, leurs prix sont libres et sans doute proches de leurs coûts réels. Ces coûts pourraient baisser substantiellement en réduisant les temps morts entre les courses ce que permettent, à des prix maintenant très bas, les technologies combinées de l'informatique, de la localisation par GPS et des communications GPRS.

Dans la plupart des pays de l'OCDE ce secteur, qui se distingue de celui des taxis en cela qu'il ne peut répondre qu'à des commandes de courses passées par téléphone, est de plus en plus souvent sollicité pour offrir un service complémentaire à celui des transports collectifs de grande capacité, en particulier en

Suite

heure creuse, en zone de faible densité ou encore quand un meilleur confort est nécessaire de porte-à-porte. Il tient aussi une place centrale dans les « plans de déplacements d'entreprise », des systèmes par lesquels les entreprises incitent leurs employés à délaisser leur voiture quand ils viennent travailler.

Une étude spécifique pourrait être conduite pour examiner comment ces expériences de politiques de mobilité pourraient être acclimatées à la N.-C. en mettant à profit le potentiel des VLC.

Partie 1
La maîtrise de l'énergie : un enjeu majeur pour le développement durable de la Nouvelle-Calédonie et sa sécurité énergétique

Recommandation n° 6
Améliorer l'efficacité énergétique des procédés industriels

L'efficacité énergétique, et tout particulièrement quand il s'agit de la production d'électricité et des processus industriels, est très directement liée à la réduction des émissions de GES. La stratégie est donc de mettre une priorité sur une diminution du rapport tonnes de $CO_{2,émis}$/kWh_{utiles} dans les procédés de conversion (production d'électricité) et pour la fabrication du produit (Nickel).

Dans ce double objectif, les efforts pourraient porter sur :

- **Une optimisation des procédés**

– Identifier et évaluer, grâce à des campagnes de mesures *in situ*, les pertes énergétiques et les gains potentiels d'efficacité énergétiques afin d'élaborer des bilans énergétiques et de carbone des grandes entreprises industrielles ; mettre en œuvre du matériel performant et optimisé.

– Intégrer et coupler les systèmes énergétiques (par exemple, centrale/usine ; fours/sécheurs/le produit/...).

– Utiliser des approches systémiques et des outils performants pour la conduite, le contrôle, la régulation et la gestion optimisée des procédés.

– Produire un bilan financier (économique) et environnemental (minimiser les émissions de polluants tels que les oxydes d'azote, de soufre, de particules, de suies) favorable. Considérer l'impact de ces nuisances sur la santé des ouvriers et des populations.

- **Préparer à un captage et un stockage du CO_2** émis par les usines métallurgiques et la centrale (procédé de combustion adaptable à une capture du CO_2, réserver l'espace à proximité de la centrale).

- **Valoriser les déchets de chaleur**, pour une utilisation extérieure à l'usine : énergie des fumées pour la climatisation ; création d'un réseau de transport et de distribution du froid (climatisation) dans la partie de l'agglomération de Nouméa ; transformation de biomasse en biocarburants...

Suite

En s'inspirant des décisions récentes d'industriels et des gouvernements européens présentées précédemment, le gouvernement calédonien pourrait se donner comme objectif d'imposer une réduction des émissions de CO_2 à l'horizon 2020 (des négociations bipartites peuvent être envisagées sur des procédés spécifiques). En conséquence, les industriels calédoniens devraient, comme il est tenté dans le monde, améliorer de 20 % l'efficacité énergétique de leur procédé (objectif affiché du plan climat), avant même la capture du carbone.

Ces évolutions technologiques conduiront à terme à une diminution des coûts de l'énergie dans le produit final, donc à une meilleure rentabilité, une économie pour le client et des empreintes économiques et environnementales améliorées.

Partie 1
La maîtrise de l'énergie : un enjeu majeur pour le développement durable de la Nouvelle-Calédonie et sa sécurité énergétique

Recommandation n° 7
Sensibiliser l'usager final (grand public, entreprise) aux enjeux énergétiques et climatiques et le convaincre de leur importance

L'usager final – grand public, entreprise – connaît mal sa consommation d'énergie et les implications qu'elle induit sur la collectivité et l'environnement. Faire partager au plus grand nombre les enjeux énergétiques et climatiques et l'intérêt des actions de maîtrise de l'énergie fait partie du premier socle de base d'une politique énergétique et environnementale. Dans le cadre du débat mondial sur la raréfaction des ressources fossiles d'énergie et de la concrétisation des premiers effets tangibles de l'effet de serre, on peut dire qu'il existe une réelle attente de messages clairs pour placer les usagers dans l'action plutôt que dans un stress synonyme d'impuissance. Les différents modes de communication peuvent être engagés : campagne grand public (par exemple, spot publicitaire), sensibilisation scolaire, faire connaître les incitations fiscales, organisation de séminaires et salons sur les économies d'énergies, campagne de sensibilisation à destinations de certains secteurs ou maître d'ouvrage, visites d'opération exemplaires, voyage d'étude…

Un deuxième niveau d'information consiste à aller au-delà des cordes sensibles du civisme (lutte contre l'effet de serre), du patriotisme (indépendance énergétique), pour se situer sur le terrain de la raison. Il s'agit de montrer, preuve à l'appui, que l'intérêt de la collectivité et celui du décideur final coïncident. L'exercice consiste à se placer sur le terrain économique et à démontrer l'intérêt des démarches ou solutions proposées pour le décideur. On distingue deux cas de figure :

- des solutions permettant des économies d'investissement (ou sans surinvestissement) et de fonctionnement (par exemple, conception bioclimatique liée à l'orientation, la forme du bâtiment, etc.) ;
- des solutions à moindre coût de fonctionnement, mais nécessitant un surinvestissement initial.

Dans le deuxième cas, plus fréquent, l'exercice consiste à démontrer l'intérêt économique en termes de coût global ou temps de retour. La difficulté surgit

Suite

lorsque l'investisseur et le futur usager ou gestionnaire (celui qui empoche les bénéfices de l'action) ne sont pas confondus.

Le mode de diffusion de ce type d'information utilise des canaux comme les fiches ou brochures permettant d'optimiser les choix techniques, argumentaire économico technique des bonnes pratiques, guide de conception, opérations de démonstrations, des émissions ou reportages thématiques audiovisuels.

Cette recommandation est complémentaire de la recommandation n° 8, p. 443, du chapitre : « Quel cadre pour une politique de l'énergie et du climat au service du développement de la Nouvelle-Calédonie ? ».

Partie 1
La maîtrise de l'énergie : un enjeu majeur pour le développement durable de la Nouvelle-Calédonie et sa sécurité énergétique

Recommandation n° 8
Réaliser des enquêtes qualitatives de type socio-anthropologique pour avoir une connaissance et une compréhension fine des discours et des pratiques des Néo-Calédoniens en matière d'énergie

Critères :

- étude indispensable pour une meilleure connaissance des pratiques et discours des Néo-Calédoniens en matière énergétique
- coût faible (les enquêtes socio-anthropologiques qualitatives ne sont pas très coûteuses)

Horizon : 2 ans

Le volet anthropologique de cette expertise a montré le manque crucial de connaissances sur les discours et les pratiques que les habitants de N.-C. ont en matière d'énergie. Il n'existe pas, à ce jour, d'enquêtes qualitatives portant sur les comportements des Néo-Calédoniens en matière énergétique, ni même sur les discours qu'ils peuvent tenir en matière d'économie d'énergie, d'énergies renouvelables, etc. Il serait donc tout à fait utile de lancer des enquêtes qualitatives, de type socioanthropologique, portant sur les comportements et les discours que les habitants de N.-C. ont en matière d'énergie. L'enquête devrait être menée auprès de différentes catégories de populations, selon leur situation socio-économique (niveau de revenu, niveau de diplôme) mais aussi selon leur localisation géographique (le centre de Nouméa, le Grand Nouméa, les habitants de la Province Nord (des bourgs comme Koné ou Pouembout, mais aussi des tribus), et les habitants des îles Loyauté.

Plutôt que de confier la réalisation d'une telle enquête à une seule personne, il pourrait être intéressant de constituer un groupe de travail, composé en partie d'étudiants du master Recherche de l'université de N.-C. (Espaces, Sociétés et Littératures des Mondes océaniens) qui pourraient mener les enquêtes sous l'encadrement de chercheurs de l'université de N.-C., du groupement de recherches « Nouvelle-Calédonie Enjeux sociaux contemporains » et de l'IRD de Nouméa.

Partie 2
Les nouvelles technologies en matière de production et de stockage d'énergie

Recommandation n° 1
Déployer plus largement la production d'électricité éolienne et photovoltaïque raccordée au réseau sur la Grande Terre

Critères : enjeux énergétiques, facilité de déploiement/coût

Horizon : moyen terme

En ce qui concerne la production d'électricité, notamment sur la Grande Terre où le réseau est déjà largement présent, nous préconisons un déploiement plus ambitieux des technologies éoliennes et photovoltaïques (sur les bâtiments et éventuellement sous forme de fermes centralisées).

Ces technologies sont relativement matures et leurs coûts, bien qu'encore élevés, sont soit les plus favorables soit les plus susceptibles de baisses significatives pour la production d'électricité d'origine renouvelable. Le coût du photovoltaïque va diminuer encore de façon importante ce qui, compte tenu de l'ensoleillement favorable et du coût de ces technologies, offre des perspectives de compétitivité intéressantes à moyen terme. Les perspectives de réduction de coût peuvent sembler moins favorables pour l'éolien, mais les coûts devraient également diminuer et la complémentarité temporelle avec le PV présente des opportunités intéressantes (à étudier). Le déploiement simultané des deux technologies est à envisager pour un mix énergétique diversifié.

Ce déploiement pourra nécessiter un renforcement du réseau électrique et certainement une meilleure optimisation de sa gestion pour tenir compte de ces apports intermittents : incitations tarifaires adaptées (effacement des pointes, tarifs heures de pointes/heures creuses...), une planification exploitant une prédiction météorologique avancée et de faire en sorte que toutes les informations de productivité et de production soient transmises par les exploitants de façon totalement transparente au gestionnaire du réseau.

Les recommandations n° 2 et 3 (p. 405 et 407) proposent respectivement des mesures à prendre dans ce sens et une évaluation des possibilités de stockage hydraulique gravitaire massif pour pallier l'intermittence de la production.

Suite

Enfin, pour atteindre des objectifs ambitieux de production d'électricité renouvelable nous recommandons l'adoption de tarifs d'achat appropriés. Si les tarifs d'achat utilisés en métropole peuvent servir de référence pour le PV, des tarifs spécifiques doivent être élaborés pour l'éolien compte tenu des coûts élevés de cette technologie en N.-C. Les tarifs d'achat doivent tenir compte de la double défiscalisation pour éviter les situations, possibles, de rente au producteur. De même, un dispositif de décroissance progressif doit être mis en place pour inciter à la baisse des coûts.

- **Fausse piste ou « fausse bonne idée »**

Penser que le taux de pénétration de la production éolienne et/ou PV doit rester très limité (par exemple 10 ou 20 %). Notons que cette affirmation serait vraie si aucun effort n'était fait pour améliorer la gestion du réseau et/ou introduire des moyens de stockage.

Partie 2
Les nouvelles technologies en matière de production et de stockage d'énergie

Recommandation n° 2
Améliorer le système électrique pour permettre un plus grand déploiement de la production d'origine renouvelable intermittente

Critère : accompagnement de la recommandation n° 1, p. 403

Horizon : court/moyen terme

Un accroissement de la production d'électricité d'origine éolienne et photovoltaïque (intermittente et non corrélée à la demande) pose des problèmes de stabilité des réseaux classiques dont le bon fonctionnement est fondé sur l'équilibre instantané production – consommation. En l'absence de moyens de stockage, si le taux de pénétration reste faible, la production intermittente d'électricité peut être traitée comme de la consommation négative. En N.-C., la puissance des systèmes de production intermittente représente déjà plus de 7 % de la puissance planifiable ; un développement massif de l'éolien et du PV nécessiterait la mise en œuvre de moyens spécifiques pour réaliser l'ajustement instantané offre – demande. Il est intéressant de noter, que compte tenu de l'arrêté du 23 avril 2008 de la République française, on considère aujourd'hui qu'au-delà d'un taux de 30 % d'origine intermittente, le stockage deviendra nécessaire notamment pour éviter les délestages de production que le gestionnaire réseau sera en droit d'opérer.

Les moyens à mettre en œuvre sont de différentes natures :

– Prévisions : de même que les profils de consommation font l'objet de prévisions liées aux activités humaines et à la météo, les profils de production intermittente doivent faire l'objet de prévisions fiables.

– Planification/gestion : amélioration de prévisions, meilleure communication entre les opérateurs et réglage optimal des moyens de production existants devraient permettre d'atteindre un taux de pénétration de l'ordre de 25 à 30 %. La valeur exacte du taux de pénétration ne peut être fournie avec précision sans une étude approfondie car elle dépend de nombreux paramètres.

– Foisonnement : mutualisation des productions pour bénéficier d'effets de foisonnement ; évaluer également la complémentarité éventuelle des productions éoliennes et photovoltaïques.

Suite

– Gestion de la demande : mettre en place des actions incitatives pour agir sur les profils de consommation, par exemple en incluant la possibilité de délester (moyennant des contrats spéciaux) durant les pointes, cela permettrait de pousser encore plus loin le taux de pénétration.

– Stockage : enfin, évaluer la possibilité d'implantation de moyens de stockage qui offriraient une souplesse beaucoup plus grande dans la gestion du réseau pour atteindre des taux de pénétration de tels moyens de production beaucoup plus élevés, très faiblement émetteurs de CO_2 et offrant une moindre dépendance. Le stockage hydraulique gravitaire constitue sans doute la technologie la mieux adaptée aux spécificités de la Grande Terre, en outre, c'est la technologie de loin la plus utilisée dans le monde.

En ce qui concerne les petites îles, des microréseaux de type photovoltaïques hybrides (avec groupe électrogène et stockage électrochimique) constituent des options intéressantes d'un point de vue technico-économique (cf. recommandation n° 7, p. 413).

■ **Fausse piste ou « fausse bonne idée »**

Penser que le taux de pénétration de la production intermittente doit rester très limité (par exemple, 10 ou 20 %).

Partie 2
Les nouvelles technologies en matière de production et de stockage d'énergie

Recommandation n° 3
Évaluer la possibilité de construire des centrales électriques de stockage par pompage

Critère : accompagnement de la recommandation n° 1, p. 403

Horizon : moyen/long terme

L'implantation de moyens de stockage massif augmenterait de façon significative la capacité du réseau à accepter un taux de pénétration élevé de production intermittente.

Nous préconisons d'étudier plus particulièrement le stockage hydraulique gravitaire car le relief de la N.-C. semble bien s'y prêter. La possibilité d'exploiter l'eau de mer dans le cas de systèmes situés en bord de mer pourrait permettre une économie d'investissement substantielle à condition que le bassin supérieur de stockage garantisse une totale étanchéité pour éviter des pollutions de l'eau douce et des écosystèmes. Il est également envisageable de tester d'autres solutions de stockage (électrochimique à circulation et sodium soufre), comme l'île de la Réunion l'a prévu actuellement.

Les stations de transferts d'énergie par pompage (STEP appelées également systèmes de stockage hydraulique gravitaire ou centrales de pompage-turbinage) constituent la technologie actuellement largement dominante dans les grandes puissances jusqu'à plusieurs GW. Les rendements sur cycle sont de l'ordre de 80 %. La contrainte majeure est liée à la nécessité de sites au relief adapté. Ces systèmes, malgré leurs grandes puissances, peuvent fonctionner aujourd'hui à vitesse variable ce qui permet d'ajuster la puissance finement et d'apporter une contribution de haut niveau à la stabilisation du réseau.

Récemment, le rapport de l'OPECST de mars 2009 (C. Bataille et C. Birraux) sur l'Évaluation de la stratégie de recherche en matière d'énergie rappelle la possibilité de construire de telles stations en mer en créant des atolls artificiels. Une digue s'élevant de 50 à 100 m au-dessus du niveau de la mer permettrait de stocker 2 à 8 GWh par km^2 pour des puissances possibles de plusieurs GW. Les technologies seraient disponibles et les coûts acceptables. Cela permet de penser que des STEP construites en bord de mer avec un relief important sur la

Suite

côte, permettraient de transférer l'eau de mer vers un bassin haut ce qui éviterait la construction du bassin supérieur. Bien sûr, il faudrait assurer une étanchéité suffisante pour éviter des infiltrations d'eau de mer dans les sols. Cette option pourrait être étudiée en N.-C. où les configurations semblent favorables.

Pour donner un ordre de grandeur des contraintes, un dénivelé de 100 m permettrait une capacité énergétique de stockage de 1 GWh (50 MW x 20 h) à condition de disposer d'un réservoir d'environ 4 millions de m^3 qui pourrait occuper une superficie de 40 ha sur une profondeur de 10 m. La puissance maximale dépend des groupes de pompage-turbinage et des sections de canalisation. Les coûts dépendent beaucoup du génie civil et il est difficile de donner des ordres de grandeur précis.

Nous recommandons d'étudier cette possibilité à la fois du point de vue technique, économique et foncier.

■ **Fausse piste ou « fausse bonne idée »**

Croire que l'électricité ne se stocke pas.

Partie 2
Les nouvelles technologies en matière de production et de stockage d'énergie

Recommandation n° 4
Évaluer les possibilités de valorisation de déchets méthanisables

Critère : indépendance énergétique/réduction des rejets de gaz à effet de serre

Horizon : moyen terme

Nous préconisons une évaluation du potentiel de valorisation des déchets (ordures ménagères, industries agro-alimentaires, abattoirs, boues de stations d'épuration…) pour la production de biogaz (méthane), en particulier dans les zones à forte densité de population comme Nouméa.

Les quantités d'énergie en jeu ne sont sans doute pas considérables, mais la récupération éventuelle du biogaz de centres d'enfouissement techniques peut permettre d'éviter le rejet d'un gaz à effet de serre à fort pouvoir radiatif.

Les industries agro-alimentaires, les stations d'épuration et des cultures spécifiques peuvent également produire du biogaz.

La valorisation de ce gaz sous forme de chaleur est la plus simple, mais elle suppose l'existence d'un besoin de chaleur à proximité du lieu de production (avec, éventuellement, des conduites de gaz vers quelques gros utilisateurs). On peut aussi l'utiliser pour la production d'électricité ou, après épuration, en tant que carburant.

Il faudrait donc :

– d'abord déterminer la taille du gisement, les possibilités de centralisation des déchets et de réalisations de co-digestions ;

– ensuite choisir la filière de valorisation la plus intéressante (chaleur, électricité ou carburant). Il faut pour cela notamment tenir compte des services après vente pour la maintenance des générateurs. Quand on dispose de suffisamment d'électricité peu émettrice de GES par ailleurs, comme en France et en Suède où la production d'électricité à base d'hydraulique et de nucléaire est élevée, mieux vaut valoriser le biogaz sous forme de carburant. En N.-C. la production d'électricité étant encore dominée par le charbon, toutes les options peuvent donc à priori rester ouvertes.

La valorisation du biogaz pour les transports suppose une flotte captive (par exemple, des bus de ville de Nouméa).

Partie 2
Les nouvelles technologies en matière de production et de stockage d'énergie

Recommandation n° 5
Évaluer le potentiel de production de biomasse ligno-cellulosique et son exploitation dans les centrales thermiques au charbon

Critère : coût/réduction des rejets de gaz à effet de serre

Horizon : court terme

La mobilisation de la biomasse ligno-cellulosique pour la production d'électricité est à étudier. La préparation du combustible est extrêmement simple et peu énergivore contrairement, par exemple, à la production de biocarburants. Les centrales électriques au charbon (les lits fluidisés circulant en particulier) peuvent absorber sans difficulté une proportion de combustible, par exemple de la biomasse ligno-cellulosique, avec un surcoût qui dépend essentiellement du coût de mobilisation de la ressource. Cette filière pourrait se révéler particulièrement intéressante en termes de réduction de la dépendance énergétique, de réduction des émissions de gaz à effet de serre et de création d'emplois.

La question de la ressource doit toutefois être examinée. On évoque, par exemple, des productivités de 16 MWh électriques par hectare, à propos de l'Acacia Mangium et l'Albiz(z)ia falcataria, qui forment la base des reboisements à croissance rapide à vocation papetière en Asie du Sud-Est. Mais on ne peut pas affirmer sans étude supplémentaire que les terrains miniers en N.-C. permettraient d'atteindre des rendements comparables. Il serait de fait imprudent de confondre la revégétalisation des terrains miniers avec des terrains destinés à produire des biomasses récoltables.

Pour avancer sur cette question de la ressource en biomasse pour l'énergie, nous proposons dans un premier temps que les informations disponibles et scientifiquement validées sur les potentialités de production de biomasses ligneuses ou herbacées (comme les Miscanthus) tenant compte des caractéristiques des sols, de la pluviométrie, etc. de la N.-C. soient rassemblées et rendues publiques.

Nous préconisons pour cela d'affecter du personnel de l'Institut agronomique calédonien à l'étude de cette question importante pour que soit réalisé un suivi historique des expérimentations déjà réalisées et de nouveaux essais en fonction

Suite

des sites où des productions de biomasses ligno-cellulosiques herbacées ou ligneuses pour l'énergie pourraient raisonnablement être envisagées.

Compte tenu de son importance potentielle, l'ensemble des conditions nécessaires à l'exploitation de cette ressource doit être examiné avec soin. Cette possibilité a déjà été étudiée par la SLN qui a estimé que le gisement calédonien était insuffisant et/ou insuffisamment organisé. Le rapport d'EEC nous conduit à insister sur l'intérêt d'apporter un regard nouveau à ce sujet.

- **Fausse piste ou « fausse bonne idée »**

Penser que les difficultés organisationnelles constituent un blocage irrémédiable à l'exploitation de la biomasse.

Partie 2
Les nouvelles technologies en matière de production et de stockage d'énergie

Recommandation n° 6
Exploiter l'huile de coprah pour la production de biocarburant compatible avec les moteurs modernes

Dans les îles, la production d'huile de coprah a déjà été techniquement démontrée ainsi que sa combustion dans des groupes électrogènes diesel. Mais les nouveaux moteurs diesel à injection ne peuvent plus brûler directement de telles huiles. Aucun constructeur de moteur ne donne actuellement de garantie pour des utilisations d'huile brute.

John Deer (comm. pers. A. Riedacker) travaille actuellement en Allemagne à la mise au point d'un moteur de tracteur à huile brute. Sans ce type de moteur, il est nécessaire d'introduire une étape de transestérification pour obtenir un carburant compatible avec les moteurs modernes et leurs normes de rejets. Cette étape serait techniquement réalisable à l'échelle d'une île.

La faisabilité de cette filière dépend donc surtout de la garantie régulière de la fourniture de matière première et de sa viabilité économique. La durée limitée de notre expertise et le manque de connaissances des conditions sociales locales ne nous permettent pas d'apporter un avis définitif sur ces deux points.

En résumé, il nous semble que les conditions techniques sont réunies pour une exploitation de l'huile de coprah sous forme de carburant, ce qui présente un intérêt évident pour l'approvisionnement énergétique des îles. Toutefois, la connaissance du gisement techniquement mobilisable ne suffit pas, les conditions économiques et sociales de cette exploitation doivent être précisées et en particulier la volonté d'implication des acteurs locaux doit être réaffirmée avant d'envisager de développer ce type de filière.

- **Fausse piste ou « fausse bonne idée »**

Penser que l'abandon de la filière coprah est la preuve de sa non-viabilité.

Partie 2
Les nouvelles technologies en matière de production et de stockage d'énergie

Recommandation n° 7
Évaluer la complémentarité éolienne photovoltaïque pour la réalisation de systèmes hybrides PV-éolien – groupe électrogène

Critère : approvisionnement énergétique des îles/coût

Horizon : moyen terme

En ce qui concerne les petites îles (N.-C. hors Grande Terre), des microréseaux de type photovoltaïques hybrides (avec groupe électrogène et stockage électrochimique) sont des options à considérer. En particulier pour les îles éloignées et lorsque la dynamique de demande reste faible (demande essentiellement centrée sur la consommation domestique), ils représentent un bon compromis technico-économique. Le coût de production de ces petits systèmes est élevé comparé aux moyens de production thermique de grande taille, mais le coût d'un raccordement sous-marin à la Grande Terre ne s'amortirait sans doute pas (en particulier dans un contexte d'augmentation future des coûts des combustibles traditionnels) et cette option serait source de risques de défaillances (rupture de câble). Par ailleurs, les systèmes alimentés par des sources locales et renouvelables permettent de réduire les coûts de l'approvisionnement en combustibles fossiles pour l'alimentation de groupes électrogènes de forte puissance. De tels systèmes hybrides peuvent être dimensionnés pour une très faible consommation de carburant des groupes électrogènes qui ne sont utilisés qu'en situation exceptionnelle (ensoleillement anormalement faible durant une durée imprévue, ou surconsommation imprévue ou défaillance).

Concrètement, un bilan approfondi de l'expérience internationale sur ce type de dispositif pour des conditions d'utilisation comparables (systèmes insulaires de petite taille, demande domestique ou petit tertiaire) est à réaliser. Si celui-ci est positif, des réalisations de démonstration doivent être envisagées pour déterminer non seulement les caractéristiques techniques optimales, mais également les modalités de fonctionnement et de maintenance. Au-delà, pour une diffusion plus large, les conditions de financement devront être examinées ; on observera que l'idée de prix garantis destinés à favoriser le développement des systèmes isolés de production d'électricité sur le mode des prix garantis utilisés

Suite

pour la production renouvelable centralisée apparaît dans certains pays (en Équateur, par exemple). Cette option pourrait être envisagée comme une alternative aux modes de subventions classiques apportés aux systèmes isolés pour faciliter l'extension ou le renforcement de l'électrification des zones insulaires isolées.

Enfin, le volet maintenance et entretien de tels systèmes est crucial. Nous préconisons d'étudier les modalités de maintenance, par exemple sur la base de ce qui se fait aujourd'hui sur les systèmes autonomes photovoltaïques par Enercal et dont le retour d'expérience semble très bon (qualité de service et performances en durée de vie).

- **Fausse piste ou « fausse bonne idée »**

Penser que les microréseaux hybrides sont des solutions dépassées.

Partie 2
Les nouvelles technologies en matière de production et de stockage d'énergie

Recommandation n° 8
Évaluer le potentiel et la faisabilité de centrales solaires thermodynamiques à concentration

Critère : indépendance énergétique/réduction des émissions de gaz à effet de serre

Horizon : moyen/long terme

Les centrales solaires thermodynamiques à concentration peuvent constituer une voie de production d'électricité particulièrement attractive à moyen terme. Cette technologie, déjà relativement mature (centrales fonctionnant depuis plusieurs décennies et nombreuses constructions en cours), n'exploite que la part directe du rayonnement solaire, elle nécessite donc des sites bien exposés.

Nous suggérons tout d'abord une recherche de sites privilégiés en termes d'insolation directe disponible sur le territoire (superficies nécessaires de l'ordre de 1 ha par MW pour une productivité comprise entre 3 et 5 GWh/ha). L'un des avantages majeurs de ces usines de production d'électricité réside dans la possibilité de réaliser un stockage intermédiaire de chaleur qui permet un certain découplage entre la production électrique et le rayonnement solaire, et offre la possibilité de produire de l'électricité la nuit. L'insertion dans le réseau pourrait être grandement facilitée. Enfin, la taille des unités actuellement en construction dans le monde est bien compatible avec les exigences du réseau de la Grande Terre.

Plusieurs technologies sont disponibles (centrales à tour, à miroirs cylindro-paraboliques...) ; il est nécessaire de comparer ces différentes technologies dans le contexte néo-calédonien afin de déterminer la plus appropriée.

Les coûts de cette technologie sont encore élevés, mais les projets de développement en cours ou prévus dans différentes régions du monde laissent envisager une baisse significative au cours des prochaines années. Par ailleurs, le potentiel de développement important de cette technologie en Australie ouvre peut-être des possibilités de coopération régionale à considérer.

La Grande Terre pourrait accueillir sur son réseau une telle centrale. Nous recommandons une étude technico-économique pour évaluer les coûts, la productivité et la technologie la mieux adaptée aux spécificités locales.

- **Fausse piste ou « fausse bonne idée »**

Rappelons que la production photovoltaïque n'est pas la seule solution de production d'électricité d'origine solaire.

Partie 2
Les nouvelles technologies en matière de production et de stockage d'énergie

Recommandation n° 9
Réaliser un atlas des ressources énergétiques

Critère : nécessité pour optimiser le déploiement des nouveaux moyens de production d'énergie (électrique et biomasse)

Horizon : court/moyen terme

L'équilibre du déploiement photovoltaïque et éolien et le dimensionnement de systèmes hybrides (PV éolien + éventuellement groupe électrogène) pourraient être mieux optimisés avec une meilleure connaissance des ressources en rayonnement solaire et vent sur l'ensemble du territoire. Pour cela, il serait utile de rassembler les données existantes et de lancer des campagnes d'acquisition supplémentaires.

L'exploitation des moyens de production thermodynamique solaire à concentration, dont la maturité et le potentiel de performances économiques nous semblent suffisamment élevés, nécessite une bonne connaissance des parts diffuse et directe du rayonnement solaire. Nous recommandons d'effectuer des relevés de rayonnement, au minimum sur un an, sur des sites potentiellement disponibles, pour installer de telles usines, et réputés pour leur rayonnement direct plus élevé.

Pour les déchets méthanisables (d'industries agro-alimentaires, de déchets ménagers de cantines, issus de cultures, d'élevages porcins, etc.), nous recommandons une évaluation du potentiel, notamment pour des applications centralisées.

En ce qui concerne la biomasse ligno-cellulosique, notamment les arbres et autres plantes à croissance rapide, il existerait un certain potentiel technique. Nous préconisons de l'évaluer au cas par cas notamment en fonction des types de terrain (contraintes foncières, rentabilité pour les propriétaires de terrains, volontés de réaliser des plantations avec des contrats d'approvisionnement à long terme avec des prix indexés, etc.). Cf. également la recommandation n° 5, p. 410.

L'énergie thermique des mers représentant une solution intéressante sur le long terme et plusieurs programmes redémarrant actuellement (par exemple, à la Réunion), nous suggérons d'effectuer des relevés de profils de température jusqu'à des profondeurs d'environ 1 000 m en différents sites.

Selon les coûts et les choix qui devront être opérés, on peut également recommander de compléter les campagnes de mesure déjà effectuées sur les ressources de la houle sachant que les technologies de houlogénération atteindront leur maturité sans doute dans 10 à 20 ans.

Partie 2
Les nouvelles technologies en matière de production et de stockage d'énergie

Recommandation n° 10
Effectuer une veille technologique sur les moyens de capture de CO_2 et de production d'énergie à partir de micro-organismes (micro-algues)

Critère : veille technologique sur filière à potentiel élevé

Horizon : long terme

La diversité et la faculté d'adaptation des micro-algues et cyanobactéries à des conditions environnementales diverses et parfois hostiles leur confèrent un intérêt important comme organismes capables d'assimiler le carbone inorganique tel que le CO_2 atmosphérique, pour le transformer, grâce à de la lumière, en matière organique et en dégageant de l'oxygène. L'intérêt est donc double : stockage de CO_2 et source de combustible.

Des études, encore embryonnaires et encore à l'état de recherche à long terme, tentent de lever les nombreux verrous scientifiques et technologiques existants et d'effectuer une analyse complète de cycle de vie.

Dans l'état actuel de la technologie, la croissance de ces micro-organismes peut être maîtrisée avec des conditions de culture adaptées : soleil, très importante surface d'exposition (bassins ouverts ou tubes), apport de CO_2 en proportion adéquate localisé à proximité d'un lieu d'émission. La N.-C. possède donc des atouts certains pour s'équiper en photobioréacteurs adaptés à l'assimilation du dioxyde de carbone inorganique.

La production de biocarburants à partir de ces algues est toutefois plus complexe. On pourrait cependant envisager de les méthaniser, puis épurer le gaz produit. Mais cette filière n'est pas à l'heure actuelle suffisamment attrayante sur le plan économique.

La production d'huiles végétales est plus complexe. La sélection des variétés d'algues ou la mise au point de micro-organismes génétiquement modifiées, le pompage des eaux, leur séchage, l'extraction et le traitement des graisses ou la récupération de l'hydrogène produit, sont des technologies non matures et encore très mal connues.

Les algues constituent probablement, à moyen ou long terme, une des solutions pour la capture du CO_2. Il faut impérativement insérer la réflexion dans le contexte de la biodiversité spécifique de la N.-C.

Suite

Les atouts de la N.-C. sont donc certains (ensoleillement, espaces…), les avancées sur cette technologie non mature doivent être suivies.

Par conséquent, vu le potentiel à long terme de cette voie aux applications multiples (production d'énergie et capture de CO_2), nous recommandons une veille technologique active.

Partie 3
Les émissions et les réductions d'émissions de gaz à effet de serre en Nouvelle-Calédonie

Recommandation n° 1
Créer un pôle technique de maîtrise de l'énergie et des émissions de GES

Critère : faciliter la préparation de propositions pour la maîtrise des consommations d'énergie et des émissions de GES, en relation avec les choix politiques à retenir par le gouvernement de la N.-C.

Cette recommandation concerne les quatre premières parties et notamment les choix que pourrait faire la N.-C. sur le plan de l'énergie et des émissions de GES. Pour la maîtrise des émissions de GES, il va de soi qu'on ne peut se limiter aux secteurs de l'énergie et des forêts.

Cette cellule devra actualiser les divers inventaires de consommations d'énergie et d'émissions de GES de la N.-C.

Ce pôle devrait aussi pouvoir servir de point focal pour toutes les questions techniques concernant l'énergie et le climat, et suivre les négociations internationales.

L'adaptation aux changements climatiques pourrait être traitée par ailleurs, par exemple au niveau des Provinces, en instituant des concertations entre ce pôle et les entités chargées de l'adaptation.

Après les chocs pétroliers, la plupart des pays et régions se sont dotés d'agences de maîtrise de l'énergie. Leur champ s'est maintenant élargi à la maîtrise des émissions de GES.

Ce pôle devra évidemment avoir une bonne connaissance tout à la fois des contraintes et des possibilités locales, et du processus de négociations des accords pour la réduction des émissions mondiales de GES dans le cadre des Nations unies.

C'est sur la base du travail de ce pôle que le gouvernement de la N.-C. pourra arrêter ses choix. Ce pôle devra donc être capable de formuler des demandes d'expertises plus précises plus ponctuelles, rédiger ou corédiger des cahiers des charges pour des études ponctuelles comme, par exemple, l'utilisation de bois importé pour substituer une partie du charbon importé, cf. recommandation n° 3, p. 423.

Suite

Il devra ensuite hiérarchiser, pour et avec les décideurs, les actions à entreprendre en fonctions des coûts des actions et de leurs impacts (balance commerciale, sécurité énergétique, réduction des émissions de GES), des capacités techniques locales (entreprises, services après-vente, artisans, etc.), des contraintes et opportunités sociales et économiques de la N.-C. Les résultats des expertises extérieures (comme la présente expertise de l'IRD ou celle du ministère de l'Agriculture et de la Pêche sur les forêts) devront être pris en compte et passés en revue au travers du prisme local. Il est donc essentiel que cette cellule accumule de l'information et des compétences *à long terme* sur toutes ces questions.

■ **Fausse piste ou « fausse bonne idée »**

Se passer de la création d'une telle cellule en se fondant seulement sur des expertises extérieures.

Partie 3
Les émissions et les réductions d'émissions de gaz à effet de serre en Nouvelle-Calédonie

Recommandation n° 2
Réduire les émissions de GES ne provenant pas des énergies fossiles (CFC et leurs substituts, méthane, etc.)

Critère : réduire les émissions de GES autres que celles CO_2 résultant des économies d'énergies et des énergies renouvelables

Ces GES ont un potentiel de réchauffement bien plus important que celui du CO_2 et ne permettent en général pas d'économiser directement de l'énergie fossile.

- Si les émissions de CFC répertoriés sous le protocole de Montréal diminuent, celles de leurs substituts en revanche augmentent, comme le montrent les inventaires du Citepa. Ces substituts sont répertoriés sous la convention climat et ont également un très fort potentiel de réchauffement.
- Le méthane. L'effet radiatif des émissions mondiales de GES devra être divisé par 2 d'ici à 2050. pour stabiliser le climat. Or, le pouvoir de réchauffement relatif du méthane par rapport au CO_2 est plus important à l'horizon de 50 ans que de 100 ans. Réduire ces émissions de méthane devient donc plus important. Mais celles-ci sont actuellement mal recensées (cf. également « Les émissions et les réductions d'émissions de gaz à effet de serre en Nouvelle-Calédonie », p. 193). La priorité serait donc d'éliminer le méthane des décharges en brûlant le gaz en torchère dès que possible, et en le valorisant quand cela se justifiera économiquement ce qui sera le cas notamment quand la taxe sur les GES sera suffisamment élevée. Pour l'élevage, il s'agirait de bien nourrir les animaux pour réduire les émissions par kg de lait et de viande et également d'augmenter la charge du bétail par hectare.

Il semble y avoir peu d'émissions de SF6 et de N20 d'origine industrielle.

■ Fausse piste ou « fausse bonne idée »

Penser que l'élimination des effets des fluorocarbures sera réglée via le protocole de Montréal.

Penser que réduire les productions locales de lait et de viande, en important ces denrées, réduira les émissions mondiales de méthane des fermentations entériques.

Suite

Considérer seulement les productions de bioénergie sans tenir compte des productions agricoles et des changements d'utilisation des terres.

- **Commentaires**

La maîtrise de l'énergie permet de réduire les consommations d'électricité (CO_2 du charbon) et de carburant (CO_2 du fioul), cf. « Les nouvelles technologies en matière de production et de stockage d'énergie », p. 115. Les recommandations concernant les réductions de CO_2 des usines métallurgiques provenant de l'amélioration des techniques permettent en même temps de réduire les consommations d'énergie, donc d'obtenir des gains au niveau de la balance commerciale ainsi que pour l'utilisateur, certes avec des temps de retour pour les investissements plus ou moins longs.

Les variations d'émissions de GES, et en particulier de CO_2, provenant des espaces ruraux (stockage en forêts, agriculture, terrains miniers, productions de biomasse pour l'énergie, etc.) sont considérées dans la recommandation 3.

La substitution du charbon, dans les usines métallurgiques par des biomasses importées et complétées par des biomasses locales, est traitée dans la recommandation n° 4, p. 425.

Le stockage géologique du CO_2 qui ne génère pas d'économie d'énergie fossile (au contraire il augmente les consommations) est dans la recommandation n° 5, p. 427.

Toutes les considérations et recommandations concernant l'insertion de la N.-C. dans la stabilisation du climat via la Convention cadre des Nations unies sur le changement climatique et les instruments qui en dérivent (protocole de Kyoto, de Copenhague, etc.) figurent en revanche dans « L'insertion internationale de la Nouvelle-Calédonie », p. 281.

Partie 3
Les émissions et les réductions d'émissions de gaz à effet de serre en Nouvelle-Calédonie

Recommandation n° 3
Créer un pôle néo-calédonien sur la valorisation des espaces agricoles et forestiers et des biomasses alimentaires et non alimentaires

Critère : exigences de la convention sur le changement climatique et du protocole de Kyoto, production de biomasses ou stockage de carbone

1. Déterminer les émissions nettes de CO_2 et d'autres GES d'origine anthropique résultant de l'utilisation et des changements d'utilisation des terres, sous la Convention climat d'une part, et sous le protocole de Kyoto et un éventuel protocole post-Kyoto, d'autre part.

On découpera l'espace conformément aux articles 3.3 et 3.4 du protocole de Kyoto et d'un éventuel protocole post Kyoto, afin de quantifier les crédits et les débits de GES attribuables aux différents territoires, cela en tenant compte des périmètres considérés suivant les engagements, soit avec la France, soit en tant qu'entité à part, selon les choix locaux.

2. Constituer un pôle néo-calédonien se consacrant à la production et à la valorisation des biomasses alimentaires et non alimentaires d'origine agricole et forestière. Celui-ci pourrait par exemple être appuyé et piloté par l'IAC, et prendre en considération simultanément les aspects économiques, sociaux et environnementaux de ces productions et établir des scénarios prospectifs d'utilisation des terres en N.-C.

3. Réduire les émissions nettes de GES, soit en augmentant les stocks de carbone dans l'espace rural, soit en produisant plus de biomasses pour l'énergie. Cela implique d'avoir un suivi des changements d'utilisation des terres et de faire régulièrement des mesures pour déterminer notamment les variations de stocks de carbone.

Pour améliorer les bilans de GES, il est par ailleurs recommandé de réellement mobiliser 3 ou 4 chercheurs locaux, sans doute de l'IAC, pour effectuer des recherches et des essais dans les domaines suivants :

- Étude des possibilités réelles de production de biomasses ligneuses ou herbacées à des fins de productions énergétiques : en recensant les résultats déjà obtenus, y compris les échecs, et les validant scientifiquement, etc. ; en installant

Suite

de nouvelles parcelles d'essais, tenant compte des résultats déjà obtenus, des potentialités de production ligneuses ou herbacées et des récoltes en considérant les projets locaux d'utilisation des terres. Ce qui suppose d'étudier cet aspect, et d'avoir une vision claire sur les priorités (plus d'autonome sur le plan énergétique, ou sur le plan alimentaire ou pour la fourniture de bois d'œuvre) ou augmenter les stocks de carbone en forêt (sous réserve que l'on puisse raisonnablement protéger ces stocks).

• Mise au point des méthodes peu onéreuses de « regonflages » de la végétation forestière, avec des techniques à mettre au point pour les conditions locales et avec les essences locales. On pourra certes s'inspirer d'expériences réalisées ailleurs, mais ne pas faire l'économie de recherches et d'expérimentations locales.

• Préservation des stocks de carbone des forêts en limitant les feux (un programme de recherches sur les feux a déjà été engagé avec l'ANR avec des équipes de la N.-C.). Il convient également de sensibiliser le grand public sur l'importance de la préservation des stocks de carbone.

Cela implique de mieux mobiliser tout à la fois les services forestiers et les recherches agronomiques et forestières et d'y affecter des moyens humains et matériels appropriés.

■ Fausse piste ou « fausse bonne idée »

Seulement s'intéresser à l'accroissement des stocks de carbone dans la végétation notamment dans les forêts, et penser que ceux-ci pourraient largement compenser les émissions provenant de la production de nickel ou que l'on peut indéfiniment augmenter les stocks de carbone en forêt.

Penser pouvoir obtenir des augmentations importantes de stocks sur terrains miniers.

■ Commentaire

Un début de travail a été engagé avec le ministère français de l'Agriculture et de la Pêche. Mais les éléments recueillis à ce stade sont encore très insuffisants pour répondre aux exigences de la Convention et surtout du protocole de Kyoto.

Partie 3
Les émissions et les réductions d'émissions de gaz à effet de serre en Nouvelle-Calédonie

Recommandation n° 4

Lancer une étude de préfaisabilité sur les possibilités d'importation de bois, complétée en partie par des biomasses locales, pour remplacer du charbon importé

Critère : réduction des émissions de CO_2 des grandes chaufferies en substituant partiellement du charbon et du pétrole par des biomasses

La production de nickel et d'électricité à partir du charbon est très intensive en CO_2 par tonne de nickel ou par MWh.

Le bois et les biomasses renouvelées permettent de réduire les émissions de GES et en particulier quand ils sont utilisés pour remplacer du charbon.

Il y a un surcoût par rapport au charbon, mais pour des centrales électriques et les grosses chaufferies, ce surcoût est compensé dès que la tonne de CO_2 atteint une valeur suffisante comme, par exemple, sur le marché des droits d'émissions européens en 2008.

Il est à noter que les émissions de GES résultant du transport du bois par bateau sont en général faibles. Il faut donc identifier des possibilités de récolte à proximité des ports des pays voisins (Nouvelle-Zélande, Papouasie-Nouvelle-Guinée, etc.) ou même dans des pays plus lointains.

Il faut aussi :

– étudier la possibilité de passer des contrats d'approvisionnement à long terme avec d'éventuels pays fournisseurs ;

– envisager la logistique (réserver de la place pour le stockage, le conditionnement et éventuellement le reconditionnement des biomasses importées et des biomasses locales, modes de déchargement des navires et des transferts des biomasses vers la chaufferie, etc.) ;

– étudier les modifications techniques des installations (de nombreuses installations peuvent utiliser jusqu'à 20 % de biomasses avec du charbon sans nécessiter de trop grandes modifications).

Il conviendra de déterminer la meilleure forme de transport des biomasses (branchages et résidus compactés, copeaux, granulés, etc.).

Suite

Il convient d'envisager deux étapes :

– une première étape, en principe applicable dès maintenant, qui ne viserait qu'une substitution partielle du charbon pour réduire les émissions de GES ;

– une seconde étape applicable sans doute seulement après 2020, lorsque le captage et le stockage de CO_2 seront réalisables, afin d'obtenir des émissions négatives de CO_2.

▪ Fausse piste ou « fausse bonne idée »

Penser que les émissions résultant du transport du bois par bateau vont annuler tous les gains qui pourraient résulter la substitution du charbon par des biomasses.

Faire dépendre la première étape de la faisabilité du stockage géologique.

▪ Commentaire

L'utilisation des biomasses à la place du charbon peut compléter les réductions d'émissions que l'on peut obtenir en améliorant les procès au niveau des usines (cf. les recommandations, p. 187, dans « Les nouvelles technologies en matière de production et de stockage d'énergie »), puis ultérieurement le stockage géologique du CO_2 (cf. recommandation n° 5, p. 427).

Partie 3
Les émissions et les réductions d'émissions de gaz à effet de serre en Nouvelle-Calédonie

Recommandation n° 5
Développer les recherches sur le stockage géologique du CO_2 émis par les grandes installations, notamment dans les roches de la Nouvelle-Calédonie

Critère : il s'agit ici d'un programme important, mais à plus long terme : sans la mise au point et la mise en œuvre du stockage géologique du CO_2 on ne pourra pas stabiliser le climat d'ici à 2050

Dans tous les cas il faut donc penser à réserver dès maintenant des aires pour installer des systèmes de captage du CO_2 dans les usines et dans les centrales électriques.

Si les systèmes peuvent être couplés avec des utilisations des biomasses, avec substitution de charbon, il faut également penser à réserver dès maintenant de la place pour le stockage des biomasses (cf. recommandation n° 3, p. 423)

La N.-C. pourra profiter des progrès technologiques qui seront réalisés dans le monde pour le captage du CO_2 dans les usines.

Il faut ensuite envisager l'évacuation du CO_2. Si le stockage ne pouvait s'effectuer en Nouvelle- Calédonie, il faudrait le transporter par bateau vers des sites à l'étranger, peut-être vers l'Australie.

La filière complète pourrait devenir économiquement acceptable après 2020.

Le substrat géologique de la N.-C. paraît particulièrement favorable pour expérimenter des filières originales de stockage dans les péridotites. Cela demande encore des recherches et des mises au point, y compris pour abaisser les coûts de stockages qui ne pourront pas être effectués ailleurs.

À l'heure actuelle, on ne sait pas, en effet, quelles sont les filières qui seront les plus prometteuses, les plus fiables et les moins onéreuses. Il est donc important de recommander la mise en place et l'amplification des recherches non seulement pour réussir le stockage dans ces roches, mais encore pour le réaliser à bas coût et, si possible, éviter de transporter le CO_2 vers l'étranger.

Suite

- **Fausse piste ou « fausse bonne idée »**

Penser que les recherches sur le stockage faites ailleurs seront suffisantes (la situation est différente pour le captage).

- **Commentaire**

Des recherches ont déjà commencé notamment avec l'Université, l'ANR et les industriels du nickel. Mais cet effort est à poursuivre en s'intéressant plus particulièrement aux péridotites.

Partie 4
L'insertion internationale de la Nouvelle-Calédonie

Recommandation n° 1
Structurer un pôle de compétence local sur le contexte régional dans les domaines de l'énergie et du climat

Critères :

– mesure à faible coût tirant le meilleur parti des compétences existantes

– suivi indispensable pour une action à moyen et long termes

Pour éclairer les décisions prises dans le domaine de l'énergie, il convient de s'appuyer sur une connaissance accumulée, systématique et suivie dans le temps de l'évolution des principaux partenaires régionaux. Il est nécessaire de suivre aussi bien l'évolution des principales puissances régionales que des petits États insulaires et d'aborder les dimensions de l'énergie, des activités minières et des émissions de GES.

À l'heure actuelle, ces évolutions sont peu étudiées de façon distanciée. Il existe en particulier un déficit sur l'étude des politiques publiques et des stratégies des acteurs économiques.

Pour cela, l'université de N.-C. et les organismes de recherche comme l'IRD peuvent être sollicités pour structurer un pôle de connaissance.

■ Commentaire

Ce travail pourrait aussi servir à appuyer davantage les actions considérées dans la recommandation n° 5, p. 439, de la partie « Quel cadre pour une politique de l'énergie et du climat au service du développement de la Nouvelle-Calédonie ? ».

Partie 4
L'insertion internationale de la Nouvelle-Calédonie

Recommandation n° 2
Envisager toutes les options d'insertion de la Nouvelle-Calédonie dans les négociations sur le climat

Critère : des décisions doivent être prises à court terme dans un contexte complexe et avec des conséquences importantes pour la N.-C

La N.-C. n'est pour le moment pas concernée par le protocole de Kyoto, alors qu'en raison de l'activité du nickel, le pays est fortement émetteur de GES.

La position des États de la région est en train d'évoluer, avec en particulier la décision de l'Australie de ratifier le protocole de Kyoto. Par ailleurs, les petits États insulaires se sentent particulièrement menacés par le changement climatique.

Le gouvernement de la N.-C. ne peut ignorer ces enjeux et doit envisager les différentes possibilités d'insertion dans les négociations sur le climat en dialogue avec les partenaires locaux.

Trois scénarios principaux sont envisagés : la N.-C. pourrait s'aligner sur les positions françaises, elle pourrait négocier avec la France des quotas spécifiques, elle pourrait enfin avoir sa propre position.

▪ Fausse piste ou « fausse bonne idée »

Maintenir un *statu quo* non explicité : celui-ci n'est pas tenable. Il risque de conduire à des tensions avec les autres États de la région et/ou à des accusations de dumping climatique à cause de la transformation du minerai de nickel.

▪ Commentaires

Il est important de souligner que le mode de calcul des émissions par habitant ne convient pas pour les petits États insulaires ayant des activités industrielles ou minières comme, par exemple, l'Islande ou le Groenland.

Ne pas expliciter ce point compliquerait les actions évoquées dans la recommandation n° 3, p. 431.

Partie 4
L'insertion internationale de la Nouvelle-Calédonie

Recommandation n° 3
Construire une action internationale forte et cohérente avec la diplomatie française dans le domaine énergie et climat

Critère : action à moyen terme qui doit être cohérente avec les autres orientations proposées

La N.-C. participe avec la France à différents forums régionaux et il existe des coopérations bilatérales.

En s'appuyant sur l'existant, il est possible de renforcer les actions proposées dans les autres recommandations en particulier dans les domaines de la recherche et de l'éducation ; du développement de technologies innovantes pour la production et le stockage d'énergie, de la capture et du stockage du CO_2.

La N.-C. peut ainsi proposer ses propres efforts et expériences aux petits États insulaires.

Avec l'Australie, des coopérations multiples peuvent être envisagées, associant des acteurs de N.-C. et de France métropolitaine, en particulier dans le stockage du CO_2.

- **Fausse piste ou « fausse bonne idée »**

S'en remettre à la seule diplomatie française.

Oublier de souligner les spécificités et l'inadéquation, pour des petits États insulaires ayant une activité industrielle, des calculs des émissions de GES par habitant ne prenant en compte que les émissions sur le territoire considéré.

- **Commentaires**

Voir également les autres recommandations, notamment des trois premières parties, pour la maîtrise de l'énergie et les réductions d'émissions de GES.

Partie 4
L'insertion internationale de la Nouvelle-Calédonie

Recommandation n° 4

Renforcer la sécurité énergétique dans le cadre régional

Critère : renforcer la sécurité énergétique

La sécurité des approvisionnements énergétiques gagne à être envisagée régionalement puisque les pays voisins et particulièrement l'Australie se trouvent dans une situation comparable à celle de la N.-C. pour les hydrocarbures, c'est-à-dire la nécessité d'importer des produits pétroliers.

Les pays émergents du Pacifique Sud organisent leur réflexion sur la sécurité énergétique et la gestion de crise dans le cadre de l'Apec (Asia Pacific Economic Cooperation). La N.-C. aurait intérêt à participer à ces forums.

Dans le cas de problèmes d'approvisionnements en produits pétroliers la gestion concertée des réserves stratégiques avec les pays voisins pourrait être avantageuse. La N.-C. devrait également s'assurer du niveau de ses stocks et envisager de les augmenter pour s'aligner avec les recommandations de stockage de l'AIE (90 jours).

La sécurité des approvisionnements en charbon paraît pouvoir être garantie par les mécanismes de marché et les stratégies des entreprises privées.

- **Fausse piste ou « fausse bonne idée »**

Compter sur le développement de l'extraction d'hydrocarbures en N.-C. pour assurer la sécurité énergétique par la production locale.

Partie 5
Quel cadre pour une politique de l'énergie et du climat au service du développement de la Nouvelle-Calédonie ?

Recommandation n° 1
Mettre en route un processus de définition d'une politique de l'énergie et du climat

Critères de priorité : organiser le travail de la suite de l'expertise, pour une politique de l'énergie et du climat, et donner un cadre aux initiatives des différents acteurs.

■ Mettre en route un processus de définition d'une politique de l'énergie associée à celle du climat :

– mobilisant une expertise structurée, la plus locale possible, s'appuyant sur les résultats de la présente expertise collégiale, et complétée par des études plus précises sur les points qui le méritent, selon les orientations principales et les objectifs généraux retenus ;

– avec un pilotage légitime par une autorité publique ;

– associant les acteurs concernés, au sein d'un Comité d'orientation.

La structuration de **l'expertise** sur Climat et GES peut se faire par l'organisation d'un pôle technique (cf. recommandation « Créer un pôle technique de maîtrise de l'énergie et des émissions de GES », p. 419). L'expertise de l'administration, des opérateurs, des bureaux d'études et de l'Université sont à prendre en compte.

C'est à une autorité administrative de **piloter le processus**, soit un service comme la Dimenc renforcée et légitimée dans le domaine du climat, soit une autorité autonome sous forme d'une agence, mise en place à l'image de certains pays. Le lien avec le pilotage des politiques de l'agriculture et de la forêt est indispensable.

L'association des **acteurs concernés** : opérateurs, collectivités entreprises, autorités coutumières... est une nécessité.

■ Transformer les conclusions du processus de définition d'une politique de l'énergie et contribuant à la protection du climat par une délibération du Congrès.

Suite

En ce qui concerne particulièrement l'énergie, la loi de programmation de la mise en œuvre du Grenelle de l'environnement, dans son article 49, prévoit des orientations énergétiques pour la N.-C. Celle-ci peut s'appuyer sur ces orientations et/ou en définir de nouvelles, cet article n'étant pas impératif pour ce qui la concerne, dans ce domaine transféré.

■ **Fausse piste ou « fausse bonne idée »**

L'expertise ne fournit pas un plan d'action, mais des éléments pour. Le bon usage d'une expertise collégiale suppose qu'elle soit prolongée dans un tel processus : les experts ne peuvent intégrer tous les éléments que les acteurs maîtrisent en N.-C.

Partie 5
Quel cadre pour une politique de l'énergie et du climat au service du développement de la Nouvelle-Calédonie ?

Recommandation n° 2
Lancer la définition d'un Plan climat territorial pour chaque Province, pour le Grand Nouméa et la zone VKP (Voh-Koné-Pouembout)

Critères de priorité :

– instrument de clarification de l'action

– le Grand Nouméa représente les consommations énergétiques les plus fortes par l'habitat, le tertiaire, l'industrie et les transports

Les plans territoriaux énergie – climat sont l'un des instruments privilégiés par la France pour la mise en œuvre du Grenelle de l'environnement. L'article 56 prévoit pour les départements et collectivités d'outre-mer d'« engager, dans le même temps, un programme de maîtrise des consommations, qui se traduira par l'adoption, dès 2012, d'un plan énergie-climat dans chaque collectivité territoriale ».

Pour la N.-C., le Grand Nouméa représente un enjeu essentiel du point de vue des consommations énergétiques, domestiques, industrielles et des transports, en incluant en particulier la dimension urbanistique. Mettre en œuvre un plan énergie-climat territorial, pour lequel il existe une méthodologie ADEME (*Construire et mettre en œuvre un plan Climat territorial, guide méthodologique*, ADEME, avril 2009) et des retours d'expérience en métropole (Nantes, Grenoble, entre autres), présenterait trois avantages principaux :

– faire un bilan précis des sources d'émissions de CO_2 et de consommation d'énergie à une échelle fine (par exemple, les écoles, les bâtiments publics et les administrations, les entreprises de transport, etc.) et par conséquent améliorer la connaissance de l'énergie ;

– impliquer un grand nombre d'acteurs et susciter un débat public (presse, télévision, etc.) sur le sujet ;

– fournir un cadre cohérent de diagnostic et d'actions. Dans le cas de VKP, en plein développement cela s'impose aussi.

■ Fausse piste ou « fausse bonne idée »

Penser qu'un plan énergie-climat pour la N.-C. remplacerait un plan énergie-climat local (provincial et par agglomération) : ces derniers appellent une analyse plus fine des situations, et impliquent des moyens d'action spécifiques.

Partie 5
Quel cadre pour une politique de l'énergie et du climat au service du développement de la Nouvelle-Calédonie ?

Recommandation n° 3

Inscrire les productions de biomasse non alimentaires dans des politiques de développement pour réduire la dépendance de la Nouvelle-Calédonie en matière alimentaire, forestière et énergétique, tout en contribuant à la réduction des émissions mondiales de GES

Critères de priorité : l'autonomie alimentaire, l'autonomie énergétique, l'accroissement des productions de biomasses et de la réduction des émissions de GES sont étroitement interdépendants.

Horizon : moyen terme

Orientations pour une politique alimentaire et forestière qui inclut les enjeux énergétiques

1. Pour les biomasses des surfaces actuellement boisées

– Améliorer *les dessertes permettant la récolte des biomasses*. Lorsque l'on considère les forêts, il faut que les biomasses produites soient récoltables. À défaut, on peut seulement envisager d'augmenter les stocks de carbone en laissant les arbres en forêt. Dans tous les cas cela suppose qu'on protège les stocks de carbone par une bonne *politique de maîtrise des feux de forêts*.

– Quand les biomasses forestières sont récoltables, on peut envisager d'augmenter les récoltes à conditions de mettre en place *des politiques de reboisement* pour reconstituer les stocks et renouveler la production. Cela suppose que les propriétaires soient motivés, notamment sur le plan financier, obtiennent des garanties de débouchés suffisamment rémunérateurs et acceptent de passer *des contrats de livraisons de biomasses à long terme* avec des entreprises utilisatrices (industries et Enercal) qui feront les investissements pour utiliser les biomasses produites. À défaut, mieux vaut récolter seulement du bois d'œuvre qui sera converti dans une scierie (demandant moins d'investissement qu'une chaufferie) et dont la rémunération pour le propriétaire forestier est actuellement supérieure à la valorisation énergétique des biomasses. Avec un prix de la tonne de CO_2 plus élevé, la situation pourrait néanmoins changer.

Suite

2. Pour les productions de biomasses sur des terres agricoles

Celles-ci peuvent entrer en concurrence avec les productions alimentaires. Selon les priorités (alimentaires, énergétiques, réductions des émissions de GES) définies localement on pourra décider soit d'augmenter les productions agricoles par hectare (via des rendements et des charges en animaux par ha plus élevées), soit les productions non alimentaires. Dans ce dernier cas, la problématique est similaire à la production de bois, sauf qu'en général les productions alimentaires rapportent davantage et plus vite que les productions ligno-cellulosiques.

Pour le climat, il faut déterminer ce qui est le plus intéressant pour le climat mondial (et pas seulement sur le bilan local) et mettre en place des politiques cohérentes à long terme.

Des experts extérieurs à la N.-C. ne peuvent aborder cette question dans toutes ses dimensions.

■ **Fausse piste ou « fausse bonne idée »**

Si l'on considère les conflits possibles dans l'utilisation d'un territoire limité, il faut comparer, dans l'objectif d'amélioration du climat mondial :

– une augmentation des productions de biomasses pour l'énergie sur le territoire de la N.-C. ;

– l'importation de produits alimentaires et de bois d'œuvre.

Il ne faut pas croire qu'augmenter la biomasse pour l'énergie soit nécessairement plus vertueux : l'importation, si elle réduit l'émission de GES sur son territoire, est responsable, par la consommation, d'émissions de GES ailleurs...

Croire qu'en reboisant des terrains miniers on obtiendra une production élevée de biomasse.

■ **Commentaires**

Les comptabilités sous le protocole de Kyoto compliquent encore cette approche. Mais on peut espérer qu'après 2012 on obtiendra une approche plus satisfaisante.

Partie 5
Quel cadre pour une politique de l'énergie et du climat au service du développement de la Nouvelle-Calédonie ?

Recommandation n° 4
Engager un travail de clarification des responsabilités des acteurs publics sur l'environnement et les impacts sur le climat : il s'agit de construire une répartition des compétences adaptée à ces nouveaux enjeux

Critère de priorité : après la définition des orientations et objectifs (recommandations n° 1 et 2), il faut organiser la cohérence des acteurs

Horizon : court terme

Engager au plus vite un travail de clarification des responsabilités des acteurs publics sur l'environnement et les impacts sur le climat : il s'agit de construire une répartition des compétences adaptée à ces nouveaux enjeux. Cela pourrait conduire à une modification de la loi fondamentale.

Deux écueils existent dans ce domaine : la confusion des responsabilités et le manque de moyens. Ces écueils sont bien connus et analysés depuis des années en N.-C. (cf. récemment l'atelier 6 de la NC2025 qui développe toutes les difficultés et met en avant ses richesses, ainsi que ses atouts).

Les principes – qui restent à travailler – devraient en être les suivants :

– réorganisation des compétences environnementales afin d'attribuer des compétences au niveau de la N.-C., notamment pour tout ce qui concerne le climat mais aussi pour permettre une action coordonnée et harmonisée au niveau de l'ensemble du territoire dans tous les domaines ;

– introduction d'une modification dans la LO de 99 qui précise les modalités de coordination des compétences en matière environnementale entre les 4 niveaux de collectivités (État, N.-C., Provinces et communes), avec l'avis d'un Comité *ad hoc* qui intègre des représentants des 4 niveaux ;

– permettre l'édiction des lois de pays dans le domaine de l'environnement ; harmonisation de la réglementation à l'échelle de la N.-C ;

– détermination d'un chef de file pour chaque sous-domaine qui guidera les autres ;

– renforcement des moyens humains et financiers (absolument nécessaires pour que les choses avancent dans le domaine).

■ **Fausse piste ou « fausse bonne idée »**

Ne rien faire.

Partie 5
Quel cadre pour une politique de l'énergie et du climat au service du développement de la Nouvelle-Calédonie ?

Recommandation n° 5
Définir les priorités des actions de maîtrise de l'énergie, de développement des ENR et de réduction des émissions en introduisant les critères de coût et de terme d'impacts

Critère de priorité : il s'agit de travailler les priorités à donner aux différentes actions des parties précédentes

Horizon : court terme

Nous recommandons qu'un travail spécifique soit effectué en complément de la présente expertise qui viserait à établir un ordre de priorité parmi l'ensemble des actions proposées. Ce travail devra reprendre les recommandations faites et les ordonner en fonction de critères d'évaluation à élaborer devant refléter la diversité des préoccupations des acteurs en N.-C.

Dans le cadre de l'expertise, un premier classement a été opéré pour tenter d'indiquer, au-delà d'une première analyse essentiellement sectorielle, des priorités transversales. Ce travail s'est appuyé sur des critères indicatifs de gisement d'économie ou de production d'énergie, et de réduction des émissions de GES (importance de la ressource) et de coûts (coût du kWh ou de la tonne économisée).

Avec ces deux critères, certaines actions sont à considérer en priorité, notamment :

1. La maîtrise de l'énergie dans l'industrie.
2. La maîtrise de l'énergie dans les secteurs domestique et tertiaire (éclairage, électroménager...).
3. Un système de bonus-malus pour les véhicules.
3. L'extension des chauffe-eaux solaires.
4. L'utilisation de la biomasse dans l'industrie.
5. La réglementation thermique dans l'habitat.

.../...

Mais ces deux critères ne sont pas les seuls à considérer pour établir un ordre de mérite parmi l'ensemble des pistes proposées par l'expertise. Le travail à réaliser devra donc réexaminer les options proposées en introduisant des dimensions complémentaires pour aboutir à une liste d'actions prioritaires plus définitive.

Partie 5
Quel cadre pour une politique de l'énergie et du climat au service du développement de la Nouvelle-Calédonie ?

Recommandation n° 6
Soutenir les filières industrielles et de service liées à la production d'énergie et à la maîtrise de l'énergie, adaptées à la dimension de la Nouvelle-Calédonie : la formation aux métiers, l'action économique en faveur des entreprises, l'accès à un potentiel de R&D adapté

Critère de priorité : il s'agit là d'une proposition structurante, mais à long terme

1. Formation des acteurs dans le bâtiment

L'efficacité énergétique n'est pas qu'une question de techniques et de technologies : sa mise en œuvre nécessite des professionnels sensibilisés et bien formés.

Il y a des compétences à développer, à destination des responsables urbains, des maîtres d'œuvre et des entreprises.

En particulier :

- *Échelle urbaine* – se faire épauler par des conseils environnementaux formés à l'Analyse environnementale urbaine (AEU) et capable de simuler les impacts climatiques (vent, soleil) ;
- *Bâtiments neufs* – programmation et assistance à maîtrise d'ouvrage ;
- *Bâtiments existants* – audit énergétique pour optimiser les interventions et échafauder les meilleurs scénarios énergétiques et environnementaux de réhabilitation.

L'offre de formation existante dans ce domaine, aussi bien pour la formation initiale que pour la formation professionnelle continue, reste actuellement très déficitaire.

La HQE est un bon angle d'attaque pour réactualiser les pratiques. On peut tirer parti de deux expériences : Qualiclim en Guyane et Opticlim à la Réunion.

2. Action économique

Tirer parti des activités des organismes comme Oséo-Anvar, ou l'AFD. La N.-C. peut aussi accéder aux aides à la création d'entreprises innovantes.

Suite

3. Accès à un potentiel de R&D sur les sujets clés à travers plusieurs voies :

– veille sur les technologies, leur économie et leurs impacts, du niveau de cette expertise collégiale ;

– participation à des programmes de recherche non spécifique (industrie…) ;

– proposer la N.-C. comme terrain de recherche (stockage géologique du CO_2…) ;

– mettre des moyens en N.-C. sur 3 thématiques : habitat en contexte tropical ; organisation des réseaux électriques avec forte proportion d'ENR ; production de biomasse en pays tropical développé.

Bien prendre en compte les forces, mais aussi les limites des compétences actuellement rassemblées dans l'Université et dans les entreprises ou bureaux d'études.

Partie 5
Quel cadre pour une politique de l'énergie et du climat au service du développement de la Nouvelle-Calédonie ?

Recommandation n° 7

S'appuyer sur les instruments économiques ou réglementaires pour mettre en œuvre une politique énergétique en Nouvelle-Calédonie

Critère de priorité : indispensable pour la mise en œuvre d'objectifs pour l'énergie, en relation avec la recommandation n° 4, p. 438

Horizon : court et moyen termes

Les instruments tarifaires, fiscaux et réglementaires et leur déclinaison pour ce qui concerne la maîtrise de l'énergie (bâtiment, transport et industrie) et la production de nouvelles sources d'énergie (pour le climat, cf. « L'insertion internationale de la Nouvelle-Calédonie », p. 281) mobilisables sont :

1. Le signal tarifaire reflétant les coûts :

– suppression des écarts de fiscalité entre le diesel et l'essence, et réduction progressive des subventions dont bénéficient certaines catégories d'usagers ;

– intégration dans le signal tarifaire d'une composante « valeur du carbone » ;

– mise en place d'incitations économiques pour soutenir des filières ou technologies émergentes.

2. Dispositifs d'étiquetage énergétique

– pour l'électroménager performant ;

– dans le domaine des transports, affichage énergétique pour les véhicules, éventuellement associé à un dispositif de bonus-malus.

3. Pour les sources d'énergie

– adoption d'un dispositif de prix garantis assorti d'une obligation d'achat par le distributeur, et modulation des tarifs pour soutenir en priorité certaines filières ;

– aides complémentaires à l'investissement.

Les problèmes de raccordement au réseau qui doivent faire l'objet d'actions spécifiques (réglementation).

Pour la production d'eau chaude sanitaire solaire, l'expérience internationale suggère également les pistes à suivre pour soutenir le développement de la filière : incitation, puis généralisation par la réglementation.

La définition d'objectifs pour chacun de ces thèmes doit être accompagnée d'un dispositif de monitoring.

Partie 5
Quel cadre pour une politique de l'énergie et du climat au service du développement de la Nouvelle-Calédonie ?

Recommandation n° 8
Engager un programme d'actions, d'éducation et de sensibilisation pour un changement des pratiques

Critère de priorité : il s'agit d'une action structurante à long terme, mais qui doit être lancée aussi tôt que possible

La responsabilisation en matière d'énergie des citoyens consommateurs, parfois producteurs, passe par une indispensable étape de compréhension des notions associées. Les principales notions qui nécessitent d'être comprises concernent notamment :

- les définitions de l'énergie et de la puissance ;
- la réalité des ressources énergétiques ;
- et les impacts environnementaux associés à la consommation d'énergie, notamment les émissions de gaz à effet de serre.

Nous préconisons pour cela des formations à différents niveaux et pour différents publics.

Une première étape pourrait être la formation de formateurs et/ou conférenciers, les enseignants constituant sans doute le public le plus à même de devenir formateurs. Sa mise en place est sans doute l'étape la plus délicate car il faut trouver les bons mécanismes d'incitation et les formateurs initiaux (ADEME, autres personnes compétentes en N.-C. : à recenser).

Un appel à candidature pourrait être lancé à l'initiative du vice-rectorat de la N.-C.

Les programmes scolaires pourraient dès lors intégrer de façon modeste une formation à l'énergie. Une initiative métropolitaine parmi d'autres est citée dans la version complète du rapport.

Concernant les publics adultes, des conférences grand public et des expositions animées par des personnes compétentes (personnels ADEME, autres...) constituent sans doute la meilleure approche.

Annexes

NOUVELLE-CALÉDONIE

Gérald CORTOT
Membre du gouvernement chargé des transports terrestres et maritimes, de la sécurité routière, des infrastructures, de l'énergie, de la météorologie, du schéma d'aménagement et de développement de la Nouvelle-Calédonie

Tél : (687) 24 65 91 Fax : (687) 24 66 26
CS08.3160-01174/DIMENC-BM

Nouméa, le 17 JUIN 2008

Monsieur le Directeur,

J'ai l'honneur d'accuser réception de votre devis relatif à l'expertise collégiale sur l'énergie

Par la présente, je vous signifie mon accord pour la réalisation de cette expertise collégiale sur l'énergie.

L'atelier initial, prévu par vos services en juillet 2008, permettra de réunir les membres du CTME ainsi que toute personne qualifiée dont les compétences peuvent éclairer les travaux du comité afin de finaliser le cahier des charges de l'expertise collégiale.

Le service énergie de la Direction de l'industrie des mines et de l'énergie (DIMENC) se tient à votre disposition pour toute information complémentaire

Je vous prie d'agréer, Monsieur le Directeur, l'expression de ma parfaite considération.

Gérald CORTOT

Monsieur Fabrice COLIN
Directeur du centre IRD
de Nouméa
Délégué de l'IRD
pour le Pacifique Sud

Cahier des charges de l'expertise collégiale

INTRODUCTION : CONTEXTE DE LA SAISINE

La Nouvelle-Calédonie, collectivité territoriale d'outre-mer à statut particulier, est confrontée à l'enjeu de la dépendance énergétique et de la maîtrise de l'énergie. Dans sa région Pacifique sud et face à la croissance continue de la consommation d'énergie observée sur son territoire, elle doit être à même de connaître avec précision les déterminants de son développement en matière d'énergie, sur un plan tant technologique qu'économique, institutionnel et réglementaire. Une attention particulière doit, en outre, être portée aux questions de l'accès équitable à l'énergie et du coût de l'énergie.

De nombreux pays ont mis en place ou travaillent actuellement à la mise en place de mesures portant sur l'efficacité énergétique, les technologies nouvelles relatives aux énergies renouvelables et la réduction des gaz à effet de serre (GES). Il convient donc aujourd'hui d'identifier les stratégies et les outils les plus prometteurs en ces domaines, qui seront le cas échéant adaptés au territoire aux horizons 2020 et 2030.

Conformément à l'article 211 de la loi organique qui la régit, la Nouvelle-Calédonie élabore son Schéma d'aménagement et de développement pour 2025 dans un calendrier défini devant se conclure fin 2009. Un volet « énergie » y sera développé, probablement sous la forme d'un Schéma distinct. Des décisions importantes ont été prises pour la production d'énergie : trois usines sont programmées, chacune associée à une importante activité minière, sans que la Nouvelle Calédonie soit intégrée dans l'annexe 1 du protocole de Kyoto. Un plan pluriannuel d'investissements pour la production électrique (PPIPE) a été élaboré pour l'horizon 2015 et est actuellement soumis à l'approbation du Congrès. Un observatoire de l'énergie est, par ailleurs, en cours de création.

Dans le même temps, la Nouvelle-Calédonie assume de hautes ambitions environnementales, marquées notamment par le récent classement de la barrière de corail au patrimoine mondial de l'humanité.

Dans ce contexte, le Gouvernement de la Nouvelle-Calédonie a exprimé, par le biais du Comité territorial pour la maîtrise de l'énergie (CTME), le besoin de disposer d'un tableau complet des connaissances scientifiques qui permettra de définir la politique de l'énergie du Pays et de hiérarchiser les priorités de l'action des collectivités en ce domaine.

Il a décidé, pour ce faire, de solliciter l'Institut de recherche pour le développement (IRD) pour la réalisation d'une expertise collégiale.

L'EXPERTISE COLLÉGIALE À L'IRD

L'IRD assure, au titre de ses missions, la réalisation d'expertises collégiales. Outil original de transfert des connaissances scientifiques vers la sphère des dirigeants et décideurs, l'expertise collégiale permet de réaliser, à la demande d'un ou plusieurs commanditaires, une analyse scientifique pluridisciplinaire sur un sujet déterminé à partir d'une revue complète de l'état de la connaissance scientifique.

L'expertise collégiale peut donc constituer une aide précieuse à la prise de décision en matière de politiques publiques.

L'expertise collégiale telle que conçue et mise en œuvre à l'IRD relève d'un modèle méthodologique spécifique, certifié ISO 9001.

L'IRD a examiné et donné suite à la demande adressée à lui par le Gouvernement de la Nouvelle-Calédonie, au vu des trois critères principaux habituellement retenus :

– identification claire de la volonté d'action du demandeur et des processus décisionnels en cours (rappelés ci-dessus) ;

– caractère central et indispensable de la connaissance scientifique pour la conduite des politiques publiques concernées ;

– existence d'une littérature, notamment scientifique, suffisante sur le sujet.

L'expertise collégiale est conduite par un collège d'experts pluridisciplinaire recrutés pour leur compétence individuelle de chercheur et leur connaissance avérée de la question abordée, sous la responsabilité de la coordination scientifique et de son président. Elle est suivie par ailleurs par un comité de pilotage, composé des représentants du commanditaire et de ses éventuels partenaires, qui est régulièrement informé de l'avancement des travaux.

Titre de l'expertise collégiale

Le titre retenu pour la présente expertise collégiale est : « L'énergie dans le développement de la Nouvelle-Calédonie » (sigle : EDNC).

Lignes directrices de l'expertise collégiale

Cinq grands axes thématiques complémentaires ont été retenus pour la présente expertise collégiale, à l'issue de l'atelier initial organisé à Nouméa du 15 au 17 octobre 2008 en présence de l'ensemble des acteurs locaux du secteur de l'énergie. Ils constituent en eux-mêmes les lignes directrices données à l'expertise :

1. La maîtrise de l'énergie
2. Les nouvelles technologies en matière de production et de stockage d'énergie
3. La réduction des GES et les moyens de compensation
4. La géopolitique de l'énergie et la coopération régionale
5. La gouvernance de l'énergie en Nouvelle-Calédonie

Liste des questions traitées par l'expertise collégiale

La liste détaillée des questions soumises à l'expertise collégiale est ordonnée selon le plan qui suit :

1	**La maîtrise de l'énergie**	**Coordonnatrice : Elsa Faugère**
1.1.1	Comment adapter à la Nouvelle-Calédonie les connaissances contribuant à : – la maîtrise de la demande d'énergie dans le bâtiment (réduction des besoins à confort égal) – l'efficacité énergétique des équipements (climatisation, ventilation, eau chaude, éclairage, appareils domestiques, appareils bureautiques, auxiliaires, gestion technique...) par la mise en œuvre des meilleures techniques disponibles adaptées au contexte calédonien. Un accent particulier sera porté sur la climatisation : maîtrise des apports climatiques par l'architecture, utilisation de l'énergie solaire pour refroidir, exploitation de la mer comme source froide... Quelle démarche spécifique pour développer l'usage des éco-matériaux et écoproduits (labels, certifications...) ? Quels signaux possibles (tarifaire, réglementaire, fiscal) pour conforter la maîtrise de l'énergie ?	**Mohamed Abdesselam**
1.1.2	Le potentiel d'efficacité énergétique des systèmes industriels, et la valorisation des déchets de chaleur	**Jean Michel Most**
1.2.1	Comment aborder et positionner dans la problématique générale la question des transports (de personnes, marchandises et minerais) en Nouvelle-Calédonie ?	**Richard Darbera**
1.2.2	Quels impacts possibles du signal tarifaire, réglementaire, ou fiscal pour les transports ?	**Richard Darbera**
1.3	Quels sont les discours et les pratiques actuels des différents acteurs vis-à-vis de l'énergie en Nouvelle-Calédonie ? Peuvent-ils évoluer ? Que sait-on des facteurs de différenciation sociale et culturelle ?	**Elsa Faugère**
1.4	Méthodologies d'évaluation des dispositifs repérés : gains potentiels, évaluation environnementale	**Mohamed Abdesselam, Richard Darbera**

2	**Les nouvelles technologies en matière de production et de stockage d'énergie** **Coordonnateur : Bernard MULTON**
2.1	Quelles nouvelles technologies mobiliser pour la Nouvelle-Calédonie ?
2.1.1	Technologies de production : **Bernard MULTON** – énergie des mers (thermique, courants, houle) – énergie solaire de concentration, production de froid (cf. 1.1 bâtiments), solaire thermique, éolien, photovoltaïque **Jean Michel MOST** – valorisation directe de la biomasse (co-combustible), les biocarburants (carburant de 1è et 2è génération, production algale de graisse ou hydrogène), valorisation des déchets (biogaz)… – petites centrales nucléaires *Expert associé CEA*
2.1.2	Technologies de stockage de l'énergie – hydraulique, piles, filière hydrogène – chaleur et froid Gestion des réseaux électriques avec raccordement des ENR **Bernard MULTON**
2.2.1	Que sait-on de ces nouvelles technologies sous l'angle de leur économie, de l'impact sur l'emploi, de l'évaluation environnementale et bilan CO2 ? Quelles solutions adaptées au cas des îles ? **Philippe MENANTEAU**
2.2.2	Quelle faisabilité pour les filières envisagées compte-tenu des contraintes liées à l'occupation du territoire ? **Arthur RIEDACKER**
2.3	Comment le contexte réglementaire influence-t-il le développement des ENR : typologie des solutions tarifaires et fiscales, systèmes d'aide, différenciations tarifaires **Philippe MENANTEAU,** avec **Richard DARBERA** pour les agrobiocarburants
2.4.1	Les données de milieux sont-elles rassemblées ou non (ensoleillement, vents, courants, thermique des mers…), quels dispositifs d'observation ? *Christophe Menkes (expert associé IRD),* mouvements de l'océan et de l'atmosphère dans le Pacifique
2.4.2	Quelles filières expérimenter en Nouvelle-Calédonie ? Partagé entre les experts, **coordonnés par Bernard MULTON**

3	**Les moyens de réduction des émissions de GES** **Coordonnateur : Arthur Riedacker**
3.1	Captage et stockage du CO_2* – quelles sont les technologies de captage de CO2, existantes ou en recherche ? – comment la Nouvelle Calédonie pourrait-elle tirer parti de son contexte géologique en matière de programmes de recherche et d'expérimentation sur les technologies de stockage du CO_2 *(ne pas oublier les autres gaz à effet de serre (méthane, fluides frigorigènes...)* ? **Jean Michel Most, Patrice Baby**
3.2	Forêts et émissions de GES
3.2.1	Variations des stocks de carbone dans l'espace rural – par boisements (reboisements, végétalisation des sites Miniers...) et déboisements – dans les forêts existantes par suite des gestions forestières et hors espace rural – dans les constructions, via l'utilisation du bois
3.2.2	Utilisations éventuelles de biomasses forestières pour substituer des combustibles fossiles, notamment du charbon. Examen des possibilités futures de couplage de ces substitutions avec la séquestration géologique dans le cas de sites fortement émetteurs de CO_2 (industries, centrales électriques)
3.2.3	Quels outils d'évaluation du stock ? **Pierre Couteron et Arthur Riedacker,** avec des contacts Cirad Forêts Montpellier (Olivier Hamel) et Institut agronomique calédonien Nouméa
3.3	Aspects économiques de la réduction des émissions nettes de GES (CO_2 et autres gaz) : comparaison des potentialités et des coûts des différentes options présentées dans les axes 1, 2 et 3, principalement à moyen et long terme **Arthur Riedacker, Philippe Menanteau**

4	**La géopolitique de l'énergie et du climat, la coopération régionale** **Coordonnateur : Sébastien VELUT**
4.1	Quels scénarios d'approvisionnement en combustibles fossiles et comment peuvent-ils affecter la sécurité énergétique ? Que sait-on de la géologie de la zone, en termes de ressources énergétiques ? **Sébastien VELUT, avec Patrice BABY**
4.2	Explorer toutes les dimensions de la coopération régionale énergétique : échange d'expériences et de compétences, négociations d'accès aux ressources **Sébastien VELUT, Yves LE BARS**
4.3.1	Quels scénarios possibles d'insertion de la Nouvelle-Calédonie dans la dynamique internationale de la convention des Nations-Unies pour le climat, en intégrant en particulier la valeur du CO_2 émis, les contraintes et les bénéfices ; réduction et compensation ; présentation de cas voisins **Arthur RIEDACKER**
4.3.2	Analyse juridique des obligations internationales attachées à ces scénarios et de leur impact sur la gouvernance **Laetitia GRAMMATICO**
5	**La gouvernance de l'énergie en Nouvelle-Calédonie Conclusions** **Coordonnateurs : Yves LE BARS et Sébastien VELUT**
5.1	Quelle concrétisation, dans le contexte spécifique de la Nouvelle-Calédonie, des options sur l'énergie au regard :
5.1.1	de l'aménagement du territoire **Richard DARBERA**
5.1.2	de la problématique foncière **Elsa FAUGERE**
5.1.3	des dispositifs tarifaires, réglementaires, fiscaux souhaitables visant à la maîtrise de l'énergie, au développement de nouvelles énergies et à la réduction des impacts environnementaux ? **Philippe MENANTEAU avec Richard DARBERA**
5.1.4	de constitution de filières d'entreprises : formation, amorçage… **Mohamed ABDESSELAM**
5.1.5	d'éducation à l'environnement et de sensibilisation aux éco-gestes en matière d'énergie, pour un changement de pratiques ? **Bernard MULTON**

5.2	Quelles responsabilités peuvent être assurées par les différents acteurs (communes, provinces, congrès, gouvernement, Etat, producteurs, concessionnaires…) : formes de régulation, de coordination et de mutualisation	**Laetitia Grammatico**
5.3	Quels axes de recherche privilégier dans le prolongement de l'expertise ?	Partagé entre les experts

Présentation du collège des experts

Mohamed Abdesselam
Directeur de la société Solener
Société Solener
48, rue Gustave Nadaud
59000 Lille
mohamed.abdesselam@solener.fr

Patrice Baby
Directeur de recherche
IRD
LMTG
14, avenue Edouard Belin
31400 Toulouse
patrice.baby@ird.fr

Pierre Couteron
Directeur de recherche
IRD
UMR Amap, Cirad Montpellier
Bd de la Lironde
TA A-51/ P 52
34398 Montpellier cedex 5
pierre.couteron@ird.fr

Richard Darbéra
Chargé de recherche
CNRS
École nationale des Ponts et Chaussées
Cité Descartes
77455 Marne la Vallée
darbera@enpc.fr

Elsa Faugère
Chargée de recherche
Inra
Ecodéveloppement site Agroparc
84914 Avignon
faugere@avignon.inra.fr

Laëtitia Grammatico
Responsable juridique
CEA – Agence Iter France
laetitia.grammatico@cea.fr

Yves Le Bars
Ingénieur général honoraire Génie rural eaux et forêts
Société YLB Conseils
YLB Conseils
47, avenue Léon Blum
92160 Antony
ylb.conseils@orange.fr

Philippe Menanteau
Ingénieur de recherche
CNRS/Université de Grenoble
LEPII
BP 47
38040 Grenoble cedex 9
philippe.menanteau@upmf-grenoble.fr

Jean-Michel Most
Directeur de recherche
CNRS
Ensma
Laboratoire de combustion et de détonique
1, avenue Clément Ader
BP 40109
86961 Futuroscope cedex
jean-michel.most@lcd.ensma.fr

Bernard MULTON
Professeur des universités
ENS Cachan
Satie – CNRS
Campus de Ker Lann
Avenue Robert Schuman
35170 Bruz
bernard.multon@bretagne.ens-cachan.fr

Arthur RIEDACKER
Directeur de recherche
Inra
91, bis avenue Georges Gosnat
94200 Ivry
a.riedacker@wanadoo.fr

Sébastien VELUT
Professeur des universités
Université de Paris-3 Sorbonne nouvelle
Institut des hautes études d'Amérique latine
Directeur adjoint
Centre de recherche et de documentation sur l'Amérique latine
28, rue Saint-Guillaume
75007 Paris
Sebastien.velut@univ-paris3.fr

Présentation du comité de suivi

Constitué pour délivrer aux deux commanditaires de l'expertise collégiale (Gouvernement de la Nouvelle-Calédonie, Représentation territoriale de l'ADEME en Nouvelle-Calédonie) une information régulière et recueillir leurs observations en relation étroite avec l'évolution des travaux du collège des experts, le comité de suivi a été réuni à cinq reprises. Le directeur du Département expertise et valorisation, Stéphane Raud, ainsi que le représentant de l'IRD en Nouvelle-Calédonie, Fabrice Colin, ont animé ces réunions. Yves Le Bars, président du collège des experts, a été convié à l'ensemble de ces réunions.

Lors de sa dernière réunion, le 16 décembre 2009, le comité a donné acte de la remise du rapport final.

À l'initiative des commanditaires qui ont souhaité associer au suivi de l'expertise collégiale les diverses parties prenantes en Nouvelle-Calédonie, le comité était composé ainsi qu'il suit :

Agence de l'Environnement et de la Maîtrise de l'Énergie (ADEME)
Véronique Reix
Représentante territoriale de l'ADEME
101, promenade Roger Laroque
BP C5
98844 Nouméa cedex
Veronique.reix@ademe.fr

Association des maires de Nouvelle-Calédonie
Daniel Fisdiepas
Président
Centre ville 32, rue Galliéni
98800 Nouméa cedex
BP 4018
98846 Nouméa cedex
amnc@amnc.asso.nc

Association française des maires de Nouvelle-Calédonie
Yves Magnier
Représentant le président
Plum 3804 route du Sud
98809 Mont-Dore
ydmagnier@lagoon.nc

Congrès de la Nouvelle-Calédonie
J.-L. D'Anglebermes, puis **Christine Goyetche**
Chargée des questions relatives à la recherche
cgoyetche@congres.nc

Conseil économique et social (CES)
Robert Lamarque
Président
BP 4766
98847 Nouméa cedex
ces@gouv.nc

Direction de l'industrie, des mines et de l'énergie de Nouvelle-Calédonie (Dimenc)
Adeline Fabre, puis **Aurélien Louis**
Directeur
BP 465
98845 Nouméa cedex
Aurelien.louis@gouv.nc

Électricité et eau de Nouvelle-Calédonie (EEC)
Yves Morault
Directeur général délégué
BP F3
98848 Nouméa cedex
eec@eec.nc

Société néo-calédonienne d'énergie (Enercal)
Jean Begaud
Directeur général
87, avenue du Général de Gaulle
BP C1
98848 Nouméa cedex
jbegaud@canl.nc

Ensemble pour la planète (EPLP)
Benjamin Vives, puis **Martine Cornaille**
Présidente
BP 2357
98846 Noumea cedex
cornaille@mls.nc

Gouvernement de la Nouvelle-Calédonie
Gérald Cortot, membre du gouvernement, en charge de l'énergie
puis **Philippe Gomes**, président du gouvernement,
en charge des mines, de l'énergie et du transport aérien international,
et des questions relatives aux transferts de compétences et à la recherche
Artillerie 8 route des artifices
BP M2
98849 Nouméa cedex

Gouvernement de la Nouvelle-Calédonie
Service de l'aménagement et de la planification
Roger Kerjouan
Chef de service
Immeuble Jacques Lékawé
14, rue Georges Clémenceau
BP M2
98849 Nouméa cedex
sap@gouv.nc

Province des Iles Loyauté
Jacques Wamalo
Secrétaire général
BP 50
Wé 98820 Lifou
wamalo@loyalty.nc

Province Nord
Laurent Lebrun
Directeur - Direction du développement économique
BP 41
98860 Koné
presidence@province-nord.nc

PROVINCE SUD
Serge NEWLAND
Secrétaire général
BP L1
98849 Nouméa cedex
cabinet@province-sud.nc

SOCIÉTÉ D'ÉQUIPEMENT DE LA NOUVELLE-CALÉDONIE
Aude ELANDALOUSSI
Chargée d'études
BP 2517
98846 Nouméa cedex
aude.elandaloussi@secal.nc

SÉNAT COUTUMIER
Ambroise DOUMAI
Président
BP 1059
98845 Nouméa cedex
senat-coutumier@gouv.nc

SYNERGIE
Barbara Vlaeminck
Présidente
Syndicat des professionnels des énergies renouvelables
36, rue Jules Calimbre
98800 Nouméa cedex
b.vlaeminck@srp-nc.com

SOCIÉTÉ DE SERVICES PÉTROLIERS (SSP)
Philippe NICOLET
Directeur général
BP L2
98849 Nouméa cedex
pnicolet@pacificpetrole.com

SOCIÉTÉ LE NICKEL (SLN)
Maurice VERNE, puis **Frédéric FERRET**
Société Le Nickel
BP E5
98848 Nouméa cedex
m.verne@eramet-sln.nc

Union Fédérale des consommateurs - Que Choisir Nouvelle-Calédonie
Laurent Tourette, chargé de la cellule environnement à l'UFC-Que Choisir, représentant le président **Michel Davarend**
BP 2357
98846 Nouméa cedex
nouvellecaledonie@ufc-quechoisir.org

Vice-rectorat de la Nouvelle-Calédonie
B. Masson
Enseignant, représentant M. le Vice-recteur
BP G4
98848 Nouméa cedex
Vanessa.Calvet@ac-noumea.nc

Abréviations

ADEME	Agence de l'environnement et de la maîtrise de l'énergie
AEE	Agence pour les économies d'énergie
AEU	Analyse environnementale urbaine
AIE	Agence internationale de l'énergie
ANR	Agence nationale de la recherche
ANU	*Australian National University*
Apec	*Asia Pacific Economic Cooperation*
Asean	*Association of South East Asian Nations*
BBC	Bâtiment basse consommation
BCA	*Building code of Australia*
BREEAM	*Building Research Establishment's Environmental Assessment Method*
CCNUCC	Convention cadre des Nations unies sur le changement climatique
CCS	*Carbone dioxide Capture and Storage*
CEE	Certificat d'économie d'énergie
CER	*Certified Emission Reductions*
Cesi	Chauffe-eau solaire individuel
CFC	Chlorofluorocarbones
Citepa	Centre interprofessionnel technique d'études de la pollution atmosphérique
CNDP	Commission nationale du débat public

CNRS Centre national de la recherche scientifique

CNRT Centre national de recherche technique

CO2CRC *Cooperative Research Centre for Greenhouse Gas Technologies*

CPS Commission du Pacifique sud

CRE Commission de régulation de l'énergie

CSIRO *Commonwealth Scientific and Industrial Research Organisation* (en Australie)

CSP *Concentrated Solar Power*

CTME Comité territorial pour la maîtrise de l'énergie

Dafe Direction du service d'État de l'agriculture, de la forêt et de l'environnement

DDEE Direction du développement économique et de l'environnement

DDR Direction du développement rural

DGEC Direction générale de l'énergie et du climat

Dimenc Direction de l'industrie, des mines et de l'énergie en Nouvelle-Calédonie

Dreal Direction régionale de l'environnement, de l'aménagement et du logement

DTSI Direction des technologies et services de l'information

ECS solaire Eau chaude sanitaire solaire

EER Coefficient d'efficacité frigorifique

EESI Efficacité énergétique des systèmes industriels

EMHV Esters méthyliques d'huiles végétales

ENR Énergies renouvelables

ETM Énergie thermique des mers

F CFP Franc Pacifique

FCME	Fonds de concours pour la maîtrise de l'énergie
FED	Fonds européen de développement
FTME	Fonds territorial de maîtrise de l'énergie
GES	Gaz à effet de serre
Giec	Groupe intergouvernemental sur l'évolution du climat
HFC	Hydrofluorocarbones
HQE	Haute Qualité environnementale
HVB	Huiles végétales brutes
IAC	Institut agronomique calédonien
ICPE	Installations classées pour la protection de l'environnement
IFP	Institut français du pétrole
Isee	Institut de la statistique et des études économiques
LBC	Lampe basse consommation
LCD	*Liquid crystal display*
LED	Diode électroluminescente
LEED	*Leadership in Energy and Environmental Design*
LFC	Lit fluidisé circulant
MDE	Maîtrise de la demande en énergie
MDE	Marché des droits d'émissions
MDP	Mécanisme de développement propre
MEEDDM	Ministère chargé de l'Écologie, de l'Énergie, du Développement durable et de la Mer
OCDE	Organisation de coopération et de développement économiques
Ogaf	Opérations groupées d'aménagement foncier
OMM	Organisation mondiale de la météorologie

OPECST	Office parlementaire d'évaluation des choix scientifiques et technologiques
Otec	*Ocean Thermal Energy Converter*
OTTV	*Overall Thermal Transfer Value*
PDAN	Plan de déplacement de l'agglomération nouméenne
PDU	Plan de déplacement urbain
PFC	Perfluorocarbones
PNAEE	Plan national d'amélioration de l'efficacité énergétique
PNAQ	Plan national d'allocation des quotas
PNLCC	Plan national de lutte contre le changement climatique
PNUE	Programme des Nations unies pour l'environnement
PPIPE	Programmation pluriannuelle d'investissements pour la production électrique
Prerure	Plan régional des énergies renouvelables et d'utilisation rationnelle de l'énergie
PRG	Potentiel de réchauffement global
PRME	Programme régional de maîtrise de l'énergie
PTE	Permis temporaire d'exploitation
PTME	Programmes territoriaux de maîtrise de l'énergie
PV	Photovoltaïque
RAP	Récupération assistée de pétrole
SAE	Surface agricole entretenue
Saem	Société anonyme d'économie mixte
Scan	Schéma de cohérence de l'agglomération de Nouméa
Shon	Surface hors œuvre nette
SLN	Société Le Nickel

SMG	Salaire minimum garanti
STCPI	Société territoriale calédonienne de participation industrielle
Step	Stations de transfert d'énergie par pompage
TAG	Turbine à gaz
TER	Taxe parafiscale pour les énergies renouvelables
UE	Union européenne
UICN	Union internationale pour la conservation de la nature
ZEE	Zone économique exclusive

Personnes à remercier pour leur contribution

Michel Allenbach, chargé de mission, Université de la Nouvelle-Calédonie

Gilles Beaudou, directeur adjoint, Direction de l'agriculture, de la forêt et de l'environnement

François Berger, directeur de la Distribution EEC

Andrew Blakers, directeur, Centre for Sustainable Energy Systems

Philippe Bourgine, forestier, Direction du développement rural Province Sud

Yann-Eric Boyeau, chef de projet, Direction des technologies et des services de l'information, Nouméa

Martin Brinkert, Direction du développement économique et de l'environnement, Province Nord

Jacques Buguet, conseiller diplomatique, Haut-commissariat

Jean-Jérôme Cassan, ingénieur Environnement, DDE Province Nord

Sylvie Christophe, attachée de coopération et d'action culturelle, Ambassade de France en Australie

Dominique Cluzel, géologue, Université de la Nouvelle-Calédonie

Peter Cooke, directeur général, CO2 CRC

Martine Cornaille, présidente, Ensemble pour la planète

Guillaume Dréau, ingénieur Énergies nouvelles, Société de recherche du Pacifique

Glenne Drover, Department of innovation, industry and regional development, State government of Victoria

Adeline Fabre, directrice, Dimenc

Eric Favre, responsable d'équipe, laboratoire des Sciences du génie chimique

Michel Filhol, ambassadeur de France en Australie

Guy Fohringer, président, Action biosphère

M.de Garrigue, directeur technique, Enercal

Hubert Geraux, coordinateur écorégional Milieux terrestres, WWF

Paul Graham, économiste, CSIRO

Caroline Groseille, Direction pour l'environnement, Province-Sud

Frédéric Guillard, chef du service Géomatique, Direction des technologies et des services de l'information, gouvernement de la Nouvelle-Calédonie

Glenn Hart, coordinateur de projet, CSIRO

Tanguy Jaffre, chercheur émérite, IRD

Ali Karimi, directeur Syndicat intercommunal du Grand Nouméa

Mme Kerjouan, UFC Que choisir ?

Roger Kerjouan, chef de service, SAP, gouvernement de la Nouvelle-Calédonie

Frédéric Lagut, Observatoire de l'énergie, Dimenc

Christophe Lapous, adjoint du directeur de la production, EEC

Jean-Louis Latour, chef de la mission économique, Ambassade de France en Australie

Jean Laurent, chef Service géologique, Dimenc

Jérôme Lefevre, ingénieur Modélisation fluidique, Institut de recherche pour le développement

Jack Legrand, professeur des universités, Université de Nantes

Guilhem Lenial, ingénieur Environnement, chargé de mission Énergie ADEME

Laurent L'huillier, Institut agronomique néo-calédonien

François Mademba-Sy, directeur, Direction du développement rural (DDR), Province Sud

Pierre Maurizot, géologue, BRGM

Jacques Mermoud, président, Point Zéro

Simone Mignard, PDG Secal

Christophe Menkes, chercheur océanographe IRD

Jean-François Merle, conseiller d'État

Yves Morault, directeur général d'EEC

Jean-Xavier Morin, directeur Recherche et développement, Alstom-Power Environment

Brendan Morling, chef de division, Department of Ressources, Energy and Tourism, Gouvernement d'Australie

Bastian Morvan, chef du service Energie, Dimenc

Jérôme Munzinger, chargé de recherche, Institut de recherche pour le développement

M. Nething, chef de service, Enercal

Anaïs Oddi, ingénieure forestier, Direction du développement rural, Province Sud

Jean-Louis Pantz, chef de service Études générales programmes, EEC

Christian Papineau, directeur du programme Forêt sèche

Gwen Paturel, directeur de Vergnet Pacific

Thierry Pitou, directeur Direction des infrastructures, de la topographie et des transports terrestres (DITTT), gouvernement de la Nouvelle-Calédonie

Glenn Platt, chef de projet, CSIRO

Christian Plazanet, chef du département Hydrométallurgie, Eramet

M. Poilve, SLN

Roger Poutyela, ingénieur Environnement, Direction du développement économique et de l'environnement, Province Nord

Jean-Jacques Reverdy, Direction des affaires industrielles, Eramet

Jérôme Révole, attaché commercial, ambassade de France en Australie

Nicolas Rinck, chargé de projets pour le développement durable, Direction pour l'environnement Province Sud

Patrick Roussel, ambassadeur, ministère de l'Outre-mer

Robert Rowland, chercheur, CSIRO

Joseph Saliga, président de Karuia (transport en commun de la ville de Nouméa)

Stéfan Sontheimer, directeur délégué Aérowatt NC

Jérôme Spaggiari, Conservation international

Anne Rosaire, chef du département Observatoire économique, Institut de la statistique et des études économiques

Michel Thibier, conseiller scientifique, ambassade de France en Australie

M. Tourette, UFC Que choisir ?

Maurice Verne, directeur de missions techniques de la SLN

Emmanuel Vincent, directeur de Tenesol Nouvelle-Calédonie

Benjamin Vives, Ensemble pour la planète

Jacques Wamalo, secrétaire général de la Province des Iles Loyauté

louisjean IMPRIMEUR
59, Av. Émile Didier
05003 Gap Cedex
Tél. 04 92 53 17 00
Dépôt légal : 122
Avril 2010
Imprimé en France

IMPRIM'VERT

Toutes les encres et les vernis utilisés sont certifiés d'origine végétale.
Les eaux de mouillage des machines, les plaques, les produits
de développement et les chutes de papier sont recyclés.

Imprimerie certifiée IMPRIM'VERT.